Lebensmittel und Mikroorganismen

Karl-Heinz Wallhäußer

Lebensmittel und Mikroorganismen

Frischware – Konservierungsmethoden – Verderb

Steinkopff Verlag Darmstadt

Anschrift des Autors:
Prof. Dr. Karl-Heinz Wallhäußer
Lessingstraße 20
6238 Hofheim/Taunus

CIP-Titelaufnahme der Deutschen Bibliothek

Wallhäusser, Karl Heinz:
Lebensmittel und Mikroorganismen : Frischware –
Konservierungsmethoden – Verderb / Karl-Heinz Wallhäusser. –
Darmstadt : Steinkopff, 1990

ISBN-13:978-3-7985-0823-1 e-ISBN-13:978-3-642-72443-5
DOI: 10.1007/978-3-642-72443-5

Verlagsredaktion: Dr. Maria Magdalene Nabbe – Herstellung: Heinz J. Schäfer

Gesamtherstellung: Brühlsche Universitätsdruckerei, Gießen

Vorwort

Im Umgang mit Lebensmitteln mußte der Mensch schon früh feststellen, daß zahlreiche Produkte rasch verderben und dann oft gesundheitsgefährdend sind. Über Jahrtausende blieben die Ursachen eines solchen Verderbs verborgen und seine Auswirkungen in der Regel auf einen kleinen häuslichen Kreis beschränkt. Erst mit Beginn der zweite Hälfte des letzten Jahrhunderts gelang die Aufklärung dieser Verhältnisse, wobei sich herausstellte, daß in besonderem Maße die Mikroorganismen (Bakterien und Pilze) dafür verantwortlich sind. Sie greifen in vielerlei Weise in diesen Prozeß ein, etwa durch Übertragung von Krankheiten (Cholera, Typhus, Ruhr u.a.) oder durch Produktion lebensbedrohender Toxine (Botulinustoxine, Mykotoxine u.a.) und anderen bei der Destruktion entstehenden giftigen Stoffwechselprodukten, die schließlich vom Menschen aufgenommen werden. Vor allem bei der industriellen Herstellung von Massenprodukten können durch die breite Streuung fatale Folgen entstehen.

Nur durch entsprechendes Wissen um diese allgemeinen Zusammenhänge und den Einsatz geeigneter Abwehrmaßnahmen kann Abhilfe geschaffen werden. Diese zielt insbesondere darauf ab, die auslösenden Kontaminationskeime – wo immer das möglich ist – zu vernichten oder sie zumindest in ihrer Wirkungsweise einzuschränken.

Der Verfasser hat in dem vorliegenden Buch alles Wissenswerte über „Lebensmittel und Mikroorganismen" zusammengetragen, die Haltbarmachung unter dem Einfluß fermentativer Prozesse oder konservierender Maßnahmen und deren Grenzen aufgezeigt und schließlich den mikrobiell ausgelösten Verderb erläutert. Eine Sammlung umfangreicher mikrobiologischer Qualitätsstandards erleichtert die Beurteilung, doch wird auch auf die Problematik dieses Verfahrens hingewiesen. Wegen der oft kurzen Haltbarkeit vieler Lebensmittel, der ständigen Weitervermehrung der Restkeime auch während der Lagerung und des erforderlichen Zeitaufwands für eine Keimzahlbestimmung eignen sich diese Prüfmethoden nur für eine flankierende Absicherung der Qualität. Brauchbare Schnelltests, wie z.B. der Limulustest für die Beurteilung bestimmter Milchqualitäten, stehen nur selten zur Verfügung.

Wenn sich der Inhalt des Buches auch über weite Strecken vor allem an Wissenschaftler, Techniker, Studierende und den mit der Herstellung von Lebensmitteln beschäftigten Personenkreis wendet, so zielt er nicht minder darauf ab, auch die „Endverarbeiter" wie Köche und Hausfrauen und schließlich den Konsumenten auf die wichtigsten Gesichtspunkte zur Wahrung von Qualität und Gesundheit aufmerksam zu machen.

Während der Stand des Wissens und der Technik in den Einzelbereichen der Lebensmittelherstellung (Milch-, Fleisch-, Brauereiwirtschaft, Weinbau u.a.) als hervorragend bezeichnet werden kann, fehlt es oft an koordinierenden Maßnahmen in den überlappenden Zonen, wie z.B. bei der Lagerung und Verpackung im Handel und beim Verbraucher.

Möge das Buch hierbei als Mittler sowie als wichtige Informationsquelle bei allen Fragen über mikrobielle Einflüsse dienen.

Dem Verlag und dem Lektorat sei für die gute Zusammenarbeit und die rasche Abwicklung gedankt.

Hofheim am Taunus, im September 1989 Karl Heinz Wallhäußer

Inhaltsverzeichnis

Abkürzungen

A.	Acetobacter oder Aspergillus, stets mit Artenbezeichnung und nur dann, wenn die Gattung aus dem vorhergehenden Satz ersichtlich ist
Add.	Addendum, Nachtrag
ADI-Wert	*a*cceptable *d*aily *i*ntake-Wert
Aflatoxin	*A*spergillus-*fla*vus-Toxin
AGV	Arbeitsgemeinschaft der Verbraucherverbände
AMG	Arzneimittelgesetz
AID	*A*uswertungs- und *I*nformations*d*ienst für Ernährung, Landwirtschaft und Forsten
asept.	aseptisch
Asp.	Aspergillus
ATA	*a*limentary *t*oxic *a*leukia (Toxin)
ATCC	*a*merican *t*ype *c*ulture *c*ollection
a_w-Wert	Wasseraktivität
B.	Bacillus, Bakterium, Botrytis, Brucella u.a., stets mit Artenname
Bac.	Bacillus
bar	Druckangabe, 1 bar $= 10^5$ Pa
BGA	Bundesgesundheitsamt
BP	Britische Pharmacopoeia
B.P.	*b*ubble *p*oint, Blasendrucktest zur Filterkontrolle
BSeuchG	Bundesseuchengesetz
C.	Candida, Cephalosphorium, Clostridium u.a., stets mit Artenname und nur dann, wenn die Gattung aus dem vorhergehenden Text ersichtlich ist
Cand.	Candida
CAP	*c*ontrolled *a*tmosphere
CAS-No.	*c*hemical *A*bstracts *S*ervice Numbers
CIP/SIP	*C*leaning *i*n *p*lace/*S*terilization *i*n *p*lace
Cl.	Clostridium
CMK	*C*hlor-*m*-*k*resol
CSA	*C*aseinpepton-*S*ojapepton-*A*gar
CSB	*C*aseinpepton-*S*ojapepton-*B*ouillon
d	Tag (dies)
D.	Deinococcus, stets mit Artenname
D-Wert	Destruktionswert, Dezimalreduktionswert
DAB 9	Deutsches Arzneibuch, 9. Ausgabe
dc	*d*ünnschicht*c*hromatographisch
DFD	Fleischbegutachtung: *d*ark, *f*irm, *d*ry
DGHM	Deutsche *G*esellschaft für *H*ygiene u. *M*ikrobiologie

DGQ	*D*eutsche *G*esellschaft für *Q*ualität
DIN	*D*eutsche *I*ndustrie-*N*orm
DLG	*D*eutsche *L*andwirtschafts*g*esellschaft
DVG	*D*eutsche *v*eterinärmedizinische *G*esellschaft
E	Einheiten (Wirksamkeitsangabe)
E.	Enterobacter, Erwinia, Escherichia u.a., stets mit Artenname und nur dann, wenn die Gattung aus dem vorhergehenden Text ersichtlich ist
EEC	*E*uropean *E*conomic *C*ommunities
EG	*E*uropäische *G*emeinschaft
EK	Entkeimung
EKS-Filter	*E*nt*k*eimungs*s*chicht-Filter
ELISA	*E*nzyme-*L*inked-*I*mmuno-*S*orbent-*A*ssay (Enzymimmunoassay)
EO	Ethylenoxid
E-Wasser	entionisiertes Wasser
EWG	Europäische Wirtschaftsgemeinschaft
(f)	fermentiert
F	Fett
F	Filtration
F	Folien-Verpackung
F.	Schmelzpunkt (in °C)
F.	Fusarium, immer mit Artenname
F-Wert	Abtötungszeit in Minuten o. Mrad für ein bestimmtes Sterilisationsverfahren
FAO	Food and Agriculture Organization of the United Nations
FDA	Food and Drug Administration
FF-Test	*F*orward-*f*low-Test (Gasdiffusionstest zur Filterkontrolle)
FIP	Fédération internationale pharmaceutique
Fl.	Fleisch
g	Generationszeit (=Verdoppelungszeit bei der Vermehrung)
g	Gramm
gc	*g*as*c*hromatographisch
GefstoffV	Gefahrenstoffverordnung
Gef.K.	Gefahrenklasse
GMP	Good manufacturing practice
GW	Grenzwert
Gy	Gray; 1 Gy=100 rad
H.	Homo, z.B. H. erectus
h	Stunde (hora)
H-Milch	UHT-behandelte Milch (handelsüblich steril)
ha	Hektar
HD	Händedekontamination, abgeschwächtes Verfahren im Vergleich zur Händedesinfektion
HEPA-Filter	*H*igh *e*fficiency-*p*articulate-Filter
Hosch-Filter	*Ho*chleistungs-*Sch*webstoff-Filter

HPLC	Hochdruckflüssigkeitschromatographie (*h*igh *p*ressure *l*iquid *c*hromatography)
HTST	*H*igh-*t*emperature-*s*hort-*t*ime-Sterilisationsverfahren
ISO	International Organization for Standardization
Jh.	Jahrhundert
K	Keimgehalt (Angabe in Potenzen zur Basis 10)
KBE/g oder ml	*k*olonie*b*ildende *E*inheiten pro g oder ml
kGy	Kilogray
KM	Konservierungsmittel
Kp	Siedepunkt, Kochpunkt in °C
KS	Konservierungsstoff
l	löslich
L	Letalität
L.	Lactobacillus, Listeria u.a., stets mit Artenname
LAL-Test	*L*imulus-*A*möbocyten-*L*ysat-Test
leb.	lebend
Leg.	Legionella
LF	Laminarflow
LM	*L*ebens*m*ittel
LMBG	*L*ebens*m*ittel- und *B*edarfs*g*egenstände*g*esetz
LMG	*L*ebens*m*ittel*g*esetz
LMKV	*L*ebens*m*ittel*k*ennzeichnungs-*V*erordnung
log-Überlebensrate	Angabe der überlebenden Keime nach dem Einsatz von Verfahren zur Verminderung der Keimzahl in Zehnerpotenzen
Lufa	Landwirtschaftliche Untersuchungs- und Forschungsanstalt
L-Wert	Letalwert
M.	Micrococcus, Mucor, Mycoderma u.a., stets mit Artenname
MAK	*m*aximale *A*rbeitsplatz*k*onzentration
MBK	*m*inimale *b*akterizide *K*onzentration (in µg/ml)
MF	Membranfilter
MG	Molekulargewicht
MHK	*m*inimale *H*emm*k*onzentration (in µg/ml)
min	Minute
MKS	Maul- und Klauenseuche
MMK	*m*inimale *m*ikrobizide *K*onzentration (in µg/ml)
Mon.	Monate
MPN	*m*ost *p*robable *n*umber-Test
Mrad	Megarad
mV	Millivolt (Einheit zur Messung der Leitfähigkeit)
n	Anzahl Zehnerpotenzen bei Prozessen zur Verminderung der Keimzahl
N	Endkeimzahl
N_0	Ausgangskeimzahl
ng	Nanogramm (10^{-9} g)
n.n.	nicht nachweisbar
OB	Oberflächenbehandlung
Oe	°Öchsle (Zuckergehalt)

O/W	Öl-in-Wasser-Emulsion
P.	Pediococcus, Penicillium, Pseudomonas u.a., stets mit Artennamen und nur dann, wenn die Gattung aus dem vorstehenden Text ersichtlich ist
Pc.	Penicillium
PES	Peressigsäure
PHB-Ester	*p-H*ydroxy*b*enzoesäure-Ester
PH.EUR.2	Europäische Pharmakopöa, 2. Ausgabe
ppb	*p*arts *p*er *b*illion (1 Teil pro 1 Milliarde Teile)
ppm	*p*arts *p*er *m*illion
Ps.	Pseudomonas
PSE-Fleisch	Fleischbeurteilung: *p*ale, *s*oft, *e*xudative
PVC-Folien	Polyvinylchlorid-Folien
QAV	quaternäre Ammonium-Verbindung
QM	Qualitätsmerkmal
Quats	s. QAV
R	Rindfleisch
RCM	reinforced Clostridium Medium
RCS	Reuter-Centrifugal-Sammler (zur Luftkeimzahlbestimmung)
RF	relative Feuchte
RIA	*R*adio*i*mmuno*a*ssay
RT	Raumtemperatur
RW	Richtwert
S	Schweinefleisch
S.	Saccharomyces, Salmonella, Shigella, Staphylococcus u.a., stets mit Artenname, wenn die Gattung aus dem vorhergehenden Text ersichtlich ist
s	Sekunde
SDA	Sabouraud-Dextrose-Agar
SIP-Technologie	*S*terilization *i*n *p*lace-Technologie
sp.	Spezies, Art
spez.	spezifisch
spp.	mehrere Arten
ssp.	subspezies
Staph.	Staphylococcen
Strept.	Streptococcen
t	Tonne
T	Temperatur
T.	Teile
Tb (Tbc)	Tuberculose
TGB	*T*hio*g*lykolat*b*ouillon
TV	Trinkwasser-Verordnung
TW	Toleranzwert
U	Unkraut
UHT-Verfahren	*U*ltra-*h*igh-*t*emperature-Verfahren (für Trinkmilch)
USP XXI	*U*nited *S*tates *P*harmacopoea, 21. Ausgabe
UV-Strahler	Ultraviolett-Strahler

V.	Verordnung; mit Angabe
V.	Vibrio, stets mit Artenname
V.	Vitis (= Weinrebe), stets mit Artenname
VE-Wasser	*v*oll*e*ntsalztes Wasser
VO	Verordnung
W	Wasser
WHO	World Health Organization
Wo.	Woche
W/O	Wasser-in-Öl-Emulsion
WS	Wirkstoff
WSH	Wasser standardisierter *H*ärte
Z.	Zersetzung
ZHK	*z*ulässige *H*öchst*k*onzentration (TV)
z-Wert	keim- und verfahrensspezifischer Wert bei Sterilisationsverfahren

Definitionen und Begriffsbestimmungen

Lebensmittel

Lebensmittel	Stoffe, die unverändert, zubereitet oder verarbeitet vom Menschen verzehrt werden. (s. S. 11)
Zusatzstoffe	Alle vom Gesetzgeber zugelassenen Stoffe nicht natürlicher Herkunft, die Lebensmitteln zugesetzt werden können, um bestimmte Eigenschaften oder Wirkungen zu erzielen.
Deklaration	Alle einem Lebensmittel zugesetzten (zugelassenen!) Zusatzstoffe müssen nach der Art deklariert werden.
Herstellen	Gewinnen, Herstellen, Zubereiten, Be- und Verarbeiten von Lebensmitteln. (s. S. 12)
Verbraucher	Diejenigen Personen, an die Lebensmittel zur persönlichen Verwendung, zur Verwendung im eigenen Haushalt sowie in Gaststätten, in Einrichtungen zur Gemeinschaftsverpflegung und im LM-Gewerbe abgegeben werden. (s. S. 12)
Verzehren	Essen, Kauen, Trinken sowie jede sonstige Zufuhr von Stoffen in den Magen. (s. S. 12)

Qualitätsbegriffe aus mikrobiologischer Sicht

Qualität	Beschaffenheit eines Lebensmittels bezüglich seiner Eignung, bestimmte, festgelegte Anforderungen, z. B. die Qualitätsmerkmale „frisch“, „steril“ oder „keimarm“, zu erfüllen.
Frische Ware	Unbehandelte, unverdorbene Lebensmittel, die einer sensorischen (organoleptischen) Prüfung standhalten. Zeitlich oft nur eng begrenzt haltbar. Kühllagerung verlängert häufig die Haltbarkeit.
Vollkonserven	Lagerzeit 1 Jahr und länger.
– steril	Frei von vermehrungsfähigen Keimen; über ein Jahr haltbar.
– handelsüblich steril	Sterilisierte oder aseptisch hergestellte Produkte mit einer gewissen, unterschiedlich ausgelegten Kontaminationsrate. Bis zu 1 Jahr haltbar. (s. S. 19f.)
– keimarm	Produkte mit geringer Keimzahl, die sich durch Einsatz zusätzlicher konservierender Maßnahmen nicht vermehrt. Bis zu 1 Jahr bei max. 20 °C haltbar.
3/4-Konserven	Keimzahl bis zu 10^4 KBE/g, jedoch keine Keimvermehrung. 1 Jahr bei max. 10 °C lagerfähig.

1/2-Konserven	Keimzahl unter 10^4 KBE/g, die sich nicht erhöht bei einer Lagerung von max. 14 Tagen bei −2 °C bis +2 °C.
Sonstige Konserven	Konservierte Produkte mit geringer Lagerfähigkeit; die jeweiligen Lagerbedingungen und Aufbrauchfristen sind auf den Produkten angegeben.
Fermentierte Produkte	Produkte mit erfahrungsgemäß hoher Keimzahl, die oft auf Starter(Rein)-Kulturen zurückzuführen ist, welche die Haltbarkeit erhöhen (z.B.: Milchsäuregärung in Sauermilch, Joghurt, Rohwürsten). Es kommt hier also keineswegs zu einer Produktschädigung.

Mikroorganismen

Mikroorganismen	Mikroskopisch kleine Lebewesen, die sich auf künstlichen Nährmedien, meist sehr rasch, zu makroskopisch sichtbaren Zellverbänden (=Kolonien) entwickeln können. Nach ihrer Zellstruktur wird unterschieden zwischen Bakterien und Pilzen.
– Bakterien	Sie gehören zu den Prokaryonten.
– Pilze	Sie verfügen bereits über einen echten Zellkern und werden somit bei den Eukaryonten eingereiht. Die morphologisch stark differenzierten Formen werden weiter noch in *Hefen* (=Sproßpilze) und *Schimmelpilze* unterteilt.
Viren	Submikroskopisch kleine Partikel (20–300 nm), die sich – im Gegensatz zu Mikroorganismen – nicht auf künstlichen Nährböden, sondern lediglich in lebenden Zellen geeigneter Wirtsorganismen vermehren (=ihre Nukleinsäure reproduzieren) können. Außerhalb seiner Wirtszelle existiert ein *Virus* meist in Form eines kompletten *infektiösen* Partikels (Virion).
Keime	*vermehrungsfähige* Mikroorganismen
keimfrei	*steril*, d.h. frei von vermehrungsfähigen Mikroorganismen
Keimzahl	Angabe in *k*olonie*b*ildenden *E*inheiten pro Maßeinheit (KBE/g oder ml). (s. S. 27f.)
– Toleranzwert	Zur Wahrung der Qualität werden bei Lebensmitteln häufig Richtwerte (RW) oder Toleranzwerte (TW) genannt.
– Grenzwerte	Grenzwerte (GW) geben die maximale Keimzahl an (in KBE/g oder ml), die nicht überschritten werden darf.
Spezifische Keime	Als weiterer Qualitätsparameter bei Lebensmitteln, Kosmetika und Arzneimitteln wird häufig die *Abwesenheit* bestimmter, sogenannter *spezifischer Keime* (Mikroorganismen), die im Einzelfall namentlich aufgeführt werden, gefordert. (s. S. 21f.)
infiziert	mit infektiösem Material (Krankheitserregern, darunter auch Viren) behaftet

kontaminiert	Aus mikrobiologischer Sicht ist ein Produkt immer dann kontaminiert, wenn Keime oder auch Viren nachweisbar sind, ohne daß dabei zwischen Krankheitserregern und Saprophyten (darunter zahlreiche Verderbniserreger) unterschieden wird.

Verfahren zur Verminderung der Keimzahl

Sterilisation	Abtötung, Abscheidung bzw. irreversible Inaktivierung *aller* vorhandenen Mikroorganismen und Viren durch den Einsatz geeigneter, validierter Sterilisationsmethoden.
Effektivität	Die Effektivität (F) eines Verfahrens zur Verminderung der Keimzahl wird vereinfacht (s. S. 56) durch die Gleichung $F = n \cdot D$ beschrieben, wobei n angibt, um wie viele Zehnerpotenzen die vorhandene Keimzahl (bezogen auf den widerstandsfähigsten Mikroorganismus) unter zusätzlicher Berücksichtigung einer bestimmten *Rekontaminationswahrscheinlichkeit* vermindert werden soll; D stellt den keim- und verfahrensspezifischen *Dezimalreduktions-* oder *Destruktionswert* (D-Wert) dar. Als Dimension für den F-Wert gilt bei den meisten Verfahren die Zeit (min), lediglich bei der Strahlensterilisation tritt an deren Stelle die Dosis (kGy o. Mrad). Nach dieser Effektivitätsberechnung werden Sterilisationsverfahren zwar auch heute noch mit einem hohen Sicherheitszuschlag ausgestattet, jedoch aus rechnerischen und praktischen Gründen nicht mehr als „absolut sicher", d.h., steril im Sinne der Definition, angesehen.

Sterilprodukte

Sterilisation im Endbehältnis	Das zu sterilisierende Gut wird im Abgabebehältnis (Endbehältnis) behandelt und ist somit rekontaminationssicher verpackt.
– mit Dampf (feuchter Hitze)	Sterilisation bei Temperaturen zwischen 115 und 132 °C, wobei das Behältnis selbst als „.Autoklave" fungiert, während Dampf, DampfLuft-Gemische, Heißwasserberieselung oder Heißluft die Aufgabe der Wärmezufuhr übernehmen. Das Verfahren wird nach der Temperatur-Zeitkurve im Kältepol des Gutes gesteuert.
– mit Heißluft	Das Sterilisationsverfahren ist das gleiche wie mit Dampf mit dem Unterschied, daß hier Heißluft zur Wärmeübertragung eingesetzt wird.
– mit ionisierenden Strahlen	Dieses Verfahren ist bisher zur Behandlung von Lebensmitteln nicht erlaubt. (s. S. 67)
Aseptische Herstellung	Sie schließt die Gesamtheit aller Maßnahmen ein, die bei den nicht im Endbehältnis sterilisierbaren Produkten zur Ausschaltung einer mikrobiellen Kontamination, also zu einem sterilen Endprodukt führen.

Als Beispiel läßt sich hier die Abfüllung von UHT-vorbehandelter Trinkmilch (H-Milch) unter aseptischen Bedingungen in vorsterilisierte bzw. desinfizierte Pappbecher anführen.

a) mit feuchter Hitze — UHT-Verfahren, Uperisation: das unverpackte, homogene Gut mit niedriger bis mittlerer Viskosität wird im Durchlauf bei Temperaturen von 130–150 °C in wenigen Sekunden sterilisiert, heruntergekühlt und aseptisch abgefüllt.

b) durch Sterilfiltration — Eines der wichtigsten Verfahren zur Entkeimung von klaren Flüssigkeiten, wie z. B. Mineralwasser, Wein und Bier: Eingesetzt werden dazu geeignete Rückhaltefilter, z. B. Membranfilter mit einer Nennporenweite von 0,2 μm zur Abscheidung von Bakterien und von 0,45 μm für die Abtrennung von Hefen. Auch Tiefenfilter wie KS, EK und EKS können für diesen Zweck verwendet werden. Viren lassen sich nur unter besonderen Bedingungen – mit adsorptiv wirkenden Filtermedien oder Ultrafiltern – eliminieren.

Entseuchung — syn. Desinfektion

Desinfektion — Selektive Maßnahme zur Abtötung oder irreversiblen Inaktivierung (Viren) von Krankheitserregern, um deren Übertragung auf Personen beim Kontakt mit der Umwelt (Hände, Gegenstände, Instrumente, Raumluft) zu verhindern. Die derart behandelten Objekte sind keineswegs steril.

a) Physikalische Verfahren

- feuchte Hitze — Abgestufte Verfahren, bei denen feuchte Hitze eingesetzt wird. Beispiel: Pasteurisieren
- trockene Hitze — wird nur bei Instrumenten und Geräten angewandt

b) Chemische Verfahren

Beispiel chemischer Desinfektionen im LM-Bereich: Desinfektion von Trinkwasser (Chlorung, Ozonung, Silberung); Desinfektion von Salaten mit Chlorabspaltern bzw. Kaliumpermanganat

- Händedesinfektion — unter Verwendung von den für diesen Zweck von der VII. Liste der DGHM empfohlenen Präparate.
- Händedekontamination — Eine neue Präparategruppe mit geringerem Alkoholanteil und abgeschwächter Desinfektionswirkung ist für die Händedekontamination zur Anwendung in lebensmittelverarbeitenden Betrieben vorgesehen. Die Prüfung erfolgt durch die DGHM, ebenso die Eintragung in die entsprechende Liste.
- Flächendesinfektion — unter Verwendung von Präparaten der 1. Liste der DVG. (s. S. 261 f.)
- Gerätedesinfektion — unter Verwendung von Präparaten der 1. Liste der DVG. (s. S. 263) sowie von Präparaten mit dem DLG-Gütezeichen. (s. S. 298 ff.)
- Raumdesinfektion — falls erforderlich, nach den Angaben der 10. Liste des BGA. (s. S. 264)

Sanitation beschränkt sich im Gegensatz zur Desinfektion nicht nur auf die Ausschaltung von Krankheitserregern, sondern versucht auch, saprophytische, verderbniserregende Keime miteinzubeziehen. Aber auch die Sanitation führt nicht zu sterilen Objekten. In der Regel überleben sporentragende Bazillen.

Konservierung Sie hat zum Ziel, ein gegebenes Produkt unter bestimmten Bedingungen über einen genügend langen Zeitraum unverändert zu erhalten, d.h., einen mikrobiologisch bedingten Verderb zu verhindern.

a) Physikalische Methoden Übergeordnete Verfahren wie z.B. Sterilisation oder Desinfektion führen stets auch zu einer Konservierung, wenn alle ursprünglich vorhandenen Keime abgetötet wurden und das Produkt rekontaminationssicher verpackt ist (Dauerkonserven). Bei abgeschwächten Verfahren, z.B. einer Pasteurisierung, kann eine Kühllagerung einen Verderb hinauszögern, aber nicht verhindern.

Tiefkühlprodukte, die bei −18 bis −20 °C gelagert werden, sind ebenfalls als Dauerkonserven – mit Lagerzeiten bis zu 1 Jahr – anzusehen, doch müssen sie nach dem Auftauen sofort verwendet werden, da die sonst im Gut meist vorhandenen Keime zu einem raschen Verderb führen. (s. S. 89)

b) Chemische Methoden Nur durch den Zusatz zugelassener chemischer Konservierungsstoffe zu dem zu schützenden Lebensmittel läßt sich ein mikrobieller Verderb (nach vorausgegangener Eignungsprüfung = Konservierungsbelastungstest) unterbinden. Dabei ist die zulässige Höchstmenge für den KS zu berücksichtigen und dieser zu deklarieren.

Antimikrobielle Wirkstoffe

Konservierungsstoffe sind definierte chemische Substanzen oder Substanzgemische mit geringer Toxizität und hohem ADI-Wert, die für den Einsatz in Lebensmitteln zum Schutz gegen einen mikrobiellen Verderb bis zu einer bestimmten Höchstkonzentration zugelassen sind und entsprechend deklariert werden müssen.

Antibiotika Sind vorzugsweise von Mikroorganismen, vor allem von Bakterien, Streptomyceten und Schimmelpilzen, aber auch von verschiedenen Pflanzen und einigen Tieren gebildete Stoffwechselprodukte, die dazu befähigt sind, bei verhältnismäßig niedriger Konzentration eine Reihe von Mikroorganismen abzutöten oder sie in ihrem Wachstum (ihrer Entwicklung) zu hemmen.

– Einsatzbereiche Zur Therapie von Infektionskrankheiten bei Mensch und Tier geeignet. Eine Begrenzung der Rückstände bei tierischen Produkten ist vorgeschrieben (Störung bei Käserei, Joghurt u.a. Fermentationsprozessen).

	Zur Konservierung in Einzelfällen bei bestimmten Lebensmitteln zum Schutz vor dem Befall mit Hefen und Schimmelpilzen zugelassen: z. B. Pimaricin zur Oberflächenkonservierung von Käse und Käsedeckmassen; Nisin gegen anaerobe Sporenbildner in Schmelzkäse. Bestimmte, nach Art und Menge zugelassene Antibiotika werden auch bei der Tierernährung eingesetzt, dabei ist jedoch eine Begrenzung der Rückstände in den Erzeugnissen (z. B. im Fleisch, in Eiern usw.) erforderlich!
Chemotherapeutika	Streng genommen zählen auch Antibiotika zu dieser Wirkstoffgruppe, die natürlich und künstlich synthetisierte Produkte zur Chemotherapie von Infektionskrankheiten umfaßt. Genau wie bei den Antibiotika dürfen auch hier nur vom BGA zugelassene Produkte in festgelegter Höchstkonzentration für den bei der Registrierung festgelegten Zweck eingesetzt werden. In einigen Fällen werden solche Produkte auch als antimikrobielle Konservierungsmittel eingesetzt. Begrenzung der Rückstände bei tierischen Produkten vorgeschrieben.
Desinfektionsmittel	Chemisch definierte Stoffe oder Stoffgemische, die von bestimmten Institutionen auf ihre Wirksamkeit geprüft und empfohlen wurden. Sie besitzen bei bestimmten Konzentrationen ein ausreichendes Wirkungsspektrum, um innerhalb kurzer Einwirkungszeiten äußerlich anhaftende Krankheitserreger abzutöten oder irreversibel zu inaktivieren. In all diesen genannten Parametern, dem Wirkungsspektrum (z. B. auch gegen Viren wirksam), der Einwirkungszeit (bei der Händedesinfektion 0,5 bis 2 min) und der Einsatzkonzentration (bei Alkoholen 60–80%) unterscheiden sie sich erheblich.
Wirkungsspektrum	Es gibt einen Überblick über den antimikrobiellen und antiviralen Wirkungsbereich eines Stoffes oder Stoffgemisches (z. B. eines handelsüblichen Desinfektionsmittels) und nennt die Konzentrationen in µg/ml bzw. %, die zur Hemmung, Abtötung oder Inaktivierung der einzelnen Mikroorganismen oder Viren erforderlich sind.
Wirkungsgrad	Hinsichtlich des Wirkungsgrades eines bestimmten Wirkstoffes wird unterschieden zwischen einer – Abtötung (irreversiblen Inaktivierung) und einer – Vermehrungshemmung. Es gibt dabei substanzspezifische Unterschiede, doch wird der Wirkungsgrad in der Mehrzahl der Fälle von der am Wirkungsort vorliegenden „verfügbaren“ Wirkstoffkonzentration beeinflußt. In der Regel wird – im Vergleich zur Hemmung – für eine Abtötung der Keime eine etwa 5–10fach höhere Konzentration benötigt. Vielfach sind aber auch die Einwirkungszeit, der pH-Wert, die Temperatur und andere Milieufaktoren mitentscheidend.

Bei einer abtötenden bzw. inaktivierenden Wirkung sind folgende Begriffe gebräuchlich:

germizid	keimtötend
mikrobizid	Abtötung von Mikroorganismen
bakterizid	Abtötung von Bakterien
fungizid	Abtötung von Pilzen
sporizid	Abtötung von oft „hitzeresistenten" Bazillensporen
viruzid	Zerstörung, irreversible Inaktivierung von Viren.

Bei einer lediglich vermehrungs- bzw. reproduktionshemmenden Wirkung wird unterschieden zwischen

mikrobistatisch	Hemmung von Mikroorganismen
bakteriostatisch	Hemmung von Bakterien
fungistatisch	Hemmung von Pilzen
virustatisch	Hemmung der Reproduktion.

Wirkstoffkonzentration

Folgende Angaben sind gebräuchlich (meist in μg/ml, seltener auch g/ml bzw. %):

MMK	*m*inimale *m*ikrobizide *K*onzentration in μg/ml, die erforderlich ist, um eine bestimmte Keimpopulation (bei Angabe der Anzahl Keime/ml) abzutöten.
MBK	*m*inimale *b*akterizide *K*onzentration in μg/ml
MHK	*m*inimale keim*h*emmende *K*onzentration in μg/ml, die erforderlich ist, um die Vermehrung eines bestimmten Keimes zu hemmen.

sensibel

ist ein Mikroorganismus oder Virus dann, wenn er durch einen bestimmten Wirkstoff bzw. ein bestimmtes Sterilisations-, Desinfektions- oder Konservierungsverfahren geschädigt wird.

Resistenz

Die (relative) Unempfindlichkeit gegen einen antimikrobiellen Wirkstoff oder ein Keimschädigungsverfahren. Heute jedoch mehr im Sinne einer erworbenen Resistenz (durch Gewöhnung, Mutation und Selektion) gebraucht.
Unterscheidung zwischen natürlicher und erworbener Resistenz.

– Natürliche Resistenz

Eine Reihe von Mikroorganismen sind von Natur aus gegen einen bestimmten Wirkstoff oder ein Verfahren zur Verminderung der Keimzahl weniger empfindlich als andere.

– Erworbene Resistenz

ist die in Gegenwart eines Wirkstoffes bei bestimmten Keimarten ausgelöste, vererbbare Resistenz.

● Chromosomale Resistenz: Durch Mutation im Chromosom erworben und durch nachfolgende Selektion gefördert. Dabei Unterscheidung zwischen einer

– Einschrittresistenz, bei der bereits der erste Kontakt einer Keimpopulation mit einem Wirkstoff bei Resistenzraten von $1:10^7$ bis $1:10^8$ zu einzelnen resistenten Keimen führt.

- Vielschrittresistenz, bei der erst eine Reihe von Passagen mit langsam ansteigender Wirkstoffkonzentration das Auftreten resistenter Keime veranlaßt.

● Extrachromosomale oder infektiöse Resistenz: Dabei Unterscheidung zwischen

- durch R-Faktoren bedingte extrachromosomale Resistenz und der durch
- Plasmide (Übertragung durch temperierte Phagen, d.h. Lysogenisation) bedingte extrachromosomale Resistenz.

Persistenz — Normalempfindliche Keime sprechen infolge besonderer Milieubedingungen, z.B. einer Schleimbildung bei bestimmten Bakterien in Wasserversorgungsanlagen, nicht auf ein antimikrobielles Mittel an, da der Wirkstoff die gebildete Schleimhülle nicht durchdringen kann. Die auf den üblichen Nährböden angezogenen Keime reagieren normalempfindlich.

1 Die Ernährung des Menschen im Wandel der Zeiten

Der älteste bisher auf europäischem Boden nachgewiesene Urmensch ist der Homo erectus heidelbergensis (85). Er lebte vor etwa 600 000 Jahren, während und nach der Günz-Eiszeit (Alt-Pleistozän) und ernährte sich als Sammler und Tierbeuter. Er wurde zunächst im Rheintal bei Heidelberg 24 m unter der heutigen Erdoberfläche nachgewiesen. Neueste Ergebnisse belegen seine Existenz bereits um 683 000 v. Chr. bei Miesenheim im Neuwieder Becken (59). Das Feuer nutzte er wahrscheinlich noch nicht, wohl aber primitive Steinwerkzeuge zur Zerkleinerung seiner Nahrung. Der nur wenig jüngere Homo sapiens aus Vertésszöllös (Ungarn) kannte bereits ebenso wie der Homo sapiens steinheimensis (um 350 000 v. Chr.) den Umgang mit Feuer (Tabelle 1), was zu ersten Möglichkeiten beim Aufschluß von Nahrungsmitteln (Grillen von Fleisch) führte (37). Ein einzelner Sammler und Tierbeuter jener Zeit benötigte nach vorsichtigen Schätzungen (Abb. 1) für seine Versorgung mit Nahrungsmitteln ein Areal von 100 km^2.

Den ersten bedeutenden Fortschritt – durch Nutzung besserer Werkzeuge im „Haushalt" und neuer Waffen für die Jagd (Holzspeer, Pfeil und Bogen, Steinschleuder) sowie des „Feuerschlagens" mittels Pyrit und Zunder – verdankt die frühe Menschheit dem von 135 000 v. Chr. bis etwa 35 000 v. Chr. lebenden Homo sapiens neandertalensis. Er wurde als erster Urmensch schon im letzten Jahrhundert im Neandertal bei Düsseldorf gefunden und ist, wie weitere Ausgrabungen zeigen, nicht nur in Europa, sondern auch in Asien und Afrika (Rhodesia-Mensch) nachweisbar. Um etwa 35 000 v. Chr. verschwindet dieser grobschlächtige, aber intelligente Urmensch und wird durch den aus Südwestasien kommenden Homo sapiens sapiens abgelöst, der in seinem Erscheinungsbild (z. B. als Cro-Magnon-Mensch) schon weitgehend dem heutigen Menschen gleicht.

Gegen Ende der letzten Eiszeit, in der Würm-Eiszeit – etwa um 10 000 bis 8 000 v. Chr. –, stiegen die Temperaturen in unseren geographischen Breiten bis etwa auf die heutigen Werte an. Noch immer ernährten sich die Menschen als Sammler und Jäger, dies jedoch auf einer fortgeschrittenen Stufe und unter Nutzung besserer Waffen. Die ersten festen, für den Nahrungserwerb günstigen Siedlungsplätze wurden angelegt und über längere Zeit, wenn auch oft nur saisonal, genutzt. Wie bei der Ausgrabung eines solchen Siedlungsplatzes aus der Zeit um 10 000 v. Chr. bei Gönnersdorf a. Rhein entdeckt, benutzte man damals bereits festgebaute Großzelte mit einem Durchmesser von 6–7 m, die aus einem mit Pferdedecken bespannten Holzgerüst (Karkasse) bestanden. Daneben standen auch noch kleinere, transportable „Nomadenzelte" zur Verfügung. Abfallgruben geben noch heute Aufschluß über die auf dem Speisezettel stehenden Beutetiere. Im Innern des Großzeltes waren eine Feuerstelle mit Grillvorrichtung sowie „Kochgruben" installiert. Auch gehöhlte Steine – die ersten Talglampen – und Mörser fehlten nicht. Die dort gefundene Siedlung wurde beim Ausbruch eines Eifelvulkans 9 080 v. Chr. von einer über 2 m dicken

Tabelle 1. Der Mensch als Sammler, Wildbeuter und Jäger während der Eiszeiten von 600 000 bis 10 000 v. Chr.

Zeit v. Chr.	Kulturstufe	Eiszeitformation	Entwicklungsstufe des Menschen	Ernährungsweise			Werkzeuge Jagdwaffen						Feuernutzung					Behausung					
				Sammler und Wildbeuter	Sammler und primitiver Jäger	Sammler und Großwildjäger	primitive Werkzeuge	fortentwickelte Werkzeuge	Speer	Pfeil und Bogen	Steinschleuder	Speerschleuder	Feuernutzung	Feuergewinnung	Grillvorrichtung	Kochmulde	Töpferei	Freilandbewohner	Grotten	Höhlen	Nomadenzelt	feststehendes Zelt	Hütten
10 000	Jüngere Altsteinzeit	Nacheiszeit	Nachkommen des Cro-Magnon-Menschen			+		+	+	+	+	+	+	+	+	+				+	+	+	+
12 000	Jüngere Altsteinzeit	Würm-Eiszeit	Homo sapiens sapiens					+	+	+	+	+	+	+						+			+
35 000 85 000	Jüngere Altsteinzeit	Würm-Eiszeit	Homo sapiens neandertalensis			+		+	+	+	+		+	+						+	+		+
115 000	Ältere Altsteinzeit	Zwischen-Eiszeit																					
135 000	Ältere Altsteinzeit	Riss-Eiszeit																					
230 000	Ältere Altsteinzeit	Zwischen-Eiszeit	Homo sapiens steinheimensis		+		+		(+)				+							+			
370 000	Ältere Altsteinzeit	Mindel-Eiszeit																					
480 000	Ältere Altsteinzeit	Zwischen-Eiszeit	Homo sapiens aus Vertésszöllös (Ungarn) um 500 000 v. Chr.		+		+						+					+					
540 000	Ältere Altsteinzeit	Günz-Eiszeit	Homo erectus heidelbergensis[1)]	+			+						[2)]					+					
600 000																							

[1)] Neuere Funde vom Juli 1988 (59) sprechen für einen weiteren Siedlungsplatz des Homo heidelbergensis bei Miesenheim im Neuwieder Becken, der bislang unter den Basalttuffen einstiger Ausbrüche der Eifelvulkane begraben lag und dadurch konserviert wurde. Das Alter dieser Bimsschicht wurde aus dem radioaktiven Zerfall eines Argon-Isotops berechnet und mit 683 000 Jahren angegeben. Bislang wurden aus jener Zeit jedoch nur Steinwerkzeuge und Jagdbeutereste gefunden.

[2)] Jüngere Ausgrabungen in der „Schicht 3" der Swartkrans-Höhle in Südafrika sprechen dafür, daß bereits vor 1–1,5 Millionen Jahren der Australopithecus robustus und der Homo erectus das Feuer nutzten (70a).

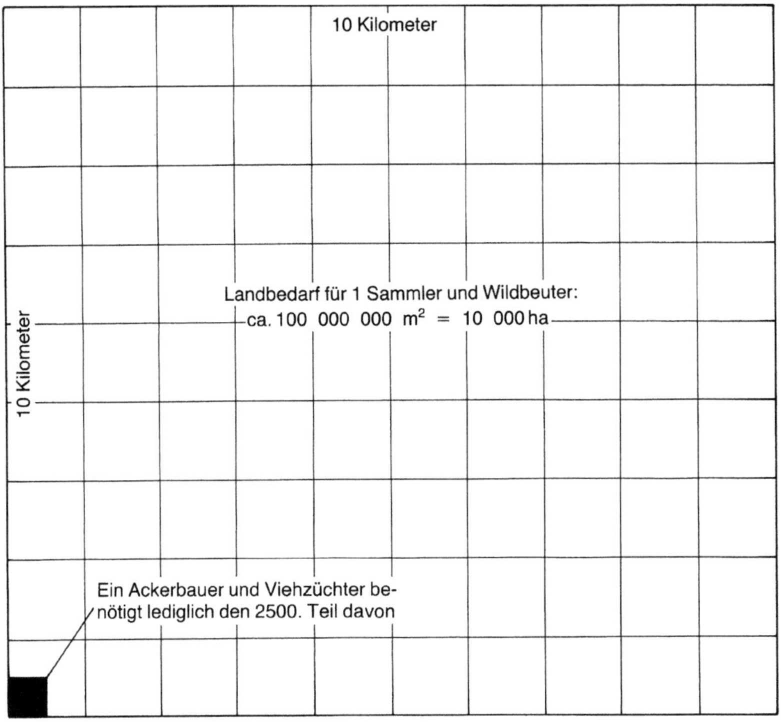

Abb. 1. Sicherstellung der menschlichen Ernährung:
Landbedarf für die Ernährung eines

- Sammlers und Wildbeuters ca. 10 000 ha (ca. 600 000 v. Chr.);
- Ackerbauern und Viehzüchters ca. 4 ha (ca. 5 000 v. Chr.);
- Dorfbewohners um 1 500 n. Chr. ca. 1,5 ha.
- Familienmitgliedes auf einem Bauernhof in der 1. Hälfte des 20. Jahrhunderts: Zur Erzielung einer Ackernahrung (Lebensunterhalt für ca. 7 Personen) wurde eine landwirtschaftliche Mindestnutzfläche (für ertragreiche Böden) von 7,5 ha, d.h. etwa 1 ha/Person, zugrunde gelegt.

Bimsschicht bedeckt und blieb so über einen Zeitraum von 11 000 Jahren hinweg unbeeinflußt (117). – Weitere Funde jener Zeit vermitteln einen Eindruck über die Jagdtechnik des damaligen Menschen. Großtiere (Mammut. Wisent und Auerochse) wurden in Fallgruben oder über Abhänge getrieben und dann mit Holzspeeren oder durch Steinwurf getötet. Eine der ältesten Hetzjagden offenbart ein 1914 beim Bau des Chemischen Instituts der Universität in Frankfurt am Main entdeckter Fund, bei dem die Skelette eines Auerochsen und eines Hundes aus der Zeit vor etwa 10 000 Jahren nebeneinanderliegend in einem kleinen Moor geborgen wurden (74).

Das lateinische Wort „cultura“, von dem sich das Wort „kultivieren“ ableitet, bedeutet Land bearbeiten, es urbar machen. Dies war letztendlich die Voraussetzung zum Seßhaftwerden des Menschen, dem Übergang von der Stufe des Sammlers und Jägers zu der des Ackerbauern und Viehzüchters. Erst dadurch wurde das Zusammenleben in größeren Gemeinschaften – zunächst in Dörfern, später in Städten – sowie eine weitere Arbeitsteilung möglich. Der Mensch mußte nicht mehr hinter seiner Nahrung herlaufen, er konnte sie nun durch richtige Nutzung seiner Felder und durch die Viehzucht mit wesentlich geringerem Aufwand und Risiko gewinnen. Durch gezieltere Auswahl ließ sich der Speiseplan besser variieren, doch mußten auch Vorräte zur Überbrückung der kalten Jahreszeiten gesammelt und richtig gelagert (konserviert) werden (Tabelle 2). Im Dorfverband entstanden Vorratshäuser, und die ersten Konservierungsmethoden wurden entwickelt. Das Trocknen von Fleisch, Fisch, Pilzen und Obst dürfte wohl zu den ältesten Verfahren gehören. Getreide und Obst ließen sich durch Trockenlagerung auch über den Winter bringen. Der Ackerbau begann in Mesopotamien und Ägypten um etwa 8 000 bis 5 000 v. Chr., in Mitteleuropa um etwa 5 500 v. Chr. zunächst als Hackbau, später dann – seit etwa 4 000 v. Chr. – unter Verwendung einfacher Holzpflüge. Auch hier wieder, im Kjökkenmöddinger-Bereich des nordwesteuropäischen Raumes (36), erlauben die Küchenabfallhaufen aus der Zeit um 4 500 v. Chr. einen Einblick in die Ernährungsgewohnheiten jener Zeit, in der Rind und Schaf bereits zu den Haustieren zählten (Tabelle 3). Anderenorts gesellten sich zur gleichen Zeit schon Schwein, Ziege, Pferd und Hund dazu. Zu den frühesten Kulturpflanzen (Tabelle 4) gehören die Getreidearten, die um diese Zeit aus ihren Ursprungsgebieten, den kargen Hochebenen von Iran, der Krim und dem Jordanland, wo sie als Wildformen wuchsen, über Mesopotamien und Ägypten zu uns gelangten. Durch Tauschhandel und frühe Völkerwanderungen wurden sie weiter verbreitet.

Die südosteuropäischen Bandkeramiker, die zwischen 5 500 und 2 400 v. Chr. auch bei uns siedelten (62), gelten als die älteste Ackerbaukultur Europas (Tabelle 5). Sie bauten bereits stattliche Langhäuser (30–45 m lang, 6–7 m breit) mit 3 Reihen von Tragpfosten, mit Schilfgeflecht und Lehmverputz, und lebten im Dorfverband mit bis zu 300 Einwohnern zusammen. Auch ihre Abfallgruben geben Aufschluß über diese

Tabelle 2. Aufbereitung von Lebensmitteln und ihre Konservierung.

Bereich	Verfahren bzw. Geräte	in Europa gebräuchlich seit (Jahre vor bzw. nach Chr.)	Ursprungsland
Zerkleinerungswerkzeuge und Geräte	Faustkeil	vor 600 000 v. Chr.	
	Steinklingen	ca. 40 000 v. Chr.	
	Steinmörser	ca. 40 000 v. Chr.	
	Handmühlen	vor 5 000 v. Chr.	Mesopotamien
Zubereitungsverfahren	Feuernutzung	ca. 500 000 v. Chr.	Afrika
	Feuererzeugung	ca. 45 000 v. Chr.	
	Grillen, Braten	ca. 500 000 v. Chr.	Zufallsentdeckung
	Kochen – in Kochgruben	vor 10 000 v. Chr.	
	– in Keramiktöpfen	ca. 5 500 v. Chr.	Mesopotamien
	Backen in Backöfen (Brot)	ca. 2 000 v. Chr.	Mesopot. (– 3 000)
	Alkoholische Gärung:		Zufallsentdeckung
	– Bierbrauerei	ca. 200	Mesopot. (– 3 500), Ägypten (– 2 500)
	– Weinherstellung	ca. 500 v. Chr. (Rätien)	Ägypten (– 3 000)

Tabelle 2. (Fortsetzung)

Bereich	Verfahren bzw. Geräte	in Europa gebräuchlich seit (Jahre vor bzw. nach Chr.)	Ursprungsland
Konservierungsverfahren	*Hitzebehandlung*		
	Kochen in rekontaminationssicherer Verpackung:		
	– in Glasflaschen	ca. 1840 n. Chr.	
	– in Konservendosen	ca. 1840 n. Chr.	Europa
	Abkochen von Milch	ca. 3000 v. Chr.	Zufallsentdeckung
	Pasteurisieren: von Bier	1870 n. Chr.	Europa
	Hocherhitzen		
	– im Autoklaven (Papinscher Topf zum Garkochen von Fleisch)	1682 n. Chr.	Europa
	– zur Sterilisation	ab 1884 n. Chr.	
	Trocknen		
	Lufttrocknen von Fleisch, Fisch, Gemüse, Obst, Pilzen	vor 10 000 v. Chr.	
	Trockenlagerung von Getreide	vor 1 700 v. Chr.	Ägypten
	Kühllagerung		
	im Eisschrank (Natureis)	verm. Mittelalter	
	mit Kunsteis	1878 n. Chr.	
	in Kühl- und Gefrierhäusern	ca. 1880 n. Chr.	Europa
	im Haushaltskühlschrank	ca. 1930 (1950) n. Chr.	Europa
	im Haushaltsgefrierschrank	ca. 1960 n. Chr.	
	Räuchern		
	von Fleisch und Fisch	vor 10 000 v. Chr.	
	Einsalzen, Einpökeln (n. holländ. Fischer Beukelz um 1400)		
	von Fleisch, Fisch, Gemüse	ca. 1500 v. Chr.	Mesopotamien
	von Sauerkraut	Mittelalter	Europa
	Einzuckern		
	Gelees, Marmelade	ca. 19. Jahrhundert	Europa
	Kandierte Früchte	Mittelalter	Orient
	Einsäuern (Essigsäuremarinade sowie Milchsäure)		
	von Fisch, Gurken, Pickels, sowie Produkten der Milchsäuregärung	verm. Mittelalter	
	Zusatz von Konservierungsstoffen		
	Schwefelung von Wein	z. Z. der Römer	Mittelmeerraum
	Benzoesäure	1908	USA
	Salicylsäure zur Konservierung von Obst, Kompotten, Gurken, Säften, Marmeladen	Ende d. 19. Jahrhunderts bis Mitte d. 20. Jahrhunderts, heute verboten	Deutschland
	PHB-Ester, Propionsäure, Ameisensäure, Sorbinsäure	ab 1950 als Konservierungsstoffe	Europa

Tabelle 3. Haustiere, erstes Auftreten und Herkunft.

Tierart	erstes Auftreten um ... v. Chr. in Europa	Mesopotamien	Ägypten	Wildform bekannt seit	in
„Jagd-Hund"	−10 000	−5 000	−5 000		
Rind	− 5 500	−7 000 bis −5 000	−5 000	−135 000	Europa
Schaf	− 5 500	−8 000 bis −5 000	−6 000		Mittelmeerraum
Ziege	− 5 000	−8 000 bis −5 000	−6 000		Mittelmeerraum
Schwein	− 5 000	−3 000	−3 000		Europa
Esel	− 3 000	−3 500		−135 000	Mittelmeerraum
Pferd	− 3 000	−3 000	−1 700	−150 000	Europa
Gans, Ente	− 3 000	−3 000	−3 000	−135 000	Europa
Huhn	− 400	−2 400	−1 400		Ostasien

Tabelle 4. Kulturpflanzen, erstes Auftreten und Herkunft.

Pflanzenart	erstes Auftreten um ... v. Chr. in Europa	Mesopotamien	anderen Ländern	Wildform bekannt in
Weizen	−5 500	−3 500		
Gerste[1]	−5 500	−3 500		Ostasien
Hirse	−5 500			Mittelasien
Emmer	−5 000	−3 500		Vorderasien
Roggen[2]	− 500			
Hafer[2]	− 500			
Reis	ca. +1 300		−3 500 (Thailand)	Ostasien
Mais	ca. +16. Jahrhundert		−2 000 (Mittelamerika)	Mittelamerika
Linsen[2]	−5 000			Europa
Erbsen[2]	−5 000			Europa
Bohnen[2]	−5 000		−2 000 (Mittelamerika)	Europa
Kartoffel	ca. +18. Jahrhundert		−2 000 (Mittelamerika)	Mittelamerika
Zuckerrohr	+ 8. Jahrhundert		− 500 (Indien)	Ostasien
Zuckerrübe	+19. Jahrhundert			Europa
Kohlarten	−2 000			Europa

[1] Als zweizeilige Wildform bereits seit 10 500 v. Chr. in Griechenland nachgewiesen.
[2] Beim Getreideanbau als „Unkraut" mit eingeschleppt.

Zeit: Sie nutzten die Töpferei, noch ganz per Handfertigung zwar, ohne Töpferscheibe (die 2 500 v. Chr. erstmals in Mesopotamien nachgewiesen wurde), aber mit charakteristischen Verzierungen versehen, die eine Abtrennung von späteren „Kulturen" erlaubt. Die so gewonnenen Tongefäße wurden zum Kochen über dem Feuer, zur Vorratshaltung und als Trinkgefäße genutzt. Getreide, vor allem Gerste, Weizen und Hirse, wurde angebaut und in reifem Zustand mit Sichelklingen geschnitten. Nach dem Ausklopfen wurden die Körner trockengelagert und bei Bedarf mit Handmühlen zu Mehl vermahlen. Der daraus gewonnene Brei diente über lange Zeit – oft noch mit einem Milchzusatz – als Hauptspeise. Das Brotbacken, zunächst auf dem Herd, später im Backofen, wurde in Mitteleuropa erst um 2 000 v. Chr. heimisch (in Mesopotamien schon seit 3 000 v. Chr.). Mit der Bierbrauerei begannen um 3 000 v. Chr. die Sumerer, doch seit 2 500 v. Chr. wurde sie auch bei den Ägyptern angewandt.

Tabelle 5. Der Mensch wird seßhaft. Errungenschaften der Fischer- und Jäger-Kulturen an den Nordseeküsten sowie der frühen Ackerbau- und Viehzüchter-Kulturen im mitteleuropäischen Raum während der Mittelsteinzeit und Jungsteinzeit.

Zeit v. Chr.	Kulturstufe	Bezeichnung/ Fundort	Werkzeuge/ Haushalt						Ackerbau						Beleuchtung/ Töpferei					Behausung					Siedlungsverband					Ackerbau/ Nutzpflanzen									Viehzucht/ Haustiere					
			Messerklinge	Schaber	Steinbeil	Sichel (Holz u. Feuerstein)	Mahlstein (Mörser)	Küchenabfallgrube	Spaten	Hackstock	Steinhacke	Pflug	Wagen	Einbaum	Feuererzeugung	Kochmulde	Grill	Backofen	Töpferei	Nomadenzelte	feststehendes Zelt	Hütten	Langhäuser	Pfahlbauten	Weiler	Dorf	Anzahl Häuser	Einwohner	Befestigungswall	Gerste	Weizen	Emmer	Einkorn	Hirse	Hafer	Erbsen	Bohnen	Linsen	Hund	Rind	Schaf	Ziege	Schwein	Pferd
3500		Mesopotamien *Sumerer*									+	+	+					+	+			+				+			+	+	+	+							+	+	+	+		
		Ägypter								+		+						+	+			+				+				+	+								+	+				
3500	Jungsteinzeit	Federseemoor Aichbühl[1]			+						+	+	?	+					+					+		+	22	ca. 100																
5000		Bandkeramiker/ NW-Europa	+		+	+	+	+			+				+				+				+			+			+	+	+			+		+	+	+	+	+	+	+	+	
5500	Mittelsteinzeit	Bandkeramiker/ Nieder-Eschbach[2]	+	+			+	+											+				+		+	+	5	35	+	+		+	+							+	+	+	+	
6000		Fischer u. Jäger/ Ertebölle, Dänemark[3]	+	+	+		+	+	+					+					+			+			+														+[3]					
10400		Jägersiedlung Gönnersdorf am Rhein			+		+	+							+	+	+			3	3									+[4]									+[5]					

[1] s. Lit. 129

[2] Bericht vom März 1987 über die Ausgrabungen in Nieder-Eschbach (62)

[3] Maglemose-Kultur, Fundort dänische Insel Seeland (99)

[4] Zweizeilige, bespelzte Wildgerste wurde bereits zwischen 10 500 und 6 000 v. Chr. in Wohnhorizonten der Franchtihöhle (Pelepones) nachgewiesen (88)

[5] Ausgrabungen 1914 in Frankfurt am Main beim Bau des Chemischen Instituts der Universität (74)

Außer Getreide wurden bereits Ackerbohnen, Linsen und Erbsen angepflanzt. Eine ausgeprägte Viehhaltung sorgte für Fleisch- und Milchprodukte, doch wurde der Speiseplan stets noch mit Wildbret und Waldbeeren ergänzt. Nach 10–15 Jahren Pflanzzeit war der Ackerboden erschöpft, und das Dorf mußte verlagert werden. Eine Rückkehr an den gleichen Ort war nach etwa 50–60 Jahren Erholungszeit für den Boden durchaus möglich. Später versuchte man, mit der Dreifelderwirtschaft der Verarmung des Bodens zu begegnen, bevor im 20. Jahrhundert die entstandenen Verluste durch Zufuhr von synthetisch hergestelltem mineralischen Dünger ausgeglichen werden konnten.

Im Laufe der Jahrtausende brachte jede Siedlungswelle neue Kulturbeiträge mit sich. Schon früh, früher als in Ägypten, wurde in Europa der Wagen als Transportmittel genutzt (Funde in norddeutschen Mooren). Bronze- und Eisenzeit brachten bessere Werkzeuge. Ein weiterer Hauptimpuls ging von der römischen Besatzungszeit aus. Kulturpflanzen und Eßgewohnheiten des mächtigen Römerreiches fanden, soweit es unser Klima zuließ, Eingang, so vor allem auch der Weinbau. Nach der Christianisierung waren es insbesondere die Klöster, die den Pflanzenbau, den Weinbau, die Bierbrauerei, die Fisch- und die Viehzucht weiterentwickelten. Die Entdeckung Amerikas brachte im 16. Jahrhundert noch einmal eine einschneidende Änderung der europäischen Ernährungsgewohnheiten mit sich. Wichtigstes Einfuhrgut war die Kartoffel, die im 19. Jahrhundert für kurze Zeit das Brot als Hauptnahrungsmittel von seinem ersten Platz verdrängte. Aber auch Paprika, Tomaten, Bohnen, Kürbis, Mais, Sonnenblume und Baumwolle kamen auf diesem Weg nach Europa. Erst sehr spät ersetzte der Rohrzucker den bisher genutzten Bienenhonig als Süßungsmittel. Seit etwa 500 v. Chr. in Indien angebaut, wurde er erstmals durch Alexander den Großen in Europa bekannt. Doch es dauerte noch über tausend Jahre, bis man das Zuckerrohr auch in Ägypten und Spanien anpflanzte und der daraus gewonnene Rohrzucker auf dem Weltmarkt erschien. Allgemeingut wurde erst der aus einer einheimischen Betarübe, der „Zuckerrübe", zu Beginn des 19. Jahrhunderts erzeugte Rübenzucker.

Darüber hinaus brachte das 19. Jahrhundert mit der stürmischen Entwicklung der Naturwissenschaften, so vor allem der organischen Chemie und der Mikrobiologie, eine entscheidende Wende bei der Aufklärung von Ursache und Wirkung des Lebensmittelverderbs. Wenn auch der sonst so avantgardistische und scharf beobachtende Justus v. Liebig, dem wir – neben seinen großen Leistungen im Bereich der Chemie – Fleischextrakt, Dauerbrot und die mineralische Düngung verdanken, in seinen „Chemischen Briefen" von 1851 die Meinung vertritt, daß „mikroscopische Thiere nicht die Ursache der Fäulniß sind", so stand es drei Jahrzehnte später eindeutig fest: Sie – Mikroorganismen (Bakterien und Pilze) – sind es eben doch. Schon in den dreißiger Jahren wurde nachgewiesen, daß ein Erhitzen von Milch oder Traubensaft auf Siedetemperatur diese Getränke vor Fäulnis bewahrt (s. Tabelle 2). Seit etwa 1840 konservierte man nach v. Liebig „in England, Frankreich und Deutschland Suppen, Gemüse und Fleischspeisen aller Art in Büchsen aus verzinntem Eisenblech mit luftdicht verlötetem Deckel durch anschließendes Erhitzen auf Siedetemperatur". „Wenn dieser Hitzegrad die Masse in der Büchse bis zur Mitte durchdrungen hat, was, wenn sie in siedendes Wasser gelegt werden, immer 3–4 Stunden dauert, so haben jetzt diese Speisen eine, man kann sagen, ewige Dauer". „Diese schätzbare Aufbewahrungsmethode hat in einer Menge Haushaltungen dieser Gegend, in Frankfurt und Darmstadt Eingang gefunden und die Hausfrauen in den

Stand gesetzt, den Tisch im Winter mit den seltensten Gemüsen des Frühlings und Sommers, sowie mit Fleisch- und anderen Gerichten zu zieren, die sonst nur zu gewissen Jahreszeiten zu haben sind" (94). Bis in die heutige Zeit hat sich diese Methode der Konservensterilisation – ebenso wie das Einwecken in Gläsern mit Gummiring und Deckel – bewährt, wobei jedoch notwendigerweise höhere Behandlungstemperaturen (Bedingungen der Autoklaven-Sterilisation, wie z.B. 20 min bei 121 °C) eingesetzt werden. Eine temporär wirksame, für das Produkt schonendere Kurzzeitbehandlung führte Louis Pasteur erstmals 1870 für Bier ein (Pasteurisieren). Das Verfahren wurde wenige Jahre später auch für Trinkmilch und Säfte übernommen. Es zielt in erster Linie auf die Ausschaltung von pathogenen Keimen, wie z.B. Mycobacterium bovis in der Milch und den Hauptverderbniserregern im Bier, ab. Dabei werden jedoch keineswegs alle Keime vernichtet und ein Verderb durch die überlebenden Bakterien lediglich hinausgezögert, nicht aber verhindert.

Gegen Ende des 19. Jahrhunderts wurden außerdem Voraussetzungen für eine der heute weitaus bedeutendsten Konservierungsmethoden für Lebensmittel geschaffen: die Kühllagerung bzw. das Einfrieren. Das im Winter geerntete und in Eiskellern aufbewahrte „Natureis" konnte im Jahre 1878 zunächst durch „Kunsteis" ersetzt werden und diente zum Betrieb von „Eisschränken" für die Kühllagerung von Lebensmitteln. Um 1880 erfolgte dann der Bau von Kühl- und Gefrierhäusern in den Großstädten, hauptsächlich zur Lagerung von Fleisch in Schlachthöfen. Der erste Haushaltskühlschrank ging in den zwanziger Jahren des 20. Jahrhunderts in Serienproduktion, doch wurde er erst in den fünfziger Jahren Allgemeingut in den Privathaushalten. Kaum zehn Jahre später eroberte sich die Tiefkühltruhe ihren festen Platz im heimischen Versorgungsbereich. Im Jahre 1987 verfügten ca. 60% der deutschen Haushalte über ein Tiefgefriergerät (Tiefkühltruhe). Gerade das „Einfrieren" von Lebensmitteln hat ihre Qualität beim Verbraucher, der über „Kühlketten" beliefert wird, entscheidend beeinflußt.

Seit den zwanziger Jahren dieses Jahrhunderts wurde vor allem auch die Technologie zur Herstellung von „Vollkonserven", d.h. Sterilprodukten, sowohl durch Sterilisation im Endbehältnis als auch durch aseptische Verfahren (s. S. 78f.) erheblich verbessert. Daneben erschloß der Einsatz von behördlich zugelassenen, chemischen Konservierungsstoffen einen weiteren Bereich der Lebensmittel, wodurch deren Verderb unter normalen Lagerungsbedingungen (bei Raumtemperatur) verhindert wird. Von seiten des Gesetzgebers wurde frühzeitig Vorsorge dafür getroffen, daß die Qualität unserer Lebensmittel ein hohes Niveau halten kann, das durch entsprechende Überwachungsmaßnahmen abgesichert wird. Diese Vorsorge gilt für die Qualität der Lebensmittel bis zum Zeitpunkt der Abgabe an den Verbraucher und bei Einhaltung der für einige Produkte angegebenen „Aufbrauchszeit". Unberücksichtigt bleibt jedoch, was im Bereich des Verbrauchers geschieht, wenn dieser z.B. Vollkonserven nach dem Öffnen des rekontaminationssicheren Behältnisses, dem „Anbrauch", nicht sofort verwendet, sondern unvorschriftsmäßig über die nicht immer bekannte „Aufbrauchszeit" hinaus lagert und dann verzehrt. Hat in der Zwischenzeit ein Verderb stattgefunden – was nicht immer sichtbar und geruchlich wahrnehmbar ist – so kann das zu einer schweren Lebensmittelvergiftung führen. Früher kamen solche Fälle sehr häufig vor, heute sollten sie sich vermeiden lassen. Dazu müssen jedoch alle Beteiligten über die Erfordernisse beim Umgang mit Lebensmitteln aufgeklärt werden. Die nachfolgenden Kapitel möchten dazu einen Beitrag leisten.

2 Gesetzliche Grundlagen

Lebensmittel sind nicht nur für Mensch und Tier lebensnotwendig, sondern auch für die sich rasch vermehrenden Mikroorganismen, deren ungeheuere Stoffwechselleistungen teils zu erwünschten Umsetzungsprozessen, wie z.B. der alkoholischen Gärung, der Milchsäuregärung u.a., vor allem aber auch zu deren Verderb führen. Letzterem fallen nach vorsichtigen Schätzungen noch heute mehr als 20% aller Ernteerträge zum Opfer.

Verdorbene Lebensmittel können bei Mensch und Tier schwere Schäden verursachen: etwa durch Übertragung beteiligter Krankheitserreger (Salmonellen, Clostridium botulinum u.a.) oder durch schädliche Stoffwechselprodukte, wie z.B. Toxine (Aflatoxine, Botulinustoxine u.a.) oder biogene Amine, um nur einige zu nennen.

Um den Verbraucher vor solchen Schäden zu bewahren, gibt es in allen zivilisierten Ländern entsprechende gesetzliche Regelungen. In der Bundesrepublik Deutschland dienen mehr als 180 Gesetze, Verordnungen, Richtlinien, DIN-Vorschriften und sonstige Bestimmungen diesem Zweck.

2.1 Das Lebensmittel- und Bedarfsgegenständegesetz (LMBG)

Bereits am 14. Mai 1879 wurde das erste reichseinheitliche „Gesetz betreffend den Verkehr mit Nahrungsmitteln, Genußmitteln und Bedarfsgegenständen" zum Schutze des Verbrauchers vor gesundheitlichen Gefahren und wirtschaftlichen Schäden erlassen. Weitere Stationen auf diesem Wege waren das Lebensmittelgesetz von 1936 (LMG), die Fremdstoffnovelle von 1958 sowie das Lebensmittel- und Bedarfsgegenständegesetz (LMBG) vom 15. August 1974, das ständig überarbeitet wird und in der heute gültigen Fassung vom 1. April 1987 vorliegt (28).

In den Schutzbereich des Gesetzes neu einbezogen wurden die Reinigungs-, Pflege- und Desinfektionsmittel für sogenannte Lebensmittelbedarfsgegenstände sowohl für den häuslichen als auch für den industriellen Bereich (§5 Abs. 1 Nr. 7 u. 8).

2.2 Begriffsbestimmungen im LMBG

Die verwendeten Begriffsbestimmungen entstammen dem LMBG in der Fassung vom 1. April 1987.

Lebensmittel (LMBG, § 1)

(1) Lebensmittel im Sinne dieses Gesetzes sind Stoffe, die dazu bestimmt sind, in unverändertem, zubereitetem oder verarbeitetem Zustand von Menschen verzehrt zu werden; ausgenommen sind Stoffe, die überwiegend dazu bestimmt sind, zu anderen Zwecken als zur Ernährung oder zum Genuß verzehrt zu werden.
(2) Den Lebensmitteln stehen gleich ihre Umhüllungen, Überzüge oder sonstigen Umschließungen, die dazu bestimmt sind, mitverzehrt zu werden, oder bei denen der Mitverzehr vorauszusehen ist.

Zusatzstoffe (LMBG, § 2)

(1) Zusatzstoffe im Sinne dieses Gesetzes sind Stoffe, die dazu bestimmt sind, Lebensmitteln zur Beeinflussung ihrer Beschaffenheit oder zur Erzielung bestimmter Eigenschaften oder Wirkungen zugesetzt zu werden; ausgenommen sind Stoffe, die natürlicher Herkunft oder den natürlichen chemisch gleich sind und nach allgemeiner Verkehrsauffassung überwiegend wegen ihres Nähr-, Geruchs- oder Geschmackswertes oder als Genußmittel verwendet werden, sowie Trink- und Tafelwasser.
(2) Den Zusatzstoffen stehen gleich:

1. a) Mineralstoffe und Spurenelemente sowie deren Verbindungen außer Kochsalz,
   b) Aminosäuren und deren Derivate,
   c) Vitamine A und D sowie deren Derivate,
   d) Zuckeraustauschstoffe, ausgenommen Fruktose,
   e) Süßstoffe;
2. Stoffe, mit Ausnahme der in Absatz 1 zweiter Halbsatz genannten, die dazu bestimmt sind,
   a) bei dem Herstellen von Umhüllungen, Überzügen oder sonstigen Umschließungen im Sinne des § 1 Abs. 2 verwendet zu werden,
   b) der nicht zum Verzehr bestimmten Oberfläche von Lebensmitteln zugesetzt zu werden,
   c) bei dem Behandeln von Lebensmitteln in der Weise verwendet zu werden, daß sie auf oder in die Lebensmittel gelangen;
3. Treibgase oder ähnliche Stoffe, die zur Druckanwendung bei Lebensmitteln bestimmt sind und dabei mit diesen in Berührung kommen.

Auf die wichtigsten im Zusammenhang mit der Verhütung eines mikrobiellen Verderbs bedeutsamen Zusatzstoffe wird auf S. 104ff. näher eingegangen. Zusatzstoffverbote können nach § 11 ausgesprochen werden. Darüber hinaus bedürfen alle nicht ausdrücklich freigestellten Zusatzstoffe der Zulassung nach § 12 LMBG. Sie darf nur erfolgen, wenn die Verwendung des Stoffes gesundheitlich unbedenklich und technologisch erforderlich ist. Es ist weiterhin zu beachten, daß

- Zusatzstoffe grundsätzlich kenntlich gemacht werden müssen und daß
- die Verwendung von Zusatzstoffen den Gebrauch bestimmter attraktiver Bezeichnungen wie „naturrein" oder „natürlich" ausschließt (§ 17 Abs. 1 Nr. 4).

Verbraucher (LMBG, § 6)

(1) Verbraucher im Sinne dieses Gesetzes ist derjenige, an den Lebensmittel, Tabakerzeugnisse, kosmetische Mittel oder Bedarfsgegenstände zur persönlichen Verwendung oder zur Verwendung im eigenen Haushalt abgegeben werden.
(2) Dem Verbraucher stehen gleich Gaststätten, Einrichtungen zur Gemeinschaftsverpflegung sowie Gewerbetreibende, soweit sie in Absatz 1 genannte Erzeugnisse zum Verbrauch innerhalb ihrer Betriebsstätte beziehen.

Herstellen (LMBG, § 7)

Das LMBG versteht darunter das Gewinnen, Herstellen, Zubereiten, Be- und Verarbeiten. Zum Schutze der Gesundheit ist es nach § 8 verboten,

1. Lebensmittel für andere derart herzustellen oder zu behandeln, daß ihr Verzehr geeignet ist, die Gesundheit zu schädigen;
2. Stoffe, deren Verzehr geeignet ist, die Gesundheit zu schädigen, als Lebensmittel in den Verkehr zu bringen.

Inverkehrbringen (LMBG, § 7)

Darunter wird das Anbieten, das Vorrätighalten zum Verkauf oder zu sonstiger Abgabe, das Feilhalten und jedes Abgeben an andere verstanden.

Behandeln (LMBG, § 7)

Hierunter fallen alle Maßnahmen wie wiegen, messen, um- und abfüllen, stempeln, bedrucken, verpacken, kühlen, lagern, aufbewahren, befördern sowie jede sonstige Tätigkeit, die nicht als Herstellen, Inverkehrbringen oder Verzehren anzusehen ist.

Verzehren (LMBG, § 7)

Essen, Kauen, Trinken sowie jede sonstige Zufuhr von Stoffen in den Magen.

2.3 Ermächtigung zum Schutze der Gesundheit (LMBG, §9)

Neben den Verboten zum Schutze der Gesundheit (§8, s. unter Herstellen) wird der Bundesminister ermächtigt, soweit es erforderlich ist, um die Gefährdung der Gesundheit durch Lebensmittel zu verhüten, eine Reihe von Maßnahmen durch Rechtsverordnung mit Zustimmung des Bundesrates einzuleiten. Die entsprechenden Maßnahmen sind in §9 genau aufgeführt.

2.4 Ermächtigung für Hygienevorschriften (LMBG, §10)

Hier sind alle Maßnahmen festgelegt, die dazu dienen, der Gefahr einer ekelerregenden oder sonst nachteiligen Beeinflussung von Lebensmitteln – durch Mikroorganismen, Verunreinigungen, Gerüche, Temperaturen, Witterungseinflüsse, Behandlungs- oder Zubereitungsverfahren – vorzubeugen, und sofern die Voraussetzungen für eine Regelung durch Rechtsverordnungen nach §9 dieses Gesetzes oder nach §11 Abs. 2 des Bundesseuchengesetzes nicht erfüllt sind, Vorschriften zu erlassen, die eine einwandfreie Beschaffenheit der Lebensmittel von ihrer Herstellung bis zur Abgabe an den Verbraucher sicherstellen. Die Landesregierungen werden ermächtigt, Rechtsverordnungen nach Absatz 1 solange zu erlassen, wie der Bundesminister von seinem Verordnungsrecht keinen Gebrauch macht.

2.5 Bestrahlungsverbot und Zulassungsermächtigung (LMBG, §13)

(1) Es ist verboten,
   1. bei Lebensmitteln gewerbsmäßig eine nicht zugelassene Bestrahlung mit ultravioletten oder ionisierenden Strahlen anzuwenden;
   2. Lebensmittel gewerbsmäßig in den Verkehr zu bringen, die entgegen dem Verbot der Nummer 1 oder einer nach Absatz 2 erlassenen Rechtsverordnung bestrahlt sind.

(2) Der Bundesminister wird ermächtigt, im Einvernehmen mit den Bundesministern für Ernährung, Landwirtschaft und Forsten und für Forschung und Technologie durch Rechtsverordnung mit Zustimmung des Bundesrates,
   1. soweit es mit dem Schutz des Verbrauchers vereinbar ist, eine solche Bestrahlung allgemein oder für bestimmte Lebensmittel oder bestimmte Verwendungszwecke zuzulassen;
   2. soweit es zum Schutze des Verbrauchers erforderlich ist, bestimmte technische Verfahren für zugelassene Bestrahlungen vorzuschreiben.

2.6 Kenntlichmachung (Deklaration), (LMBG, § 16)

(1) Der Gehalt der Lebensmittel an den in Rechtsverordnungen nach § 12 Abs. 1 Nr. 1 zugelassenen Zusatzstoffen und die Anwendung der in Rechtsverordnungen nach § 13 Abs. 2 Nr. 1 zugelassenen Bestrahlung sind kenntlich zu machen. Der Bundesminister wird ermächtigt, in diesen Rechtsverordnungen die Art der Kenntlichmachung zu regeln sowie Ausnahmen von der Verpflichtung zur Kenntlichmachung zuzulassen, soweit es mit dem Schutz des Verbrauchers vereinbar ist.

3 Qualität

Bislang gibt es im Lebensmittelbereich noch keine offizielle Definition des Begriffes „Qualität". Es dürfte sicherlich auch schwerfallen, für diese breite Produktpalette allgemeingültige Parameter zu finden. Der Verbraucher richtet sich in erster Linie nach *organoleptischen* Gesichtspunkten, d.h., er prüft nach Aussehen (Farbe, Frische), Geruch und – oft erst später – Geschmack. Zu diesen subjektiven Beurteilungen kommen dann noch jene Qualitätsmerkmale hinzu, die für den Verbraucher ein Risiko darstellen können, sich aber nur durch offizielle Überwachungsorgane (z.B. Landesuntersuchungsämter) erfassen lassen, etwa der Gehalt an Schadstoffen oder gewissen Zusatzstoffen.

3.1 Der Qualitätsbegriff

In Anlehnung an das Arzneimittelgesetz (AMG, 12) läßt sich die Qualität eines Lebensmittels etwa so definieren:

> Qualität ist die Beschaffenheit eines Lebensmittels, die nach Identität, Aussehen (Farbe, Frische), Geruch und Geschmack sowie sonstigen chemischen, physikalischen und biologischen Einflüssen beurteilt wird.

Der Entwurf zur DIN 55350, Teil 11 (März 1986) versteht unter Qualität „die Beschaffenheit einer Einheit bezüglich ihrer Eignung, festgelegte und vorausgesetzte Anforderungen zu erfüllen". Die Beschaffenheit umfaßt dabei stets „die Gesamtheit aller Qualitätsmerkmale". Hierbei kommt klar und deutlich zum Ausdruck, daß für jedes Produkt bereits in der Entwicklungsphase von endverpackten Lebensmitteln ein Qualitätsprofil zu erstellen ist, das bei der anschließenden Produktion auch gehalten werden kann. Schwierig wird es mit der Auslegung einer „Einheit". Im pharmazeutischen und kosmetischen Bereich wird ganz allgemein in Chargen unterteilt, wobei davon ausgegangen wird, daß jede „Einheit" einer solchen Charge (Dose, Tube oder Flasche) stets homogen beschickt und anschließend so behandelt wird, daß sie einem einheitlichen Qualitätsprofil und insbesondere dem gleichen mikrobiellen Kontaminationsrisiko unterliegt. Solche Fälle sind in der Lebensmittelindustrie jedoch auf Vollkonserven und Sterilmilch beschränkt, wo ebenfalls mit erheblichen „Stückzahlen" gearbeitet wird. Schwieriger wird es mit der Auslegung des Begriffes Charge auf dem Schlachthof oder bei der Verwertung von Eiern, wo jedes Tier bzw. Ei ein erneutes

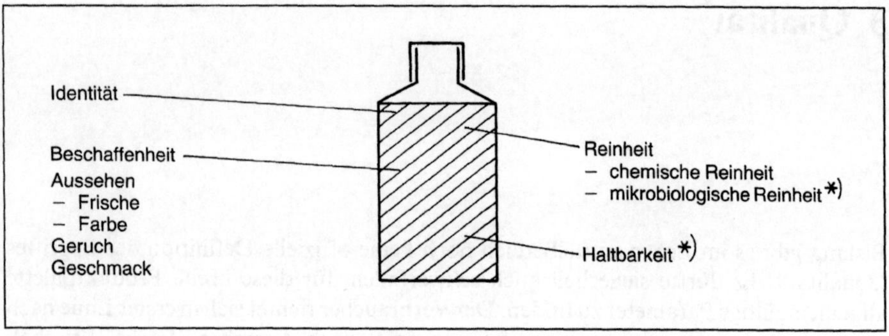

Abb. 2. Qualitätskriterien für Lebensmittel. (*: mikrobiologische Qualitätskriterien)

Kontaminationsrisiko darstellt. So kann ein kontaminiertes Ei bei der Herstellung von Eipulver eine ganze Eipulvercharge belasten.

In diesem Zusammenhang soll nachstehend lediglich auf die mikrobiologisch beeinflußten Qualitätsmerkmale (Qualitätskriterien) eingegangen werden, in erster Linie also auf die Reinheit aus mikrobiologischer Sicht, die ihrerseits jedoch in engem Zusammenhang mit der Haltbarkeit steht (Abb. 2). Ein mikrobieller Verderb läßt sich in der Regel nur verhindern, wenn es gelingt, die dafür verantwortlichen Mikroorganismen auszuschalten oder wenigstens ihre Vermehrung zu verhindern. Viren können zwar durch kontaminierte Lebensmittel (z. B. Muscheln) übertragen werden und beim Verbraucher Krankheiten (z. B. Hepatitis) verursachen, doch vermehren sie sich unter den vorliegenden Bedingungen nicht und haben keinerlei Einfluß auf den eigentlichen Verderb dieser Produkte.

3.2 Festlegung der Qualitätsmerkmale

Für jedes Produkt müssen zunächst unter Beachtung der Realisierungsmöglichkeiten die jeweiligen Qualitätsmerkmale ausgewählt und festgelegt werden, wobei ein vertretbarer Toleranzbereich zu berücksichtigen ist.

Wie die Tabelle 6 zeigt, wird hinsichtlich der Qualitätsmerkmale, die einen Verderb ausschließen, zwischen
- unbehandelter *Frischware* mit begrenzter Haltbarkeit und
- behandelter *lagerungsfähiger Ware*

unterschieden.

3.2.1 Frischware

Hierfür gelten ausschließlich *sensorische (organoleptische) Kriterien*, die durch wiederholte mikrobiologische Untersuchungen (Keimzahlbestimmungen in Relation

Tabelle 6. Organoleptische und mikrobiologische Qualitätsprüfungen bei verschiedenen Lebensmittelkategorien. (+: empfehlenswerte Kontrolle; (+): Prüfung sollte stichprobenartig durchgeführt werden; QM: Qualitätsmerkmal)

	Produktkategorie					
	Frische Ware (Frischfleisch, Frischgemüse)	kurzzeitkonservierte Produkte		langzeitkonservierte Produkte	Sterilprodukte	
		kühlgelagert (Frischwurst)	pasteurisiert (Milch)	unter Zusatz von Konservierungsstoffen	sterilisiert	aseptisch hergestellt
Erwartungen	Wahrung des QM „frisch"	keine Keimvermehrung	temporäre Keimverminderung	keine Keimvermehrung, Keimverminderung	Sterilität	Sterilität
Prüfungen						
organoleptisch	+	+	+	+		
mikrobiologisch						
– Keimzahl	(+)	(+)	(+)	(+)		
– Sterilität					(+)	(+)
– spez. Keime	(+)	(+)	(+)	(+)		

zum Frischegrad) abgesichert und validiert werden können. Nichtsdestoweniger bleibt für einen Teil der Frischware, insbesondere dann, wenn vor dem Verzehr kein Erhitzen mit ausreichender keimtötender bzw. virusinaktivierender Wirkung erfolgt, das Risiko einer Infektionsübertragung bestehen, so z.B. bei Salat, der mit Fäkalien gedüngt wurde. Ein solches Risiko läßt sich auch durch breitgestreute mikrobiologische Untersuchungen nicht ausschließen.

In besonders gefährdeten Gebieten (bei Auslandsreisen) sollte deshalb auf den Genuß frischer Salate verzichtet werden. Bei der Selbstherstellung solcher Salate (v.a. bei Blattsalaten) empfiehlt sich eine vorherige Desinfektion des Ausgangsmaterials mit geeigneten Mitteln (s. S. 221).

Nach Feststellung des Oberverwaltungsgerichts Rheinland-Pfalz darf pasteurisierte Milch als „frisch" bezeichnet werden (72a). Dies ist definitionsgemäß falsch. Eine hitzebehandelte Milch ist nicht mehr frisch, obgleich ihre Qualität kurzfristig verbessert wurde.

3.2.2 Lagerungsfähige Ware

Bei lagerungsfähigen Waren wird nach den Tabellen 7 und 8 unterschieden zwischen
- Sterilprodukten (Lagerzeit 1 Jahr und länger),
- keimarmen Produkten (Lagerzeit bis zu einem Jahr) und
- Produkten mit geringer Keimzahl und besonderen Lagerungsbedingungen.

Tabelle 7. Angestrebter bzw. geforderter mikrobiologischer Reinheitsgrad in den verschiedensten Produktbereichen (165). (+: Benutztes Verfahren zur Erzielung des Reinheitsgrades)

Produkt-bereich	Geforderter bzw. angestrebter Reinheitsgrad steril				begrenzte Keimzahl, frei von spez. Keimen											
	im Endbehältnis sterilisiert	vorsterilisiert, aseptisch abgefüllt	vorsterilisiert, aseptisch abgefüllt, pasteurisiert	sterilfiltriert, nach Abfüllen pasteurisiert	sterilfiltriert + KM (z. B. Wein) 0,45 µm-Filter	pasteurisiert, begrenzt haltbar (Milch)	pasteurisiert + CO_2 (z. B. Bier)	Zusatz eines Konservierungsmittels	Blanchieren + Tiefkühllagerung (Gemüse)	Kochen + Tiefkühllagerung (Fertiggerichte)	Tiefkühllagerung bei − 20 °C (Fleisch u. a. Produkte)	Kühllagerung (Temperatur unter 5 °C)	eingesalzene Produkte (Fleisch, Fisch)	fermentierte Wurst (stabilisiert durch Milchsäure, pH ca. 5, a_w-Wert ca. 0,6)	geräucherte Produkte (Fleisch, Fisch)	getrocknete Produkte (a_w-Grenzwerte)
Arzneimittel	+	+	+	+				+								
Lebensmittel	+	+		+	+	+	+	+	+	+	+	+	+	+	+	+
Kosmetika								+								
techn. Produkte								+								

3.2.2.1 Sterilprodukte

Definition: Der als absolut zu verstehende Begriff *steril* bedeutet „frei von *vermehrungsfähigen* Mikroorganismen".

Sterile Produkte werden gewonnen durch
- Sterilisation im rekontaminationssicheren Endbehälter mit feuchter Hitze bzw. durch
- Abfüllung eines vorsterilisierten Produktes (durch Hitze oder Entkeimungsfiltration) in vorsterilisierte Behältnisse sowie deren Versiegelung unter aseptischen Bedingungen.

Trotz des als absolut zu verstehenden Begriffes „steril" fällt es schwer, einen solchen Zustand experimentell nachzuweisen, da alle dazu benutzten Prüfmethoden letztendlich eine durch die gegebenen Bedingungen hervorgerufene Selektion (s. S. 26) bedeuten. Daneben hängt die Aussagekraft eines solchen Tests von der Größe der Stichprobe und dem Kontaminationsgrad des zu prüfenden Produktes ab. Bei der Sterilitätskontrolle von Arzneimitteln werden in der Regel auch bei Herstellungschargen mit über 100 000 Behältnissen kaum mehr als 20 Proben geprüft. In diesem Bereich

Tabelle 8. Qualitätskriterien hinsichtlich der mikrobiellen Reinheit von Fleisch- und Wurstkonserven. (Nach verschiedenen Quellen zusammengestellt.)

Qualitätsmerkmal	Produktklasse	Auflagen hinsichtlich der mikrobiellen Reinheit
steril	Vollkonserve (lagerfähig)	Im rekontaminationssicher verpackten Produkt sind keine vermehrungsfähigen Mikroorganismen nachweisbar. Vorhandene Viren wurden inaktiviert.
handelsüblich steril (Commercial Sterility)	Vollkonserve (lagerfähig)	Entspricht den Erwartungen auch dann, wenn in mehr als einer Dose der Sterilisatorladung <1000 KBE/g apathogene, nicht toxigene Keime gefunden wurden, wobei jedoch keine sensorischen Veränderungen auftreten dürfen.
keimarm	Vollkonserve (1 Jahr bei 20 °C lagerfähig)	$\leq 10^2$ KBE/g, wobei es zu keiner Keimvermehrung kommen darf. Neben mesophilen Keimen dürfen keine eiweißspaltenden saprophytischen Clostridien, keine Lactobazillen, keine unter anaeroben Bedingungen Nitrat-reduzierenden Bazillen (B. cereus, B. licheniformis, B. coagulans) sowie keine gramnegativen Bakterien nachweisbar sein. Das Produkt muß weiterhin sensorisch einwandfrei sein.
geringe Keimzahl	Dreiviertelkonserve (1 Jahr bei max. 10 °C lagerfähig)	$\leq 10^4$ KBE/g mesophile Mikroorganismen, wobei es zu keiner Keimvermehrung kommt. Die Lagertemperatur reicht zur Hemmung der hitzeresistenten, proteolytischen Clostridium-botulinum-Stämme aus.
geringe Keimzahl	Halbkonserve (Lagerung bei −2 °C bis +2 °C max. 14 Tage), z. B. eingedoste Brüh- und Kochwürste	$\leq 10^4$ KBE/g, meist apathogene Bazillen, Mikro- und Enterokokken, vereinzelt Clostridien ($<10^2$ KBE/g), jedoch keine eiweißspaltenden, gasbildenden Formen. Sensorik und Haltbarkeit müssen gewahrt bleiben.

wird der Prüfung des Endproduktes heute bei weitem nicht mehr die Bedeutung beigemessen, die sie noch vor 20 Jahren besaß. Heute hat man eingesehen, daß eine laufende Überwachung eines Produktionsprozesses mit Hilfe geeigneter Inprozeßkontrollen weit mehr Sicherheit gewährleistet.

Die modernen Arzneibücher (DAB 9, 35; PH.EUR. 2, 114; USP XXI, 145) räumen den empfohlenen Sterilisationsmethoden eine *Kontaminationswahrscheinlichkeit* von 10^{-6} ein, was bedeutet, daß von 1 Million behandelten (sterilisierten) Behältnissen nicht mehr als eines kontaminiert sein darf. Doch selbst wenn man bei einer entsprechenden Überprüfung nur ein kontaminiertes Behältnis nachweisen würde, wäre immer noch nicht geklärt, ob diese mikrobielle Verunreinigung (z. B. das Vorliegen hitzeresistenter Sporen) auf das Sterilisationsverfahren oder aber auf die Prüfung selbst zurückzuführen ist.

Handelsübliche Sterilität (*Commercial sterility*)

Diese im Lebensmittelbereich häufig benutzte Qualitätsbezeichnung ist unglücklich gewählt und sollte vermieden werden. Verstanden wird darunter ein zwar im Endbehältnis behandeltes Produkt (Vollkonserve), das jedoch auf Grund seines Keimgehaltes bestenfalls als „keimarm“ eingestuft werden kann. Als *nicht* „handelsüblich steril“ und nicht lagerfähig wird eine Vollkonserve angesehen, wenn über 1000 KBE/g nachweisbar sind, auch dann, wenn sich keine sensorischen Veränderungen nachweisen lassen. Dagegen gilt eine Vollkonserve als „handelsüblich steril“ auch dann, wenn in mehr als einem Behältnis (Dose) weniger als 1000 KBE/g apathogene, nicht toxigene Keime vorkommen. Sie dürfen jedoch keine sensorischen Veränderungen hervorrufen. Gasbildende, eiweißspaltende, saprophytische Clostridien dürfen ebenfalls nicht nachweisbar sein.

Die Eidgenössische Verordnung von 1987 (46) versteht unter handelsüblich steril ein Produkt, bei dem nach einer 14–21tägigen Bebrütung der verschlossenen Verpackung bei 25 bzw. 37° die Zunahme der Keim- bzw. Sporenzahl zwei Zehnerpotenzen nicht überschreitet und pathogene und toxigene Keime pro Gramm (in einer 1-g-Probe) nicht nachweisbar sind.

Nach Meinung der English Dairy Federation liegt eine kommerzielle Sterilität dann vor, wenn eine Unsterilitätsrate von 0,1% nicht überschritten wird.

Die weitaus strengsten Anforderungen stellt die Food and Drug Administration (91). Hier wird erwartet
- die Abwesenheit lebender Keime, die sich unter den Bedingungen der Lagerung und Verteilung vermehren können, sowie
- die Abwesenheit pathogener Mikroorganismen.

3.2.2.2 Keimarme Produkte

Als keimarm wird ein Produkt eingestuft, dessen Keimzahl unter 100 KBE/g liegt und es nicht zu einer Vermehrung kommt.

3.2.2.3 Produkte mit geringer Keimzahl

Sie sollen eine Keimzahl von 10^4 KBE/g bzw. ml nicht überschreiten und keine pathogenen Formen enthalten. Solche Keimzahlen werden beispielsweise bei 3/4- sowie 1/2-Konserven und bei pasteurisierten Produkten toleriert. Es ist darauf zu achten, daß die in manchen Fällen – in Abhängigkeit vom pH- und a_w-Wert, der Temperatur u.a. – eintretende Keimvermehrung die Lagerungsfähigkeit oft erheblich einschränkt.

3.2.2.4 Produkte mit hoher Keimzahl

Im allgemeinen werden hier Produkte eingereiht, bei denen die Grenze von 10^4 KBE/g bzw. ml überschritten wird.

Diese Grenzkeimzahl kann jedoch keineswegs so streng ausgelegt werden wie im pharmazeutischen und kosmetischen Bereich. Bei der Lebensmittelproduktion müssen gelegentlich andere Maßstäbe angelegt werden: z.B. bei fermentierten Dauerwürsten (Salami), bei denen die als Starterkultur eingesetzten Milchsäurebakterien einen Wert von über 10^8 KBE/g erreichen können.

Solche speziellen Fälle bedürfen einer Sonderbehandlung, denn die hohe Keimzahl steht hier nicht im Zusammenhang mit einem möglichen Verderb, im Gegenteil, sie leistet einen Beitrag zur Verbesserung der Haltbarkeit.

Die Keimzahl kann daher als Qualitätsmerkmal nur unter Berücksichtigung dieser Verhältnisse herangezogen werden. Von verschiedenen Gremien wird sie, besonders bei der Beurteilung von Frischfleisch oder Frischfisch, aber auch bei anderen

„frischen" Lebensmitteln, mit Vorsicht gewertet oder gar abgelehnt. In diesen Fällen wird den sensorischen, auch als organoleptisch bezeichneten Prüfverfahren ein weit größerer Stellenwert eingeräumt, da sie ein sofortiges Urteil erlauben. Das Ergebnis einer Keimzahlbestimmung ist dagegen erst nach 3–5 Tagen verfügbar. Organoleptische Tests können durchaus über parallel durchgeführte Keimzahlbestimmungen am gleichen Material validiert und auf ihre Korrelation hin untersucht werden.

Daneben hat es nicht an Bemühungen gefehlt, so z.B. für Milch und Fleisch, Schnelltestverfahren zur Bestimmung der Keimzahl zu entwickeln (s. S. 185f.).

3.2.3 Forderung nach Abwesenheit spezifischer Keime

Wie der vorhergehende Abschnitt gezeigt hat, kann die Lagerungsfähigkeit eines Lebensmittels keineswegs lediglich auf Grund der vorhandenen Keimzahl beurteilt werden. Als entscheidendes Kriterium hinsichtlich der mikrobiellen Reinheit kommt noch, wie es die Tabelle 9 zeigt, der Nachweis hinzu, daß keine *spezifischen Keime* in

Tabelle 9. Spezifische Keime, die in bestimmten Erzeugnissen der angeführten Produktionsbereiche nicht nachweisbar sein sollen. (+: Bestandteil offizieller Reinheitsprüfungen bzw. Entwürfe dazu; (+) kann bei Trinkwasseruntersuchungen zusätzlich gefordert werden; (±): Entwurf für eine Prüfung liegt vor, jedoch noch nicht Bestandteil des DAB 9; ○: Vorschläge verschiedener Gremien zur Überwachung der mikrobiellen Reinheit bei Lebensmitteln, so z.B. der Verordnung des eidgenössischen Departments des Innern (●) vom 1. Juli 1987 (46))

Produktions-bereich	Bakterien															Hefen und Schimmelpilze		
	Gram-negativ									Gram-positiv								
	Campylobacter jejuni	Pseudomonas aeruginosa	Brucella abortus, B. melitensis	Salmonella spp.	Shigella spp.	Coliforme	Escherichia coli	Yersinia enterocolitica	Vibrio cholerae	Staphylococcus aureus	Fäkalstreptokokken Gruppe D	Bacillus cereus	sulfitreduzierende Clostridien	Clostridium botulinum	Clostridium perfringens	Hefen (allgemein)	Candida albicans	Schimmelpilze
Lebensmittel	● ○	● ○	● ○	● ○	● ○	○	● ○	● ○	● ○	● ○	○	● ○	○	● ○	● ○	○		○
Trinkwasser (TV; 22)				+	+	+	+		+		(+)		(+)					
Kosmetika (Entwurf, 44)		+					+			+							+	
Arzneimittel (DAB 9; 35)		+		+			+			+			(±)	(±)				

dem betreffenden Produkt vorhanden sind. Bei diesen spezifischen Mikroorganismen handelt es sich in der Regel um solche Keime, die ein Gesundheitsrisiko für den Verbraucher darstellen.

Bei der Beurteilung pharmazeutischer Rohstoffe und Arzneimittel nennt das DAB 9 (35) bisher vier verschiedene Keime (s. Tabelle 9), deren Abwesenheit jedoch nur dann zu überprüfen ist, wenn es das Arzneibuch in der jeweiligen Produktmonographie ausdrücklich vorschreibt. Bislang trifft dies lediglich für ganz wenige Rohstoffe zu, wobei häufig nur auf einen einzigen Keim, den Fäkalindikator E. coli, zu prüfen ist. Eine entsprechende Kontrolle für Arzneimittel (Endprodukte) fordert das DAB 9 bislang noch nicht, sie wird jedoch angestrebt.

Auch bei der Beurteilung der mikrobiellen Reinheit von Kosmetika (44) wird die Abwesenheit von vier häufigen Kontaminationskeimen (s. Tabelle 9) diskutiert.

Für das breite Feld der Lebensmittel gibt es bisher keine entsprechenden Richtlinien, doch werden von verschiedenen Stellen Vorschläge unterbreitet, auf welche verunreinigenden Mikroorganismen bei Laboruntersuchungen ganz allgemein und in besonderen Fällen geprüft werden sollte (s. Tabellen 8 und 9).

3.3 Qualitätssicherung

Zur Qualitätssicherung halten die Deutsche Gesellschaft für Qualität (DGQ) sowie einzelne Teile der DIN 55350 folgende Maßnahmen für erforderlich:
- Qualitätsplanung,
- Qualitätslenkung und
- Qualitätprüfung.

Sie sollen sicherstellen, daß die Produkte den festgelegten Qualitätskriterien (s. Kap. 3.2) entsprechen. Hier gilt ganz allgemein ein Satz der WHO als richtungsweisend: „Qualität kann nicht in ein Produkt hineingeprüft, sie muß von Anfang an hineingeplant werden“.

3.3.1 Qualitätsplanung

Sie umfaßt für jedes Produkt die Auswahl und Festlegung des *Qualitätsprofils*, der Qualitätskriterien. Dies gilt sowohl für Frischware als auch für die nach deren Weiterverarbeitung daraus entstehenden Folgeprodukte, wie z. B. Konserven, Fertiggerichte u. a., insbesondere im Hinblick auf die erforderlichen Hygienemaßnahmen. Die Wege der Frischware zum Verbraucher bzw. zur Weiterverarbeitung sollten so kurz wie nur irgend möglich gehalten werden, um eine bei Lebensmitteln immer zu erwartende Vermehrung der unter normalen Umständen meist vorhandenen Kontaminations-Mikroflora möglichst zu unterbinden. Wo immer es machbar ist, sollten entwicklungshemmende Maßnahmen (kühlen, trocknen) eingesetzt werden, um den

„Frische"-Wert zu erhalten. Eine hygienische Verpackung muß so gewählt werden, daß sie nicht noch zusätzliche Probleme mit sich bringt, etwa durch Kondenswasserabscheidung mit anschließender Schimmelbildung. Sind Produkte zur Weiterverarbeitung zu lange unterwegs, so kann es zu einer erheblichen Keimvermehrung, zur Bildung von Toxinen und anderen, den Verbraucher schädigenden mikrobiellen Stoffwechselprodukten kommen. Damit werden zugleich aber auch die Bedingungen zur Ausschaltung der mittlerweile in großer Zahl vorliegenden Mikroorganismen immer schwieriger, denn die Ausgangskeimzahl (engl.: bioburden) beeinflußt sowohl bei den Hitze-Sterilisationsverfahren (s. S. 59) als auch bei der Konservierung durch Zusatz eines zugelassenen Konservierungsstoffes (s. S. 111) die Effektivität des gewählten Verfahrens ganz erheblich.

3.3.2 Qualitätslenkung

Durch regelmäßige Qualitätsprüfungen sowie anhand anderer Qualitätsdaten werden erforderliche Maßnahmen (z.B. Hygienemaßnahmen) so gesteuert, daß die festgelegten Qualitätskriterien gehalten werden können.

3.3.3 Qualitätsprüfung (Mikrobiologische Prüfmethoden)

Die Überwachung der Qualität eines Produktes obliegt den besonders dafür eingerichteten Kontroll- oder Prüflaboratorien. Wo immer es möglich ist, sollten dazu die von offiziellen Prüflaboratorien vorgeschriebenen oder empfohlenen Methoden eingesetzt werden. Die so gewonnenen Ergebnisse dienen vor allem zur Qualitätssteuerung während der laufenden Produktion.

Zur Qualitätskontrolle eignen sich sowohl

- *chemische* und *physikalische* Prüfmethoden als auch
- *mikrobiologische* Kontrollverfahren.

Auf die erstgenannten Methoden kann jedoch nicht eingegangen werden, da sie einen anderen apparativen Aufwand erfordern. Ihre Hauptaufgabe liegt in der quantitativen Bestimmung bestimmter Stoffe, die in Lebensmitteln nicht oder nur begrenzt nachweisbar sein dürfen. Dabei spannt sich hinsichtlich der Analytik ein weiter Bogen von einfachen anorganischen Verbindungen (Schwermetallen, Nitrit, Chlor, u.a.) bis hin zu komplizierten organischen Substanzen (Antibiotika, Toxine, Herbizide u.a.). Gelegentlich kommt es dabei zu Überschneidungen, wie z.B. bei der Bestimmung von Antibiotika-Rückständen, die sich nicht immer chemisch nachweisen lassen, so daß dann der Einsatz aufwendiger mikrobiologischer Bestimmungsmethoden, die nur von wenigen Lufa-Instituten (z.B. Lufa-Karlsruhe) durchgeführt werden können, erforderlich wird. Vielfach sind dazu – wie auch zum Toxinnachweis bei Aflatoxinen) – besondere Standardsubstanzen erforderlich.

Die mikrobiologischen Untersuchungen müssen in der Lebensmittelfertigung – im Gegensatz zum pharmazeutischen Produktionsbereich – nicht obligatorisch durchgeführt werden, um die gefertigten Produkte freigeben zu können. Grund dafür ist ganz allgemein, daß wegen der stets langen Prüfzeiten bei mikrobiologischen Methoden und der bei Lebensmitteln in vielen Fällen recht kurzen „Laufzeiten" (Aufbrauchzeiten) nicht bis zum Vorliegen des Prüfbefundes gewartet werden kann. Im Lebensmittelbereich sind mikrobiologische Prüfungen daher mehr als „Inprozeßkontrollen“ und weniger als „Freigabekontrollen“ zu werten, ein Vorgehen, das mehr und mehr auch bei der Arzneimittelproduktion angestrebt wird. Die Auswahl der jeweils geeigneten Methode, die Prüfungshäufigkeit sowie ihr Umfang (Größe der Stichprobe) bleiben weitgehend dem Kontrolleiter des Herstellungsbetriebes bzw. dem überwachenden Landesuntersuchungsamt überlassen. Doch sollte man sich hierbei, wo immer dies

Tabelle 10. Durchführung der Prüfung auf Sterilität. (Nach DAB 9 von 1986; 35)

	Membranfiltermethode (geeignet für filtrierbare Produkte)	Direktbeschickungsmethode (geeignet für Suspensionen, Emulsionen)
Vorbereitung		
– Festlegung der Probenzahl		
– Festlegung der Probenmenge		
– Ausschaltung antimikrobieller Eigenschaften	durch Nachspülen des Filters mit Spüllösung (DAB 9)	durch Reduzierung der Probenmenge bzw. Erhöhung der Nährbodenmenge
Nährmedien		
– Caseinpepton-Sojapeptonbouillon (CSB, Merck 5459; Oxoid CM 129)	+	+
– Thioglycolatbouillon (TGB, Merck 8191; Oxoid CM 173)	+	+
Kontrolltests:		
– Wachstumskontrolle	→ 1× pro Nährbodenansatz u. Sterilisationscharge	
– Sterilkontrolle	→ 1× pro Nährbodenansatz u. Sterilisationscharge	
– Wachstumskontrolle in Gegenwart des Prüfproduktes	→ bei Festlegung der Prüfungsbedingungen, gelegentliche Wiederholung, z. B. jährlich	
Durchführung der Prüfung	unter aseptischen Bedingungen 1/1 oder 1/2 des Prüffilters einlegen	unter aseptischen Bedingungen Probe einbringen
Bebrütung (Temperatur und Zeit)		
– CSB: Bakteriennachweis	30–35 °C 7–14 d	30–35 °C 12–14 d
Pilznachweis	20–25 °C 7–14 d	20–25 °C 12–14 d
– TGB: Bakteriennachweis (aerob. u. anaerob)	30–35 °C 7–14 d	30–35 °C 12–14 d
Anlage einer Subkultur		bei getrübtem Prüfansatz Ausstrich nach 3–5 d, Subkultur für wenigstens 14 d bebrüten (wie oben)
Auswertung – steril	→ kein Wachstum nachweisbar	→ kein Wachstum nachweisbar
– unsteril	→ Test wiederholen; falls erneut unsteril, 2. Wiederholung möglich, wenn andere Keime als beim ersten Befund vorliegen	

möglich ist (s. Tabellen 10 u. 11), an vorhandene Ausführungsbestimmungen halten: z.B. die Bestimmungen des Deutschen Fleischbeschaugesetzes, die zu amtlichen Untersuchungen bei vorbehandelten Eiprodukten vorgesehenen Methoden, das Methodenbuch Milch sowie die zahlreichen DIN-Methoden zur Prüfung von Lebensmitteln. Leider fehlt es dabei oft an einheitlichen Methoden, und die verwendeten Nährmedien wechseln von einem zum anderen Prüfbereich (Fleischwirtschaft, Milchwirtschaft usw.). Hier wäre die Benutzung vorgeschriebener Referenzmethoden erstrebenswert, wie sie durch die Arzneibücher bei der Arzneimittelproduktion heute weitgehend abgestimmt sind. Auch in der Lebensmittelmikrobiologie könnte im Kontrollbereich so manches besser koordiniert werden.

Die mikrobiologischen Überwachungsuntersuchungen lassen sich ähnlich wie im pharmazeutischen Bereich auch hier unterteilen in:

1. Prüfungen auf Sterilität bei Sterilprodukten (H-Milch u.a.),
2. Prüfungen auf mikrobielle Reinheit bei keimhaltigen Produkten:
   a) Bestimmung der Keimzahl (aerobe mesophile Keime);
   b) Prüfung auf Abwesenheit bestimmter spezifischer Keime.

Tabelle 11. Durchführung der Keimzahlbestimmung.

	Prüfung nach	vorgesehen für	Bakterien-Medium	Probenmenge
Gußplattenmethode	DAB 9 DIN 10 161 DIN 10 192	Arzneimittel Fleisch Milch	CSA (Medium B) Plate-count-Agar Plate-count-Agar, Plate-count-Magermilch-Agar	ca. 0,1 ml–1 ml
Varianten: – Einschichtplatte – Zweischichtplatte				 ca. 1 ml ca. 0,1–1,0 ml
Ausspatelplatte *Tropfplatte*	ISO DIN 10 161	Lebensmittel Fleisch	Lebensmittel-Plate-count-Agar Plate-count-Agar	0,1 ml ca. 0,05 ml
Membranfiltermethode	DAB 9, TV	filtrierbare Produkte	CSA-Platte (max. 100 KBE pro Testplatte u. Filter)	Auflegen des Filters auf die Agarplatte
Most-probable-number-Methode (MPN-Methode)	DAB 9	klarlösliche Produkte	CSB	Verdünnungsreihe mit jeweils 100 mg, 10 mg u. 1 mg Probe
Bebrütungstemperatur und Zeit	DAB 9 DIN 10 161		30–35 °C, 5 d 30 °C, 3 d *Pilzkeimzahl*: DAB 9 Med. C (Sabouraud-Agar) 20–25 °C, 5 d	

3.3.3.1 Prüfung auf Sterilität

Bei der Prüfung auf Sterilität steht eine Referenzmethode zur Verfügung, die vom DAB 9 (35), der PH.EUR. 2 (114) und der USP XXI (145) unter Verwendung der gleichen Nährmedien und Verfahrensweisen (Prüfmethoden) empfohlen wird (Tabelle 10). Es ist ratsam, diese Methode auch bei der Prüfung von Lebensmitteln auf Sterilität einzusetzen, um auf diese Weise eine Selektionierung auszuschalten.

Die Prüfung auf Sterilität läßt sich verhältnismäßig einfach durchführen (Abb. 3), ihr sollte deshalb auch bei keimarmen Produkten, die in der Mehrzahl der Fälle, z. B. bei Lebensmitteln mit sogenannter „handelsüblicher Sterilität", steril sind, der Vorzug eingeräumt werden. Erst wenn sich ein solches Produkt als „unsteril" erweist, geht man zur Keimzahlbestimmung über.

Bei der Sterilitätsprüfung von aseptisch hergestellten Lebensmitteln, wie z. B. UHT-Milch, werden in der Regel zwischen 1 und 3‰ Proben entnommen und diese zunächst 3 bis 5 Tage bei 30 °C vorbebrütet. Zur anschließenden Beurteilung lassen sich folgende Methoden heranziehen:

- pH-Messung (als Routinekontrolle am weitesten verbreitet, obwohl auf diese Weise nicht alle Keime, z. B. keine Mikrokokken, erfaßt werden),
- sensorische Prüfung,

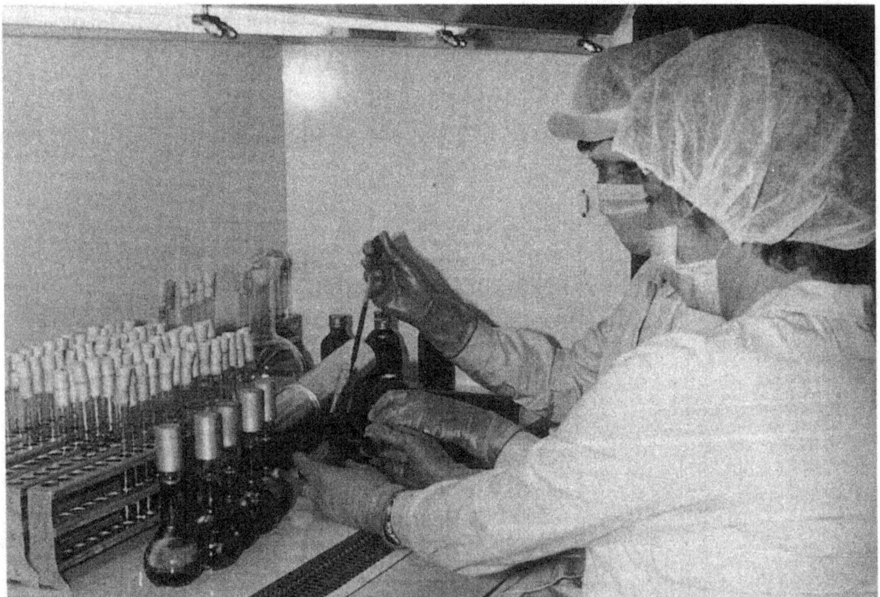

Abb. 3. Durchführung einer Sterilitätsprüfung unter einer LF-Box unter aseptischen Bedingungen. Die Proben werden hier gerade nach dem „Direktverfahren" in die Gefäße (Rundhalskolben) mit Thioglycolatbouillon einpipettiert, um den Nachweis zu führen, daß keine anaeroben und aeroben Bakterien zugegen sind. Der Nährboden enthält einen Redoxindikator, der anzeigt, daß die anaeroben Bedingungen ausreichen, wenn nicht mehr als 1/3 des Inhaltes verfärbt ist.

- mikrobiologischer Ausstrich auf Nähragar, der 2 bis 3 weitere Tage, also insgesamt eine Prüfdauer von etwa einer Woche erfordert. Diese Methode ist jedoch zuverlässiger als die indirekten Verfahren (91).
- In Frankreich erfolgt die Auswertung mit Hilfe eines automatisierten Schnelltests, dem Reduktasetest, unter Verwendung von Resazurin (s. S. 185 u. 197).

3.3.3.2 Bestimmung der aeroben Gesamtkeimzahl

Bei den sogenannten „nichtsterilen Produkten" wird eine gewisse Keimzahl toleriert, jedoch unter der Voraussetzung, daß sich die vorhandenen Keime während des kritischen Zeitraumes, d.h. bis zum Verzehr durch den Verbraucher, nicht nennenswert vermehren und auf diese Weise zu einer Schädigung führen können. Die Angabe der Keimzahl erfolgt in *K*olonie-*b*ildenden-*E*inheiten (KBE) pro ml bzw. g Probe.

Zur Durchführung der Keimzahlbestimmung (Tabelle 11) wird von dem zu prüfenden Endprodukt
- unter aseptischen Bedingungen eine angemessene Probe (1–10 g, je nach der zu erwartenden Keimzahl) eingewogen,
- falls erforderlich, in einem Homogenisator zerkleinert (Abb. 6 zeigt links im Bild ein dazu geeignetes Gerät),
- in einer geeigneten Verdünnungsflüssigkeit gelöst, suspendiert oder emulgiert und danach
- mit der Membranfiltermethode (nur bei klarlöslichen Proben), mit der Gußplatten- oder der Ausspatelmethode (sowohl für klarlösliche als auch für suspendierte Proben) geprüft (Abb. 4).

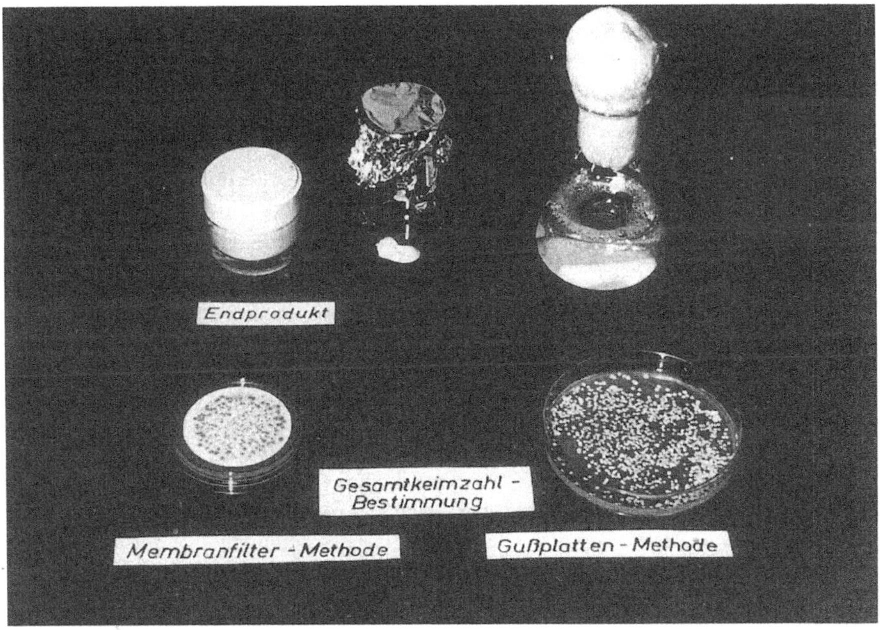

Abb. 4. Keimzahlbestimmung mit der Membranfilter- oder der Gußplattenmethode.

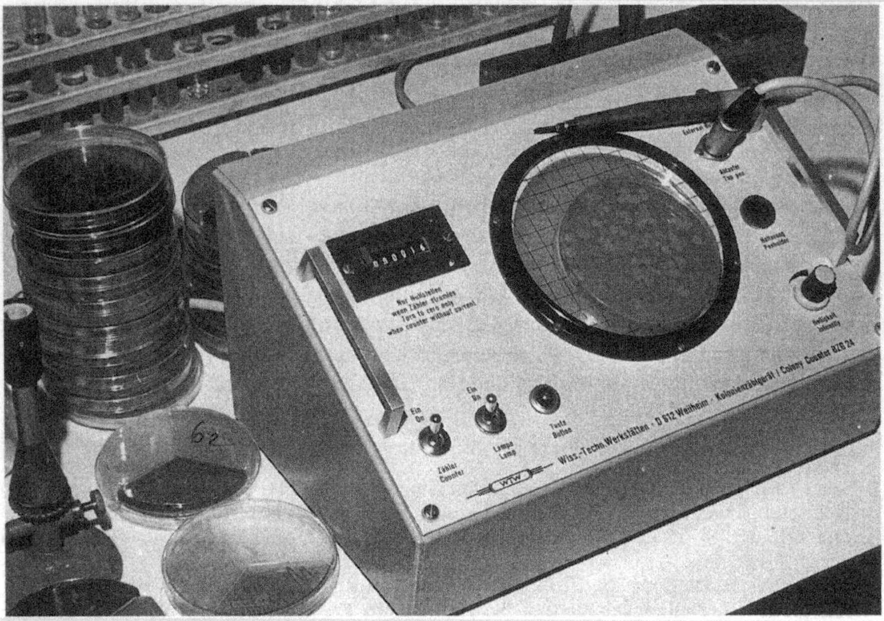

Abb. 5. Auszählung der Kolonie-bildenden Einheiten auf einer Gußplatte mit einem handlichen Laborzählgerät.

Bevorzugt wird noch immer die Gußplattenmethode oder die Ausspatelmethode, da beide für suspendierte Proben bzw. Emulsionen gut geeignet sind. Die zur Beschickung benutzte Probenmenge hängt stets von der zu erwartenden Keimzahl/ml bzw. g Probe ab. Sie sollte so bemessen werden, daß nach der Bebrütung etwa 100 bis maximal 200 KBE pro Platte nicht überschritten werden, um das Auszählen zu erleichtern (Abb. 5).

Bei der Prüfung mit der Membranfiltermethode (Abb. 6) wird nach Filtration der klarlöslichen Probe und einem eventuellen Ausspülen antimikrobieller Zusätze, wie z. B. Konservierungsmitteln, die Filtermembran unter aseptischen Bedingungen auf eine Agarplatte mit dem geeigneten Medium (s. Tabelle 11 u. Abb. 4) aufgelegt und entsprechend bebrütet. Danach erfolgt das Auszählen der Kolonie-bildenden Einheiten (KBE) pro Platte (s. Abb. 5). Durch Multiplikation des gefundenen Wertes mit dem Verdünnungsfaktor erhält man die Keimzahl pro Gramm bzw. ml Probe.

Neben der aeroben Bakterienkeimzahl wird häufig auch die aerobe Pilzkeimzahl untersucht. Für dieses Verfahren wird von den meisten Gremien die Verwendung von Sabouraud-Agar (DAB 9, Med. C) vorgeschlagen, ein Medium, auf dem Hefen und Schimmelpilze wachsen. Das Wachstum verläuft insgesamt langsamer als bei Bakterien, so daß eine Bebrütungszeit von 3 bis 5, gelegentlich auch 7 Tagen bei 20–25 °C erforderlich ist.

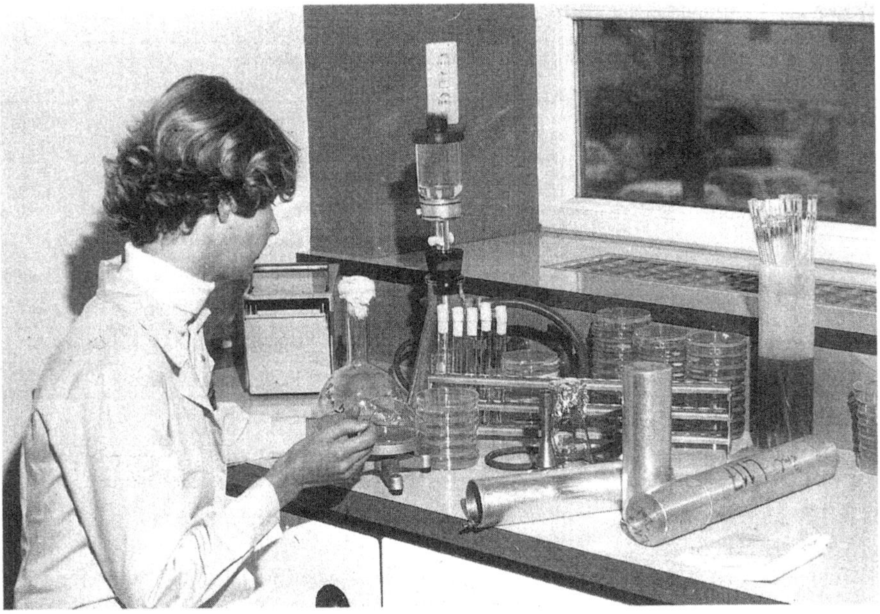

Abb. 6. Arbeitsplatz zur Durchführung einer Keimzahlbestimmung unter Verwendung der Membranfilter-Methode.

3.3.3.3 Bestimmung der anaeroben Keimzahl

Zuweilen kann, z. B. bei der Beurteilung von Schmelzkäse, auch die anaerobe Keimzahl aufschlußreich sein. Bei diesem Verfahren werden jedoch neben den obligat anaeroben Keimen auch die fakultativ anaeroben Bakterien und Hefen miterfaßt, die jedoch durch Parallelbestimmung der aeroben Keimzahl quantifiziert werden können.

Geeignetes Medium:	Anaerobier-Agar nach Brewer (Merck 5452, Difco 0279);
Kultivierung:	Für die Züchtung ist ein spezieller Anaerobiertopf erforderlich, der die Testplatten aufnimmt. Alternativ kann eine Zählung anaerober Keime auch in einer Agarschüttelkultur im Hochschichtröhrchen (165) durchgeführt werden.

3.3.3.4 Keimzahlbestimmung zur Ermittlung spezifischer Keime

Wie bereits erwähnt, wird in zahlreichen Fällen die mikrobielle Reinheit eines Produktes auf die Abwesenheit bestimmter, sogenannter spezifischer Keime bezogen (Tabelle 12). Nicht selten wird dabei eine quantitative Begrenzung dieser Keime gefordert. So enthält beispielsweise das DAB 9 eine Methode zur quantitativen Erfassung der Enterobacteriaceae und bestimmter anderer gramnegativer Bakterien (MPN-Test). Noch häufiger wird auf Coliforme geprüft, so z. B. in Milch (DIN 10172, Teil 1): entweder ebenfalls mit der MPN-Methode oder unter Bestimmung eines „Coliformentiters" (165, TV 1986).

Tabelle 12. Keimzahlbestimmung bei spezifischen Keimen.

Spezifischer Keim bzw. Keimgruppe	Testmethode	nach	Medium
Enterobacteriaceae	MPN Gußplatte[1]	DAB 9 ISO	Lactosebouillon (Merck 11699) VRBD-Agar (Merck 10275)
Coliforme in Milch	Gußplatte	DIN 10 172/1	Lactosebouillon
in Trinkwasser	Membranfilter Titer-Methode	TV 1986 TV 1986	Lactosebouillon Lactosebouillon
Clostridium perfringens	MPN	PH. EUR. Entw.	Lactosesulfit-Med. (Merck 11699)
sulfitreduz. Clostridien	MPN	DIN 38 411	Clostrid.-Differential Bouillon
Bacillus cereus			Cereus-selekt. M. (Merck 5267)
Lactobazillen			Rogosa-Agar (Merck 5413)

[1] bei Lebensmitteln.

3.3.3.5 Der qualitative Nachweis spezifischer Mikroorganismen

Bereits bei den Qualitätskriterien (Kap. 3.2.3) sowie in Tabelle 9 wurde darauf hingewiesen, daß in den verschiedensten Bereichen zur Wahrung der mikrobiellen Reinheit bestimmte spezifische Mikroorganismen, die ein Risiko für den Verbraucher darstellen, nicht nachweisbar sein dürfen. Ähnlich wie im pharmazeutischen Bereich wird auch bei Lebensmitteln Wert gelegt auf die Abwesenheit von Salmonellen, dem Fäkalindikator E.coli und Staphylococcus aureus. Letzterer ist in Lebensmitteln, besonders in Fertiggerichten, wegen seines hitzestabilen Enterotoxins gefürchtet, das, oral verabreicht, Gastroenteritis verursacht (s. hierzu auch Anmerkung [3]) Tabelle 114). Keine große Bedeutung wird dagegen dem Bakterium Pseudomonas aeruginosa beigemessen, es ist als Infektionserreger weit mehr gefürchtet als wegen seines Einflusses auf den mikrobiellen Verderb. DAB 9 und PH.EUR. 2 sowie zahlreiche DIN-Vorschriften zur Untersuchung von Fleisch- und Fleischwaren (DIN 10160 Salmonellen; DIN 10163 Staphylokokken) sowie Milch und Milchprodukten (DIN 10181 Salmonellen; DIN 10172 Coliforme; DIN 10178 Staphylokokken in Milchpulver) beschreiben die Methoden zur Anreicherung, Isolierung und Identifizierung. Im Rahmen dieses Buches kann jedoch darauf nicht näher eingegangen werden, es wird daher auf einschlägige Literatur mit speziellen Hinweisen verwiesen (165).

Eine weit größere Bedeutung kommt jedoch bei den Lebensmitteln den endosporenbildenden Bakterien zu, die sowohl als Infektionskeime als auch Verderbniserreger fungieren können. PH.EUR. hat zwar einen Entwurf zum qualitativen Nachweis von Clostridien (Prüfung auf Abwesenheit) sowie zur quantitativen Bestimmung von C. perfringens erstellen lassen, doch ist der Prüfungsbereich noch nicht klar umrissen. Bei der Prüfung von Fleisch- und Fleicherzeugnissen beschreibt DIN 10165 eine Methode zur Bestimmung von C. perfringens. Auch ISO Nr. 7937 von 1985 verwendet die gleiche Technik. Clostridium botulinum, C. perfringens, C. sporogenes und C. putrefaciens sind gelegentlich in Fleisch- und Fleischwaren (Dosenprodukten) anzutreffen und an der begleitenden Gasbildung (Bombage) zu erkennen. Nicht selten sind sie auch in Fisch- und Gemüsekonserven (Bohnen, Mais, Rote Rüben, Spargeln,

Tabelle 13. Kriterien zur Beurteilung der mikrobiellen Reinheit von Lebensmitteln. +: Keimzahl bzw. Abwesenheit der Keimart prüfen; (+): Prüfung, falls erforderlich; (G): Gasbildung; KN: Kindernährmittel; (M): Mykotoxinbildung

Lebensmittel	Keimzahl							Abwesenheit von ... (spez. Keime)												Bemerkungen
	aerobe Keimzahl	anaerobe Keimzahl	Pilz-Keimzahl	Enterobact.-Keimzahl	Coliforme-Keimzahl	Bac. cereus-Keimzahl	Milchsäurebakt.-Keimzahl	Campylobacter	Pseudomonas aeruginosa	Escherichia coli	Salmonellen	Staphylococcus aureus	Enterococcen Gr. D	Bacillus-Arten	eiweißspaltende Clostridien	Clostridium perfringens	Listerien	Propionibakterien	Mycobacterium tub.	
Roh-Milch	+			+				(+)											(+)	
pasteurisierte Milch	+			+	+[1]															[1] max. 10/l
Rahm	+									+		+[2]		+						[2] max. 10/g
Joghurt			+		+[3]															[3] ≤10/ml
Quark			+		+[4]															[4] <100/g
Weichkäse			+(M)	+						+							(+)			
Hartkäse			+(M)	+						+			+		+			+(G)		
Schmelzkäse	+	+													+					
konz. Milchprod.	+		+									+								
Trockenmilch	+									+		+								
frische Sahne	+		+	+		+				+		+								
Butter	+			+	+					+										<10/g
Margarine	+			+						+										
Eiscreme	+			+	+					+										<10 bis 1000/g
Frischfleisch																				keine Angaben
Frischfl. Produkte	+											+	+							
Geflügel (vakuum verp.)	+				+			(+)		+	+	+		+						
Eiprodukte											+	+								
Rohfisch	+									+	+									
Räucherfisch	+									+		+			+					
Muscheln	+									+		+								
Mehl	+		+(M)	+																
Nudeln												+								
Konfekt											+									
Nüsse			+(M)																	
Säfte (Soft drink)			+																	
Pizzas	+		+	+								+								
Fertigsalate	+						+			+		+					(+)			
Frischsalate																	(+)			
Frischgemüse																	(+)			
Gefrierkost	+																			
Fleischkonserven:																				
Vollkonserve	+			+			+							+	+					
3/4-Konserve	+														+					
1/2-Konserve	+														+					
Dauerwurst (f)	+		+				+													
genußfertige Lebensmittel	+	KN	KN			+		+	+	+	+	+				+				

Spinat u.a.) vorhanden. In Milch- und Käsereiprodukten sind gelegentlich die ebenfalls gasbildenden C. butyricum und C. tyrobutyricum nachweisbar.

Bei den Bacillustoxinen löst das von Bac.cereus – gelegentlich auch von Bac.subtilis – vorzugsweise auf stärkehaltigen Nahrungsmitteln, jedoch auch in Gemüse-, Fleisch- und Milchprodukten gebildete Endotoxin Durchfallerkrankungen aus, die in ihren Symptomen denen des Clostridium-perfringens-Toxins gleichen. Normalerweise wird das Bac.cereus-Toxin nur in Gegenwart hoher Keimzahlen (10^6–10^8/g) gebildet.

In den letzten Jahren werden besonders in Fleisch-, aber auch in Milch- und Eiprodukten Campylobacter-Kontaminationen beobachtet. Diese früher zu den Vibrionen gerechnete Gattung wird in der Regel durch tierische Nahrungsmittel und Wasser übertragen. Drei Arten gelten als weltweitverbreitete, thermophile Erreger von Enteritis, Kolitis und Proktitis.

Ebenfalls seit einigen Jahren treten bei den verschiedensten Lebensmitteln immer wieder Kontaminationen mit dem humanpathogenen Bakterium Listeria monocytogenes auf. Während alle anderen Arten der häufig im Erdboden vorkommenden Listerien harmlos sind, ruft L.monocytogenes bei gesunden Erwachsenen grippeähnliche Symptome oder Magen-Darm-Störungen hervor. Für Menschen mit geschädigtem Immunsystem kann eine solche Infektion tödlich verlaufen. Als Infektionsquellen werden Milchprodukte, Weichkäse und pasteurisierte Milch, aber auch Fertigsalate (55), frische Früchte und Frischgemüse (142) genannt.

In Tabelle 13 sind für einige Lebensmittel die spezifischen Keime ausgewiesen, die normalerweise in einem Produkt nicht nachweisbar sein sollten.

4 Mikrobieller Verderb von Lebensmitteln

Mit ganz wenigen Ausnahmen – etwa den Huminsäuren, die über mehrere Jahrhunderte bisher nahezu unverändert blieben (9) – lassen sich Naturstoffe durch geeignete Mikroorganismen mehr oder weniger rasch abbauen. Auf dieser Tatsache beruht der Stoffkreislauf der Natur. Die mikrobielle Anfälligkeit der organischen Stoffe bringt somit Vor- und Nachteile mit sich, mit denen wir fertig werden müssen. Zu den Nachteilen gehört die Tatsache, daß unsere Lebensmittel und viele unserer Bedarfsgegenstände aus natürlichen Materialien, z. B. Holz, mikrobiell anfällig sind und somit einem Verderb unterliegen. Ein solcher Verderb kann sich nicht nur materiell, sondern auch gesundheitsschädlich für den Verbraucher auswirken. Deshalb gilt es in jedem Falle, wo immer es erforderlich ist, einen solchen Schaden rechtzeitig zu verhindern. Trotz aller Vorsichtsmaßnahmen fallen heute noch nahezu 20% der Ernte und der Folgeprodukte diesem Verderb zum Opfer. In feuchtwarmen Klimazonen liegt der prozentuale Verlust noch weit höher. Es muß daher unser Bestreben sein, diesen Verlust durch geeignete Maßnahmen einzudämmen, vor allem aber den gesundheitlichen Schäden zu wehren.

4.1 Physiologische Bedingungen für einen mikrobiellen Verderb

Die verschiedenen Folgen eines mikrobiologischen Verderbs sind in Abb. 7 übersichtlich zusammengestellt. Normalerweise spielt sich der Verderb unter physiologischen Bedingungen ab.

4.1.1. Temperaturbereich

Die für Mikroorganismen förderlichen Temperaturen bewegen sich von etwa -2 °C bis nahezu 80 °C. Daneben gibt es einige wenige Ausnahmen, z. B. verschiedene Hefen und Schimmelpilze, die als sogenannte kryophile Mikroorganismen noch bei -3 °C bis -12 °C zu wachsen vermögen; andererseits können einige thermophile Pilze wie z. B. Thermoascus aurantiacus (Wachstum noch bei $+85$ °C) und Schwefelbakterien (Yellowstone-Park/USA, Vermehrung noch bei 93 °C) auch sehr hohe Temperaturen noch vertragen: Das Temperaturoptimum dieser Schwefelbakterien liegt bei 80–90 °C und die Generationszeit (Verdoppelungszeit) bei etwa 2–7 Stunden. Einige thermophile Bacillus- und Clostridium-Arten, die in Lebensmitteln vorkommen, sind in Tabelle 14 zusammengestellt. Die meisten Mikroorganismen vermehren sich optimal (Generationszeit 20–60 min) im Temperaturbereich von etwa 15–40 °C. Dennoch ist bei der Kühllagerung von Lebensmitteln im Kühlschrank bei +5 °C zu beachten, daß eine Reihe von Verderbniserregern und Toxinbildnern sich, wenn auch langsamer, auch bei dieser Temperatur noch vermehren kann und dann Schäden verursacht (psychrophile Keime).

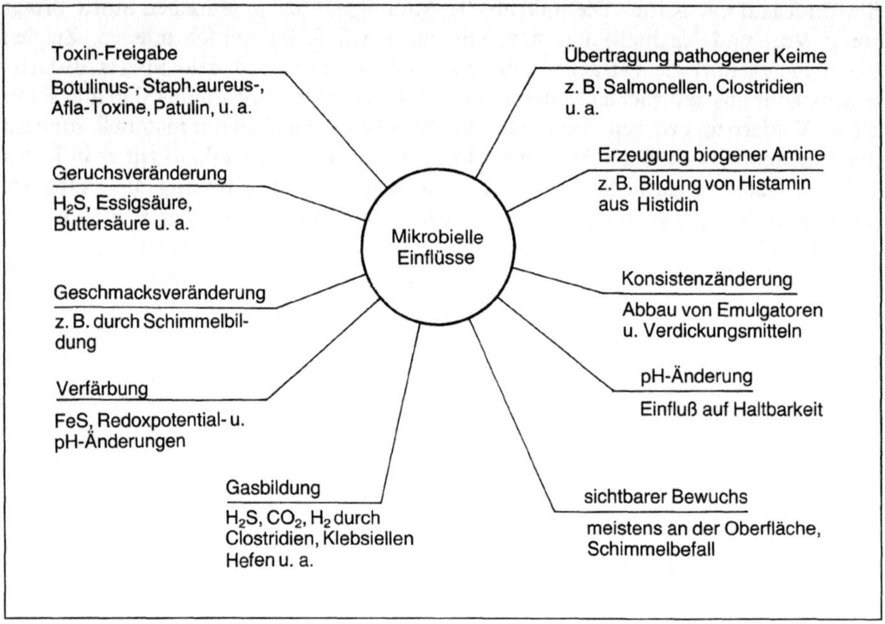

Abb. 7. Die Beeinflussung von Lebensmitteln durch Mikroorganismen.

Tabelle 14. Einige in Lebensmitteln vorkommende thermophile Bakterien.

Gattung	Artenbezeichnung	Temperaturoptimum (°C)	Vorkommen
Bacillus	kaustophilus	60–65	Milch
	coagulans	65–70	Milch
	stearothermophilus	65–70	Zuckerverarbeitung
Clostridium	verschiedene Arten	60	Darmflora
	thermoaceticum	60	Lebensmittel
	thermosaccharolyticum	60	Lebensmittel
	nigrificans	60	Gärprozesse

4.1.2 pH-Bereich

Ein weiteres wichtiges Kriterium für eine Keimvermehrung ist der pH-Wert. Grundsätzlich muß auch hier zwischen einem Toleranzbereich und dem für eine optimale Vermehrung erforderlichen pH-Bereich unterschieden werden. Einige Bakterien, z. B. Acetobacter-Arten, haben ihr pH-Optimum im stark sauren Bereich (Abb. 8), als dessen obere Grenze, im Hinblick auf die Einstufung von Lebensmitteln (s. Tabelle 17), ein Wert von pH 3,7 gilt. Clostridium botulinum, gefürchtet wegen seiner Toxinproduktion in Fleisch- und Gemüsekonserven, kann sich noch bis zu einer unteren pH-Grenze von 4,7 vermehren. Lebensmittel mit pH-Werten von ≥4,5 (Kategorie „mittelsaure" Lebensmittel, pH 4,5–5,3) müssen daher thermisch behandelt werden, um Sporen von C.botulinum abzutöten. Einen zusätzlichen Effekt gegen C.botulinum üben auch niedrige Lagerungstemperaturen von maximal +10 °C aus,

Organismus	pH-Toleranzbereich	2	3	4	5	6	7	8	9	10	11	12
Acetobacter	1,0– 6,0											
Lactobacillen	3,0– 6,5											
Pseudomonaden	3,0–11,0											
Leuconostoc oenos	4,2– 4,8											
Escherichia coli	4,4– 9,0											
Staphylococcus aureus	4,4– 9,8											
Salmonella typhi	4,5– 8,0											
Bacillusarten	4,5– 9,3											
Bacillus cereus	4,9– 9,3											
Streptococcus lactis	4,3– 9,2											
Streptococcus faecalis	4,5– 9,6											
Clostridium botulinum	4,7– 8,5											
Desulfovibrio desulfuricans	5,8– 8,5											
Corynebacterium diphtheriae	6,0– 8,3											
Penicillium spp.	1,6–11,0											
Aspergillus niger	1,6– 9,5											
Fusarium spp.	1,8–11,0											
Aspergillus fumigatus	3,0– 8,0											
Sporotrichum sp.	2,5– 8,0											
Trichoderma sp.	2,5– 9,5											
Humicola sp.	2,5– 9,5											
Hansenula canadiensis	2,1– 8,6											
Saccharomyces cerevisiae	2,3– 8,6											

Abb. 8. Der pH-Toleranzbereich einiger Mikroorganismen (165).

wie sie beispielsweise bei Dreiviertelkonserven (s. Tabelle 8) eingesetzt werden. Ein Vergleich der Abb. 8 mit den Tabellen 17 und 18 zeigt, welche Mikroorganismen als Verderbniserreger für die einzelnen Lebensmittelkategorien in Frage kommen.

4.1.3 Verhalten gegen Sauerstoff

Grundsätzlich muß zwischen *aeroben* und *anaeroben* Mikroorganismen unterschieden werden, wobei jedoch zu berücksichtigen ist, daß es neben den obligat anaeroben, die also keinen Sauerstoff vertragen, auch noch fakultative Keimarten gibt, die sowohl anaerob als auch aerob lebens- und vermehrungsfähig sind (z.B. Saccharomyces cerevisiae, unsere Bäckerhefe). Dabei können unterschiedliche Stoffwechselleistungen dominieren. So findet die Alkoholbildung der Hefen nur in Abwesenheit von Sauerstoff statt und wird daher durch einen Gärverschluß überhaupt erst ermöglicht.

Streng anaerob reagieren dagegen die für den Lebensmittelbereich so bedeutsamen Clostridium-Arten, deren Vertreter sich nach ihrem proteolytischen und fermentativen Verhalten in verschiedene Gruppen und Typen einteilen lassen. Aufgrund der serologischen Spezifität des gebildeten Neurotoxins, kann man sieben toxigene Typen unterscheiden, von denen besonders die Typen A, B und E bei Lebensmittelvergiftungen nachweisbar sind. Das Toxin des Typs A, das inzwischen auch rein dargestellt werden konnte, ist das stärkste bisher bekannte bakterielle Gift. Es wirkt noch in einer Dosis von 10^{-6} µg für die weiße Maus tödlich. Biochemisch gesehen ist es ein Protein mit einem Molekulargewicht von 140000–150000, das als hitzelabil gilt und durch 15 min langes Kochen zerstört wird.

Während die verschiedenen Typen des Clostridium-botulinum-Toxins in kontaminierten Lebensmitteln gleichzeitig mit dem Erreger auftreten, wird bei Nahrungsmittelvergiftungen mit Clostridium perfringens Typ A zunächst nur der Erreger, oft in hoher Keimzahl, auf den Verbraucher übertragen. Etwa 8 bis 12 Stunden nach der Mahlzeit löst er dann eine Enteritis (Übelkeit, Durchfall, Bauchschmerzen und Erbrechen) aus, die durch Enterotoxin verursacht ist, das während der Versporung von Clostridium perfringens im Darm des infizierten Verbrauchers gebildet und freigesetzt wird. Es handelt sich dabei um ein hitzelabiles Protein mit einem Molekulargewicht von etwa 35000.

Schimmelpilze, denen zahlreiche Mycotoxinbildner (Aflatoxine, Patulin u.a.m.) angehören, vermehren sich in der Hauptsache unter aeroben Bedingungen. Bei Lagerung von Lebensmitteln unter Schutzgas (Stickstoff, CO_2) kann ihr Wachstum unterdrückt werden.

4.1.4 Feuchtigkeitsbedarf

Vielfach ist das Wasser, die im Gut vorhandene Feuchtigkeit, als begrenzender Faktor für das Wachstum von Mikroorganismen anzusehen. Darüber hinaus wirken aber auch chemische Konservierungsmittel und Desinfektionsmittel stets nur in Gegenwart ausreichender Feuchte. Entscheidend ist in jedem Falle das „verfügbare Wasser", das

Tabelle 15. Minimale a_w-Werte für Wachstum und Vermehrung von Mikroorganismen (165).

Mikroorganismus	minimaler a_w-Wert für Wachstum und Vermehrung
Pseudomonaden	0,97
Halobacterium salinarium	0,75
Achromobacter	0,96
Escherichia coli	0,95
Salmonella spp.	0,95
Aerobacter aerogenes	0,95
Staphylococcus aureus	0,86
Streptococcus faecalis	0,94
Bacillus cereus	0,95
Bacillus subtilis	0,95
Clostridium botulinum	0,94–0,97
Lactobacillus spp.	0,94
Saccharomyces cerevisiae	0,90
Saccharomyces rouxii	0,62–0,73
Debaromyces hansenii	0,83
Aspergillus glaucus	0,60
Aspergillus niger	0,77
Penicillium spp.	0,79–0,83
Rhizopus sp.	0,93
Mucor sp.	0,93

auch als *Wasseraktivität* ($=a_w$-*Wert*) ausgedrückt wird:

$$a_w = \frac{\text{Wasserdampfpartialdruck im Gut}}{\text{Wasserdampfpartialdruck von Wasser}}$$

Dieser a_w-Wert wird durch zahlreiche Faktoren beeinflußt, so z.B. durch hydrophile Kolloide, Salze, Zucker, durch den pH-Wert und die Temperatur. Die verschiedenen Mikroorganismen haben oft charakteristische a_w-Werte oder auch a_w-Wert-Bereiche (Tabelle 15), was auf der anderen Seite auch für zahlreiche Lebensmittel zutrifft. Ein ungünstiger a_w-Wert senkt die Wachstumsrate und erhöht die lag-Phase bei der Sporenkeimung.

4.1.5 Kochsalzgehalt

Der Kochsalzgehalt übt eine selektive Wirkung auf verschiedene Mikroorganismen aus. Ganz allgemein unterteilt man in

- leicht halophile Mikroorganismen (2–5% NaCl),
- mäßig halophile Mikroorganismen (5–20% NaCl) und
- extrem halophile Mikroorganismen (20–30% NaCl).

Für den Lebensmittelbereich sind vor allem die mäßig halophilen Mikroorganismen von Interesse. Zu ihnen rechnet man die Mikroflora von Sauerkraut, Pickles,

Tabelle 16. Halophile Milchsäurebildner und Verderbniserreger in Sauerkraut, Pickles, Pökellake, gesalzenen Fischen und Fischmarinaden (165). +: Wachstum; (o): Oberflächen-Kahmhefen; (S): submers wachsende Hefen.

NaCl-Gehalt (%)	2,5	8,0	10,5	15	3,5	5,0	18,0
Anwendung	Sauerkraut	Pickles mild	Pickles mittel	Pickles stark	Pökellake	Fisch gesalzen	Fischmarinade
Milchsäurebildung	+	+	+	+			
verderbende Mikroorganismen:							
Pseudomonaden						+	+
Achromobacter					+	+	+
Serratia salinaria						+	
Vibrionen					+		
Flavobakterien						+	+
Mikrokokken				+	+	+	+
Streptokokken			+				
Streptococcus faecalis	+	+	+		+		
Leuconostoc mesenteroides	+	+	+	+			
Pediococcus cerevisiae	+	+	+	+			
Lactobacillen	+			+	+		
Lactobacillus plantarum	+	+	+	+			
Lactobacillus brevis				+			
Corynebakterien							+
Hefen spp.		+	+	+	+		
Debaromyces (o)				+			
Endomycopsis (o)				+			
Candida sp. (o)				+			
Torulopsis (o)				+			
Zygosaccharomyces (S)				+			
Hansenula (S)				+			
Kloeckera (S)				+			

Pökellake, eingesalzenen Fischen und Fischmarinaden sowie pathogene Staphylokokken (Vorsicht bei Verletzungen an Händen: Gefahr der Kontamination u. Toxinbildung!). Neben den erwünschten Milchsäurebildnern stellen sich aber bei dieser Kochsalzkonzentration auch eine ganze Reihe von Verderbniserregern ein (Tabelle 16).

Bei eingesalzenen Fischen (Klippfisch) treten gelegentlich auch extrem-halophile Mikroorganismen auf, z.B. rotgefärbte Kokken oder Stäbchen, die jedoch nur bei einem NaCl-Gehalt von $\geq$20% anwachsen (165).

4.2 Einteilung der Lebensmittel hinsichtlich ihrer mikrobiellen Anfälligkeit

Die Erfahrungen des letzten Jahrhunderts haben gezeigt, daß die mikrobiologische Stabilität unserer Lebensmittel von einer Reihe von Parametern beeinflußt wird. Man hat sich daher um eine Kategorisierung bemüht, wobei insbesondere zwei wesentliche Gesichtspunkte berücksichtigt wurden, die eine Aufbewahrung unter normalen Umweltbedingungen (in gemäßigten Klimazonen) ermöglichen.

Die Einteilung erfolgt zum einen

- nach dem pH-Wert der Lebensmittel und zum anderen
- nach dem a_w-Wert (Wasseraktivität) der Lebensmittel.

4.2.1 Die Einstufung nach dem pH-Wert

Es wurde bereits beschrieben, daß sich die verschiedenen Mikroorganismen, vor allem auch Verderbniserreger und pathogene Keime, oft ganz erheblich in ihrem pH-Toleranz-Bereich unterscheiden. Kann man nun für ein bestimmtes Lebensmittel einen pH-Wert verifizieren, der die Entwicklung dieser Keime ausschließt, so gelingt auf diese Weise eine Konservierung, eine Bewahrung vor einem mikrobiellen Verderb. In der Regel reicht jedoch eine solche Maßnahme allein nicht aus, und es werden verschiedene Verfahren kombiniert, wie z.B. zusätzliche Hitzebehandlung oder Kühllagerung.

Ein Vergleich der Tabelle 17 mit der Abb. 8 zeigt, gegen welche Verderbniserreger die jeweilige Lebensmittelkategorie anfällig ist. Bei stark sauren Lebensmitteln sind es vor allem Essigsäurebildner (Acetobacter), Milchsäurebakterien, Pseudomonaden sowie Hefen und Schimmelpilze. Sie lassen sich in der Regel durch gelindes Erhitzen (Temperaturen um 80 °C, s. S. 61) ausschalten. Höhere Behandlungstemperaturen werden jedoch bei dem Vorliegen von Sporenbildnern, so auch Clostridium botulinum, erforderlich. Die pH-Werte weiterer wichtiger Lebensmittel sind in Tabelle 18 zusammengestellt.

Tabelle 17. Einteilung der Lebensmittel nach dem pH-Wert.

Kategorie	pH-Bereich	Bemerkungen und Beispiele
stark sauer	< 3,7	Pickles (pH 3,5) Citrusfrüchte in Dosen (pH 3,5–3,7) Sauerkraut (pH 3,1–3,7)
sauer	3,7–4,5	Orangensaft (pH 4,0) Joghurt (pH 3,8–4,2) Mayonnaise (pH 3,0–4,1)
mittel-sauer	> 4,5–5,3	Bedeutendste Gruppe. pH 4,7 wird als unterste Grenze für das Wachstum von Clostridium botulinum angesehen. Lebensmittel über pH 4,5 *müssen* daher thermisch behandelt werden.

Tabelle 18. pH-Werte einiger wichtiger Lebensmittel. (Nach verschiedenen Quellen zusammengestellt)

Lebensmittel	pH-Wert	Lebensmittel	pH-Wert
Sauerkraut	3,1–3,7	Suppenkonserven	5,0
eingemachte Citrusfrüchte	3,5–3,7	Frischfleisch	5,5–6,0
Pickles	3,5	Gemüsekonserven	5,4–6,5
Orangensaft	4,0	Speck	5,6–6,0
Joghurt	3,8–4,2	Luncheon meat	6,5–6,7
Mayonnaise	3,0–4,1	Geflügelfleisch	6,7
Kürbis-Pickles	4,5–5,0	Milch	6,8–7,0
Weichkäse	4,5	Eiweiß (Protein)	9,6

4.2.2 Die Einstufung nach dem a_w-Wert

Wasser ist auch für Lebensmittelverderber ein lebensnotwendiger Bestandteil. Getrocknete Lebensmittel sind daher solange vor einem mikrobiellen Verderb gefeit, wie der vorhandene a_w-Wert unter dem für die betreffenden Mikroorganismen minimal erforderlichen Wert liegt. Kondenswasserbildung in wasserdampfdichten Verpackungen kann hierbei lokale Probleme schaffen.

Im Handel stehen heute eine Reihe von Meßgeräten zur Verfügung, mit denen der a_w-Wert in Lebensmitteln ermittelt werden kann (32, 172). Einige wichtige Werte sind in Tabelle 19 zusammengestellt, wobei Tabelle 15 einen Vergleich mit den von verschiedenen Mikroorganismen benötigten minimalen a_w-Werten für das Keimwachstum ermöglicht.

Eine „Fleischkonservierung" besonderer Art war die Einbalsamierung (Mumifizierung im alten Ägypten). Zu diesem Zweck wurde der von den meisten Innereien befreite Körper für 70 Tage in eine konzentrierte Natronlösung eingelegt. Natron ist eine Mischung aus Natriumnitrit, Natriumnitrat (Salpeter) und 10–30% Kochsalz (NaCl), sie kann aus den Natronseen gewonnen werden. Es wird angenommen, daß der Natrongehalt der Mumie nach dieser Behandlung im Konzentrationsgleichgewicht mit einer gesättigten Natronlösung stand, was einem a_w-Wert von 0,71 entsprechen würde. Eine Absenkung des a_w-Wertes für Frischfleisch von $>0{,}98$ (Tabelle 19) auf 0,71 genügt durchaus, um das Wachstum von verderbenden Mikroorganismen zu unterdrücken und eine Dauerkonservierung über mehr als 4000 Jahre zu bewirken.

Tabelle 19. a_w-Wert für einige wichtige Lebensmittel. (Nach verschiedenen Quellen zusammengestellt)

Lebensmittel	a_w-Wert	Lebensmittel	a_w-Wert
frisches Fleisch	>0,98	Milchpulver	<0,60
frischer Fisch	>0,98	Gemüsekonserven	>0,98
Milch	>0,98	Brot	0,93–0,98
Leberwurst	0,97	Ketchup	0,94
Schweinebratwurst	0,82	Trockenfrüchte	0,60–0,85
roher Schinken	0,81	Marmelade, Gelee	0,60–0,85
Pökelfleisch (mild)	0,93–0,98	Schokolade	<0,60–0,82
halbtrockene Salami	0,85–0,93	Bisquits	<0,60
reifer Käse	0,85–0,93	Mehl	0,70
gesüßte Kondensmilch	0,85–0,93	Stärke	0,70
gesalzener Trockenfisch	0,60–0,85	Trockengemüse	0,70
gesalzene Anchovy	0,78	getrocknete Linsen, Bohnen, Erbsen	0,70
Trockenei	0,70		

4.3 Systematische Einordnung der in Lebensmitteln vorkommenden Mikroorganismen

4.3.1 Bakterien

Die nachstehend charakterisierten Fermentationskeime (auch als Starterkulturen eingesetzt), Verderbnisverursacher und krankheitserregenden Bakterien kommen an folgenden Standorten vor (15):

Sektion	Gattung (Genus)	Vorkommen	Bemerkungen
1 Spirochaeten	Spirochaeta Leptospira	Weichtieren (Darmtrakt) u.a. Materialien	humanpathogen
2 Vibrioide Bakterien	Campylobacter – jejuni – pylori	Rohmilch und nicht ausreichend erhitzte Hähnchen	humanpathogen, verursacht Enteritis, Kolitis, Proktitis
4 Gramneg. aerobe Kokken und Stäbchen[1)]	Pseudomonas spp.: P. fluorescens, P. putida	Frischfleisch, Sahne, Creme-Dessert, Fisch u. Flüssigei (Verderber)	Dunkelfärbung bei Rindfleisch, pH-Anstieg
	Xanthomonas campestris	pflanzliches Material	produziert ein Polysaccharid, das als Gelierungsmittel eingesetzt wird
	Halobacterium salinarium	gesalzener Trockenfisch u. Fischpräserven	in Präserven gelegentlich enzymatischer Abbau
	Acetobacter xylinum; andere Arten: A. suboxydans, aceti, pasteurianum, acidophilum	pflanzliches Material; als Verderber in Wein, Apfelwein, Bier und Obstsäften	Weinessig, Bildung von Essigsäure
	Gluconobacter (=Acetomonas)	Fruchtsäfte (Verderber)	Essigsäurebildner
	Acinetobacter spp.	Flüssigei, Wasser	

[1)] Zahlreiche Arten der in den Sektionen 4 und 5 genannten gramnegativen Bakterien sind zur Bildung der unter die bakteriellen Endotoxine einzureihenden Pyrogene befähigt, die in kleinsten Mengen, parenteral verabreicht, innerhalb einer begrenzten Einwirkungszeit beim Menschen sowie bestimmten Versuchstieren (Kaninchen) Fieber erzeugen. Chemisch gesehen stellen die Pyrogene Lipopolysaccharide (LPS) von mizellarer Struktur dar, die aus der Zellwand freigesetzt werden. Sie sind hitzestabil und werden erst bei Temperaturen über 200 °C nach einigen Minuten inaktiviert.

Nach den bisherigen Kenntnissen gefährden sie im Lebensmittelbereich den Verbraucher nicht, da sie oral abgebaut werden.

Doch haben sie in den letzten Jahren, seit Einführung des *L*imulus-*A*möbocyten-*L*ysat (LAL)-Tests, einem invitro-Test, dessen Ergebnis nach kürzester Zeit (1–2 Std.) verfügbar ist, auch für die Reinheitsprüfung im Lebensmittelbereich an Bedeutung gewonnen. Mit seiner Hilfe lassen sich vor allem starke Verunreinigungen mit gramnegativen Bakterien im Ausgangsmaterial auch noch dann nachweisen, wenn dieses durch nachgeschaltete Hitzebehandlungen (Pasteurisierung, Ultrahocherhitzung) oder durch Zusatz bakterizid wirkender Konservierungsstoffe „saniert“ wurde. Die EG-Milchhygiene-Richtlinie (s. S. 185f.) schreibt ab 1.1.1989 den Limulustest zur Qualitätsprüfung bei ultrahocherhitzter und sterilisierter Milch vor.

1. Fortsetzung. Die in Lebensmitteln vorkommenden bakteriellen Verderbniserreger und Infektionskeime

Sektion	Gattung (Genus)	Vorkommen	Bemerkungen
4	Alteromonas putrefaciens	Frischfleisch (Rind; Verderber)	
	Flavobacterium	Mineralwasser	
	Alcaligenes faecalis	in versch. Produkten als fäkaler Verunreiniger	
	Brucella abortus	Milch und andere Lebensmittel	humanpathogen
5 Enterobacteriaceae[1]	Escherichia coli	fäkal verunreinigte Lebensmittel	Fäkalindikator, enteropathogene Form in Weichkäse
	Shigella dysenteriae Gr. A; S. flexneri Gr. B; S. boydii Gr. C; S. sonnei Gr. D	Lebensmittel, auch über Insekten eingeschleppt; verursacht fäkale Verunreinigung	humanpathogen, verursacht Bakterienruhr
	Salmonellen[2] S. typhi S. paratyphi A, B und C	Lebensmittel, fäkale Verunreinigung durch Menschen und Tiere	humanpathogen, verursacht Typhus abdominalis Paratyphus
	S. typhimurium, S. enteritidis u.a.m.	Fleisch, Hähnchen, Flüssigei u.a.	Gastroenteritiden
	Citrobacter freundii	in Lebensmitteln als fäkale Verunreinigung	verursacht Durchfallerkrankungen
	Klebsiella pneumoniae	in Lebensmitteln als fäkale Verunreinigung	verursacht Pneumonie und andere Infektionen
	Enterobacter spp.; E.aerogenes, E. cloacae und andere	in Lebensmitteln als fäkale Verunreinigung	zur Pectinolyse d. Kaffeekirsche und zur Freisetzung d. Bohne
	Erwinia herbicola	Ananaskonserven (Verderber)	Braunfärbung
	E. sp.	Mehl	opportun. pathogen
	Serratia marcescens	Lebensmittel (Verderber), frische Creme-Desserts, Frankfurter Würstchen (in Dosen), Weißbrot (Schnittbrot)	humanpathogen, Wachstum >15 °C
	Hafnia spp.	Lebensmittel, Gurken, Pickles, Fertigsalate (Verderber!)	Gasbildung, Fäkalgeruch
	Proteus spp.	Lebensmittel und Flüssigei (Verderber)	humanpathogen, Fäulniserreger
	Providencia spp.	gepökelte Fleischprodukte	Verfärbung im Knochenbereich
	Yersinia enterocolitica	in Lebensmitteln als Verderbniserreger bei Kühllagerung	humanpathogen

[2] In Hessen stieg 1988 die Zahl der Salmonellen-Erkrankungen, als Folge von Lebensmittelkontaminationen, gegenüber dem Vorjahr um 41% auf 3850 Fälle an (FAZ, 22. Juni 1989).

2. Fortsetzung. Die in Lebensmitteln vorkommenden bakteriellen Verderbniserreger und Infektionskeime

Sektion	Gattung (Genus)	Vorkommen	Bemerkungen
5	Vibrio spp.	in Lebensmitteln als Verderber	humanpathogen
	V. parahaemolyticus, V. halophil	Pökelfleisch, roher, gesalzener Fisch, Muscheln	verursacht Diarrhoea oder Enteritis
	Aeromonas spp.	Eier bei der Lagerung, Fisch, Wasser u. a. Lebensmittel (Verderber)	humanpathogen, verursacht Durchfallerkrankungen
	Zymomonas spp.	Bier und Apfelwein (Verderber)	trübt; H_2S- und Acetaldehyd-Bildung
	Chromobacterium	Schinkenspeck, kohlenhydrathaltige Lebensmittel (Verderber)	nichtpathogen
9 Rickettsien	Coxiella burneti	Rohmilch	humanpathogen, Erreger des Q-Fiebers
12 Grampositive Kokken	Micrococcus spp., M. luteus, M. flavus (früher Sarcina)	konzentrierte Milchprodukte, Weichkäse	
	Staphylococcus (ca. 19 Arten): Staph. aureus, S. caseolyticus (Milch), S. caprae (Ziegenmilch), S. carnosus (Starterkultur bei der Lebensmittelherstellung)	als Lebensmittelverderber in: Milch u. Milchprodukten, Kondensmilch, Desserts, Fleischpasteten, gekochtem Pökelfleisch, gekochtem Schinken u. Geflügelfleisch, geräuchertem Fisch, Muscheln, Nudeln, Flüssigei, Zwiebeln, Pizzas, Fertigsalaten, blanchiertem Gemüse u. Fertiggerichten vor dem Einfrieren	gefürchtet ist ein hitzestabiles Enterotoxin, das 20 bis 60 min Kochen übersteht. Nachweis mit Radioimmunoassay (RIA) oder ELISA-Test (s. Anm. 3 Tabelle 114); S. aureus humanpathogen, S. epidermidis opport. pathogen
	Deinococcus spp. D. radiodurans	Frisch(-Hack-)fleisch	rot-orange pigmentiert, resistent gegen ionisierende Strahlen
	Enterokokken, Streptococcus, S. faecalis, S. faecium Gr. D	in Lebensmitteln als fäkale Verunreinigung	humanpathogen; S. faecalis produziert tox. Amine in Käse, in Kaffee, gekochtem Fleisch und Wurst; Überleben nach ungenügendem Erhitzen
	Milchsäurestreptokokken, S. lactis, S. raffinolactis	Milch	nichtpathogen; bewirken Säuerung der Milch durch Milchsäure
	anaerobe Streptokokken, S. hansenii, S. pleomorphus	Fäkalien, Geflügel	
	sonstige Streptokokken, S. bovis, S. thermophilus	Molkereiprodukte und pflanzliches Material	nichtpathogen; S. thermophilus als Starter f. Joghurt

3. Fortsetzung. Die in Lebensmitteln vorkommenden bakteriellen Verderbniserreger und Infektionskeime

Sektion	Gattung (Genus)	Vorkommen	Bemerkungen
12	S. suis (64)	rohes Schweinefleisch	humanpathogen, beim Metzger über die Haut und beim Verbraucher über Verzehr aufgenommen
	Leuconostoc	pflanzl. Material, Zuckerfabriken, Molkereiprodukten, Lebensmittel; in Wein und Fruchtsäften als Schädiger	L. mesenteroides ssp. dextranicus ist thermophil u. bildet Schleim = Polysaccharid = Dextran L. mesenteroides ssp. cremoris und L. lactis als Starterkulturen für LM (Weichkäse, Cheddarkäse, Sauerrahmbutter)
	Pediococcus	in Lebensmitteln (Verderber)	nichtpathogen
	P. damnosus	in Bier, Wein, Pickles	
	P. parvulus, P. inopinatus	Sauerkraut und Bier	
	P. dextranicus	Bier und Silage	
	P. pentosaceus P. acidilactici	Molkereiprodukte, Wurst Molkereiprodukte	St. f. Dauerwurst
	P. halophilus	Pökellake	
13 Endosporen-bildende grampositive Stäbchen und Kokken	Bacillus spp.:	Lebensmitteln (Verursacher von grobsinnlichem Verderb)	
	B. cereus	Milch, Sahne, Creme-Desserts, Reisfertigmahlzeiten	bildet auf stärkehaltigen LM phosphoryliertes Cholin mit ähnl. Wirkung wie C. perfringens – Toxin A
	B. mesentericus, B. subtilis, B. spp.	Brot, Joghurt, Milch (Verderb durch hitzeresistente Sporen)	verursacht Fadenziehen
	Clostridium spp. (83 Arten):	in Lebensmitteln als Verderber	gehören zu den weitverbreitetsten u. gefährlichsten LM-Verderbniserregern, zahlreiche Arten humanpathogen
	C. bifermentans	Fisch- und Gemüsekonserven	keine Toxinbildung
	C. botulinum Typ ABF prot.	LM, Fleisch und Fischkonserven	Toxinbildung
	C. botulinum Typ BEF sacch.	Lebensmittel, Fisch	Toxinbildung
	C. botulinum Typ CD	tier. Material, Fäkalien	Toxinbildung
	C. perfringens	tierisches Material	Toxinbildung im Darm des Verbrauchers

4. Fortsetzung. Die in Lebensmitteln vorkommenden bakteriellen Verderbniserreger und Infektionskeime

Sektion	Gattung (Genus)	Vorkommen	Bemerkungen
13	C. putrificum	Fischkonserven	
	C. sporogenes	Lebensmittel (Verderber)	
	C. butyricum	Lebensmittel u. v. a.	
	C. tyrobutyricum	Molkereiprodukte	Gasproduktion in Cheddar- und Hartkäse
	C. thermosaccharolyticum	Lebensmitteln und Zuckerfabriken	
	C. putrefaciens	Lebensmittel (Verderber)	
14 Nichtsporenbildende gramposi-tive Stäbchen	Lactobacillus spp.:	Lebensmittel	nichtpathogen
	L. delbrueckii ssp. delbrueckii	pflanzliches Material, Silage, Sauerteig	
	– ssp. bulgaricus	Joghurt, Käse	
	– ssp. lactis	Milch, Käse	
	L. farciminis	Fleischwaren, Sauerteig	dient als Starter-Kultur
	L. helveticus	Milch, Käse	
	L. alimentarius	Fisch, Fleisch	dient als Starter-Kultur
	L. bavaricus	Sauerkraut	
	L. casei	Milch, Käse	dient als Starter-Kultur
	– ssp. casei	Molkereiprodukte	
	L. coryneformis	Molkereiprodukte, Silage	
	L. curvatus	Molkereiprod., Sauerkraut	
	L. plantarum	Sauerkraut, Sauerteig	
	L. sake	Sake, Fleischwaren	
	L. bifermentans	verdorbener Käse	
	L. brevis	Molkereiprodukte, Sauerteig, Sauerkraut	
	L. buchneri	Milch, Käse, Silage	
	L. collinoide	Apfelwein	
	L. confusus	Milch, Zuckerfabrik	
	L. divergens	vakuumverp. Fleisch	
	L. fermentum	Molkereiprod., Sauerteig	
	L. fructivorans	verdorbene Mayonnaise, verdorbener Wein	SO_2-resistente Stämme
	L. halotolerans	Fleischwaren	
	L. minor	Molkereiprodukte, Melk-Maschinen	
	L. reuteri	Fleischwaren	
	L. viridescens	Fleischwaren, Milch	

5. Fortsetzung. Die in Lebensmitteln vorkommenden bakteriellen Verderbniserreger und Infektionskeime

Sektion	Gattung (Genus)	Vorkommen	Bemerkungen
14	Listeria monocytogenes[3]	Weichkäse, Milch, Fertigsalate, Frischgemüse, Salate (gedüngt mit Schafsmist?), Leberpastete	humanpathogen Vorsicht bei längerer Lagerung von Salaten bei 2 °C
	Brochothrix thermosphacta	verdorbene Fleisch- und Bratwurst bei Lagerung bei 10 °C (rascher bei Schweine- u. Kalbsfleisch als bei Rind- u. Schafsfleisch)	Verfärbung
15	Corynebacterium pyogenes	Pökelfleisch	
	Brevibacterium linens	Quark, Weichkäse	
	Propionibacterium	Käse	verursacht Gasproduktion bei Käsereifung: Ursache für die Löcher im Bruder-, Basil-, Emmentaler- und Gruyère-Käse
16	Mycobacterium tuberculosis	Milch infizierter Kühe	

[3] Nach neueren Untersuchungen am Institut für Hygiene und Technologie der Milch an der Universität München sind Listerien in unserer Umwelt weiter verbreitet als bisher angenommen (98), und auch der Verbraucher muß sich um seine Gesundheit bemühen, indem er auf den Verzehr roher Fleischwaren, schmierender Käserinde und anderer frischer, unbehandelter Lebensmittel verzichtet. In bis zu 4% der untersuchten in- und ausländischen Käsesorten konnte dieses Bakterium nachgewiesen werden, wobei sich sein Vorkommen auf Käse mit schmierender Oberfläche beschränkte, während Hart- und Frischkäse, Sauermilch- und Joghurterzeugnisse sowie pasteurisierte Milch von einem Befall verschont blieben. (Nach anderen Quellen überleben Listerien eine Pasteurisation, was durchaus auf unterschiedliche Behandlungstemperaturen und Haltezeiten zurückgeführt werden kann; s. hierzu auch Tabelle 23.)

Häufiger als in Käse sind Listerien in Geflügel, Hackfleisch, Rohwurst (streichfähig und schnittfest), Leberpasteten, in küchenfertig geschnittenem Salat (s. auch Seite 221) und in Meerestieren nachweisbar.

4.3.2 Pilze

Pilze werden einerseits gezielt zur Reifung von Lebensmitteln eingesetzt, andererseits wirken sie aber – in der Mehrzahl der Fälle – auch als Verderbniserreger. Die folgende Aufstellung ist nach verschiedenen Quellen zusammengestellt (G = Gärung):

Ordnung	Gattung (Genus)	Vorkommen	Bemerkungen
Mucorales	Mucor spp.: M. mucedo, M. racemosus	Brot, frische Früchte (Erdbeeren), Käse, Marmelade, Wurst, Fleisch, Butter, Malz, Getreide	Schimmelbildner
	M. rouxii (=chinesische Hefe)	zahlreiche chin. Fermentationsprodukte (Sojasauce)	
	Zygorrhynchus	Milch und Milchprodukte (Verderber)	
	Rhizopus nigricans	Getreide, Brot, Pizza (vorbereitet), fermentierter Tee; Kühlräume, Luft	
	Rh. oryzae	Reisbier, Reisstärke	zur Fermentation bei der Sonti (=ind. Reisbier)-Herstellung; zur Verzuckerung von Reisstärke
	Absidia glauca	Milch, Käse	
	Thamnidium elegans	Milch; Kuhstall	
Endomycetales (Hefen = Sproßpilze mit Ascosporen)	Saccharomyces cerevisiae	Obstsäfte, obergärige Brauhefe, Bäckerhefe (Preßhefe)	Gärbedingungen: 12–24 °C, 5–7 d; stärkere Gasbildung als bei S. carlsbergensis,
	S. cerevisiae var. ellipsoideus	Wein (Weinhefe)	G. von Weißwein: 10–21 °C, 7–14 d; Rotwein: 24–26 °C, 3–5 d,
	S. carlsbergensis	in Bier als untergärige Brauhefe (Bodenhefe)	G.: 3–14 °C, 8–10 d
	S. pastorianus	Wildhefe	beeinflußt Geschmack, trübt, Gasbildung
	S. rouxii	chillihaltige Sojasauce	
	Hansenula (Willia) minuta	in Wein und Obstsäften als Kahmhefe	beeinflußt Geschmack und Aroma
	Mycoderma cerevisiae	auf Bier als Kahmhefe	
	M. vini	Sherry, Portwein	verantwortlich für Nachgärung; beeinflußt Aroma und Geschmack; Wachstum bei 19–21% Alkohol
	Kloeckera apiculata	Obst, Wein, Apfelwein	beeinflußt Geschmack
	Schizosaccharomyces Pombe	Hirsebier; Korinthen	vergärt ostafrik. Hirse zu Bier (=Pombe)
	Pichia farinosa	in Obstsäften und Wein als Kahmhefe	Geschmacksbeeinflussung
	Zygosaccharomyces	Honig, eingezuckerte Früchte, Marmelade	geschmacksschädigend; osmotolerante Hefe

1. Fortsetzung. Pilze als Verderbniserreger und zur Reifung von Lebensmitteln.

Ordnung	Gattung (Genus)	Vorkommen	Bemerkungen
Moniliales	Aspergillus spp.:	pflanzliche und tierische Produkte	Diese Gattung verkörpert zusammen mit den Penicillien die weltweitverbreiteten „Schimmelpilze", die pflanzliche und tierische Materialien befallen u. abbauen. Unter ihnen befinden sich zahlreiche Mykotoxin-, bei den Penicillien jedoch auch nützliche Antibiotika-Bildner.
	Aspergillus *fla*vus (gelblichbraune Konidien)	pflanzliche und tierische Produkte	Einer der Aflatoxinbildner, insgesamt sind 17 Aspergillen und 4 Penicillien als Produzenten bekannt.
	A. glaucus sowie andere Arten (blaugrüne bis grünbraune Konidiensporen)	Schwarzbrot, Getreide, Brot, Pizza, Bratwurst, Rohwürste, Frischfleisch, Käse, Nüsse, Wurzeln, Obst	
	A. oryzae (olivbraune Konidien)	Reisstärke (in Ostasien)	zur Verzuckerung, zur Sakeproduktion
	A. niger (schwarze Konidien)	s. A. glaucus	
	A. spp. (osmotolerante Stämme)	Wachstum auf Marmeladen und ähnl. Produkten mit bis zu 67% Zuckergehalt	osmotolerante Schimmelpilze
	Penicillium spp.:	pflanzliche und tierische Produkte; spez. auch Käse	s. Anm. zu den Aspergillen; einige Arten werden außerdem zur Geschmacksverbesserung, z.B. bei Käse (Käsereifung), eingesetzt
	P. glaucum (grüne Konidien)	Lebensmittel (Verderber)	
	P. chrysogenum (graugrüne Konidien)	Lebensmittel (Verderber)	einige Stämme als Penicillinbildner genutzt
	P. patulum, P. expansum, P. clavatum (graugrüne Konidien) Byssochlamys fulva, B. nivea (Hitzeresistenz der Ascosporen nimmt mit fallendem pH zu)	Obst u.a. pflanzliche Materialien (Verderber)	Mycotoxin (=Patulin)-bildner (Patulin kann in Apfelsaft enthalten sein, wird bei der Gärung zerstört). Braunfäule bei Äpfeln, Verderb von Himbeeren
	P. camembertii	Käse: der benutzte Kulturschimmel bildet keine Aflatoxine	zur Käsereifung eingesetzt, wächst an der Oberfläche

2. Fortsetzung. Pilze als Verderbniserreger und zur Reifung von Lebensmitteln.

Ordnung	Gattung (Genus)	Vorkommen	Bemerkungen
Moniliales	P. roquefortii	Käse, Schafsmilchkäse Korkengeschmack des Weines	zur Käsereifung und Geschmacksbeeinflussung in Schafsmilchkäse eingearbeitet – keine Aflatoxinbildung, Kontrolle erforderlich. Wird für den Korkengeschmack des Weines verantwortlich gemacht
	P. sp.	Briekäse	kontrollierte Impfkulturen zur Reifung eingesetzt
	P. sp. (blau-grüne Konidien)	Käse (Bavaria-Blue u.a. Blauschimmelkäsesorten)	Impfschimmel; Stammkontrolle erforderlich wegen Aflatoxinbildung
	P. sp. (lipolyt. Stämme):	Schmalz, Butter, Käse	
	P. sp. (osmotolerante Stämme):	Marmeladen, Sirup, Honig, kandierte Früchte	
	P. italicum	Citrusfrüchte (Verderber)	
	Trichothecium	pflanzliche Materialien	Fäulnisprozesse
	Geotrichum candidum (Oospora lactis, Milchschimmel)	Milch und Milchprodukte (gelegentlich rosa-orange Verfärbung) vorgefertigte Pizzas	Lebensmittel-Verderber
	Monilia fructigena	Äpfel und Birnen	Fäulniserreger
	Neurospora (Monilia) crassa	Brot	Brotschimmel (rosafarbenes Luftmycel)
	Sporotrichum	in ungenügend gefrorenem Fleisch	Verderber
	Botrytis spp.	Früchte, Zwiebeln, Erdbeeren, Edelfäule	
	B. allii, B. byssoidea	Zwiebeln	Verderber
	B. squamosa	Zwiebeln	Verderber
	B. cinerea	Weintrauben	verursacht Edelfäule des Weines (Anstieg d. Zuckergehaltes, Säureabbau)
	Cephalosporium spp.; C. macrocarpum, C. humicola	Milch und Molkereiprodukte, Butter	
	Trichoderma spp.	Milch, Butter	
	Scopulariopsis	Tilsiter u.a. Käsesorten, Butter, Milch, Birnen	
	Cladosporium cellare	in Weinkellern	bildet das sog. „Kellertuch“
	Cladosporium herbarum	Malz, Hopfen, Eier, Fleisch, sonstige Lebensmittel	Fäulnis- und Verderbniserreger

3. Fortsetzung. Pilze als Verderbniserreger und zur Reifung von Lebensmitteln.

Ordnung	Gattung (Genus)	Vorkommen	Bemerkungen
Moniliales	Helminthosporium	pflanzliches Material, Gemüse, Früchte	
	Alternaria (dunkelgrüne Konidien)	Gerste, Malz, Molkereiprodukte, Citrusfrüchte, Gemüse, pflanzliches Material; Kühlkeller	
	Stemphylium	pflanzliches Material, Erde, Milch	
	Fusarium solani (Mycel rosarot) u.a. Arten	Kartoffeln (Fäule), Trinkwasser, Getreide, Haferflocken, Kernobst, Fruchtfäule, Molkereiprodukte, Nüssen, Tomaten, Bananen, Butter, Margarine	Bildung von Fusariumtoxinen (zu den Steroiden gehörend) und Trichothecenen (Gruppe von 37 verwandten Mykotoxinen). Bereits Höchstmengenfestlegung für Getreide in Rumänien, Kanada u. d. Sowjetunion. (Vergiftungen im Sommer 1987 im Kaschmirtal (Indien) durch das mit dem Mykotoxin T_2 (Desoxy-Nivalenol) kontaminierte Weizenmehl (72).
Cryptococcales	Rhodotorula	pflanzl. Materialien	rot, rosa oder orange gefärbte Hefen
	Torulopsis	Käserinde	
	Mycoderma sp.	Kahmhefe	
	Candida spp.	Milch, Pickles, Rote-Rüben, Dill-Gurken	Verderbniserreger
	Candida albicans (Soorpilz)	Tier und Mensch, auf LM übertragen	häufige, parasitierende pathogene Hefe

4.3.3 Mycotoxine

Neben den Aflatoxinen gibt es gerade bei den Lebensmitteln noch eine ganze Reihe anderer Mycotoxine, die während der letzten 30 Jahre isoliert und beschrieben wurden, deren toxische Auswirkungen aber noch keinesfalls ausreichend bekannt sind. Gerade auf diesem Gebiet ist noch viel systematische Arbeit erforderlich.

Einige wichtige Mycotoxine und deren Produzenten sind hier zusammengefaßt [A. = Aspergillus, P. = Penicillium, F. = Fusarium; nach (24, 116)]:

Toxin	Produzenten	Häufige Substrate
Cumarinderivate		
Aflatoxine	A. flavus, A. parasiticus, P. puberulum	Nüsse, Getreideprodukte, Milchprodukte (Käse), Trockenfleisch
Ochratoxin	P. viridicatum A. ochraceus	Trockenfleisch Spanferkel (Niere), Futter
Anthrachinone		
Islandicin	P. islandicum	Früchte und deren Produkte
Luteoskyrin	P. islandicum	
Pyrone		
Clavacin (Patulin)	P. patulum, P. expansum, A. clavatus, Byssochlamis nivea	Früchte, Säfte, Milchprodukte, Mehl, Brot, Stärke
Citreoviridin	P. citreoviride	
Kojisäure	A. oryzae, A. flavus, A. candidus, A. nidulans, A. tamari	Getreideprodukte (Reis), Nüsse, Milchprodukte
Xanthone		
Sterigmatocystin	A. flavus, A. versicolor, A. nidulans	Nüsse (Erdnußschrot), Getreideprodukte, gepökelte Fleisch- und
Aspertoxin	A. flavus	Wurstwaren, Käse
Benzolderivate		
Maltoryzin	A. ochraceus	Getreideprodukte, Reis, Nüsse, Milchprodukte
Polypeptide		
Islanditoxin	P. islandicum	Früchte, Fruchtprodukte
Steroide		
Fusariumtoxine		Getreideprodukte (Mais, Hirse, Roggen, Gerste)
Nivalenol	F. nivale	
Fusarenon	F. tricinctum	} Sesquiterpenoide
T-2	F. roseum	
Sporofusarin	F. tricinctum	
Poafusarin	F. poae, F. lateritium	} Trichothecene
Zearalenon = F-2	F. roseum	
Butenolidderivate	F. nivale	

Besonders in Fruchtsäften, die mikrobiologisch einwandfrei waren, wurden in letzter Zeit von zahlreichen Autoren größere Mengen Patulin nachgewiesen. Dieses Patulin, ein sehr toxisches Antibiotikum, wird von der Braunfäule der Äpfel, verursacht durch Penicillium expansum, eingeschleppt (52).

5 Antimikrobielle Konservierungsmethoden

Konservieren heißt, ein gegebenes Produkt über einen genügend langen Zeitraum unter den vorhandenen Bedingungen in einem unveränderten Zustand zu erhalten. Zu diesem Zweck müssen alle verderbenden Einflüsse ausgeschaltet werden.

Sieht man einmal von den rein chemischen und physikalischen Einflüssen ab – wie z. B. Oxidations-, Hydrolyse- und sonstige Umsetzungsprozesse, auf die hier nicht näher eingegangen werden soll –, so sind vor allem die Mikroorganismen für den Lebensmittelverderb verantwortlich. Der Verbraucher wird durch einen solchen Verderb nicht nur wirtschaftlich, sondern oft auch noch gesundheitlich geschädigt. Derartige Schäden lassen sich nur dann mit Sicherheit abwenden, wenn es gelingt, die in den meisten Fällen mit den Rohstoffen eingebrachten Mikroorganismen durch geeignete Maßnahmen auszuschalten (Sterilisation) oder sie an ihrem Wachstum zu hindern (kühlen, trocknen bzw. Zusatz keimhemmender Stoffe), so daß es nicht zu einem Verderb kommen kann. Der Bogen der Möglichkeiten ist dabei weitgespannt: von der Abtötung der Keime bis zur Mikrobistase, der bloßen Wachstumshemmung. In ersterem Falle ist die Sterilität des so behandelten Produktes nur in einem rekontaminationssicheren Behältnis gewährleistet. Bei Beschädigung des Behältnisses oder nach Anbruch einer solchen Vollkonserve kommt es sofort zu einer Kontamination, und der Verderb wird eingeleitet. Nur ein alsbaldiger Verbrauch kann vor gesundheitlichen Schäden schützen. Bei Lebensmitteln, die lediglich einem wachstumshemmenden Prozeß, etwa einer Kühllagerung, unterworfen wurden, beginnen die vorhandenen Keime, sobald die Temperatur ansteigt und optimale Bedingungen erreicht werden, sich rasch zu vermehren und das Produkt zu verderben. So müssen z. B. aufgetaute Tiefkühlgerichte unmittelbar nach dem Auftauen erhitzt und verzehrt werden.

Bei der Suche nach der für das jeweilige Lebensmittel richtigen Konservierungsmethode geht es zunächst um das „wie?“ (welche Methode) und das „wie lange?“ (für welchen Zeitraum). Auf der einen Seite stehen die Sterilprodukte, die Dauerkonserven, die ein bis mehrere Jahre haltbar sind, auf der anderen z. B. pasteurisierte Milch, deren Haltbarkeit bei entsprechender Kühllagerung nur kurzfristig verlängert wird. Entscheidend ist immer, welche Behandlung dem Produkt zugemutet werden kann, wenn auf Geschmack und Aussehen (Sensorik), Nährwert (Vitamine) und letztendlich auch auf Wirtschaftlichkeit geachtet werden muß. Im Laufe der Zeit ergaben sich für die Konservierungsmethoden oft einschneidende Änderungen. Sie lassen sich am besten an dem wohl ältesten und zugleich mikrobiologisch am stärksten gefährdeten Lebensmittel, der Milch, demonstrieren. Als Muttermilch gelangt sie auf dem kürzesten Weg keimfrei oder keimarm zu dem Verbraucher, dem Säugling. Bei Verletzungen der Brustwarze und sich einstellenden Infektionen (z. B. mit Staphylococcus aureus) kann es allerdings auch dabei zu einer „Verbraucherschädigung" kommen. Ähnlich liegen die Verhältnisse bei der ernährungsgeschichtlichen Nutzung der Haustiermilch durch den Menschen. Auch hier ist die Milch normalerweise keimfrei und die Euterflora relativ unbedeutend, sie schlägt nur bei infizierten Tieren durch. Während noch vor einem Jahrzehnt Viehbestände, die frei von Tuberkulose waren, auch bei uns prämiert und ausgewiesen (Hinweisschild am Hoftor) wurden, haben diese Erreger, wie auch Brucellen, Listerien u.a. heute weitgehend ihre Bedeutung verloren; nur gelegentlich kommt es zu Durchbrüchen. Der überwiegende Teil der Kontaminationskeime gelangt bei dem Melkvorgang in die Milch. Früher gab das dabei nachweisbare Keimspektrum einen Hinweis auf die Futterversorgung und das Hygieneverhalten des Melkers. Heufütterung erhöhte den Anteil an Sporen des „Heubacillus" Bac.subtilis, und Rübenblättersilage den der Clostridiensporen, die Pasteurisieren und Kochen überstehen und eine so behandelte Milch nach 1 bis 2 Tagen verderben. Durch moderne, weitgehend geschlossene Melkanlagen lassen sich solche Kontaminationen durch die Stalluft weitgehend vermeiden. Milch ist jedoch ein idealer Nährboden für Mikroorganismen, und bei ungeeigneter Lagerung (wo immer es möglich ist, sollte sie sofort kühlgelagert werden), kommt es zu einer raschen Keimvermehrung. Melkanlagen, Lagergefäße und Transportvorrichtungen liefern gewichtige Beiträge zur Kontamination und dem Endresultat.

Der Zustand der Rohmilch läßt sich durch verschiedene in ihrer Wirkung abgestufte Verfahren verbessern, wobei Vor- und Nachteile in Kauf genommen werden müssen (Tabelle 20).

Ursprünglich sollten durch das Pasteurisieren in erster Linie die pathogenen Erreger, wie Tuberkelbakterien, Brucellen, Listerien und Coxiellen abgetötet und Polioviren inaktiviert werden, und erst in zweiter Linie dachte man an die Absenkung der Gesamtkeimzahl und die damit verbundene kurzzeitige Verlängerung der Haltbarkeit. Eine solche Behandlung konnten zwar einige wichtige Krankheitserreger, z.B. Hepatitis B-Viren, ungeschädigt überstehen, da zu ihrer Ausschaltung ein etwa 10minütiges Erhitzen auf 100 °C erforderlich ist. Derartige Kontaminationen sind aber in der Praxis kaum zu erwarten. Dennoch wurden dann über Jahrzehnte hinweg

Tabelle 20. Der Keimgehalt von Rohmilch und nachbehandelter Milch. (Nach verschiedenen Quellen zusammengestellt)

Qualitätsbezeichnung	Keimgehalt KBE/ml
Rohmilch	
Gute Qualität 1909	$1{,}9 \times 10^6$
schlechte Qualität 1909	$3{,}2 \times 10^7$
1968 (Sommermonate)	$1{,}5 \times 10^6$
1970	$2{,}6 \times 10^6$
Trinkmilch	
pasteurisierte Milch[1]	$2{,}0 \times 10^4$ bis $5{,}0 \times 10^5$
DLG kurzzeiterhitzt	10^5 bis $2{,}0 \times 10^5$
DLG hocherhitzt	10^4 bis $5{,}0 \times 10^4$
gekocht (Haushalt)	10^2 bis 10^4
H-Milch (Aseptik-V.)	steril
sterilisiert im Behälter	steril

[1] Coliformetiter maximal 10/ml.

Tabelle 21. Verfahren zur Verminderung und Stabilisierung der Keimzahl in Lebensmitteln. (Die Zuverlässigkeit der Verfahren nimmt von links nach rechts ab.)

Behandlungsziel	Herstellung von Sterilprodukten mit (mehrjähriger) Lagerfähigkeit durch			Herstellung von keimarmen Produkten mit begrenzter Lagerfähigkeit durch			
Verfahren	Sterilisation im Endbehältnis	Sterilfiltration	aseptische Verfahren	partielle Keimtötung mit Hitze	partielle Keimtötung bzw. Hemmung durch chemische Stoffe	Kühllagerung oder Einfrieren	Trocknen
Definition	Abtötung aller Mikroorganismen u. Inaktivierung aller Viren	Abtrennung aller Mikroorganismen mit Entkeimungsfiltern (Viren werden nicht eliminiert)	Abfüllung vorsteril. Produkte unter aseptischen Bedingungen in vorsteril. Behälter	gezielte Abtötung bestimmter Keime u. Viren; nur temporärer Schutz	Einsatz chem. Konservierungsstoffe zur Keimhemmung	Keimhemmung bei niedrigen Temperaturen u. entsprechender Lagerung	Keimhemmung durch Wasserentzug und Trockenlagerung
Behandlungsmethoden	Sterilisation mit Dampf oder Heißluft (oder evtl. Ethylenoxid oder ionisierenden Strahlen)	Keimfiltration mit geeigneten Entkeimungsfiltern	aseptische Abfüllung hitzesteril. oder steril. Produkte in vorsteril. Behältnisse	Pasteurisieren, HTST-Verfahren, UHT-Verfahren, Einwecken, Kochen	nur zugelassene Konservierungsstoffe dürfen eingesetzt werden	hygienische Verpackung auch aus sensorischen Gründen	bei hygienischer Verpackung sollte keine Kondenswasserbildung auftreten
Geräte, Anlagen	Kammerautoklaven, Turmautoklaven, Heißluftschränke, EO-Sterilisatoren, Bestrahlungsanlagen	Filterpressen, Filterkerzengehäuse, Ultrafilter	Sterilisationseinrichtungen für Produkt u. Verpackung, asept. Voraussetzungen	Durchlauferhitzer, geeignete UHT-Anlagen	nicht erforderlich	Tiefgefrieranlagen und Lagerräume	Trocknungsanlagen, Sprühtrockner, Wirbelstoßtrockner

zur Erzielung größerer Sicherheit und einer lagerfähigen „Sterilmilch" Dauer-Hocherhitzungsverfahren eingesetzt, die bei Temperaturen zwischen 114 °C und 121 °C und Haltezeiten von etwa 20 min – je nach der vorhandenen Sporenart und Sporenzahl – arbeiteten. Unter diesen Bedingungen litt jedoch die Sensorik. Abhilfe gelang erst mit den sogenannten Aseptik-Verfahren, bei denen die vollhomogenisierte Trinkmilch für wenige Sekunden einer Ultrahocherhitzung auf Temperaturen von ≥130 °C unterworfen und anschließend sofort unter aseptischen Bedingungen in vorsterilisierte Behältnisse abgefüllt wird (H-Milch).

In anderen Lebensmittelbereichen verhält es sich ähnlich. Auch hier geht es stets darum, eine für Produkt und Verbraucher optimale Behandlungsmethode zu finden. Tabelle 21 gibt einen Überblick über die gängigen Verfahren zur Verminderung und Stabilisierung der Keimzahl in Lebensmitteln, wie sie zur Erzielung von

1. Sterilprodukten mit längeren Lagerzeiten durch
   a) Sterilisation im Endbehältnis oder durch
   b) aseptische Verfahren

sowie von

2. keimarmen Produkten mit begrenzter Lagerzeit (oft nur wenige Tage)

eingesetzt werden. Nachstehend wird auf die jeweils erforderlichen Verfahren näher eingegangen.

5.1 Herstellung von Sterilprodukten

Sterilprodukte müssen definitionsgemäß „frei von vermehrungsfähigen Keimen" sein. Das bedeutet, wann immer ein solches Produkt aus einer Produktionscharge geprüft wird, muß es sich als keimfrei erweisen.

> Als Produktionscharge wird stets die Menge (Stückzahl) an Behältnissen verstanden, die unter gleichen Behandlungsbedingungen, d.h. aus mikrobiologischer Sicht, mit dem gleichen Kontaminationsrisiko behaftet, hergestellt werden.

Seit einigen Jahren legt man vor allem aus Gründen der rechnerischen Erfassung solcher Sterilisationsprozesse eine in jedem Falle zu erreichende *Mindesteffektivität* (F_{min}-Wert) fest, sie ist ein Ausdruck für die Gesamtletalität des Verfahrens (s. S. 59).

Die Ausgangskeimzahl (N_0), die auf den widerstandsfähigsten Keim in dem zu behandelnden Gut – in der Regel Sporen – bezogen wird, muß dabei um eine bestimmte Anzahl Zehnerpotenzen (= Dezimalreduktionswert oder D-Wert), vermindert werden (s. S. 56).

> Der D-Wert ist eine verfahrens- und keimspezifische Kenngröße, die alle Bedingungen umreißt, unter denen eine Verminderung der vorliegenden Keim-(Sporen-)zahl um eine Zehnerpotenz erfolgt. Ihre Dimension ist bei den thermischen Sterilisationsverfahren die Zeit (in min) und bei der Bestrahlung mit ionisierenden Strahlen die Dosis (Mrad oder kGy).

Der D-Wert läßt sich aus der Überlebenskurve für den jeweiligen Keim unter den gegebenen Bedingungen ermitteln. Einige wichtige D-Werte sind bei den einzelnen Sterilisationsverfahren aufgeführt.

Als weitere keim- und verfahrensspezifische Kenngröße ist der z-Wert zu nennen.

Der z-Wert gibt die Temperaturänderung in °C an, die erforderlich ist, um den D-Wert um den Faktor 10 zu ändern.

Bei Sterilisationsverfahren, deren Effektivität in der Hauptsache auf einer „Haltezeit bei konstanten Bedingungen" basiert, läßt sich der Prozeß wie folgt umschreiben

$$F_{min} = (\log N_0 - \log N) \cdot D_T^z, \tag{1}$$

wobei N_0 die Ausgangskeimzahl und N die angestrebte Endkeimzahl bedeuten. Die Ausgangskeimzahl soll normalerweise nicht höher als 10^6 KBE/ml bzw. g liegen, bei pharmazeutischen Ausgangsmaterialien für Injektionslösungen liegt das Limit in einigen Ländern unter 10^2 KBE/ml bzw. g. Die angestrebte Endkeimzahl (N) wird vielfach, und zwar sowohl im pharmazeutischen als auch im Lebensmittelbereich, mit 10^{-6} KBE/ml bzw. g angegeben. Daraus ergibt sich also die Erwartung, daß die Keimzahl um 12 Zehnerpotenzen (n = 12) vermindert wird. Gleichung (1) läßt sich damit vereinfachen zu:

$$\begin{aligned} F_{min} &= n \cdot D_T^z \\ F_{min} &= 12 \cdot D_T^z. \end{aligned} \tag{2}$$

In einem solchen Fall spricht man von einem 12-D-Konzept, das eine Verminderug der Keimzahl um 12 Zehnerpotenzen anstrebt. Gelegentlich werden jedoch auch zur Wahrung der Sensorik eines Produktes geringere Sicherheitszuschläge in Kauf genommen und N etwa mit 10^{-3}, d.h. n = 9, angegeben.

Um das Verfahren kalkulieren zu können, wird noch die Angabe des zugehörigen D-Wertes benötigt. Er läßt sich aus den für verschiedene Keime und Verfahren in Tabellen festgelegten Werten entnehmen. Für eine Sterilisation mit Dampf bei 121 °C nennt die Tabelle 22 für Clostridium botulinum einen D-Wert von 0,2 min. Für ein 12-D-Konzept errechnet sich danach:

$$F_{min} = n \cdot D_{121°} \qquad n = 12; \quad D_{121°} = 0{,}2 \text{ min}$$

$$F_{min} = 12 \cdot 0{,}2 \text{ min}$$

$$F_{min} = 2{,}4 \text{ min.}$$

Bei diesem Verfahren werden die sich aus der Anheiz-, Ausgleichs- und Abkühlphase ergebenden Beiträge für die Gesamtletalität nicht angerechnet. Sie spielen besonders dort eine wichtige Rolle, wo voluminöse Güter sterilisiert werden sollen, bei denen lange Ausgleichszeiten erforderlich sind, um die „Kerntemperatur" auf den erforderlichen Wert zu bringen. Andererseits sind sie auch für solche Verfahren bedeutungsvoll, die kein eigentliches „Plateau" durchlaufen, z.B. beim Einsatz von Autoklaventürmen (z.B. Hydrostat) und den indirekt arbeitenden UHT-Anlagen.

Die Gesamtletalität dieses Prozesses läßt sich nach der allgemeinen Formel

$$F_T^z = \int L \cdot dt \quad (3)$$

zum Ausdruck bringen. Sie wird auch bei der Bestimmung des F-Wertes nach der graphischen, der numerischen oder der Digital-Computer-Methode (84, 165) zugrunde gelegt. Dazu wird die Temperatur-Zeit-Kurve oberhalb von 100 °C in Zeitabschnitte mit nahezu geradlinigem Temperaturverlauf unterteilt und anhand von Tabellen für jeden Abschnitt der anzurechnende Letalwert entnommen.

Der Gesamtwert von F setzt sich dann aus der Summe dieser Teilwerte zusammen gemäß der Gleichung:

$$F = F_1 + F_2 + F_3 + \ldots F_n \quad (4)$$

Die Letalrate (L) in Minuten läßt sich durch die Gleichung

$$L = 10^{\frac{T-121°}{z}} \quad (5)$$

zum Ausdruck bringen. Dabei ist die relative Letalität bei einer Temperatur T – mit einer Bezugstemperatur von beispielsweise 121 °C verglichen – allein eine Funktion von z.

Der z-Wert läßt sich ebenso wie der F-Wert und alle zugehörigen Äquivalenzwerte – sie kommen durch Äquivalenzverfahren zustande, bei denen mit der gleichen Effektivität, jedoch unter Benutzung anderer Temperatur-Zeit-Kombinationen gearbeitet wird – aus der *thermischen Abtötungszeitkurve* (Abb. 9) ermitteln.

Ein z. B. bei 121 °C arbeitendes Verfahren läßt sich mit Hilfe der nachstehenden Formel auf jedes gewünschte Äquivalenzverfahren umrechnen:

$$F_{121\,°C}^z / F_T^z = 10^{\frac{T-121}{z}} \quad ; \quad F_T^z = \frac{F_{121\,°C}^z}{10^{\frac{T-121}{z}}} \quad (6)$$

Zur Ermittlung der Gesamtletalität eines Verfahrens nach der graphischen Methode existieren in der Literatur eine Reihe von Tabellen (113, 165), aus denen die für verschiedene z-Werte aufgeführten Letalraten entnommen werden können.

Bei den unter *aseptischen Bedingungen* hergestellten Sterilprodukten werden zur Prästerilisation des Produktes entweder

- die üblichen Sterilisationsverfahren, vorzugsweise unter Einwirkung von Hitze oder
- eine Entkeimungsfiltration (Voraussetzung: klare filtrierbare Lösungen bzw. Emulsionen)

eingesetzt.

Auch diese Verfahren sind vorher auf ihre Effektivität zu prüfen. Das gilt ebenso für die getrennt sterilisierten Behältnisse und Verschlußmaterialien zur Aufnahme des vorsterilisierten Produktes unter aseptischen Bedingungen. Die aseptische Verfahrensweise sollte ebenfalls validiert und anhand der Produktionsunterlagen ständig überwacht (z. B. nach dem Ausstoß unsteriler Einheiten, rückwirkende Kontrolle) und gesteuert werden.

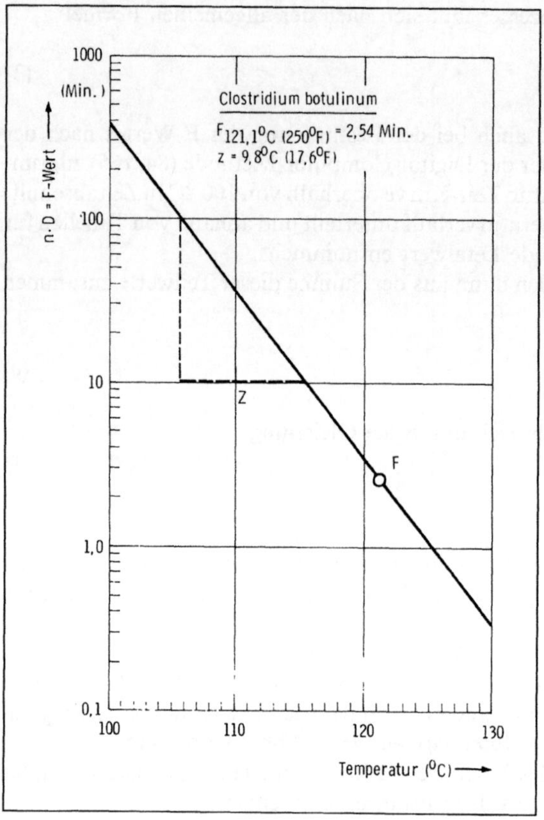

Abb. 9. Thermische Abtötungszeitkurve für Sporen von Clostridium botulinum mit eingezeichnetem F-Wert und z-Wert (113).

Auf der Geraden liegen alle möglichen Äquivalenzwerte. Daraus ist ersichtlich, daß beispielsweise die Verfahren

2,5 min bei 121 °C,
10,0 min bei 115 °C und
100,0 min bei 105 °C

die gleiche Effektivität besitzen. Es zeigt sich aber zugleich, daß niedrige Behandlungstemperaturen wegen der erheblich längeren Einwirkungszeiten aus wirtschaftlichen Gründen ausscheiden.

5.1.1 Sterilisationsmethoden

Die zur Beurteilung von Sterilisationsverfahren angelegten Maßstäbe haben sich seit Beginn dieses Jahrhunderts ebenfalls geändert, sie sind strenger geworden. Das DAB 6 von 1926 schrieb für eine Autoklavensterilisation mit gesättigtem, gespanntem Dampf eine Behandlungszeit (Haltezeit bei der Verfahrenstemperatur) von 15 min bei 115 °C vor. Heute (DAB 9 von 1986, PH.EUR. 2, USP XXI) nennt das Standardverfahren 15 min bei 121 °C oder andere, äquivalente Temperatur-Zeit-Kombinationen.

Als allgemeine Sterilisationsmethoden erkennen die obengenannten Pharmakopoen an:

- Sterilisation mit gesättigtem, gespanntem Dampf } thermische
- Sterilisation mit Heißluft } Verfahren
- Sterilisation mit mikrobiziden Gasen (Ethylenoxid)
- Sterilisation mit ionisierenden Strahlen
- Sterilisation mit Entkeimungsfiltern (dieses Verfahren wird nur von der USP XXI als Sterilisationsmethode eingestuft, während es von DAB 9 und PH.EUR. 2 als Bestandteil einer aseptischen Herstellung betrachtet wird).

Bei der Gewichtung der Sterilisationsmethoden ergibt sich, daß, wo immer es möglich ist, die Sterilisation mit gesättigtem Wasserdampf bevorzugt werden sollte. Diese Wertung dürfte auch für den Lebensmittelbereich zutreffen, wo der Einsatz dieser Verfahren noch breiter gestreut ist und auch für die Prästerilisation aseptischer Produkte (z.B. H-Milch) eingesetzt wird, ein Terrain, das für die Pharmaindustrie noch weitgehend tabu ist.

Anders sieht es bei den Verfahren unter Verwendung trockener Hitze (Heißluft-Sterilisationsverfahren) aus, die im Arzneimittelsektor zur Vorsterilisation von Glasgefäßen unmittelbar vor Aufnahme aseptisch hergestellter Lösungen und Pulver unter aseptischen Bedingungen, breit eingesetzt werden. Die Behältnisse und Folien zur Aufnahme vorsterilisierter Lebensmittel werden dagegen fast ausschließlich chemothermisch (unter Einsatz von H_2O_2) behandelt. Zunehmende Bedeutung, insbesondere bei der Sterilisation von Verpackungsmaterialien wie Tuben, Tiegel usw., gewinnen die Verfahren unter Einsatz ionisierender Strahlen. Eine solche „Endbehandlung" von Lebensmitteln ist dagegen nicht erlaubt. Sie kann jedoch nach LMBG (1987) § 13 (2) durch den zuständigen Bundesminister auf dem Wege über eine Rechtsverordnung und mit Zustimmung des Bundesrates für bestimmte Verwendungszwecke, auch für bestimmte Lebensmittel, erteilt werden, „soweit es mit dem Schutz des Verbrauchers vereinbar ist".

Die Verfahren zur Sterilisation unter Verwendung *mikrobizider Gase* verlieren immer mehr an Bedeutung; hier ging es vor allem um Gewürze, pharmazeutische Rohstoffe und Teedrogen, die mit Ethylenoxid (EO) behandelt wurden. Der WHO-Entwurf über Sterilisationsverfahren von 1986 (173) führt dieses Verfahren bereits nicht mehr auf, und nach den „Empfehlungen des BGA" (20) „darf eine Behandlung pharmazeutischer Ausgangsstoffe mit Ethylenoxid nicht erfolgen". Für Teedrogen gelten einschränkende Bedingungen, bei unzerkleinerten oder grob geschnittenen Produkten kann eine Behandlung noch durchgeführt werden, wenn die Gesamtkeimzahl über 5×10^4 KBE/g liegt. Nachdem Ethylenoxid auf die Liste der krebserzeugenden Gefahrstoffe gesetzt wurde (Einordnung in die Gruppe III [gefährdend bei einem Massengehalt im Gefahrstoff von 0,1%] der Gefahrstoffverordnung [GefStoffV] von 1986 Anhang II, S. 60), ist damit zu rechnen, daß das Verfahren noch mehr an Bedeutung verliert.

5.1.1.1 Thermische Sterilisationsverfahren

Bei den thermischen Sterilisationsverfahren muß grundsätzlich unterschieden werden zwischen dem Einfluß von
- *feuchter Hitze* (Heißwasser, Dampf, Dampfluftgemischen) und dem
- *trockener Hitze* (Heißluft).

Dabei gilt generell, daß bei Einsatz von trockener Hitze erheblich höhere Temperaturen und längere Haltezeiten (wegen der oft schlechteren Wärmeleitfähigkeit des Materials) in Kauf genommen werden müssen. Besonders im Lebensmittelbereich haben diese Verfahren deshalb keine große Bedeutung.

5.1.1.1.1 Sterilisation mit feuchter Hitze

Der Einsatz feuchter Hitze erlaubt fließende Übergänge von der Desinfektion zur Sterilisation, doch ist eine genaue Abgrenzung insbesondere des Sterilisationsbereiches anhand einzelner Parameter nicht ohne weiteres möglich. Im pharmazeutischen Bereich, wo selten mit niedrigen pH-Einstellungen gearbeitet wird, liegt die untere Grenztemperatur für Sterilisationsverfahren bei etwa 115 °C. Bei stark sauren und sauren Produkten (s. Tabelle 17) ergeben sich weitaus günstigere Behandlungsbedingungen, die jedoch *in jedem Einzelfalle* sorgfältig ermittelt oder, wie es heute heißt, *validiert* werden müssen. Bei der Gewichtung der Verfahren ist vor allem die Abtötung der Dauerformen, der Sporen, die unterschiedlich hohe Temperaturen überstehen, in Betracht zu ziehen. Gelegentlich werden mit Agar-Agar Sporen eingeschleppt, die sich unter den normalen Sterilisationsbedingungen (Standardverfahren) nicht abtöten lassen. Solche Fälle sind allerdings sehr selten und die Keime nicht pathogen, so daß die Praxismethoden nicht danach ausgerichtet werden müssen. Bei der Lebensmittelherstellung kommen in Zuckerfabriken thermophile Bazillen wie Bac. stearothermophilus vor, deren Sporen als die bisher widerstandsfähigsten gelten. Ihr $D_{121°}$-Wert liegt bei 1,5 – 4,0 min. Sie werden im pharmazeutischen Bereich als Bioindikatoren benutzt und die Sterilisationsverfahren häufig danach ausgerichtet. Da diese thermophilen Keime sich erst bei Temperaturen über 50 °C vermehren, besitzen sie beim Lebensmittelverderb jedoch keine generelle Bedeutung. Die eigentlichen, meist mesophilen Verderber, z. B. Bac.-subtilis-Sporen, haben $D_{121°}$-Werte von 0,4–0,7 min, sind also wesentlich besser zu beeinflussen. Bei der Sterilisation von Lebensmitteln richtet man sich im allgemeinen nach den anaeroben Clostridium-Sporen, vor allem nach C. botulinum, mit einen $D_{121°}$-Wert von ca. 0,2 min. Weitere D-Werte für die wichtigsten Verderbniserreger sind in Tabelle 22 zusammengestellt.

Bei der Sterilisation mit feuchter Hitze wird unterschieden zwischen dem Einsatz von

- Dampf als wirksamem Agens (Sterilisiermittel), z. B. bei den Vakuumverfahren zur Verbandstoffsterilisation und

Tabelle 22. Charakteristische D- und z-Werte zur Absterbekinetik von Bakteriensporen unter dem Einfluß von gesättigtem Wasserdampf.

	D-Werte in min oder s für eine Verfahrenstemperatur von … °C								z-Wert (°C)
	105 °C min	115 °C min	121 °C min	127 °C s	130 °C s	134 °C s	140 °C s	147 °C s	
Bac. stearothermophilus		15–24	1,5–4	9		1			6–7
Bac. subtilis		2,2	0,4–0,7		7–11		1	0,5	8–13
Clostridium botulinum	8,3	0,8	0,2	4	2				10
Clostridium sporogenes		3–3,6	1–1,4						13

Tabelle 23. Abgestufte keimtötende und virusinaktivierende Wirkung von feuchter Hitze: Übergang von der Desinfektion zur Sterilisation. Die angegebenen D-Werte beziehen sich auf die *Leitkeime* und die jeweilige Verfahrenstemperatur.

Resistenzstufe	Verfahren	Verfahrensbedingungen Temperatur (°C)	 Zeit (s o. min)	 D-Wert (s oder min)	erfaßte Keimarten und Viren
I	Pasteurisieren	61,5 °C	30 min	$D_{61,5} = 2$ min	*Mycobact. tub.*, Brucellen, path. Streptokokken, Listerien, Polioviren
	Hochpasteurisieren	72 °C	15 s	$D_{72} = 1$–2 s	*Mycobact. tub.*, Rickettsien, Coxiella (Q-Fieber) Polioviren
II	gelindes Erhitzen	80 °C	30 min		die meisten vegetativen Bakterien, alle bisher gentechnologisch genutzten Bakterien, Bakteriophagen und Plasmide, Hefen und Schimmelpilze, alle Viren mit Ausnahme von Hepatitisviren
III	Kochen Blanchieren[1)]	100 °C 100 °C	10 min 15–30 min 2–7 min		Hepatitisviren Bac. anthracis-Sporen, die meisten Pilzsporen
IV	gespannter Dampf	105 °C	5 min		Bac. anthracis-Sporen
V	gespannter Dampf	120 °C	20 min		Cl. perfringens, Cl. novyi, Cl. tetani
	DAB 9 (Standardverfahren) (Kammerautoklaven)	121 °C	15 min	$D_{121} = 1,5$ min $D_{115} = 10$–24 min $D_{121} = 0,8$–1,4 min	*Bac. stearothermophilus*-Sporen *C. perfringens*-Sporen
	Dauerhocherhitzung bei H-Milch	114 °C 134 °C	20 min 3–5 min	$D_{115} = 2,8$–3,6 min $D_{134} = 10$–15 s	*C. perfringens*-Sporen *Bac. stearothermophilus*-Sporen
	UHT-Verfahren Ultrahocherhitzung im indirekten Platten- oder Röhrenerhitzer oder durch Dampfinjektion	130 °C		$D_{130} = 7$–11 s $D_{134} = 1,0$–1,5 s $D_{140} = 1$ s $D_{147} = 0,5$ s	*Bac. subtilis*-Sporen *Bac. stearothermophilus*-Sporen *Bac. subtilis*
VI	gespannter Dampf	134 °C		$D_{134} =$ ca. 30 min	hochresistente Sporen aus Fadenagar

1) Das Blanchieren dient in erster Linie zur Inaktivierung von Enzymen, z. B. vor dem Tiefgefrieren von Gemüsearten. Dabei werden erfahrungsgemäß bis zu 99% der an der Oberfläche haftenden vegetativen Keime, auch Staphylokokken, abgetötet. Auch ein Teil der anhaftenden Nitrate wird dabei abgespült.

- Dampf (in Form von gesättigtem oder überhitztem Dampf), Heißwasserberieselung oder Heißluft lediglich zur Wärmeübertragung, wobei die festverschlossenen Behältnisse, die sterilisiert werden sollen, selbst die Funktion eines Autoklaven übernehmen.

Wie Tabelle 23 zeigt, nimmt die Wirkung der feuchten Hitze mit fallenden Temperaturen ab. Die sporizide Wirkung kochenden Wassers ist zu langsam und spielt keine Rolle mehr; die Verfahren gleiten zu reinen *Desinfektionsverfahren* ab, deren Hauptaufgabe es ist, pathogene Erreger unter möglichst schonenden Bedingungen auszuschalten (z. B. bei der Pasteurisation).

Die Effektivität eines Sterilisationsprozesses wird in der Regel durch Angabe des F-Wertes zum Ausdruck gebracht, der die Einwirkungszeit in min bei einer bestimmten Verfahrenstemperatur T und einem gegebenen z-Wert (keimspezifischer Wert) angibt. Korrekt muß es also heißen:

$$F_T^z = x \text{ min.}$$

Häufig wird jedoch bei einer Verfahrenscharakterisierung mit dem F_0-Wert operiert, der sich stets auf eine Temperatur von 121 °C sowie einen z-Wert von 10 °C bezieht. Selbstverständlich lassen sich die darauf bezogenen Angaben jederzeit mit Hilfe der Gleichung (6) (s. S. 57) auf andere Verfahrensbedingungen, etwa auf äquivalente Temperatur-Zeit-Kombinationen, umrechnen.

Der Wert von z = 10 °C entspricht den Gegebenheiten bei Clostridium botulinum, einem anaeroben Sporenbildner, der vielfach als Verderbniserreger in Lebensmittelkonserven auftritt und daher häufig zur Kalkulation von Sterilisationsprozessen herangezogen wird. Clostridium botulinum hat jedoch, wie Tabelle 22 zeigt, einen sehr niedrigen D_{121}-Wert; bei Einsetzen dieses Wertes ($D_{121} = 0{,}2$ min) in die Gleichung (2) (s. S. 56) ergibt sich also eine recht kurze Behandlungszeit.

Darüber hinaus übt auch der pH-Wert des Behandlungsgutes, insbesondere bei Werten unter 4,5, einen bedeutenden Einfluß aus, der jedoch für jeden Fall einzeln ausgelotet werden sollte.

A. Die Sterilisation im rekontaminationssicheren Endbehälter

Geeignete Behältnisse: Konservendosen aus Blech,
Glasflaschen,
Kunststoffflaschen.

Die Sterilisation des rekontaminationssicher verpackten Gutes kann durchgeführt werden im

1. *Batch-Autoklaven* (Kammerautoklaven mit Beschickungswagen); Dauerhocherhitzung (= Haltezeit bei Verfahrenstemperatur)
2. *kontinuierlich arbeitenden Turmautoklaven* (z. B. Hydrostat); 3-Phasen-System: Vorwärmen – Sterilisieren – Kühlen

Voraussetzungen für die Sterilisation im Batch-Autoklaven

Für jedes zu sterilisierende Produkt muß bereits in der Entwicklungsphase wegen der oft unterschiedlichen Beschaffenheit, v.a. wegen der unterschiedlichen Homogenität des Gutes, etwa seiner Partikelgröße und seines Gesamtvolumens (Dosenschinken, Obst, Gemüse, Milch u.a.), die Behandlung vorgeplant werden, wobei es in erster Linie um die Ermittlung der für das Verfahren erforderlichen Parameter geht (Abb. 10). Mit ihrer Hilfe ist es dann möglich, den erforderlichen Prozeßablauf zu berechnen und später die Produktion danach zu steuern.

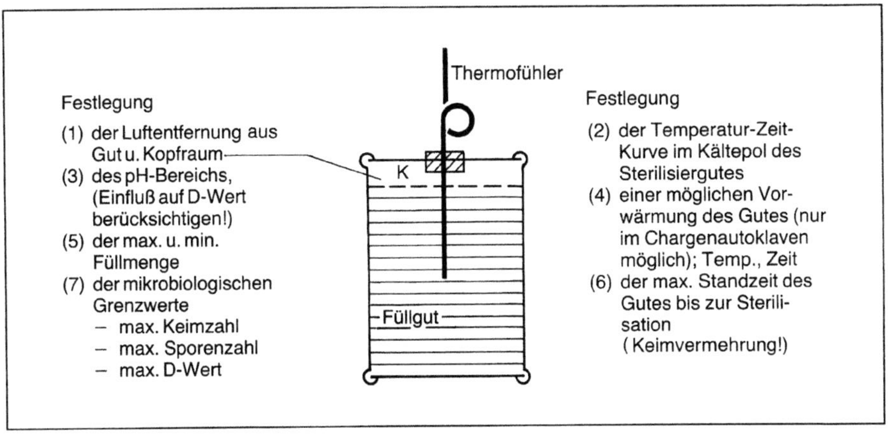

Abb. 10. Die Sterilisation im Batch-Autoklaven.

Die festzulegenden Parameter und Voraussetzungen zeigt Abb. 10.

(1) Die Luftentfernung erfolgt in der Regel gekoppelt mit dem Verschließvorgang (Siegelung) durch Evakuieren. Restluft im Kopfraum (K) führt zur Bildung von Dampf-Luftgemischen, deren Keimtötungskraft (Letalität) geringer ist als die von reinem Dampf. Auch Lufteinschlüsse im Gut (Luftblasen, Lufttaschen) haben die gleiche Wirkung. Die „Überfüllung" eines Behälters mit Sterilisiergut führt häufig zu Störungen der Hitzepenetration und hat damit unterschiedliche Temperaturen und Wirkungen zur Folge.

(2) Sterilität kann nur erzielt werden, wenn auch im „Kältepol" des Gutes (Kerntemperatur) die erforderliche Verfahrenstemperatur erreicht und über eine ausreichend lange Zeit gehalten wird (Dauerhocherhitzung) oder wenn im kontinuierlichen Durchlaufverfahren (Hydrostat) die Summe der sich ständig ändernden Letalbeiträge für den erforderlichen Gesamteffekt ausreicht. Die Aufnahme einer Temperatur-Zeit-Kurve im Kältepol ermöglicht eine Berechnung der Effektivität für beide Verfahren.

(3) Bei pH-Werten unterhalb 4,5 werden die Sterilisationsbedingungen im Lebensmittelbereich bei manchen Produkten (so z.B. bei Tomaten) nicht so streng gehandhabt, da sich Clostridium botulinum unter diesen Voraussetzungen nicht mehr vermehren kann. Durch Auskeimung

anderer hitzeresistenter Sporen kann es jedoch trotzdem zu einem Verderb kommen, wenn der F-Wert zu knapp kalkuliert wurde.

(4) Bei Konserven mit langsamer Hitzepenetration (Dosenschinken, Würstchen u. a.) bleibt zu überlegen, ob eine Vorwärmung vielleicht zu besseren und wirtschaftlicheren Ergebnissen führt. Dabei ist jedoch zu berücksichtigen, daß dies nur im Chargen-Autoklaven durchgeführt werden kann und daß dabei für homogene Verhältnisse (Festlegung eines Temperaturminimums zu Beginn des Sterilisationsprozesses) zu sorgen ist.

(5) Um Störungen bei der Luftentfernung und der Hitzeverteilung zu vermeiden, sollte die Füllmenge stets kontrolliert werden.

(6) Bei leichtverderblichen Produkten ist darauf zu achten, daß es während der Bereitstellungs- oder Wartezeit nicht zu einer Keimvermehrung und somit zu einer Produktschädigung kommt. Eine Erhöhung der Keimzahl wirkt sich auf den F-Wert, d. h. den Letaleffekt des Verfahrens, aus. Es ist Aufgabe einer *G*ood *m*anufacturing *p*ractice (GMP), dafür zu sorgen, daß in dieser Hinsicht klare Verhältnisse herrschen. Notfalls muß das Gut vorher kühl gelagert werden, wenn mit einem zu großen Verzug zu rechnen ist.

(7) Die mikrobiologische Ausgangslage (bioburden) beeinflußt einen Sterilisationsprozeß ganz entscheidend, denn die Ausgangskeimzahl, d. h. in erster Linie die Sporenzahl sowie der D-Wert für die jeweils vorhandene widerstandsfähigste Sporenart, gehen in die Berechnung mit ein. Die Sporenzahl läßt sich durch Parallelbestimmung einer 30 min auf 80 °C erhitzten Probe ermitteln. Für ein Chargenverfahren ergibt sich als einfache Überschlagsrechnung für einen minimalen F_{121}-Wert:

$$F_{121} = n \cdot D_{121}$$

n = Anzahl Zehnerpotenzen, um die der widerstandsfähigste Sporenbildner vermindert werden soll, wobei zusätzlich ein Sicherheitsfaktor von 10^{-6} bzw. 10^{-3} mit einbezogen wird.

Beispiel:
Rohmilch mit einer Ausgangskeimzahl von $N_0 = 10^6$ KBE/ml
Sporenzahl nach Erhitzen auf 80 °C $= 10^4$ KBE/ml $\Rightarrow n_1 = 4$
D_{121}-Wert für den Sporenbildner $= 0{,}4$ min
Kontaminationswahrscheinlichkeit $= 10^{-6}$ KBE/ml $\Rightarrow n_2 = 6$
Danach ist eine Verminderung der Keimzahl um $n = n_1 + n_2 = 4 + 6 = 10$ pro ml Milch erforderlich, also um 10^{13} pro l Milch.
$\Rightarrow F_{121} = 13 \cdot 0{,}4$ min $= 5{,}2$ min Haltezeit (eigentliche Sterilisierzeit) nach Erreichen der Betriebstemperatur.

Durchführung der Sterilisation im Batch-Autoklaven

Nachdem die Voraussetzungen geschaffen sind, läßt sich das Sterilisationsverfahren nach den festgelegten Parametern und errechneten Bedingungen steuern. Gelegentlich wird Milch bei 114 °C über 20 min behandelt. Dies reicht, wie eine kurze Überschlagsrechnung ergibt, unter den obengenannten Bedingungen nicht aus. Der Sporenbildner Bac. subtilis – er wird häufig bei der Milchsterilisation als „Leitkeim" eingesetzt – hat bei 115 °C nach Tabelle 22 einen Wert von $D_{115} = 2{,}2$ min und demnach bei $n = 13$ einen Wert von $F_{115} = 13 \cdot 2{,}2$ min $= 28{,}6$ min.

Steuerung des Verfahrens:

Die Steuerung eines solchen Verfahrens erfolgt in der Regel anhand einer aufgezeichneten Temperatur-Zeit-Kurve im Kältepunkt einer Sterilisiereinheit (Dose, Flasche) an der ungünstigsten Stelle des Autoklaven. Danach erfolgt die Festlegung von Anheizzeit, Ausgleichszeit, Haltezeit (Sterilisierzeit) und Kühlzeit. Auch der jeweilige Beladungsplan, der die Wärmepenetration beeinflußt, ist einzuhalten.

Inprozeßkontrollen:

Aufzeichnung einer Temperaturzeitkurve im Gut:
- Kennzeichnung des Gutes mit „Sichtindikatoren“, um Verwechslung mit unbehandelten Produkten vorzubeugen;
- bei erforderlichen Kühlprozessen Keimzahlkontrolle im Kühlwasser (Kontaminationsgefahr bei Leckagen) und Überprüfung der Nachtrocknung.

Freigabekontrollen:

Die Freigabe durch die verantwortliche Kontrollabteilung erfolgt nach einem festgelegten Freigabeschema.
Bei Sterilprodukten:
- Stichprobenartige Sterilitätsprüfung (165) oder Bebrütungstest (91), nach der Bebrütung stets Öffnen des Behälters und visuelle Kontrolle;
- pH-Bestimmung;
- mikrobiologische Prüfung nur nach Gasbildung (s. S. 20).
  Stark saure Produkte:
  Einige Institutionen (ICMSF 1980) halten eine laufende Kontrolle nicht für erforderlich.

Die Sterilisation im kontinuierlich arbeitenden Turmautoklaven

Die Voraussetzungen sind – mit Ausnahme der möglichen Vorwärmung – die gleichen wie bei der Sterilisation im Batch-Autoklaven. Die Berechnung des F-Wertes gestaltet sich etwas komplizierter, da die anrechenbare Letalität am Ende der Vorwärmzone und zu Beginn der Kühlzone pro Zeiteinheit ständig variiert. Die Auswertung, über die an anderer Stelle nachgelesen werden kann (164), erfolgt nach der Gleichung $F^z_T = L \cdot dt$ (s. auch S. 57).

B. Die Sterilisation des unverpackten Gutes bei aseptischen Verfahren

Bei den unter A. aufgeführten Verfahren leidet die Sensorik, also Aussehen, Geruch und Geschmack, oft unter den erforderlichen Bedingungen, da die notwendige Hitze in der Regel große Schichtdicken durchdringen muß. Gleiche Effektivität läßt sich bei geringen Schichtdicken und dadurch ermöglichten höheren Verfahrenstemperaturen in einem Bruchteil der Zeit erreichen. Dies ist jedoch nur außerhalb des Endbehältnisses möglich, das sterile Gut muß dann sofort unter aseptischen Bedingungen in vorsterilisierte Behältnisse abgefüllt werden. Ein solches Vorgehen ist aufwendiger und schafft zusätzlich Kontaminationsrisiken, liefert aber, z. B. bei Milch (H-Milch), eine bessere Produktqualität.

*Ultrahocherhitzungs-Verfahren (Ultra**h**ochtemperatur-Verfahren)*

Bei UHT-Verfahren, die bei Temperaturen über 130 °C und Einwirkungszeiten von nur wenigen Sekunden arbeiten, unterscheidet man zwischen
- *indirekten* Verfahren, bei denen Platten- oder Röhrenerhitzer bzw. Rohrbündelwärmeaustauscher verwendet werden und
- *direkten* Verfahren, die mit Dampfinjektion und anschließender Entspannung operieren.

Berechnung der Effektivität:

Da Überlebenskurve und Abtötungszeitkurve für Bakteriensporen auch im Temperaturbereich von 125 °C bis 150 °C linear verlaufen und der z-Wert konstant bleibt, läßt sich nach Reuter eine F-Wert-Berechnung auch für UHT-Verfahren durchführen (122). Bei $T = 133{,}4$ °C ergab sich für Sporen von Bac. stearothermophilus ein Wert von $D_{133} = 6{,}66$ s sowie ein z-Wert von $z = 10{,}75°$ bei einer Verfahrenstemperatur von 121 °C: $z = 6$ °C. Legt man dem Verfahren eine Verminderung der Sporenzahl von insgesamt 9 Zehnerpotenzen zugrunde ($n = 9$; 9-D-Konzeption), so ergibt sich:

$$F_{133} = 9 \cdot 6{,}66 \text{ s} = 59{,}94 \text{ s} \approx \text{ca. } 1 \text{ min}$$

Nach Reuter waren nur 3 von 12 geprüften Anlagen imstande, diesen Wert zu halten.

C. Sterilisation von Packstoffen mit Sattdampf bei Aseptikverfahren

Während der größte Teil der für die aseptische Abfüllung benötigten Packstoffe noch chemothermisch (mit H_2O_2) behandelt wird, gewinnt die rückstandsfreie Behandlung mit Sattdampf zunehmend an Bedeutung (s. S. 270).

5.1.1.1.2 Sterilisation mit trockener Hitze

Die Sterilisation mit Heißluft im Direktverfahren wird im pharmazeutischen Bereich zur Sterilisation von Glasbehältnissen (Ampullen, Rollrandflaschen, Flaschen für Infusionslösungen) schon lange allgemein genutzt. Während die Arzneibücher Behandlungstemperaturen von 160 bis 180 °C anführen, wird seit über drei Jahrzehnten im industriellen Rahmen eine „Hochtemperatur-Kurzzeit-Erhitzung" eingesetzt, bei der mit Temperaturen im Bereich von 240 °C bis 350 °C gearbeitet wird.

Bei einer Behandlungstemperatur von 180 °C liegen die D-Werte bereits im Sekundenbereich, bei noch höheren Temperaturen sind sie kaum noch meßbar. Daher wird bei pharmazeutischen Verfahren, zur besseren Wertung dieser Sterilisationsprozesse, die Inaktivierung von Escherichia-coli-Endotoxinen (sogenannten Pyrogenen) herangezogen.

Durchführung der Heißluftsterilisation

Die Heißluft-Prästerilisation von Glasbehältnissen zur unmittelbaren Aufnahme vorsterilisierter Produkte unter aseptischen Bedingungen erfolgt nach 2 Verfahren:

1. *Chargen-Sterilisatoren* (Heißluftschränke mit Beschickungswagen);
   Dauerhocherhitzung mit einer Haltezeit bei der Verfahrenstemperatur
2. *kontinuierlich arbeitenden LF-Heißluftsterilisatoren;*
   3-Phasen-System: Vorwärmen – Sterilisieren – Kühlen

Voraussetzungen

Ähnlich wie bei den Verfahren mit feuchter Hitze müssen auch beim Sterilisieren mit trockener Hitze bestimmte Voraussetzungen erfüllt werden. Auch hier muß gewährleistet sein, daß das gesamte Gut gleichmäßig erwärmt wird. Als störend können dabei Restfeuchte (das Material wird vorher gespült und getrocknet) und Kaltluftpolster wirken.

Tabelle 24. Charakteristische D- und z-Werte zur Absterbekinetik von Bakteriensporen in trockener Hitze (Heißluft, 165).

	D-Wert					z-Wert
	120 °C	140 °C	150 °C	160 °C	180 °C	(°C)
Bac. subtilis	30 min	3–5 min	2 min	1 min	13 s	18–23
Bac. stearothermophilus	15 min			9 s	3 s	14–24
Bac. globigii	53 min			1,8 min		
Clostridium sporogenes			6 min	2 min	15 s	18–33

Die Berechnung der Effektivität erfolgt ebenso nach der allgemeinen Gleichung für den minimalen F-Wert; Tabelle 24 gibt die entsprechenden D-Werte an. Es soll noch darauf hingewiesen werden, daß die Sporen von Bac. subtilis gegenüber trockener Hitze widerstandsfähiger sind als die Sporen von Bac. stearothermophilus; bei Dampfeinwirkung ist es genau umgekehrt.

$F_{180}^{18} = n \cdot D_{180}^{18}$;

Keimzahl pro Flasche: 10^3 Sporen
Rekontaminationswahrscheinlichkeit: 10^{-6}, d.h. eine Verminderung der Sporenzahl um $n = 9$

$F = 9 \cdot 13\ s = 117\ s \quad D_{180}^{18} = 13\ s$ (für Bac. subtilis)

Die erforderliche Behandlungszeit beträgt demnach ca. 2 Minuten.

Auch die Durchführung, die Steuerung und die Freigabekontrollen erfolgen nach einem anhand von Untersuchungsdaten festgelegten Schema.

5.1.1.2 Sterilisation mit Ethylenoxid (EO)

Über Jahrzehnte wurde Ethylenoxid zur Sterilisation von Gewürzen, Tee, Kokosraspeln und anderen stark verkeimten pflanzlichen Rohstoffen für pharmazeutische Zwecke eingesetzt. Wegen seiner kanzerogenen Wirkung wird dieses Verfahren in der Bundesrepublik Deutschland heute jedoch nicht mehr angewandt. Für Drogen im pharmazeutischen Bereich gibt es zur Zeit unter Wahrung festgelegter Rückstandsmengen im behandelten Gut noch bestimmte Ausnahmeregelungen. (Alle wissenswerten Daten sind in (165) zusammengestellt.)

5.1.1.3 Sterilisation mit ionisierenden Strahlen

Der Einsatz von ionisierenden Strahlen zum Zwecke der Sterilisation ist für Lebensmittel nicht zugelassen, doch kann unter bestimmten Voraussetzungen (s. S. 13) eine Ausnahmegenehmigung erteilt werden.

Im pharmazeutischen Bereich wird die Strahlensterilisation seit Jahrzehnten zur Behandlung von Salbentuben und Tiegeln eingesetzt, die anschließend unter aseptischen Bedingungen mit dem jeweiligen Gut beschickt werden. Das zu bestrahlende Material ist rekontaminationssicher verpackt und mit Sichtindikator versehen. Die Behandlung erfolgt wegen der hohen Investitionskosten für eine solche Anlage im sogenannten „Lohnauftrag" durch bestimmte Firmen.

Tabelle 25. Charakteristische D-Werte zur Absterbekinetik von Bakteriensporen unter dem Einfluß von ionisierenden Strahlen (165).

	D-Wert (Mrad)
Bacillus pumilus	0,3
Bacillus subtilis	0,06
Clostridium botulinum	0,12–0,33
Clostridium sporogenes	0,16–0,22

Wenn auch die Bestrahlung von Fremdfirmen durchgeführt wird, so ist es doch die Aufgabe des Produktherstellers, die Sterilisationsbedingungen genau zu ermitteln und festzulegen. Die Effektivität eines solchen Verfahrens läßt sich ebenfalls mit Hilfe der allgemeinen Gleichung zur Überschlagsberechnung des erforderlichen minimalen F-Wertes ermitteln (s. S. 56):

$$F_{min} = n \cdot D. \quad (2)$$

Die Dimension des D-Wertes ist bei diesem Verfahren, wie bereits erwähnt, nicht die Zeit, sondern die Dosis, die in kGy bzw. Mrad angegeben wird. 1 Mrad entspricht dabei 10 kGy (Kilo Gray).

In einigen Arzneibüchern wird zur Berechnung der Effektivität von Bestrahlungsverfahren der D-Wert für Bac.-pumilus-Sporen zugrunde gelegt, wobei man sich häufig auch noch mit einer niedrigeren Kontaminationswahrscheinlichkeit (10^{-3} statt 10^{-6}) zufriedengibt, da andere Erwartungen sich nicht oder nur selten realisieren lassen. Geht man bei Verpackungsmaterialien von einer Produktkontamination von 10^2 Sporen aus, so ergibt sich für n ein Wert von $3+2=5$; der D-Wert aus Tabelle 25 beträgt $D=0,3$ Mrad, und somit ist:

$$F_{min} = 5 \cdot 0,3 \text{ Mrad} = 1,5 \text{ Mrad}.$$

Als allgemeine Behandlungsdosis wird von den meisten Arzneibüchern 2,5 Mrad empfohlen. (Weitere Einzelheiten können bei (165) nachgeschlagen werden.)

5.1.1.4 Sterilisation mit UV-Strahlen

Dieses Verfahren wird von den Pharmakopoen nicht zu den eigentlichen Sterilisationsverfahren gezählt, gelegentlich aber bei der Oberflächenbehandlung von Packstoffen, z.B. Folien (29, 124), bei der aseptischen Verarbeitung von Folienbeuteln und unmittelbaren Beschickung mit vorsterilisiertem oder ebenfalls aseptisch hergestelltem Gut angewandt (165).

Daneben werden UV-Strahlen auch zur Verminderung der Keimzahl in Wasseraufbereitungsanlagen eingesetzt (165). Zurückgegangen ist die Verwendung zur Verminderung der Luftkeimzahl in aseptischen Räumen, sie wurde hier durch wirksamere Methoden, das Arbeiten unter *L*aminar-Air*f*low (LF)-Anlagen, in denen die Luft durch keimrückhaltende HEPA-Filter filtriert wird, ersetzt.

5.1.1.5 Entkeimungsfiltration

Die Entkeimungsfiltration zur Abtrennung schädigender Mikroorganismen aus klaren Flüssigkeiten, filtrierbaren Emulsionen und Gasen geht auf Entwicklungen in den achtziger Jahren des 18. Jahrhunderts zurück, konnte sich aber erst zu Beginn dieses Jahrhunderts mit der Verwendung von Filterschichten bei der Filtration von Wein und Arzneimittellösungen durchsetzen. Meilensteine auf diesem mühsamen Weg waren zunächst die Asbestanschwemmfilter der Firma Seitz von 1891, denen dann die von Schmitt-Henner entwickelten Seitz-Zellulose-Asbestfilterschichten ab 1914 folgten. Sie waren leicht zu handhaben, konnten in Filterpressen und Einschichtfilterapparate eingesetzt werden und zeigten eine hohe Abscheiderate nicht nur für Hefen, sondern auch für Bakterien – insbesondere Essigsäurebakterien – die den teuren Wein ungewollt oft gar zu schnell in Essig verwandelten. Diese klassischen Seitz-*E*nt*k*eimungs*s*chichten (EKS-Filter) haben sich in der Praxis bewährt und konnten ihren Platz bis in die siebziger Jahre behaupten, bevor sie wegen der kanzerogenen Eigenschaften kurzer Absbestfasern, so vor allem in Injektionslösungen (Arzneimittel), weitgehend vom Markt verdrängt und durch andere geeignete Zelluloseschichten ersetzt wurden. Zu Beginn dieses Jahrhunderts wurden auch die ersten Membranfilter entwickelt, wobei die Arbeiten insbesondere von Zsigmondy und Bachmann 1914 richtungsweisend waren und 1927 zu ersten Produktionen bei den Sartorius-Werken führten. Lange Zeit beschränkte sich der Einsatz dieser dünnen, leicht verletzbaren Membranschichten auf den Labormaßstab, so vor allem auf den analytischen Bereich. Erst die Asbestmisere vor etwa 15 Jahren verhalf den mittlerweile in rascher Entwicklung begriffenen, plissierten Membranfilterkerzen, die leichter zu handhaben sind und größere Durchsatzmengen ermöglichen, zu einem erheblichen Marktanteil.

Zur Filtration im Lebensmittelbereich, insbesondere zur Entkeimung von Getränken (Wein, Bier, Säften und Limonaden), werden heute vorzugsweise folgende Filtermaterialien eingesetzt:

Tiefenfilter mit Sieb- und Adsorptionswirkung:

- Filterschichten auf Zellulosebasis mit und ohne Zetapotential mit einem Hohlraumvolumen von 70–85% und einer Trübstoffaufnahmekapazität bis zu 4 l/m^2 Filterfläche
- Anschwemmfilter auf der Basis von Kieselgur mit oder ohne kationisch geladene Filterhilfsmittel (Zellulosefasern);

Oberflächenfilter (Membranfilter):

- Membranfilter (Scheiben);
- Membranfilter (Scheiben) mit Zetapotenital (Cuno, Pall);
- Membranfilterkerzen;
- Membranfilterkerzen mit Zetapotential (Pall Posidyne).

Die erforderliche Filtereinrichtung – bestehend aus der eigentlichen Filtereinheit, d.h. dem Filtergerät mit dem eingespannten, eingesetzten oder eingeschwemmten Filtermedium, der Verbundleitung und dem Auffangbehälter für das filtrierte Sterilgut – muß vor Beginn der Entkeimungsfiltration, am besten inline, mit Dampf sterilisiert werden.

Die Effektivität einer Entkeimungsfiltration hängt vor allem ab

- vom Keimabscheidevermögen des Filtermediums und
- von der vorhandenen Ausgangskeimzahl und der Kleinheit der Keime.

Das Keimabscheidevermögen des Filtermediums

Das wirksame Agens einer Entkeimungsfiltration ist das Filtermedium; es muß fähig sein, alle in dem zu filtrierenden Gut vorhandenen Mikroorganismen zurückzuhalten, wobei mit zunehmendem Durchsatz eine allmähliche Verstopfung der vorhandenen Filterporen bzw. Kavernen eintritt. Das Risiko einer Keimpassage ist zu Beginn des Filtrationsvorganges am größten und wird von der pro Flächeneinheit vorhandenen Anzahl der „großen Poren" beeinflußt. Sie bestimmen die Güte, also die Zuverlässigkeit eines Filtermediums.

Das Risiko eines Keimdurchbruchs läßt sich beim Einsatz von Filterschichten durch das Hintereinanderschalten mehrerer Schichten (Einsatz von Umlenkplatten bei Filterpressen) oder bei Membranfiltern durch Verwendung von homogenen oder heterogenen Membrandoppelschichten ausschalten.

Die Nennporenweite zur Charakterisierung des Filtermediums

Bei Membranfiltern kann sich der Anwender nach der sogenannten Nennporenweite richten, die vom Filterhersteller anhand geeigneter Inprozeßkontrollen laufend überwacht wird. Es eignen sich

- Nennporenweiten von 0,1 und 0,2 µm (auch als Trenngrenzen für Partikel bezeichnet) zur Abscheidung kleinerer Bakterien,
- Nennporenweite 0,45 µm zur Abscheidung größerer Bakterien und Hefen (kleinere Bakterien passieren solche Filter!).

„Geeignete Filtermedien" müssen heute im Hinblick auf die Keimabscheidung bestimmte Erwartungen erfüllen. So soll beispielsweise ein 0,2-µm-Filter in der Lage sein, pro cm^2 Filterfläche 10^7 Bakterienzellen des Testkeims Pseudomonas diminuta ATCC 19146 zurückzuhalten (82).

Um Beschädigungen innerhalb der Filtereinheit auszuschließen, werden in der Regel Integritätstestgeräte eingesetzt, die es kurzfristig ermöglichen, ohne Eingriff auf der Sterilseite des Systems, mit Hilfe des „Druckhaltetests" Undichtigkeiten im Gerät bzw. Gehäuse (bei Filterkerzen), aber auch Beschädigungen am Filtermedium zu erfassen. Zur eigentlichen Überwachung des Filtermediums läßt sich mit demselben Gerät – ebenfalls innerhalb weniger Minuten – der filterspezifische, jedoch vom Benetzungsmittel mitbeeinflußte Blasendruckwert (Bubble point-Wert = B.P.-Wert) messen. Bei einer Beschädigung des Filters fällt der Wert ab. Am Ende eines Filtrationsvorganges sollte er, infolge der teilweise eingetretenen Porenverstopfung, höher liegen.

Die Zurückhaltung der Keime erfolgt zum einen durch reine Siebwirkung, zum anderen aber auch, je nach den Gegebenheiten, durch adsorptive Vorgänge. Diese wurden früher besonders bei den Zelluloseasbestfiltern geschätzt, wo sie dem Asbestfaseranteil zuzuschreiben waren. Nach der Abwendung von den Asbestfiltern waren alle Filterhersteller eifrig bemüht, durch Vorbehandlung der benutzten Ausgangsmaterialien – v.a. der Zellulosefasern, aber auch anderer geeigneter Stoffe, z.B. Nylon 66 (Pall Posydine, 167) –, ein positives Grenzflächenpotential zu schaffen, das in der Lage ist, negativ aufgeladene Partikel adsorptiv zu binden. Zu diesen negativ aufgeladenen Partikeln gehören auch Bakterien und „Pyrogene" (s. S. 71). Pyrogene sind Bestandteile gramnegativer Bakterienzellen, die chemisch als Lipopolysaccharide eingestuft werden. In die Blutbahn injiziert, erzeugen sie Fieber bei Mensch und Tier (Kaninchen) und dürfen daher in bestimmten Arzneimitteln einen vorgegebenen Grenzwert nicht überschreiten.. Nach unserem bisherigen Wissen sind die Pyrogene für den Lebensmittelbereich ohne Bedeutung. Sie dienen jedoch, da sie experimentell mit Hilfe des *L*imulus-*A*möbocyten-*L*ysat(LAL)-Tests leicht quantitativ zu erfassen sind, zur Kontrolle der adsorptiven Filterwirkung sowie zur Qualitätsüberwachung bei Sterilmilch (s. S. 41 und 185).

Die *elektrokinetische Adsorption* eines Filters – verursacht durch das *Zetapotential* (in mV) des benutzten Mediums – wird von dem jeweils vorhandenen *pH-Wert* und der *Leitfähigkeit* (mV) beeinflußt. Es wechselt von positiv nach negativ, sobald sich der pH-Wert von der sauren zur alkalischen Seite verschiebt. Optimale Erfolge bei der Anwendung dieses Prinzips lassen sich in der Regel mit Flüssigkeiten erzielen, die durch eine hohe Leitfähigkeit und einen niedrigen pH-Wert gekennzeichnet sind. Oberflächenaktive Verbindungen können, wie wiederholt gezeigt wurde, diesen Effekt erheblich stören (157). Auf der anderen Seite ist die adsorptive Kapazität eines Filtermediums begrenzt durch die adsorptiv wirksame Filterfläche (die Oberfläche aller Hohlräume des Filtermediums). Diese Grenzen wurden von Wallhäusser und Klavehn unter Verwendung von E.-coli-Endotoxin (quantitativer Nachweis mit dem LAL-Test) für Cuno-Zetapor und Pall Posydine $Nylon_{66}$-Membranfilter ausgelotet (167). Dabei zeigte sich, daß es bei einer Belastung dieser Filter mit mehr als 45 µg Endotoxin/cm^2 Filterfläche zu Durchbrüchen kommt, daß also nicht mehr alle Partikel zurückgehalten werden, da keine freien Valenzen mehr vorhanden sind. Mit oberflächenaktiven Lösungen lassen sich darüber hinaus solche negativ geladenen Endotoxine eluieren, d.h. freisetzen, so daß sie das Filtermedium passieren.

Bei den mehr zur Klärungsfiltration eingesetzten Anschwemmfiltern auf der Basis von Kieselgur wird häufig auch das Zetapotential durch Zugabe bestimmter Filterhilfsmittel genutzt (143). Die Integrität solcher Filter läßt sich jedoch mit den bisherigen Prüfgeräten nicht erfassen.

Cross-Flow oder Tangential-Flow-Filtrationstechnik

Während es bei der konventionellen Keimfiltration, je nach dem verwendeten Material, wie z.B. Membranfiltern, sehr rasch zu einer Verstopfung der Filterporen und somit zu einer Blockierung des Filtrationsvorganges kommt, läßt sich dies durch Verwendung von tangential angeströmten Filtermaterialien, wie sie seit einigen Jahren bei Ultrafiltern eingesetzt werden, verhindern. Durch die dabei auftretende turbulente Strömung werden Partikel und somit auch Mikroorganismen an einer Sedimentation gehindert und kontinuierlich als Biomasse (z.B. bei Fermentationsprozessen) oder als Abfall (Entkeimungsfiltration) ausgestoßen.

Das dafür eingesetzte asymmetrische Ultrafilter-Material steht in Modulbauweise zur Verfügung, und zwar als Plattenmodule (Kassettensystem), Spiralkerzenmodule und Kapillarmembranmodule. Nachteilig ist bisher noch die Tatsache, daß keine eigentliche Sterilisation möglich ist, es muß desinfiziert, nachgespült und in einer Stillstandsphase feuchtgehalten werden. Auch die Betriebskosten schlagen, verglichen mit konventionellen Methoden, noch recht hoch zu Buche. Weitere Hinweise siehe Literaturstelle (165).

Tabelle 26. Geeignete Filtermedien zur Entkeimungsfiltration bei Getränken. (←– – –→: Einsatzbereich in Abhängigkeit vom Trubstoffanfall; ■: häufigster Einsatzbereich). a) Verwendung von Tiefenfiltern (Filterschichten). (Nach 137b) s. Abb. 11a

Einsatzbereich	Verfahrensschritt		Bereich der Stufenfiltration mit Seitz-Tiefenfiltern: Vorklärung			Feinklärung							Entkeimung[1]						
		Typenbezeichnung: Supra-asbest-frei	500	300	250		200		100			80	50		EK		EK 1		EKS
		Typenbezeichnung: asbest-haltig	K 900	K 800	K 700	K 300		K 250		K 200	K 150	K 100	KS 80	KS 50		EK		EK 1		EKS
		Typenbezeichnung: asbest-frei NEU[6]	K 900	K 800	K 700	K 300		K 250		K 200	K 150	K 100	KS 80	KS 50		EK		EK 1		EKS
		Trenn-bereich[5] (µm)	3,0–6,5			0,6–0,8			0,4–0,6			0,35–0,5	0,3–0,4		0,2–0,3		0,1–0,25			
Wein	nach Vorabstich mit Schichtfilter		←	– –	■	← –														
	nach 2. Abstich mit Kieselgur					← –	■													
	nach Schönungen									■	– –	– →								
	Feinfiltern vor Entkeimung bei																			
	– mikrobiell nicht gefährdeten Weinen									←	– –	■	– →							
	– mikrobiell gefährdeten Weinen													←	– –	■				
	– nachgeschalteter Membranfiltration												←	■	– –	– →				
	letzter Filtration vor Flaschen-Abfüllung																			
	– bei Rotweinen durchgegoren					←	– –	– –	– –	– –	– –	■								
	– bei Weißweinen durchgegoren											←	■							
	– bei Weinen mit Restsüße (Warmabfüllung)												←	■						
	– Weine mit Restsüße (Kaltabfüllung + Sorbinsäure)																			
	nicht bakteriell gefährdet													←	– –	■				
	bakteriell gefährdet															■	– –	→		
	– Weine mit hohem pH und Bakterien-Gehalt																	■	■	– →
Sekt	letzte Filtration vor Flaschenfüllung											←	– –	■	– –	– →				
Fruchtsaft	klar filtriert vor Heißabfüllung										←	■	→							
Wasser/Mineralwasser/ Erfrischungsgetränke			←	→			←	– –	– –	– –	– –	→			←	– –	– –	– –	→	
Branntweine											←	■	→							

Tabelle 26. 1. Fortsetzung

b) Verwendung von Tiefenfiltern zur Vorfiltration und Membranfiltern zur Entkeimungsfiltration (als Scheibenfilter im gleichen Filtergerät mit eingesetzter Umleitkammer) bzw. in getrennten Geräten, d.h., Gehäusen für Module oder Filterkerzen, s. Abb. 11.

Einsatzbereich	Verfahrensschritt		Vorfiltration mit Tiefenfiltern[1]										Entkeimungsfiltration mit Membranfiltern[2]									
		Typenbezeichnung asbestfrei NEU[6]	K 900	K 800	K 700	K 300		K 250		K 200	K 150	K 100	Seitz Combra G	Seitz Combra G	Pall Nylon 66 NF-Kerze[3,4]	Pall Nylon 66 NF-Kerze[3]	Pall Nylon 66 LV-Kerze	Pall Nylon 66 NB-Kerze	Pall Nylon 66 NK-Kerze	Pall Nylon 66 NH-Kerze	Pall Nylon 66 NN-Kerze	Pall PVM Emflon II-Kerze
		Typenbezeichnung asbesthaltig	K 900	K 800	K 700	K 300		K 250		K 200	K 150	K 100										
		Typenbezeichnung Supra-asbestfrei	500	300	250		200		100			80										
		Trennbereich[5] (µm)	3,0–6,5				0,6–0,8		0,4–0,6			0,35–0,5	0,65/0,45	0,45/0,2	0,2	0,45	0,45/0,65	0,45	0,65	0,8	1,2	0,2
Wasser	Sterilfiltration													+	+							
	zur Getränkeherstellung						←	- -	- -	- -	- -	→	+	+	+	+						
	stille und CO_2-haltige Wässer								←	- -	- -	→	+	+	+	+	+					
Wein	Filtration vor Abfüllung												+				+	+	+	+	+	
Bier	Filtration vor Abfüllung												+				+			+		
Gase	Sterilfiltration																					+

1) Wurden zur Vorfiltration Tiefenfilter-Schichten eingesetzt, so lohnt es sich aus apparativen Gründen, auch zur Entkeimungsfiltration EKS-Schichten zu verwenden; sie besitzen außerdem eine höhere Trubstoffaufnahmekapazität als Membranfilter.

2) Um eine höhere Keimabscheidung und größere Sicherheit zu erzielen, können Entkeimungsfilter unter Verwendung von Umleitkammern (bzw. Platten) in Filterpressen hintereinandergeschaltet werden.

3) Ein ähnlicher Effekt wie unter [2] läßt sich bei Kerzenfiltern durch Verwendung einer Doppelschichtmembran erreichen.

4) Für die Endfiltration, in der Regel oft eine Entkeimungsfiltration, werden – unter Verwendung von Membranfiltern – mehr und mehr getrennte Anlagen eingesetzt, wobei jedoch höhere Kosten anfallen.

5) Die Zuordnung der Trennbereiche erfolgte nach Angaben der Seitz-Filterwerke für Supradisc-Filter.

6) Diese Bezeichnung entspricht dem neuesten Stand, der heute nahezu mit der Bezeichnung der früheren, asbesthaltigen Schichten übereinstimmt. Lediglich bei Suprafiltern ist auf Abweichungen zu achten!

Tabelle 26. 2. Fortsetzung.
c) Charakteristische Daten für einige Membranfilterkerzen (Fa. Pall GmbH). (Weitere Daten für Kerzen aus dem Produktionsprogramm anderer Filterhersteller s. 165) s. Abb. 11.

Material	Filtertype	Trenngrenze für Partikel bis… µm	Testdruck (Wasser) (mbar)	F.F. (ml/min./Kerze)	max. Δp bei 80 °C (bar)	Filterfläche für 25-cm-Kerze (cm^2)	Durchflußrate/25-cm-Kerze (Wasser) (l/min)	bei Δp (bar)
Nylon 66	NF[1]	0,2	2700	12	4,0	8000	1	0,02
Nylon 66	NF[1]	0,45	1700	15	4,0	8000	0,94	0,01
Nylon 66	LV[2]	0,45–0,65	1520	24	4,0	8700	1,9	0,01
Nylon 66	NB	0,45	1240	25	4,0	8100	1,5	0,01
Nylon 66	NK	0,65	1100	12	4,0	8100	2,5	0,01
Nylon 66	NH	0,8	900	12	4,0	8100	3,75	0,01
Nylon 66	NN	1,2	690	20	4,0	8100	6,0	0,01
PVM[3] (Emflon II)	V002[1]	0,2[4]	830	10[5]	4,1	6600	300[6]	0,1

[1] Doppelmembrane; [2] Composite Membran; [3] Polyvinyliden-Fluorid (hydrophob), kann nur mit IPA/H_2O-Gemisch bzw. Pallsol benetzt werden;
[4] in Flüssigkeiten Rückhalteeffekt für Partikel bis 0,01 µm (=Trenngrenze); [5] IPA/H_2O in trockenen Gasen; [6] Nm^3/h bei 2 bar ü.

Geeignete Filtergeräte

Sieht man von der eigentlichen Klärfiltration ab, so kommen für die meist zur Endbehandlung (vor dem Abfüllen auf Flaschen) vorgesehenen Entkeimungsfiltrationen je nach Durchsatzvolumen in Frage:

- bei einem Durchsatz von einigen hundert Litern:
  - Scheibenfiltergeräte (∅293 mm) als Einschicht- und Mehrschichtfilter,
  - Modulfilter (geschlossene Bauweise),
  - Filterpressen (offene Bauweise),
  - Filterkerzen im geschlossenen Gehäuse;
- bei einem Durchsatz von einigen tausend Litern:
  - Modulfilter,
  - Filterpressen,
  - Filterkerzen.

Filtergeräte sind kostspielige Investitionen, sie sollten daher wohl bedacht so ausgewählt werden, daß sich ein breites Spektrum von Filtrationsaufgaben damit bewältigen läßt. Noch überwiegen in Großanlagen bei der Wein- und Bierherstellung die großen Filterpressen mit Filterflächen bis zu einigen hundert m^2 (je nach Plattenzahl) in offener Bauweise. Im Rahmen der sich überall ausbreitenden GMP-Bestrebungen geht der Trend der Zukunft jedoch zu einer geschlossenen Bauweise, bei der Modulfilter bzw. Kerzenfilter benutzt werden, die ebenfalls jeder benötigten Leistung angepaßt werden können.

Die Auswahl richtet sich in jedem Einzelfall nach der zu lösenden Aufgabe und läßt sich stets nur anhand von Vorversuchen ermitteln, die eine Aussage gestatten über

- das geeignete Filtermedium und seine Standzeit,
- das geeignete Filtergerät,
- die erforderliche Durchflußrate sowie
- das geeignete Sterilisationsverfahren für das Filtrationssystem.

Abbildung 11 zeigt die Filtration von Wein zur kaltsterilen Flaschenabfüllung. Die Vorfiltration erfolgt je nach Trubstoffanfall mit entsprechend zusammengestellten Tiefenfilterschichten (Abb. 11a, s. Tabelle 26a), die in der Regel bereits einen Beitrag zur Keimabscheidung, so besonders zur Eliminierung von Hefen, leisten. Während früher auch die Endfiltration mit „Entkeimungsschichten" durchgeführt wurde, gibt man heute mehr und mehr einem „geschlossenen System", z.B. unter Verwendung von Tiefenfiltermodulen oder Membranfilterkerzen in variablen Mehrfachgehäusen, den Vorzug. Eine Sterilisation des Systems ist nur mit Dampf (Sattdampf) bei Temperaturen über 115 °C und Haltezeiten von etwa 30 min möglich. Eine Heißwasserbehandlung bei Temperaturen über 80 °C und einer Haltezeit von 20–30 min führt zwar zu einer Abtötung der meisten vegetativen Keime, in der Regel jedoch nicht zu einer Sterilisation (137a). Abhängig ist das Ergebnis stets von der mikrobiologischen Ausgangslage (= bioburden), also von den vorhandenen Keimarten und der Keimzahl.

In neueren Anlagen erfolgt auch die Vorfiltration bereits mit Kerzenfiltern (Abb. 11b); die Endfiltration, die eigentliche Entkeimungsfiltration, schließt sich dann unter Verwendung von keimrückhaltenden Membranfilterkerzen an. Als sterilisierende Filter werden nur solche mit einer Nennporenweite (gelegentlich auch als Trennschärfe bezeichnet) von 0,2 µm und kleiner betrachtet, sie müssen vom Filterhersteller entsprechend geprüft (validiert) werden. Eigentlich soll die kaltsterile Abfüllung ein aseptisches Verfahren sein (s. S. 78). Doch bei Wahrung dieser Voraussetzungen bei der Filtration selbst kommt es durch die ungenügend behandelten, d.h. mikrobiell kontaminierten Endbehältnisse (Flaschen) zu einer „Entwertung" des Systems. Die Stabilität des Endproduktes – insbesondere im Falle von Wein mit „Restsüße" – wird jedoch durch entsprechende konservierende Maßnahmen (Schwefelung, Sorbinsäurezusatz) entscheidend beeinflußt (136).

Abb. 11. Die Filtration von Wein zur kaltsterilen Flaschenabfüllung. a. Vorfiltration mit Tiefenfiltern, Endfiltration mit Kerzenfiltern. b. Vor- und Endfiltration mit Kerzenfiltern (137a).

Abb. 12. Filteranlage einer Brauerei: Kieselgurfiltrationsanlage zur Klärung und Schichtenfilter zur Entkeimung (137a).

Abbildung 12 zeigt die Filteranlage einer Brauerei, die aus Schichtenfiltern und Kieselgurfiltern besteht. Um den nach der Bierreifung häufig noch vorhandenen leichten Schleier – ausgelöst durch verschiedene Trubstoffe wie Hefezellen, Milchsäurebakterien, Eiweiß- und Gerbstoffverbindungen – zu beseitigen, werden die verschiedensten Filtermaterialien und Filterhilfsmittel mit Sieb- und Adsorptionswirkung eingesetzt. In der Regel sind dazu großflächige Anlagen erforderlich, insbesondere bei der Kieselgurfiltration. Die Probleme sind die gleichen wie bei der Weinfiltration. Durch ungenügende Vorbehandlung der Anlage – eine Sterilisation sollte angestrebt werden, das gilt sowohl für das Filtrations-, das Flaschenvorbehandlungs- als auch für das Abfüllsystem – kommt es immer wieder zu Kontaminationen des Endproduktes (137a).

Bemerkungen zur Filterstandzeit

Bei einer Entkeimungsfiltration sollte das Filtermedium, so vor allem die Filterfläche, stets so gewählt werden, daß die Kapazität nach Erledigung des Filtrationsauftrages (der Filtrations-Charge; s. Definition der Charge S. 55) erschöpft ist und der Filter verworfen werden kann. Jede längere Standzeit (sie ist im Pharmabereich auf einen Arbeitstag begrenzt) birgt die Gefahr von Keimdurchbrüchen (159) sowie der Freisetzung toxischer Bestandteile, störender Enzyme und biogener Amine aus den zurückgehaltenen Mikroorganismen.

Die Entkeimung von Prozeßluft und Gasen

Beim Gasaustausch in Lagertanks, besonders bei der Lagerung von Sterilprodukten, kann durch Verwendung hydrophober „Atmungsfilter" eine mikrobielle Kontamination des Gutes verhindert werden. Auch Schutzgase zur Vermeidung von Oxidationsvorgängen bei Frischwaren (CO_2, Stickstoff) können auf diese Weise keimfrei gemacht werden. Dafür stehen sowohl sterile Einwegfilter in verschiedenen Größen zur Verfügung als auch wiederverwendungsfähige Filtergehäuse, die mit geeigneten Membranen beschickt und sterilisiert werden müssen (inline oder getrennt).

5.1.2 Aseptisch hergestellte Sterilprodukte

Der Ausdruck *Asepsis* stammt aus dem medizinischen Bereich und umfaßt alle Maßnahmen zur Abwehr einer mikrobiologisch verursachten Sepsis (= Blutvergiftung, durch verschiedene Erreger), so die Übertragung von Keimen durch Kontakt mit Menschen (Hände), Instrumenten und sonstigen Gegenständen sowie der Raumluft (Keimübertragung durch Schwebstoffteilchen). In der pharmazeutischen Industrie spielen aseptische Herstellungsverfahren bei Produkten, die nicht im Endbehälter sterilisiert werden können, schon seit Jahrzehnten eine bedeutende Rolle, so z. B. bei der Herstellung hitzelabiler Antibiotika.

Kennzeichen der Aseptik ist die Abfüllung vorsterilisierter Produkte unter sterilen Umweltbedingungen (z. B. Laminarflow) in vorsterilisierte Behältnisse, so daß ein steriles Endprodukt resultiert.

Die Bedeutung aseptischer Arbeitsverfahren für die Lebensmittelindustrie

Im Bereich der Getränkeindustrie wurden z. B. Bier und Wein schon immer auf die gleiche Weise aseptisch hergestellt wie pharmazeutische Injektionslösungen, die nicht im Endbehältnis sterilisiert werden können. Diese Lösungen werden seit eh und je über eine Entkeimungsfiltration sterilisiert und anschließend unter aseptischen Bedingungen, die in der Pharmaindustrie besonders streng ausgelegt sind, in vorsterilisierte Behältnisse abgefüllt und entsprechend versiegelt. Genauso geschieht es auch bei Wein und Bier: Hier wird steril filtriert – wobei konservierende Zusätze noch einen zusätzlichen Schutz gewähren – und in gereinigte, gedämpfte, nur selten in sterilisierte Flaschen abgefüllt. Auch die Verschlüsse, Korken oder Kronkorken können nicht als steril bezeichnet werden, denn sie werden lediglich gedämpft oder mit Heißluft abgeblasen. Beim Wein übt der SO_2-Gehalt eine gewisse konservierende Wirkung aus, bei Bier ist es neben der Drucküberlagerung mit CO_2 auch die keimhemmende Wirkung von Hopfeninhaltsstoffen, wie z. B. Humulon und Lupulon, die im ppm-Bereich antibiotisch aktiv und nach der gültigen Definition als Antibiotika einzustufen sind (89). Sie hemmen jedoch lediglich das Wachstum von grampositiven Keimen, während gramnegative Bakterien unbeeinflußt bleiben.

Anders sind die Voraussetzungen bei der aseptisch hergestellten Trinkmilch (H-Milch). Früher wurde die Sterilmilch fast ausschließlich im Endbehälter mit Langzeitbehandlungsverfahren sterilisiert, was aber zu Nachteilen bei der Sensorik führte. Daher geht man seit etwa 10 Jahren in zunehmendem Maße zu den Aseptikverfahren über, bei denen zwar ebenfalls hitzebehandelt wird, jedoch unter schonenden Bedingungen (s. S. 65). Die so vorsterilisierte Milch wird dann sofort im Normaldruck- bzw. Überdruckfüllverfahren in vorsterilisierte Behälter abgefüllt und versiegelt.

- Beim Tetra-Aseptik-Verfahren wird das vollständig rückgekühlte Gut in Kunststoff- oder Pappbeutel verfüllt, die vorher unter dem Einfluß von Wasserstoffperoxidlösungen (15–35%, auf 65–80 °C erhitzt) an der Oberfläche sterilisiert wurden. H_2O_2-Rückstände werden durch Heißluftbedüsung entfernt (31).
- Beim Dole-Martin-Verfahren wird das ebenfalls vollständig rückgekühlte Gut in Behälter (Blechdosen) verfüllt, die vorher mit überhitztem Dampf bei Temperaturen von 275–300 °C (Heißluftsterilisation, s. S. 66) 40 s lang behandelt wurden.
- Beim Glas-Aseptik-Verfahren (Bosch) im Lebensmittelbereich werden Glasflaschen in den Größen 90, 250 und 550 ml (Ausbringung zwischen 4200–3000 Flaschen/h) mit Wasserstoffperoxid beaufschlagt, mit Warmluft beblasen, anschließend mit Sterilwasser gespült und dann mit Sterilluft ausgeblasen (27).
- Die Laminar-Heißluftsterilisation (Bosch) sterilisiert Glasflaschen für den Pharmabereich bei Temperaturen von 240–350 °C inline über 10–15 min Durchlaufzeit. Die Verschlußstopfen werden dampfsterilisiert (165).

5.2 Herstellung keimarmer Lebensmittel

5.2.1 Konservierung mit Hilfe physikalischer Methoden

Neben den Vollkonserven, die eigentlich Sterilprodukte sein sollen, bei denen man sich aber oft schon mit der „handelsüblichen Sterilität“ begnügt, gibt es die prozentual weit bedeutendere Gruppe der keimarmen Lebensmittel, für die nur eine begrenzte Haltbarkeit von wenigen Tagen bis einigen Monaten in Anspruch genommen wird. Sie sind daher in der Regel zum alsbaldigen Verbrauch bestimmt oder unterliegen strengen Lagerungsbestimmungen, wie z. B. Gefrierkost.

Die keimarmen Lebensmittel lassen sich in folgende Gruppen einteilen (unter Hitzebehandlung werden hier abgeschwächte Behandlungsmethoden, also keine Sterilisationsmethoden, verstanden):

- hitzebehandelte Dreiviertelkonserven
- hitzebehandelte Halbkonserven
- nichthitzebehandelte Halbkonserven mit Zusatz zugelassener Konservierungsstoffe

(Halbkonserven: } Präserven; erste drei Gruppen: } zum alsbaldigen Verbrauch bestimmt)

- Trockenkonserven (+ Räuchern)
- Gefrierkonserven.

Die sogenannten *Präserven* oder Halbkonserven lassen sich nur unter speziellen Bedingungen konservieren. Mikrobiologisch gesehen handelt es sich dabei um unsterile, jedoch keimarme Produkte, die frei sind von spezifischen Keimen (s. S. 21) und eine beschränkte Haltbarkeit besitzen.

Für Trockenkonserven und Gefrierkonserven gelten strenge Lagerbedingungen, die ständig gehalten werden müssen. Bei Feuchtigkeitseinfluß in ersterem Falle oder bei

Unterbrechung der Tiefkühllagerung und Temperaturanstieg kann es zur Auskeimung vorhandener Restkeime und damit zu einem Produktverderb mit möglicher Schädigung des Verbrauchers kommen.

5.2.1.1 Behandlung mit feuchter Hitze

Wie die Tabellen 21 und 23 zeigen, gibt es bei den Verfahren zur Verminderung der Keimzahl unter dem Einfluß von feuchter Hitze zwischen dem maximalen Hitzetoleranzbereich zur Vermehrung (s. S. 33f. und Tabelle 14) und dem Siedepunkt des Wassers eine Reihe von Abstufungen, besser gesagt, „fließende Übergänge" im Hinblick auf die keimspezifische Abtötung; wobei jedoch stets die Sporen mit größerer Hitzeresistenz übrig bleiben. Diese sogenannten partiellen oder selektiven Verfahren zur Keimverminderung werden immer dort eingesetzt, wo es keine anderen Möglichkeiten gibt.

5.2.1.1.1 Pasteurisieren

Das Erhitzen von Lebensmitteln, z. B. von Milch, wird bereits seit dem Seßhaftwerden des Menschen etwa im sechsten Jahrtausend v. Chr. genutzt, und irgendwann wurde dadurch auch die Erfahrung gemacht, daß die so behandelte Milch sich länger hält, bevor sie sauer wird. Die wissenschaftliche Erforschung dieses Vorganges und die genaue Festlegung der Bedingungen (bis auf ein halbes Grad Celsius genau!) sowie die Absteckung der Wirkungsgrenzen verdanken wir einem der Pioniere auf dem Gebiet der Mikrobiologie, dem Franzosen Louis Pasteur, dessen Namen dieses Verfahren auch trägt.

Eigentlich wollte Pasteur durch das kurzfristige, gelinde Erhitzen einen Beitrag zur Verbesserung der Wein- und Bierherstellung leisten. Die bei einer solchen „Nachbehandlung" abgetöteten Hefen sollten „Nachgärungen" unmöglich machen (1870). Drei Jahre später, im Jahre 1873, wies dann Jacobi in New York nach, daß durch eine solche Behandlung das „Sauerwerden der Milch" verhütet werden kann. Aufgrund der Soxhlet'schen Arbeiten in Deutschland (1866) und Österreich wurde diese Methode dann zur Behandlung der Kindermilch eingeführt.

Prinzip

Beim Pasteurisieren handelt es sich um ein kurzfristiges, schonendes Erhitzen mit möglichst rascher Anheizzeit, wobei je nach Beschaffenheit und Hitzestabilität des Gutes die Temperatur und die Einwirkungszeit variieren. Die so behandelte Flüssigkeit muß anschließend kühlgelagert werden, um eine rasche Keimentwicklung – und damit einen Verderb – zu verhindern. Bei dem Verfahren kommt es zu keiner oder doch nur geringfügigen Geschmacksbeeinträchtigung.

Verfahren

a) Pasteurisierung von Wein, Bier und Fruchtsäften
   Im Vergleich zur Milch sind hierbei (wegen des niedrigen pH-Wertes und der Hitzeempfindlichkeit der Hefen) niedere Temperaturen und auch kürzere Haltezeiten erforderlich. Bei Bier und Fruchtsäften, häufig auch bei Wein, ist die

Pasteurisierung ein integrierter Verfahrensschritt; häufig werden dabei jedoch auch H.T.S.T.-Bedingungen eingesetzt.
Bedingungen: * etwa 15 min bei **44°–56 °C**.

b) Niederpasteurisierung (Dauerpasteurisierung)
Bedingungen: * 30 min bei **61,5 °C**;
* mindestens 30 min bei **mindestens 70 °C** (DAB 8, 1978); im DAB 9 von 1986 wird dieses Verfahren nicht mehr aufgeführt.

c) Hochpasteurisierung (*H*igh *t*emperature-*s*hort *t*ime = H.T.S.T.-Verfahren)
Bei weiterer Temperaturerhöhung kommt es zu immer kürzeren Behandlungszeiten. Die Behandlung erfolgt in einem Durchlauferhitzer, dem ein Rückkühler angeschlossen ist. Zur praktischen Durchführung gibt es verschiedene Verfahren.
Bedingungen: * 15 s bei **71 °C**;
* 10–20 s bei **80°–85 °C**. Kontinuierliches Verfahren zur Vernichtung thermophiler Bakterien (Sporen bleiben unbeeinflußt!) in der Milch und im Butterfett sowie zur Behandlung von rohem Preßsaft bei der Fruchtsaftherstellung, dem die unmittelbare Abfüllung in den Endbehälter (Heißabfüllung) folgt.

d) Ultrapasteurisierung (in Großbritannien „Commercial Sterilisation")
Streng genommen gehört eigentlich nur die Behandlung bei der niedrigsten Temperaturstufe hierher, während die anderen Temperatur-Zeit-Kombinationen eher den Sterilisationsmethoden (gespannter Dampf) zuzurechnen sind.
Bedingungen: * 45 min bei **100 °C**;
* 35 min bei **106,5 °C**.
* 35 min bei **110 °C**.

Das antimikrobielle Wirkungsspektrum der Pasteurisierung

Die Niederpasteurisierung über 30 min bei 61,5 °C reicht in der Regel nicht zur Abtötung von Salmonella typhi (Typhusausscheider beim Personal) und E. coli aus. Umstritten ist auch die Wirkung gegen Mycobacterium tuberculosis, wobei der Typus bovinus noch widerstandsfähiger ist als der Typus humanus. Pathogene Streptokokken und Brucellen (Abortus Bang) lassen sich bei 60–62° innerhalb 30 min vernichten. Bei der Hochpasteurisierung werden zur sicheren Abtötung von Tuberkelbakterien bei 72,2 °C 15 s benötigt. Eine Ausschaltung von Listerien (hier gab es 1987 Schwierigkeiten durch Einschleppung in Weichkäse, s. S. 46), Streptokokken und Brucellen ist bei 73 °C über 31 s im Plattenerhitzer möglich.

Auch der pH-Wert der Milch beeinflußt das Verfahren. Entgegen der allgemeinen Regel wird hier durch eine Säuerung (größere Partikel, schlechtere Wärmeleitung) die Keimtötung verzögert. Ähnlich wirken sich auch Zuckerung und Kondensierung aus.

Zur Inaktivierung von Rickettsien, speziell den dazu gehörigen Coxiellen (Q-Fieber) genügen bei 72 °C 15 s und bei 85 °C 5 s. Das Poliomyelitis-Virus läßt sich bei 63 °C nach 5 min und bei 71 °C nach 2 s inaktivieren, während das MKS-Virus bei 65 °C 30 min und bei 85 °C 5 s benötigt.

5.2.1.1.2 Gelindes Erhitzen

Im pharmazeutischen Bereich findet häufig das bei 80 °C über 30 min laufende „gelinde Erhitzen" Verwendung, insbesondere bei der Lagerung von Aqua dest. und Aqua purificata. Dabei wird, wie sich auch der Tabelle 23 entnehmen läßt, die Resistenzstufe II abgedeckt.

5.2.1.1.3 Kochen – Einkochen (Einwecken)

Das Kochen ist eine der ältesten Konservierungsmethoden, die sich auch heute noch im Haushalt behauptet und bewährt. Bereits seit 1840 ist die Konservendose im Einsatz, und sie erfüllt noch immer ihren Zweck. Daneben haben mehr als fünf Generationen ihre Vorräte in Einweckgläsern gesammelt. Heute ist diese zeitaufwendige und arbeitsintensive Methode nahezu aus der Mode gekommen.

Prinzip

Bei diesem Verfahren handelt es sich um das Erhitzen des Konservierungsgutes in einem rekontaminationssicheren Behälter bei Temperaturen zwischen 75° und 100 °C über 20–120 min. Da Lufteinschlüsse eine gleichmäßige Temperaturverteilung im Gut verhindern, sollten diese durch ein geeignetes Verfahren vorher entfernt werden, z. B. durch Evakuieren bei Konservendosen oder unter Zuhilfenahme des „Einweckprinzips": In diesem Fall wird durch das Erhitzen des Einmachgutes in einem Einweckglas die darin enthaltene Luft, die später das Wachstum von Mikroorganismen begünstigen würde, durch Dampf verdrängt und kann zwischen Gummiring und Glasdeckel entweichen. An diese Behandlungszeit (Haltezeit, Tabelle 27) schließt sich die Abkühlzeit an, während der dann der im Kopfraum (s. S. 63) verbliebene Wasserdampf kondensiert; durch das auf diese Weise entstehende Vakuum wird der Deckel des Glases auf den Gummiring aufgepreßt.

Tabelle 27. Behandlungstemperaturen und Haltezeiten für Obst, Gemüse und Fleisch.

Behandlungsgut	Temp. (°C)	Zeit (min)	Temp. (°C)	Zeit (min)	Behandlungsgut	Temp. (°C)	Zeit (min)
Äpfel, Birnen	100	20	90	30	Schlachtfleisch	100	120
Beerenobst	100	20	90	30	Hackfleisch	100	100–120
Kirschen, Mirabellen, Pfirsiche	100	20	80	30	Schnitzel	100	60–70
					Wurstmasse	100	120
Blumenkohl	100	60–90			Gulasch (angebraten)	100	60
Grüne Bohnen	100	90–120			Geflügel	100	60–70
Erbsen	100	80–120			Wildbraten	100	60–70
Karotten	100	90–120			Rosenkohl	100	90
Kohlrabi	100	90–120			Spargel	100	100–120
Rote Bete	100	25	80	30	Sellerie	100	90
Tomaten	100	25	85	30	Paprikaschoten	100	30

Voraussetzung

Das Behandlungsgut sollte mit einer geeigneten Gar- oder Auffüllflüssigkeit, häufig einem Sud, so abgedeckt sein, daß eine gleichmäßige Wärmeverteilung gewährleistet ist.

Antimikrobielles Wirkungsspektrum beim Kochen

Durch dieses Verfahren werden die Resistenzstufen I–IV (s. Tabelle 23) abgedeckt. Gefahr besteht vor allem von seiten der anaeroben Clostridien, die sich nur durch entsprechende Absenkung des pH-Wertes (s. S. 35) beherrschen lassen.

5.2.1.2 Konservieren durch trockene Hitze

Unter dem Einfluß trockener Hitze, z.B. beim Brotbacken, werden einerseits die in dem Produkt enthaltenen Mikroorganismen teilweise abgetötet, oder es werden durch Wasserentzug derart ungünstige Bedingungen geschaffen, daß sich Verderbniserreger nicht mehr vermehren können. Statt der Hitze eines Backofens oder eines speziellen Trockners werden häufig auch Sonnenwärme und Außenluft für diesen Prozeß genutzt: so bei der Trocknung von Fisch, Fleisch, Rosinen, Kopra etc.

5.2.1.2.1 Backen

Seit dem 2. Jahrtausend v. Chr. wird das Brot bei den meisten Völkern zu den Grundnahrungsmitteln gerechnet. Zu seiner Herstellung dient Mehl aus den verschiedensten Getreidesorten und als *Triebmittel* in der Regel *Sauerteig* (s. S. 160).

Nach Ansetzen des Teiges und einer Fermentationszeit von 1–2 Stunden, während der Kohlensäure entsteht und der Teig „zum Gehen" kommt, werden die Brotlaibe ausgeformt und dann in einem vorgeheizten Backofen bei Temperaturen zwischen 200 °C und 250 °C etwa 35–75 min lang gebacken. Im Innern des Brotes lassen sich auf diese Weise Temperaturen zwischen 94° und 104 °C erreichen, wodurch alle vegetativen Keime, aber auch die Pilzsporen, absterben. Sporenbildner überleben jedoch, so vor allem Bac. mesentericus und andere für das „Fadenziehen" im Brot verantwortlichen Arten. Durch leichte Säuerung des Teiges, wie z.B. durch Zusatz von Essigsäure (0,2–0,4% Na-diacetat, bezogen auf die Mehlmenge) oder Propionsäure, läßt sich diese Erscheinung verhindern. Die Propionsäure fungiert daneben, insbesondere bei Schnittbrot, auch als Konservierungsmittel zur Unterdrückung eines Schimmelbefalls, wobei die zulässige Höchstmenge 0,3% beträgt. In der Bundesrepublik Deutschland ist ein solcher Zusatz nicht mehr gestattet (s. S. 118).

5.2.1.2.2 Trocknen (Dörren)

Die Trocknungsverfahren werden seit der Frühzeit der Menschheit zur Konservierung eingesetzt. Ihre Wirkung beruht auf dem Wasserentzug durch Trocknen im Backofen, mit Sprüh- oder Walzentrocknern sowie unter Sonneneinfluß an der Außenluft. Auf diese Weise werden bis zu 80% des vorhandenen Wassers entzogen, und die a_w-Werte der gedörrten Lebensmittel sinken unter den für das Wachstum der Verderbniserreger erforderlichen a_w-Wert ab (s. Tabellen 15 und 19). Die so behandelten Lebensmittel sind keineswegs keimfrei, sie können je nach ihrer Herkunft durchaus auch mit pathogenen Keimen (z.B. Salmonellen bei Kokosraspeln) belastet sein. Solche Erreger, die meist tierischer Herkunft sind, gelangen während des Trockenvorganges (z.B. durch Eidechsen und andere Kriechtiere) auf das ausgelegte Gut. Das Trocknen ist jedoch nur die eine Seite dieses Konservierungsvorganges, die andere, ebenso wichtige, ist die anschließende Lagerung des Trockengutes unter Schutz vor Feuchtigkeit. Sobald sich nämlich Feuchtigkeit einstellt, beginnen die an der Oberfläche von Trockengütern stets vorhandenen Mikroorganismen auszukeimen und das Produkt zu verderben. Als allgemeine Lagerbedingungen werden genannt:

- bei einer relativen Luftfeuchte von 73%: einige Monate;
- bei einer relativen Luftfeuchte von 65%: längere Haltbarkeit.

Bei der Verpackung getrockneter Ware sollte stets bedacht werden, daß Folien häufig Kondenswasserbildung verursachen und dadurch lokalen „Schimmelbefall" hervorrufen. Vakuum-Frischhaltepackungen haben sich hier als zweckmäßiger erwiesen. Zum Schutz eines Oberflächenverderbs werden darüber hinaus oft noch weitere Maßnahmen eingesetzt.

Trockenobst, Dörrobst

Zur Herstellung von Dörrobst (dörren = darren = trocknen) werden die verschiedensten Früchte im Backofen, auf Trockenhorden oder auf am Boden liegenden Tüchern ausgebreitet und durch Sonne und Luft schonend getrocknet. Im Haushalt erfolgte die Trocknung früher in einem porösen Leinensack in einem trockenen, kühlen und öfters gelüfteten Raum. Zucker und Aromastoffe werden bei der Trocknung angereichert, und auch Vitamine und Mineralsalze werden weitgehend geschont. Bei anschließender Trockenlagerung ist das Produkt über mehrere Monate lagerfähig.

Bei der Großproduktion wird nicht selten zusätzlich konserviert: z.B. durch Schwefelung oder durch Zusatz von Sorbinsäure (Deklaration erforderlich). Vor der Verwendung muß das Trockenobst sorgfältig gewaschen, einige Stunden eingeweicht und dann im Einweichwasser zum Kochen gebracht werden. Mit der Verschleppung von Infektionskeimen muß wegen der häufig unbekannten Herkunft gerechnet werden.

Trockenfisch, z.B. Stockfisch

Der ausgenommene Fisch gelangt, ungesalzen oder trockengesalzen an Gestellen in Küstennähe aufgehängt, in Sonne und Wind zum Trocknen. Die Oberfläche der getrockneten ungesalzenen Ware ist mit der normalen Mikroflora (Bakterien und Hefen) behaftet, zu der sich, durch Verpackung und Transport bedingt, auch noch Schimmelpilze gesellen. Im gesalzenen Zustand ändert sich die Aufwuchsflora, und halophile Keime (s. S. 37f.) dominieren. Trockenfisch wird vor dem Verzehr gewässert und sollte bei Temperaturen um 100 °C zubereitet werden.

Trockenfleisch

Zur Herstellung von Trockenfleisch wird in der Regel leicht gepökeltes Fleisch (s. S. 92ff.) vom Rind (Bündner Fleisch) oder Schwein, gelegentlich auch vom Lamm, verwendet. Das Pökelsalz ruft nach einigen Tagen Lagerzeit im Fleisch die typische Rotfärbung hervor und unterdrückt zugleich die Entwicklung von Clostridium botulinum. Anschließend erfolgt eine Lufttrocknung (z.B. Bündnerfleisch, Parma-Schinken), verschiedene Schinkensorten werden zur Geschmacksverfeinerung dann noch geräuchert (s. S. 101ff.), was zusätzlich zu einer Verbesserung der Haltbarkeit führt. Bei langer Lagerung wird das „Carne secco", die „eiserne Ration" der Frühzeit, „steinhart".

Getrocknete Hülsenfrüchte

Früher gehörten die getrockneten Hülsenfrüchte Bohnen, Erbsen und Linsen zu den Grundnahrungsmitteln, heute ist der Konsum rückläufig, doch sind „Naßkonserven" (Fertiggerichte) noch sehr gefragt. Die Lagerung der Trockenware sollte dunkel und luftig erfolgen und 1 Jahr nicht überschreiten. Mikrobiologische Gefahren drohen durch verschimmelte Ware, hauptsächlich durch Mycotoxine. In Großbritannien trat in den Jahren 1976–1980 beim Genuß von Hülsenfrüchten gelegentlich Gastroenteritis auf, die auf toxische Begleitstoffe zurückgeführt wurde (142).

Vor Zubereitung der Mahlzeiten sind die trocknen Hülsenfrüchte mindestens 12 h zu wässern und danach über 90–120 min bei 100 °C zu garen.

Nüsse und ölhaltige Früchte

Nüsse und ölhaltige Früchte sind besonders anfällig gegen Schimmelpilze, vor allem gegen aflatoxinbildende Aspergillus- und Penicilliumarten. Sie müssen daher trocken gelagert werden, verschimmelte Ware ist zu verwerfen.

Getreide- und Getreidefolgeprodukte

Die Getreidetrockenlagerung gehört zu den ältesten Konservierungsmethoden, sie wurde bereits 1700 v. Chr. in Ägypten eingesetzt (s. Tabelle 2). Dabei machte man sich – damals noch unbewußt – die „Gaslagerung" mit Hilfe des bei der Getreideatmung entstehenden Kohlendioxids zunutze und erzielte somit einen zusätzlichen Schutzeffekt (97): Kohlendioxid verdrängt den Luftsauerstoff und greift hemmend in den Atmungsstoffwechsel einiger Mikroorganismen ein.

Getreide und seine Folgeprodukte sind durch mögliche Kontamination mit Claviceps purpurea (Mutterkornpilz auf Roggen) gefährdet – er verursacht Ergotismus –, aber auch andere Mycotoxine, Aflatoxine und Fusarium-Toxine können vorhanden sein (s. S. 50f.). Oft werden diese beim Kochen und Backen nicht zerstört.

Sonstige Trockenprodukte

Außer den bereits genannten Hauptprodukten sind vor allem noch Trockengemüse, Suppengrün, Kräuter, Gewürze, Kaffee, Kakao, Tee, Pilze u.a. zu nennen. Alle diese Produkte sind in der Regel mit hohen Keimzahlen belastet. Tee und Kaffee durchlaufen einen mikrobiell initiierten Fermentationsprozeß, wobei wohl kaum bekannt ist, welche Fremd- und möglicherweise Schadstoffe von dem Endprodukt aufgenommen werden. Bei Gewürzen ist die Verkeimung oft derart stark, daß sie noch vor wenigen Jahren mit EO sterilisiert wurden. Heute ist das wegen der Kanzerogenität dieses Gases nicht mehr erlaubt (s. S. 67), doch Ersatzmöglichkeiten fehlen bisher noch immer. Bei Speisen, die erhitzt werden, läßt sich die Gefahr bannen, schlecht steht es dagegen bei einem Direktverzehr (Salate, Süßspeisen, Käse u.a.).

Trocknen mit speziellen Trocknungsverfahren – Trockenmilch

Bei den Produkten, die mit Hilfe spezieller Trocknungsverfahren vom flüssigen in den festen Zustand (als Trockenpulver) übergeführt werden, steht das Milchpulver quantitativ an erster Stelle. Die verwendete Ausgangsmilch wird in der Regel pasteurisiert und enthält daher einen Restanteil an resistenten Keimen, vor allem Sporenbildner (s. Tabelle 23). Anschließend gelangt sie nach einer Vorkonzentrierung in den *Sprühturm* (Abb. 13), wo sie bei Temperaturen von 120 °C bis 205 °C zerstäubt und getrocknet wird, so daß das Pulver am Boden sedimentiert und von dort aus zur Absackanlage gelangen kann.

Gelegentlich sind auch noch *Walzentrockner* im Einsatz, die eine bessere mikrobiologische Qualität liefern als das Sprühverfahren (Tabelle 28). Infektionen mit Schim-

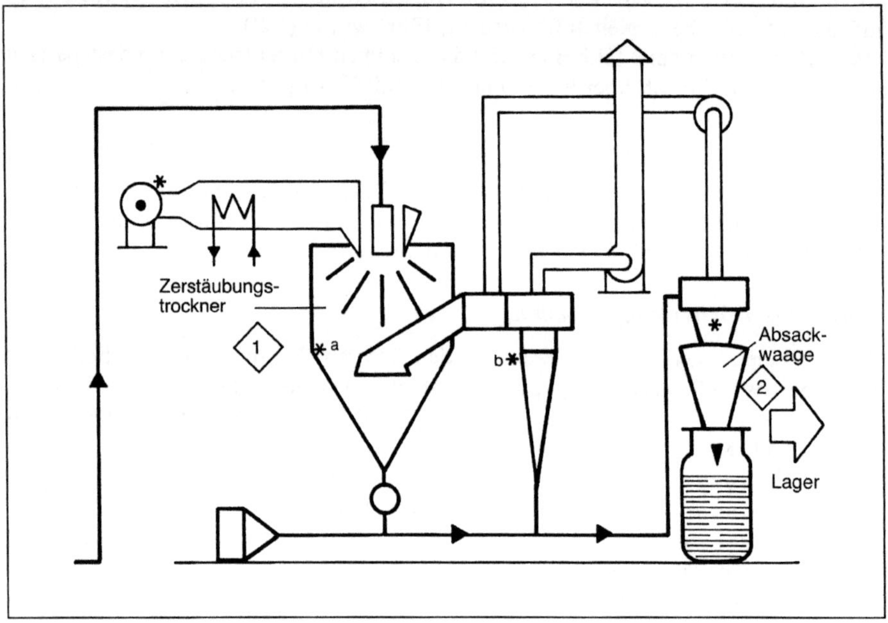

Abb. 13. Die Gewinnung von Milchpulver in einem Zerstäubungstrockner (Sprühturm). Anmerkungen: 1. Zerstäubungstrockner; 2. Absackwaage. * Kritische Punkte hinsichtlich einer Kontaminationsgefährdung: a) Abscheidungen an der Wand des Sprühturms (bei jeder Reinigung entfernen!), b) Einschleppung pathogener Keime an den Staubabscheidern möglich (ständige Wartung erforderlich!). [Nach einem Schema der Henkel KG (77)]

Tabelle 28. Qualitätsanforderungen bei Sprühturm- und Walzentrockner (Angaben der Grenzkeimzahlen (Toleranzwerte) nach DLG 1981). (n.n.: nicht nachweisbar)

Verfahren	max. Restwasseranteil	Gesamtkeimzahl (KBE/g)	Coliforme (KBE/g)	Staphylokokken (KBE/g)
Walzentrockner	6%	25 000	n.n./g	unter 10
Sprühtrockner	4%	50 000	n.n./g	

melpilzen, Salmonellen und Staphylokokken ließen sich stets auf Sekundärkontaminationen – häufig über die Prozeßluft bei der Trocknung – zurückführen. Die schonende Trocknung allein reicht oft nicht zur Abtötung von Coliformen aus, deren Ausschaltung ja bereits durch die am Prozeßbeginn stehende Pasteurisierung hätte erfolgen sollen.

5.2.1.3 Konservieren durch Kälte

Irgendwo und irgendwann wird einer der am Rande von Eis und Schnee auf der nördlichen Halbkugel beheimateten Rentierjäger der Frühzeit die Erfahrung gemacht haben, daß sich eingefrorenes Fleisch verhältnismäßig lange hält. Auf die Frage „wie lange?" geben jene Arktisforscher eine Antwort, die in einigen Fällen über 10 000 Jahre alte Mammuts noch als „Gefrierfleisch" aus den Dauerfrostböden ausgegraben haben. Aber Eis und Schnee kamen für die Menschen unserer Breitengrade nicht auf Bestellung, die Nutzung dieser Konservierungsmethode gewann erst dann an Bedeutung, als die Energie (anfänglich Gas-, später elektrische Energie) zum Betreiben von Kühlaggregaten zur Verfügung stand (s. S. 9). Für die breite Masse der Privathaushalte begann die „Kühlzeit" erst um die Mitte dieses Jahrhunderts und die „Gefrierzeit" in den siebziger Jahren.

Wie beim Hitzeeinfluß, so gibt es auch bei der Konservierung mit Kälte abgestufte Wirkungsgrade, die jedoch in der umgekehrten Richtung verlaufen: Mit fallender Temperatur wird die Konservierungswirkung immer besser und erstreckt sich von der eigentlichen Kühllagerung bei 6–15 °C über die Kühlschranklagerung bei 2–5 °C bis zum Einfrieren bei Temperaturen unter −20 °C und Lagerzeiten von einigen Monaten.

Wirkungsweise

Niedrige Temperaturen hemmen zunächst das Wachstum von Mikroorganismen und bringen es dann – im Minusbereich – ganz zum Erliegen, doch werden die Keime nicht abgetötet. Im Gegenteil, sie können bei schonendem Einfrieren und entsprechender Lagerung (auch in flüssigem Stickstoff) regelrecht konserviert werden. Bei tiefen Temperaturen (ab −40 °C) kommt es zur Unterbindung der enzymatischen Reaktionen.

Voraussetzungen

Notwendig ist eine sorgfältige, fachgerechte Lagerung unter Beachtung möglicher Schutzverpackungen, die Geruchs- und Geschmacksbeeinflussungen unterbinden sollen und zugleich vor einem Austrocknen schützen (s. Gefriertrocknung).

5.2.1.3.1 Kühllagerung

Das DAB 9 von 1986 und die PH. EUR. 2 definieren für allgemeine Temperaturangaben folgende Begriffe, die sich geringfügig von den bei der Lebensmittellagerung gebräuchlichen Temperaturbereichen unterscheiden:

Tiefgekühlt:	*unterhalb*	*–15 °C,*[1]
Kühlschrank:	*2 bis*	*8 °C,*
Kalt:	*8 bis*	*15 °C,*
Raumtemperatur (RT):	*15 bis*	*25 °C;*

a) *Lagerung bei Temperaturen von* 6 *bis* 15 °C (Kellerlagerung)
Dieser Temperaturbereich spielt in erster Linie bei der „Einkellerung" von Kartoffeln, Möhren, Rote Bete, Wirsing, Rotkohl, Weißkohl, Zwiebeln und Äpfeln eine Rolle, wobei auf dunkle und luftige Lagerung Wert gelegt wird. Jahrtausendelang diente dieses Verfahren zur Sicherstellung der Versorgung von einer Saison bis zur anderen, heute wird dieser Teil der Vorratswirtschaft in den meisten Haushalten jedoch nicht mehr praktiziert. Dadurch entfällt die eigene Qualitätskontrolle, d.h. die Durchsicht auf Schimmelbefall und andere Fäulnisprozesse und die Aussonderung der verdorbenen Ware.

b) Lagerung im Haushaltskühlschrank bei 2 bis 5 °C (6 °C)
Der Kühlschrank ist heute aus einem „normalen" Privathaushalt nicht mehr wegzudenken. Er überbrückt, besonders bei frischer Ware, den täglichen Einkauf und ermöglicht bei durchdachter Planung eine gesunde Ernährung, wenn man die erforderlichen Vorsichtsmaßnahmen berücksichtigt.

---

[1] Nach EG mindestens bei –18 °C, nur während eines kurzen Transportes vorübergehend auch –15 °C gestattet (71).

Tabelle 29. Lagerzeiten für Lebensmittel im Haushaltskühlschrank bei Temperaturen von 2–5 °C. (GF: Gemüsefach; Schutzverpackung: Pergamentpapier, Folien, Gefäße und Deckel.)

Einlagerungsgut	Haltbarkeit in Tagen	Einlagerungsgut	Haltbarkeit in Tagen
Hackfleisch (+4 °C)	0,5	Eier	20–40
rohe Brühwürste	1	Butter	10
angeräucherte Koch- und Brühwurst	2	Weichkäse	5–10
		Milch, pasteurisiert	2–3
geräucherte Brühwürste	4	grüner Salat, frisch[3] (GF)	1–2
Frischfleisch[1]	2 (max.)	Frischgemüse (GF)	2–3
Fleisch, zubereitet	3	frisches Beerenobst (GF)	1–2
frischer Fisch	1–2	gekochte Kartoffeln	1–2
Fleischsalat, unkonserviert	1	Kartoffelsalat[2]	1

[1] Frischfleisch sollte aus der Verpackung genommen werden, so daß Luft daran kommt und es nicht stickig wird. Aufbewahrung vorteilhaft in einer Porzellan- oder Cromargan-Schüssel mit Deckel, so daß es keine Fremdgerüche annehmen und nicht austrocknen kann.

[2] Kartoffelsalat ist eine der häufigsten Infektionsquellen, da er für viele Bakterien einen idealen Nährboden darstellt. Verderb durch Staphylococcus aureus (Übertragung durch Wunden, Erkältungskrankheiten) über ein hitzestabiles Toxin, Salmonellen und andere Fäkalkeime, auch Clostridien.

[3] Auf der Oberfläche von feuchtem frischen Salat vermehren sich die stets vorhandenen Bakterien, nicht selten Fäkalkeime (besonders bei biologischer Anzucht mit Fäkaldüngung), sehr rasch und können zu Durchfallerkrankungen und anderen Infektionen (auch mit Listeria monocytogenes) führen. Feuchten Salat vorher gut waschen und sofort verbrauchen.

Gefahr droht vor allem durch den Verderb von Frischfleisch und Frischfisch, aber auch von den angebrochenen Präserven und Vollkonserven, die nach Anbruch zum alsbaldigen Verbrauch bestimmt sind. Die Verantwortung der Lebensmittelherteller und -vertreiber endet vor der Einlagerung in den eigenen Kühlschrank. Ab diesem Zeitpunkt ist der Verbraucher selbstverantwortlich und muß mit großer Sorgfalt Hygienebedingungen, Lagervorschriften und Aufbrauchzeiten vom Anbruch bis zum Verzehr beachten (Tabelle 29).

5.2.1.3.2 Einfrieren (Tiefkühlung)

Das Einfrieren oder Tiefkühlen gilt heute als die schonendste Methode zur Konservierung von Lebensmitteln, die noch dazu mit dem geringsten Aufwand für den Verbraucher verbunden ist, der sich meist über Kühlketten mit gebrauchsfertigen Produkten (Rohstoffen) und Fertiggerichten vielseitig versorgen läßt. Doch auch Materialien aus dem eigenen Garten können auf diese Weise konserviert werden.

Ca. 60% der deutschen Haushalte besitzen heute ein Gefriergerät (Tiefkühltruhe). Mit einem Pro-Kopf-Verbrauch von 14,4 kg/Jahr liegt die Bundesrepublik Deutschland in Europa an 8. Stelle (für 1987) und Dänemark mit 22,5 kg/Jahr an der Spitze. Bei diesen Zahlen sind Rohfleisch, Wild und Geflügel nicht einbezogen. Die gängigsten Produkte sind bisher Gemüse- und Kartoffelprodukte sowie Fertiggerichte. Derzeit werden 4,5 Millionen private Haushalte durch ca. 3900 Tiefkühlfahrzeuge (prozentualer Anteil ca. 32%) im „Heimdienst“ mit 250–300 verschiedenen Produkten versorgt (70).

Zu beachten ist nur, daß dann Gefahr droht, wenn das niedrige Temperaturniveau der Kühlkette zusammenbricht und die vorhandenen Mikroorganismen sich dadurch vermehren und das Gut verderben können. Die meisten Gefrierkonserven sind keimhaltig und müssen daher sofort nach dem Auftauen zubereitet und verzehrt werden.

Obwohl die enzymatischen Prozesse vielfach erst bei −40 °C zum Stillstand kommen, hat man sich aus wirtschaftlichen Gründen für eine Verfahrenstemperatur von −18 bis −20 °C entschlossen.

Vorbereitung des Einfriergutes

Eine Reihe von Produkten muß auf das Einfrieren vorbereitet werden; Gemüse z.B. wird kurzfristig angebrüht, „blanchiert“, um störende enzymatische Prozesse auszuschalten.

Bei Fleisch stören häufig äußere Fettschichten, die durch „Ranzigwerden“ den Geschmack beeinträchtigen. Wichtig ist weiterhin eine gute Abschirmung gegen Geruchs- und Geschmacksbeeinflussung während der späteren Lagerung in der Umgebung der verschiedensten Produkte. Das erfordert eine optimale Verpackung, bei der Restluft ausgeschlossen wird. Hähnchen werden in der Großproduktion meistens nach dem Cryovac-Verfahren behandelt, bei dem jedes ausgenommene Tier in einen Kunststoffbeutel verpackt wird, der sich durch anschließende Evakuierung dicht anlegt. Danach erfolgt das Einfrieren durch Eintauchen in ein Solebad von −35 °C. Auf diese Weise wird zum einen der störende Einfluß des Sauerstoffs ausgeschaltet, zum anderen aber – durch die Vorwegverpackung – eine mögliche Salmonellen-Kontamination im Tauchbad verhindert.

Einfriervorgang

Durch den Einfriervorgang können manche Lebensmittel, z. B. Fleisch, stark geschädigt werden, was vor allem auf den Verlust an Feuchtigkeit (Ausfrieren des Wassergehaltes) sowie die Veränderung des Zellgefüges (Sprengen der Zellen und Austreten von Zellsaft) zurückzuführen ist.

Diese Mängel lassen sich verhindern durch

- rasches Einfrieren und
- Einhaltung der richtigen Gefriergeschwindigkeit (s. unten).

Bei langsamem Einfrieren kommt es zur Bildung großer Eiskristalle und somit zur Sprengung der Zellen, wobei natürlich der Ausgangswassergehalt des Lebensmittels von großer Bedeutung ist. Nur durch rasches Einfrieren läßt sich diese Gefahr verhindern, da dann lediglich kleine, unscheinbare Eiskristalle in den Zellen gebildet werden.

Am durchschnittlichen Vorrücken der „Eisfront" (in cm/h) im Gefriergut läßt sich die Gefriergeschwindigkeit ermitteln. Sie liegt bei den meisten Verfahren bei annähernd 5 cm/h, erreicht bei großen Fleischteilen aber lediglich 1 cm/h.

Einfrierverfahren

Zur Erzielung eines möglichst raschen Einfriervorganges eignen sich folgende Verfahren:

a) Umspülung des Gutes mit tiefgekühlter Luft
Das einzufrierende Gut wird ständig von einem Kaltluftstrom von −30 °C bis −45 °C bei einer Strömungsgeschwindigkeit von 3–10 m/s umspült. Es lagert dabei, verpackt oder unverpackt, auf allseitig umströmbaren Palettenwagen, die einen Gefriertunnel passieren. Bei unverpacktem Gut kommt es zu einer starken Austrocknung. Der Einfrierprozeß gilt als abgeschlossen, wenn die Kerntemperatur mindestens −20 °C erreicht hat.

b) Kontakteinfrierverfahren
Diese Methode ist das geeignete Verfahren für gleichmäßig verpackte Lebensmittel, die zwischen zwei von Kühlsole (mit einer Temperatur von etwa −30 °C bis −45 °C) durchströmten Platten eingepreßt und so verhältnismäßig rasch eingefroren werden.

c) Soletauchverfahren
Dieses Schnelleinfrierverfahren wird häufig bei der Verarbeitung von Fisch und Geflügel (Cryovac-Verfahren) eingesetzt, die Soletemperaturen betragen dabei ca. −35 °C.

Tabelle 30. Gefrierzeiten für große Fleischteile und Geflügel.

Einfriergut	Einfrierzeit (Stunden)
Vorderviertel Rind	8
Hinterviertel Rind	12
Schweinehälften	10–12
Geflügel, ausgeweidet	2–3

Tabelle 31. Lagerzeiten für verschiedene Tiefkühlprodukte bei $-18\,^\circ C$ bis $-20\,^\circ C$.

Einfriergut	mögliche Lagerungszeit (Monate)	Einfriergut	mögliche Lagerungszeit (Monate)
Rindfleisch	9–12	Geflügel	6–8
Schweinefleisch, mager	4–5	Fisch, mager (Hering, Makrele, Lachs)	2–4
Schweinefleisch, fett	2–3		
Kalbfleisch	6–9	Fischfilets	3–5
Schafsfleisch	8–10	Gemüse (blanchiert)	8–10
Innereien	3–6	Früchte	8–10
Hackfleisch	2–3	Fertiggerichte, gekocht	1–2
Speck, roh	2–3	Brot	4–6
Speck, geräuchert	4–6	Käse	bedingt geeignet[1)]
Wurstwaren	2–3		

[1)] Käse ist zur Tiefkühllagerung nur bedingt geeignet, so Quark, Quarkspeisen, Sahne und Fruchtjoghurt. Ungeeignet sind Weichkäse, Schnittkäse und Hartkäse.

d) Rapidgefrierverfahren
Durch Eintauchen in flüssigen Stickstoff mit einer Temperatur von $-196\,^\circ C$ läßt sich kleinvolumiges Gefriergut innerhalb von 2–5 Minuten einfrieren.

Lagerung des Einfriergutes

Das in der Regel gasdicht verpackte Tiefkühlgut lagert in einem dafür geeigneten Tiefkühlschrank oder einer Tiefkühltruhe bei einer Temperatur von mindestens $-18\,^\circ C$. Haushaltsgeräte besitzen oft ein separates Einfrierfach, das 4 h vor Inanspruchnahme eingeschaltet werden muß. Die erforderlichen Einfrierzeiten richten sich nach den Angaben des Geräteherstellers.

Transport des Tiefkühlgutes

Die Haushaltsbelieferung erfolgt heute in speziellen Kühlwagen, dabei darf während der Be- und Entladung die Temperatur der Randzone vorübergehend um höchstens $3\,^\circ C$ nach Angaben der EG bis höchstens $-15\,^\circ C$ ansteigen. Zum Eigentransport sollten spezielle Isoliertaschen benutzt werden.

Auftauen des Tiefkühlgutes

Der Auftauprozeß sollte aus den vorgenannten Gründen schonend, nach Möglichkeit im Kühlschrank, vorgenommen werden.

5.2.1.3.3 Gefriertrocknen

Dieses Verfahren, das seit nahezu vier Jahrzehnten im pharmazeutischen Bereich zur schonenden Trocknung hitzelabiler Naturprodukte wie z.B. Enzyme, Antibiotika, Frischzellen u.a. eingesetzt wird, gehört ebenso zum Kapitel Trocknung. Das hitzelabile Gut wird an Glaskolben oder den Endbehältnissen (meist unter aseptischen

Bedingungen) in dünner Schicht angefroren und dann in der vorher sterilisierten Hochvakuum-Gefriertrocknungsanlage getrocknet (171). Für den Lebensmittelbereich wird dieses Verfahren wegen der hohen Betriebskosten nur für wenige Produkte, sogenannte „Instant-Präparate", z.B. Kaffeepulver, getrocknete Suppen und Soßen, eingesetzt.

5.2.2 Konservierung mit Hilfe chemischer Methoden

5.2.2.1 Konservieren durch Einsalzen

Das Einsalzen gehört neben dem Trocknen zu den ältesten, bereits von den Menschen der Frühzeit genutzten Konservierungsverfahren. Die beiden Behandlungsmethoden stehen in einem engen Zusammenhang: Das Einsalzen kann als „innere Trocknung" bezeichnet werden, bei der unter dem Einfluß von Chemikalien (anorganischen Salzen) den Zellen des behandelten Gutes das Wasser weitgehend entzogen wird und der a_w-Wert (s. S. 37) soweit absinkt, daß verderbende Mikroorganismen nicht mehr wachsen können. Wahrscheinlich ist auch diese Methode einer Zufallsentdeckung zuzuschreiben, als man feststellte, daß Fische, die in starken Hitzeperioden verendet, aber mit Salz überzogen am Ufer salzhaltiger Seen lagen, nicht den typischen Fäulnisgeruch aufwiesen und noch genießbar waren.

Diese Konservierungsmethode wurde bereits gegen Ende des 3. Jahrtausends v. Chr. in Ägypten zur Mumifizierung eingesetzt. Zunächst wurde der von den Eingeweiden befreite Leichnam vorgetrocknet, um dann mit verschiedenen etherischen Ölen, die antimikrobielle Wirkung besaßen, einbalsamiert zu werden. Etwa um 2000 v. Chr. ging man dazu über, für die Konservierung eine konzentrierte Natronsalzlösung einzusetzen, in die der Leichnam (ohne Eingeweide) für 70 Tage eingelegt wurde (s. S. 40). Auf diese Weise wurde der a_w-Wert auf etwa 0,71 abgesenkt, wodurch alle Voraussetzungen für eine Dauerkonserve erfüllt waren. Sobald jedoch eine solche Mumie nach Öffnen des Sarkophags einer höheren Luftfeuchte ausgesetzt wird und außerdem noch die leichtflüchtigen etherischen Öle entweichen, kommt es zu einem Verderb, der sich z.B. durch Schimmelbildung bemerkbar macht. Auch Aflatoxine können dabei gebildet werden.

Seit etwa 1500 v. Chr. (s. Tabelle 2) wird das Einsalzen in Mesopotamien zur Haltbarmachung von Lebensmitteln eingesetzt. Das dazu benutzte Kochsalz, als Meer- oder Seesalz gewonnen, enthielt bereits Nitrat- und Nitritbestandteile und besaß damit die gewünschte Wirkung. Der Begriff „Pökeln" soll sich nach umstrittenen Angaben von dem Namen des im 14. Jh. in Holland lebenden Fischers Gillis Beukel ableiten, der angeblich Salpeter erstmals zur Konservierung von Fisch einsetzte. Erst nach Aufdeckung der wahren Bedeutung des Nitrits ging man zur heutigen Zusammensetzung des Pökelsalzes aus seinen 3 Komponenten über (s. S. 93).

Bei der Konservierung durch Einsalzen muß unterschieden werden zwischen
- *Trockensalzung* (Trockenpökelung) und
- *Naßsalzung* (Naßpökelung).

Bei der Trockensalzung, die heute nur noch selten zum Einsatz kommt, wird das Gut mit Salz eingerieben oder mit der Pökelsalzmischung bedeckt in Behältern gelagert.

Den Ablauf einer Naßpökelung zeigt das folgende Schema für Wiltshire-Schinken (nach 142):

Schweine-Seite

↓

I. Injektion der Pökellake
(Vielnadelsystem)

↓

II. Einlegen in die Pökellake,
3–5 Tage bei 4–5 °C

↓

III. Herausnahme aus der Lake

↓

IV. Reifezeit bei 85% RF,
5 Tage bei 4–5 °C

↓

V. Räuchern

Bei der Vielnadelinjektion zur Verteilung der Pökellake im Gut kommt es immer wieder zu Problemen durch das Einschleppen von Kontaminationskeimen, insbesondere dann, wenn der Salzgehalt zu gering und der pH-Wert zu hoch ist. Häufige Verderbniserreger sind: Clostridium spp., Vibrio spp., Providencia spp. (halophil) und Corynebacterium pyogenes. Auch Denitrifikation ist zu beobachten (mikrobielle Umwandlung von Nitrat zu Nitrit).

Es wird unterschieden zwischen der Konservierung durch Zusatz von
- Kochsalz,
- Nitrat oder
- Pökelsalzmischung ($NaCl + NaNO_3 + NaNO_2$) bzw. ($NaCl + NaNaNO_2$).

Die Zusammensetzung der Salzmischung ist dabei von größter Bedeutung. Oft läßt sie sich nicht genau festlegen, da die Übergänge zwischen Nitrat und Nitrit, die von einigen Kontaminationskeimen bewirkt werden, nicht immer durchschaubar sind.

Nitritpökelsalz

Nitritpökelsalz ist nach AID 1135 (1987) (8) eine Mischung aus Kochsalz mit höchstens 0,5% Natriumnitrit. Kaliumnitrat darf zum Pökeln von bestimmten Rohwürsten und Schinken verwendet werden. Etwa 95% der Wurstwaren werden heute gepökelt.

Tabelle 32. Frühere und heutige Zusammensetzung von Pökelsalzmischungen.

		Zusammensetzung		
		Kochsalz ($NaCl$)	Natronsalpeter ($NaNO_3$)	Natriumnitrit ($NaNO_2$)
früher	Einsatzkonzentration[1]	3,5%	0,1%	–
	Einsatzkonzentration[1]	3,5%	0,172%	0,0156% max.
heute	Zusammensetzung[2]	99,5%	–	0,5% max.
	Einsatzkonzentration[1]	3,5%	–	0,015% max.

[1] in der Pökellage; [2] in der Pökelsalzmischung

Nitrit kann sich in Lebensmitteln, aber auch im Körper des Verbrauchers, in Gegenwart von sekundären oder tertiären Aminen, zu *Nitrosaminen* umsetzen, die als kanzerogen wirksam eingestuft werden. Lange Diskussionen führten zu der Ansicht, daß es zur Zeit kein gleichwertiges Ersatzmittel gibt, da Nitrit die einzige Barriere gegen den gefürchteten Botulismus darstellt. Gegenüber früheren Pökelsalzmischungen wurde der Nitritgehalt lediglich von 0,5 bis 0,6% auf 0,4 bis 0,5%, die äußerste untere Grenze, abgesenkt (Tabelle 32). Durch Weglassen des Salpeters soll eine mögliche Erhöhung des Nitritanteils über eine bakterielle Nitratreduktion vermieden werden.

Antimikrobielle Wirkung der Salze

a) Kochsalz:
Wie bereits auf S. 37f. ausgeführt, kann durch NaCl-Zusatz das Wachstum bestimmter Bakterien hierbei unterdrückt werden. Kochsalz erniedrigt den Sauerstoffgehalt im Wasser und verstärkt – in Kombination mit anderen Konservierungsstoffen, aber auch physikalischen Maßnahmen – deren Wirkung. Einige pathogene Keime wie Staphylococcus aureus vertragen jedoch verhältnismäßig hohe Konzentrationen (Tabelle 33).

Tabelle 34 zeigt, daß ein Absenken des a_w-Wertes durch die übliche Kochsalzkonzentration alleine nicht zu einer Konservierung gegen einen mikrobiellen Verderb ausreicht; weitere flankierende Maßnahmen sind erforderlich.

Bei gesalzenen Fischen ist gelegentlich ein Befall mit halophilen und halotoleranten, intensiv rot bis orange gefärbten Bakterien festzustellen, die jedoch selten zu einem Verderb führen.

Tabelle 33. Die bakteriostatische und bakterizide Wirkung der Pökelsalzbestandteile. (Nach verschiedenen Quellen).

Mikroorganismus	Kochsalz		Nitrat		Nitrit	
	Hemmung bei%	Abtötung bei %	Hemmung bei %	Abtötung bei %	Hemmung bei %	Abtötung bei %
Staph. aureus	15–20	20–25			0,4	
Clostridium botulinum (Sporen)	3,7	3,7[1]		1,0–4,4		0,06–0,4

[1] 99,6%ige Abtötung.

Tabelle 34. Die Wasseraktivität (a_w-Werte) bei verschiedenen Kochsalzkonzentrationen. [Nach (130)].

a_w-Wert	0,995	0,99	0,98	0,96	0,94	0,92	0,90	0,88	0,84	0,80	0,75
% NaCl in H_2O	0,88	1,75	3,57	7,01	10,3	13,5	16,5	19,4	24,2	30,1	36,1

Tabelle 35. Der Einfluß des pH-Wertes auf die keimhemmende Wirkung des Nitrits.

pH-Wert	5,0	5,8	6,9
MHK für Staphylococcus aureus (%)	0,008	0,04	0,4

b) Kaliumnitrat (E 252, Salpeter, Kalisalpeter), Natriumnitrat:
Diese Salze besitzen nur eine schwache hemmende Wirkung gegen anaerobe Keime. In Gegenwart von nitratreduzierenden Bakterien wird die Wirkung durch das resultierende Nitrit verfälscht.

c) Natriumnitrit:
Beim Einpökeln unterdrückt Nitrit in erster Linie das Wachstum des gefährlichen Toxinbildners Clostridium botulinum und trägt zur Umrötung bei Fleisch und Fleischwaren bei. Die antimikrobielle Wirkung wird stark vom pH-Wert beeinflußt (Tabelle 35) sowie – nach In-vitro-Versuchen – auch durch Erhitzen des Testmediums mit der jeweiligen Nitritkonzentration (Perigo-Effekt, bisher noch nicht aufgeklärt).

Die zur Abtötung von Clostridium-botulinum-Sporen (s. Tabelle 33) erforderliche Nitritkonzentration wird in der Praxis nicht erreicht. In Kombination mit einem niedrigen pH-Wert (unter 4,5) und Erhitzen lassen sich jedoch befriedigende Resultate erzielen.

Die Einsatzbereiche der verschiedenen Salzungsverfahren

Kochsalz
Die Einsatzbereiche und Einsatzkonzentrationen für Kochsalz sind in Tabelle 36 zusammengestellt.

Nitrat
In vielen Ländern ist Nitrat als Zusatz zu Fleisch- und Wurstwaren, zu Fischerzeugnissen (Anchosen) und gewissen Käsesorten erlaubt. Die zulässigen Höchstmengen betragen für
- Fleischerzeugnisse: 600 mg/kg,
- Käsereimilch: 200 mg/kg,
- Anchosen: 200 mg/kg.

Nitrit
Es wurde bereits darauf hingewiesen, daß Nitrit heute nur noch in Form des Pökelsalzgemisches (s. S. 93f.) eingesetzt wird. In der Bundesrepublik Deutschland beträgt die zulässige Höchstmenge für
- Fleischerzeugnisse: 100–150 mg/kg.

5.2.2.2 Konservieren durch Zusatz von Säuerungsmitteln

Wo immer Wein hergestellt wird, fällt zwangsläufig auch Essigsäure an. Diese Erfahrung mußten bereits die Menschen zu alttestamentlicher Zeit machen. Sie fanden jedoch geeignete Einsatzmöglichkeiten für den Essig, er wurde, mit weiteren Zusätzen versehen (Salz, Honig, Gewürzen), zur geschmacklichen Verbesserung und Konservierung der Speisen verwendet.

Von den Genußsäuerungsmitteln, die nach AID 1135 (8) den Lebensmitteln zugesetzt werden dürfen, haben sich lediglich Essigsäure und Milchsäure im Rahmen der Lebensmittelkonservierung bewährt. Auf die Milchsäure wird jedoch im Zusammenhang mit den Fermentationsverfahren gesondert eingegangen werden.

Tabelle 36. Der Einsatz von Kochsalz zur Konservierung von Lebensmitteln. (Zusammengestellt nach 97).

Einsatzbereich	Einsatzkonzentration bezogen auf Gesamtgewicht in % NaCl	Einsatzkonzentration bezogen auf Wassergehalt (Gewebewasser) in % NaCl	Bemerkungen
Butter	0,2–2,0		
Margarine	3,0	19,0	
Käse			
– Trockensalzung	1,0–3,0		
– Salzbäder	konz. Lösung		pH 5,2 für 1 h–5 d
Eiprodukte, flüssig	5,0–8,0		
Fleisch (Pökellake)	1,0–3,0		
Fisch			
– Transportsalzung und Kühlung	0,5–2,0	0,7–3,0	
– leichte Salzung (Matjes)	10,0		befristete Haltbarkeit
– Trocken- oder Naßsalzung		<20	
– Lakesalzung	15,0–18,0		
– Hartsalzung	15,0	>20–24	besser haltbar
– Hartsalzung und Trocknung			Klippfisch
Fischrogen und Kaviar	3,0–10,0		
Anchosen und Fischpaste	bis 20,0		
Präserven	2,0–5,0		in Kombination mit Rauch und anderen KS
Salzgemüse, eingelegt (ohne Milchsäuregärung!) z. B. Spargel, Bohnen, Kohl, Karotten, Rüben, Perlzwiebel, Oliven, Pilze		15–25 Lösung	Halberzeugnisse zur industriellen Weiterverarbeitung

Essigsäure – CH_3COOH

Einsatzkonzentration

– Speiseessig: 5%ig (Wein-, Branntweinessig u. a. Arten),
– Essigessenz: synthetische Essigsäure in 25–80%iger wäßriger Lösung.

Antimikrobielles Wirkungsspektrum

Wie bei allen Konservierungssäuren beruht auch die antimikrobielle Wirkung der Essigsäure in erster Linie auf der starken Absenkung des pH-Wertes. Viele Bakterien und auch Hefen werden durch Essig in ihrem Wachstum gehemmt, doch sind dazu Konzentrationen von über 0,5% erforderlich. Bei höheren Konzentrationen (2–9%) kommt es zur Abtötung einiger pathogener Bakterien. Auffällig ist jedoch die Widerstandsfähigkeit von Staphylococcus aureus sowie einer ganzen Reihe von Milchsäurebakterien und Schimmelpilzen (Tabelle 37).

Was den Wirkungsmechanismus betrifft, so wird angenommen, daß Essigsäure die Bakterienzellwand durchdringt und die Denaturierung der Proteine verursacht. Für das Durchdringungsvermögen wird vor allem die gute Lipidlöslichkeit verantwortlich gemacht. – Zu erwähnen ist ferner, daß Essigsäurezusatz bei Bakterien, nicht jedoch

Tabelle 37. Die antimikrobielle Wirkung von Essigsäure.

Testorganismus	mikrobizide Wirkung nach 15 min bei ...%	mikrobistatische Wirkung MHK in ...%	bei pH-Wert
Staphylococcus aureus	9	0,03	5,0
Escherichia coli	4		
Salmonella typhi	3		
Pseudomonas aeruginosa	2		
Saccharomyces cerevisiae		0,59	3,9
Aspergillus niger		0,27	4,1

bei Hefen und Schimmelpilzen, die Hitzeempfindlichkeit erhöht. Aus diesem Grunde eignen sich solche Behandlungsmethoden nur für Präserven, die zum alsbaldigen Verbrauch bestimmt sind. Bei 100-°C-Behandlung werden auch Pilz- und einige Bazillensporen abgetötet. In den üblichen Marinaden mit Zusätzen von 3,5% NaCl und/oder Zucker vermögen jedoch eine ganze Reihe von Milchsäurebakterien und Schimmelpilze zu wachsen.

Lebensmittelrechtliche Einstufung und Einsatzbereiche

In der Bundesrepublik Deutschland unterliegt die Essigsäure als körpereigene Substanz, natürlicher Geschmacksstoff und Genußsäure keinen lebensmittelrechtlichen Beschränkungen. Die Einsatzbereiche in Sauerkonserven sind in Tabelle 38 dargestellt.

Tabelle 38. Essigsäurekonzentration in Sauerkonserven.

Behandlungsgut	Vorbehandlung	Sud-Zusammensetzung[1] Essig (%)	NaCl (%)	Zucker (%)	Zusatzbehandlung Erhitzen (°C)	(min)
Essiggurken, Pickles	16 h in Salzwasser	3	0,5–1	Prise	75 °C	20
					100 °C	15
Essiggemüse	blanchieren	0,5–3	0,1	Prise	75 °C	20
Rote Bete	kochen u. schälen	3	0,5	1,0	100 °C	25
Kürbis	schälen u. schneiden	3		50		
Paprikaschoten	blanchieren	3	0,5	Prise	100 °C	25
Fleisch, Beize	einlegen	3	0,1	Prise		
Fisch						
– Bratmarinade	braten	1–3	0,1	Prise	pasteurisieren	
– Kochmarinade	kochen	1–3	0,1	Prise	pasteurisieren	
– Kaltmarinade		1–3	0,1	Prise		
Essigfrüchte (Obst)		2–5	–	2–5	100 °C	20

[1] Weitere Zusätze wie Zwiebeln oder Gewürze je nach Bedarf und Geschmacksrichtung.

5.2.2.3 Konservieren durch Einzuckern

Auch die konservierende Wirkung der verschiedenen Zucker macht sich der Mensch bereits seit prähistorischen Zeiten zunutze, und zwar vor allem bei der Herstellung von Dörrobst aus Weintrauben (Rosinen, Korinthen), Datteln, Feigen, Zwetschen,

Tabelle 39. Süßkraft und Löslichkeit der wichtigsten Zucker.

Bezeichnung des Zuckers	Süßkraft bezogen auf Saccharose	Löslichkeit von 1 g des Zuckers in ... ml Wasser bei 20 °C	bei 100 °C	Gehalt der gesättigten Lösung (%)
Fructose	140	0,28 ml		
Glucose	50–60	1,10 ml	0,18 ml	
Lactose	27	5,00 ml	2,60 ml	30
Saccharose	100	0,50 ml	0,20 ml	67

Tabelle 40. Die Wasseraktivität (a_w-Wert) verschiedener Saccharoselösungen. (Nach 97)

a_w-Wert											
0,99	0,96	0,95	0,94	0,93	0,92	0,90	0,88	0,86	0,85	0,84	0,82
g Saccharose/100 g Wasser											
11	25	78	93	107	120	144	169	194	208	220	243

Pflaumen, Aprikosen, Birnen und Äpfeln (s. S. 84). Neben dem damit verbundenen Wasserentzug und der zusätzlichen Wirkung einiger Fruchtsäuren ist es hauptsächlich der jeweils eingesetzte Zucker sowie seine Konzentration, die durch die Aufrechterhaltung des erforderlichen a_w-Wertes für die Konservierung des Behandlungsgutes sorgt.

Fructose, der süßeste Zucker (Tabelle 39), findet sich in freier Form – neben Glucose – im Honig, dem weltweit ältesten Süßungsmittel, in Äpfeln und Pflaumen; in gebundener Form kommt er in Di-, Oligo- und Polysacchariden vor. Zum Einzuckern, d.h. zur Konservierung, wird jedoch ausschließlich das Di-saccharid Saccharose (Rübenzucker, Rohrzucker) eingesetzt, das sich aus α-Glucose und β-Fructose zusammensetzt.

Tabelle 40 zeigt, daß, ähnlich dem Einsalzungsprozeß mit Kochsalz, die Absenkung der Wasseraktivität selbst bei einer gesättigten Rohrzuckerlösung nicht immer zur Konservierung gegen einen mikrobiellen Verderb ausreicht. In der Regel sind noch weitere Maßnahmen erforderlich: der Zusatz von Konservierungssäuren, das Absenken des pH-Wertes, zusätzliche Hitzebehandlung des rekontaminationssicher verpackten Produktes oder auch Evakuieren zur Verhütung des Schimmelwachstums, z.B. an der Oberfläche von Marmeladen und Gelees.

Das antimikrobielle Wirkungsspektrum

Die antimikrobielle Wirkung der einzelnen Zucker ist, wie Tabelle 41 zeigt, recht unterschiedlich. So fällt vor allem auf, daß eine gesättigte Lactoselösung (30%ig) keine abtötende Wirkung gegenüber den benutzten Testkeimen, die häufig als Verunreiniger bei Marmeladen auftreten, besitzt. Doch auch die Wirkung der 60%igen Saccharoselösung, die ja die Verhältnisse bei der Einzuckerung repräsentiert, ist enttäuschend. In Gegenwart verdünnter Säuren sowie durch enzymatische Einflüsse wird der Zucker in die beiden Komponenten D-Glucose und D-Fructose (Invertzucker) gespalten, die eine wesentlich bessere Wirkung entfalten (s. Tabelle 41).

Tabelle 41. Die keimtötende Wirkung verschiedener Zucker. (Nach 47).

Testorganismus	Abtötung innerhalb von 7 Tagen bei ...% Zucker			
	Fructose	Glucose	Lactose	Saccharose
Streptococcus lactis	27,5	35,0	keone	keine
Streptococcus liquefaciens	27,5	35,0	keine	keine
Bacillus coagulans	17,5	27,5	keine	47,5
Bacillus calidolactis	17,5	27,5	keine	47,5
Saccharomyces cerevisiae	47,5	50,0	keine	60,0
Saccharomyces ellipsoideus	47,5	47,5	keine	keine
Zygosaccharomyces sp.	60,0	60,0	keine	keine
Torula lactis	60,0	60,0	keine	keine
Kahmhefen	60,0	60,0	keine	keine

Als Verderbniserreger im Honig sind oft hohe Keimzahlen von Bacillusarten, gelegentlich auch Clostridium botulinum, vor allem aber osmotolerante Hefen anzutreffen (z. B. Zygosaccharomyces spec. und Torula-Arten). Diese Organismen vermehren sich noch bei einem Zuckergehalt von 70–80% und einem pH-Wert von 3,2 bis 4,2 (Wassergehalt $\leq$25%). Handelshonig wird daher oft pasteurisiert. Bei Präserven auf Zuckerbasis (Marmeladen, Konfitüren, Gelees mit Zuckergehalten von 50 bis 67%) stellen sich ebenfalls osmotolerante Hefen, an der Oberfläche außerdem noch Schimmelpilze ein (Aspergillus- und Penicilliumarten). Die in Konfekt (Pralinen, Schokolade) gelegentlich festgestellten Salmonellen werden meistens mit dem Kakaopulver eingeschleppt.

Einsatzbereiche und Einsatzkonzentrationen

Marmeladen, Konfitüren, Gelees:
Pro Gewichtsteil Früchte wird jeweils ein Gewichtsteil Zucker eingesetzt, so daß insgesamt ein Zuckergehalt von 55–65% resultiert. Unter dem Einfluß der Fruchtsäuren (pro kg Früchte etwa 2,5–3,0 g Zitronen- oder Weinsäure) wird der Zucker teilweise (30–40%) invertiert, wobei Glucose und Fructose entstehen und die konservierende Wirkung somit verbessert wird (s. Tabelle 41). Marmeladen werden zusätzlich meist für 30 min gekocht; lediglich bei aromareichen Produkten (Konfitüren und Gelees) erfolgt nur ein kurzfristiges Erhitzen (100 °C, 5–10 min). Um ein Verschimmeln der Oberfläche in Gläsern zu verhindern, empfiehlt sich das luftblasenfreie Auflegen einer Folie auf die Marmelade und das Aufstreuen von Sorbinsäure. Bei den industriell gefertigten Marmeladen und Konfitüren verhindert ein Vakuumverschluß das Anwachsen der sauerstoffbedürftigen Schimmelpilze.

Kandierte Früchte, Citronat, Orangeat:
Durch ein aufeinanderfolgendes Einlegen der zu behandelnden Früchte in immer höherkonzentriertere Zuckerlösungen kommt es zu einem weitgehenden Wasserentzug, der, zusammen mit dem extrem hohen Zuckergehalt an der Oberfläche der Früchte, eine sichere Konservierung gewährleistet.

Fruchtsirupe:
Fruchtsäfte werden in der Regel durch Zusatz von 500 bis 1000 g Zucker pro Liter Saft, bei säurearmem Obst (z. B. Erdbeeren) noch 20 g Weinsäure/kg Beeren, hergestellt und

nach Abfüllen in Flaschen 20 min bei 75 °C (Apfelsaft) bzw. 80 °C (Beerensäfte) pasteurisiert.

Obstmuttersäfte und Obstpulpen zur Weiterverarbeitung dürfen mit 0,3–0,4% Ameisensäure zusätzlich stabilisiert werden. Da sich ein solcher Zusatz sowohl geruchlich als auch geschmacklich bemerkbar macht, sieht man heute mehr und mehr davon ab. Obstpulpen lassen sich vorteilhaft auch durch Zusatz von 0,1–0,13% Kaliumsorbat gegen Gärung oder Schimmelbefall schützen.

5.2.2.4 Konservieren durch Einlegen in Alkohol

Die antimikrobielle Wirkung des Gärungsalkohols, des Ethanols, durchläuft konzentrationsabhängig alle Stufen von der Wachstumsstimulierung über die Keimhemmung, die zu einer Konservierung ausreicht, bis zur Abtötung von vegetativen Mikroorganismen (Desinfektion), (Abb. 14). Alkohol läßt sich daher in besonderen Fällen recht gut zur Konservierung einsetzen, so wie er z.B. beim Einlegen von Früchten in den traditionellen Rumtopf verwendet wird. Alkoholkonzentrationen von über 1,2% müssen ab 1. Mai 1989 deklariert werden (AGV).

Antimikrobielles Wirkungsspektrum des Ethanols

Erfahrungsgemäß reicht der Alkoholgehalt des Weines (ca. 8–12%) nicht aus, um mikrobielle Kontaminationen durch Essigsäurebakterien und Hefen abzuwehren. Selbst schwere Süßweine mit bis zu 19% Ethanol sind gegen bestimmte Hefen noch anfällig (Abb. 15). Beim Rumtopf kommt daher ein kombiniertes Verfahren zum Einsatz, das einen Alkoholgehalt von 22–25% und einen hohen Zuckergehalt voraussetzt.

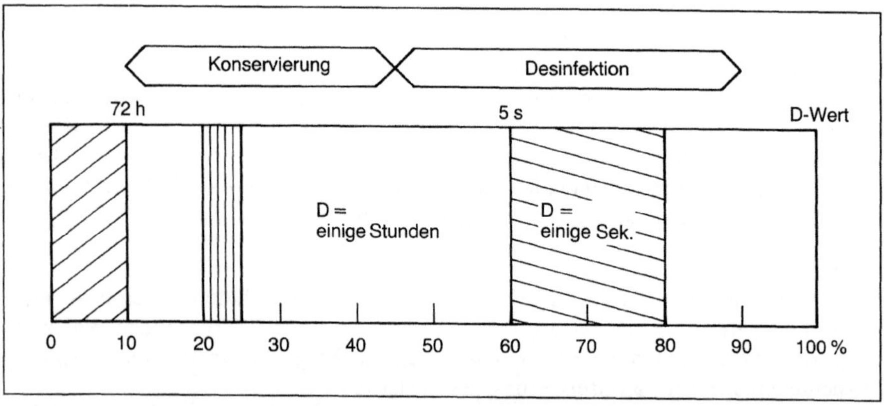

Abb. 14. Der konzentrationsabhängige antimikrobielle Wirkungsbereich des Ethanols wird auch von der Einwirkungszeit entscheidend beeinflußt; dies wird durch den D-Wert (s. S. 55) zum Ausdruck gebracht. Im Konservierungsbereich beträgt er einige Stunden und sinkt bei höheren Einsatzkonzentrationen (Desinfektionsbereich) auf einige Sekunden ab (s. oben).

Testorganismen	Kontakt-zeit (h)	pH 6 Konzentration in %				
		K	30	20	10	5
Staphylococcus aureus	6	7	3	7	7	7
	24	7	<2	<2	6	7
	48	7	<2	<2	6	6
	72	7	<2	<2	6	6
Escherichia coli	6	7	<2	6	7	7
	24	7	<2	<2	6	7
	48	7	<2	<2	6	7
	72	7	<2	<2	6	7
Pseudomonas aeruginosa	6	7	<2	6	6	7
	24	7	<2	<2	6	6
	48	7	<2	<2	6	6
	72	7	<2	<2	6	6
Candida albicans	6	5	<2	4	5	5
	24	5	<2	<2	4	4
	48	5	<2	<2	<2	4
	72	5	<2	<2	<2	3
Aspergillus niger	6	5	4	4	5	5
	24	5	<2	4	5	5
	48	5	<2	3	4	5
	72	5	<2	3	4	5

Abb. 15. Keimtötende Wirkung des Ethanols gegen drei verschiedene Bakterienarten, eine Hefe (Candida albicans) und den Schimmelpilz Aspergillus niger in Abhängigkeit von der Konzentration (5, 10, 20, 30%) und der Einwirkungszeit (6, 24, 48, 72 h). (Zur Erleichterung ist stets nur die log-Überlebensrate – Hochzahl zur Basis 10 – angegeben; K: Ausgangskeimzahl = 10^7/ml für Bakterien und 10^5/ml für Pilze.) Es wird ersichtlich, daß die Keimzahl von Staph. aureus unter dem Einfluß von 30% Ethanol innerhalb 6 h von 10^7/ml auf 10^3/ml, also um 4 Zehnerpotenzen, zurückgeht, während bei einer Konzentration von 20% sich noch keine Verminderung der Keimzahl bemerkbar macht (165).

Einsatzbereich und Einsatzkonzentrationen

Rumtopf: 0,5 l Rum (ca. 55%ig) auf 3–4 kg Früchte sowie pro kg Frucht 1 kg Zucker. Weinbrandkirschen: 1 kg Kirschen, 1,5 kg Zucker und 1,5 l Weinbrand.

5.2.2.5 Räuchern als Beitrag zur Konservierung

Das Räuchern als zusätzliche Maßnahme zur Unterstützung der Trockenkonservierung (als Beitrag zur Erniedrigung des a_w-Wertes, s. S. 83f.) wird wahrscheinlich bereits seit dem Seßhaftwerden des Menschen vor mehr als 7000 Jahren bei Fleisch (Katenrauch) und Fischen genutzt und hat auch heute noch nichts an Bedeutung verloren.

Funktion des Rauches und lebensmittelrechtliche Einstufung

Die Funktion des Rauches beruht nach AID 1135 (8) auf der Beeinflussung von Haltbarkeit, Geschmack und Farbe von Lebensmitteln.

In der Bundesrepublik Deutschland ist der Einsatz von Rauch zum Räuchern von Lebensmitteln gemäß Zusatzstoff-Zulassungsverordnung erlaubt, wenn er aus naturbelassenen Hölzern und Zweigen, Heidekraut und Nadelholzsamenständen sowie unter Mitverwertung von Gewürzen frisch entwickelt wurde. Ausgenommen sind Flüssigkeiten und somit auch die Verwendung von flüssigen „Rauchkonzentraten" (Flüssigrauch).

Die Fleischverordnung begrenzt vorsorglich weiterhin den Gehalt der im Rauch vorhandenen unerwünschten Begleitstoffe aus der Gruppe der Benzpyrene auf einen Grenzwert von 1 Mikrogramm (μg) 3,4-Benzpyren pro Kilogramm Gesamtprodukt.

Gewinnung und Bestandteile des Räucherrauches

Bei den altherkömmlichen Verfahren der Hausräucherung in ländlichen Haushalten unter Verwendung von Räucherkammern und später von Räucherschränken, die zugleich als Vorratsschränke dienten, erfolgte die Behandlung im „abziehenden Rauch". Die heutigen modernen Verfahren arbeiten zur Erzielung eines „näherungsweisen Standardrauches" mit vielen technischen Raffinessen (Glimmrauchgeneratoren, Friktionsraucherzeuger u.a.) unter Einsatz leicht steuerbarer vollklimatisierter Reife- und Räucherkammern.

Entscheidend ist jedoch noch immer die chemische Zusammensetzung des Rauches, die in erster Linie von dem Ausgangsmaterial, dem benutzten Holz (Holzspäne, Sägemehl, oft Mischungen) sowie der gewählten Verfahrenstemperatur des Schwel-(Glimm-)vorganges abhängt.

Die chemische Zusammensetzung des Rauches ist sehr vielseitig, man schätzt, daß mehr als 5000 Verbindungen daran beteiligt sind, von denen noch weniger als 500 dünnschichtchromatographisch oder gaschromatographisch identifiziert wurden. Bei der Rauchgewinnung kommt es darauf an, die Bildung von Benzpyrenen zu verhindern, die neben anderen polycyclischen Verbindungen bei Verfahrenstemperaturen zwischen 300° und 400 °C häufiger entstehen als bei der Kalträucherung.

Rauch ist aus einer partikulären Phase (Aerosol: Flüssigkeitströpfchen, Flugasche, Teer, Ruß) und einer Gasphase zusammengesetzt. Die für den typischen Rauchgeschmack und die antimikrobielle Wirkung verantwortlichen Verbindungen sind dabei vor allem in der Gasphase enthalten. Nach Auffangen des Rauches in Eiswasser lassen sich dünnschicht- und gaschromatographisch u.a. identifizieren: Formaldehyd, Essigsäure, Propionsäure, Methylpropylketon, Methylamylketon, Furfurol, Guajacol, Kresol, 2,6-Dimethylphenol und andere Phenolderivate (139).

Antimikrobielles Wirkungsspektrum

Einige der genannten Verbindungen, vor allem Aldehyde, niedermolekulare organische Säuren und Phenolderivate, wirken je nach der vorliegenden Konzentration keimhemmend oder keimtötend. Verstärkt wird dieser Einfluß durch die durch den Rauch ebenfalls hervorgerufene Absenkung des a_w-Wertes sowie – bei vorgepökelten Produkten – durch die Salzanreicherung auf der Oberfläche. Trotzdem reicht der dadurch erzielte Schutz – besonders in feuchter Umgebung (z.B. Schwitzwasserbildung oder hygroskopisches Verhalten) – nicht immer aus, und es kommt dann zur Verschimmelung (Schinken, Wurst u.a.).

Tabelle 42. Verschiedene Räucherverfahren und ihre Bedingungen.

Verfahren	Behandlungsdauer	Temperaturbereich (°C)	Behandlungsgut
Kalträuchern			
– Langrauchverfahren	wochenlang	bis 35 °C (38 °C)	vorgetrocknete und vorgepökelte LM, Rohwürste,
– Kurzrauchverfahren	einige Tage oder Stunden		Forellen, Lachsspeck, Knochenschinken,
Warmräuchern	einige Stunden	25–50 °C	Kasseler Rippenspeer
Heißräucherung			
– trockener Rauch	0,5–3 Stunden	50–100 °C	Brühwürste, Bücklinge,
– nasser Rauch		(60–65 °C)	Sprotten, Makrelen

Durch eine 13tägige Heißräucherung lassen sich in Mettwurst Salmonella typhi, S. paratyphi und hämolysierende Streptokokken abtöten, doch sind dazu Temperaturen erforderlich, die sich in der Praxis nicht realisieren lassen (106). Verschiedene Behandlungsverfahren sind in Tabelle 42 zusammengestellt.

Einsatzbereiche

Fleisch- und Fleischwaren: fetter Speck, Frühstücksspeck (Bacon), Schwarzwälder Speck, Kasseler Rippenspeer, Schinken, Schinkenspeck, Kochschinken, Nußschinken, Rollschinken, Knochenschinken, Lachsschinken, Rohwürste (Dauerwürste), Kochwürste.
Fischerzeugnisse: Forellen, Aale, Lachse, Makrelen, Bücklinge, Sprotten, Kabeljau, Schellfisch, Dornhai (Schillerlocken).
Hartkäse: einige spezielle Arten.

5.2.2.6 Konservieren mit Konservierungsstoffen (Chemische Konservierung)

Alle fertigverpackten Lebensmittel müssen nach der Lebensmittel-Kennzeichnungsverordnung (LMKV) eine einheitliche *Grundkennzeichnung* tragen, zu der auch Angaben über die Zutaten gehören. Nach der Definition gilt:

> Eine Zutat ist jeder Stoff – einschließlich der Zusatzstoffe –, der bei der Herstellung des Lebensmittels verwendet wird und unverändert oder verändert im Enderzeugnis vorhanden ist.

Eine genaue Aufschlüsselung nach der Menge der einzelnen Zutaten wird jedoch nicht verlangt. Auch Wasser ist als Zutat auszuweisen, wenn es in mehr als 5% (als Fremdwasser, im Gegensatz zum natürlich gebundenen Produktwasser) zugesetzt wird.

Tabelle 43. Die einzelnen Klassen der Lebensmittelzusatzstoffe.

Klasse	Klasse	Klasse
Konservierungsstoffe[1]	Farbstoffe[1]	Trennmittel[1]
Antioxidantien[1]	Geliermittel	modifizierte Stärke
Säuerungsmittel	Stabilisatoren[3]	künstliche Süßstoffe[1]
Säureregulatoren	Geschmacksverstärker	Schaumverhüter
Schwefeldioxid und schweflige Säure	Mehlbehandlungsmittel	Schmelzsalz
Backtriebmittel	Überzugsmittel	Verdickungsmittel
– Nitrate[2]	Emulgatoren[3]	
– Nitritpökelsalz[2]		
– Rauch[2]		

[1] Hier muß der Klassen-Name und die Verkehrsbezeichnung bzw. die EWG-Nr. angegeben werden.
[2] Für diese Produkte gibt es keine Klassenbezeichnung.
[3] Vertreter dieser Klasse sind oft zur Inaktivierung von antimikrobiellen Konservierungsstoffen befähigt.

5.2.2.6.1 Lebensmittel-Zusatzstoffe

Für die in der Zutatenliste aufgeführten Zusatzstoffe gilt (s. S. 11):

> Zusatzstoffe sind Stoffe, die dazu bestimmt sind, Lebensmittel zur Beeinflussung oder zur Erzielung bestimmter Eigenschaften oder Wirkungen zugesetzt zu werden.

Die Zusatzstoffe lassen sich in einzelnen Klassen zusammenfassen. Sie sind in Tabelle 43 so zusammengestellt, daß in der linken Spalte die Klassen erscheinen, in denen einige Vertreter neben ihren sonstigen Funktionen auch eine gewisse antimikrobielle Wirkung entfalten, so wie es bei den Konservierungsstoffen Voraussetzung ist.

Jeder Zusatzstoff, der verwendet werden soll, muß vom Gesetz- oder Verordnungsgeber zugelassen werden. Dabei sind vom Antragsteller die Gründe für die technologische Erfordernis sowie die gesundheitliche Unbedenklichkeit für die vorgesehenen Einsatzmengen nachzuweisen. Nur wenige Stoffe dürfen ohne Mengenbegrenzung und ohne besondere Nennung zugesetzt werden, etwa die Genußsäuren (Essigsäure, Weinsäure, Zitronensäure und Milchsäure), die eigentlich nicht zu den Zusatzstoffen zählen. In den meisten Fällen werden für bestimmte Produkte *Höchstmengen* vorgeschrieben.

Die strengen Zulassungsvorschriften für diese Stoffe schließen jedoch nicht aus, daß einzelne sehr sensible Verbraucher allergisch reagieren. In solchen Fällen sollte zunächst vom Verbraucher selbst abgeklärt werden, von welchem verzehrten Lebensmittel diese Reaktion möglicherweise herrührt. Letztendlich jedoch – und das besonders in schwerwiegenden Fällen – kann nur der Arzt entscheiden und die auslösenden Allergene sowie den entsprechenden Reaktionstyp experimentell ermitteln.

Nicht immer läßt sich ein Zusatzstoff eindeutig in eine bestimmte Klasse einordnen. Dies trifft beispielsweise für Schwefeldioxid (E 220) bzw. die schweflige Säure zu, die seit Jahrtausenden zu Konservierungszwecken, daneben aber auch als Bleichmittel, Antioxidationsmittel sowie zur Enzymhemmung und Farberhaltung eingesetzt werden. Auch einige der Säuerungsmittel erfüllen eine Mehrzweckfunktion.

5.2.2.6.2 Lebensmittel-Konservierungsstoffe

Die seit altersher bei der Lebensmittelkonservierung genutzten Konservierungsstoffe (KS) wie z. B. Kochsalz, Nitrate, Nitrite und die Pökelsalzmischung (5.2.2.1), die Genußsäuren Essigsäure (5.2.2.2) und Milchsäure (6.1), die Zucker (5.2.2.3), Alkohol (5.2.2.4) und der Rauch (5.2.2.5) werden getrennt abgehandelt. Sie sind nicht Bestandteil der eigentlichen Konservierungsstoffliste für den Einsatz in Lebensmitteln.

> Konservierungsstoffe sollen Lebensmittel vor einem Verderb schützen und ihre Haltbarkeit verlängern, indem sie die darin vorhandenen Mikroorganismen abtöten oder wenigstens in ihrem Wachstum hemmen.

Verglichen mit Konservierungsstofflisten aus anderen Produktionsbereichen, z. B. Kosmetika, wo die EG-Liste 43 endgültig zugelassene (Teil A) und 21 vorläufig zugelassene Stoffe ausweist (21), ist die Gesamtzahl der für die Lebensmittelkonservie-

Tabelle 44. Die zur Halbarmachung von Lebensmitteln eingesetzten antimikrobiellen Konservierungsstoffe und ihre Einsatzbereiche (8). Neben den freien Säuren und Estern nennt das EWG-Verzeichnis stets noch eine Reihe von Salzen, so z. B. die Natrium-, Kalium- und Calciumsalze, die ebenfalls mit einer EWG-Nr. belegt sind. (+: einsetzbar, (+): bedingt einsetzbar, –: nicht einsetzbar, (t): temporär).

Konservierungsstoff	EG-Nr.	ADI-Wert (mg/kg/d) t = temporär	Einsatzkonzentration (%)	Einsatzbereich: Fettemulsion	Käse	Fleischwaren	Fischerzeugnisse	Gemüseprodukte	Obsterzeugnisse	alkoholfreie Getränke	Wein	Backwaren	Süßwaren
Ameisensäure	E 236	0–3	0,03–0,4	–	–	–	+	+	+	–	–	–	–
Essigsäure	E 260	kein Limit	0,3 –3,0	–	–	–	+	+	–	–	–	–	–
Propionsäure[1]	E 280	kein Limit	0,06–0,3	–	+	–	–	–	–	–	–	+	–
Milchsäure	E 270	kein Limit	0,5 –0,8	–	+	–	–	+	–	–	–	–	–
Sorbinsäure	E 200	0–25	0,05–0,1	+	+	+	+	+	+	+	+	+	+
Benzoesäure	E 210	0–5	0,15–0,25	+	(+)	(+)	+	+	+	+	–	–	(+)
SO_2 und Sulfite	E 226	0–0,7	0,02	–	–	(+)	–	+	+	+	+	–	–
PHB-Ester	E 214	0–10	0,05–0,1	(+)	+	(+)	+	(+)	(+)	(+)	–	–	+
Hexamethylentetramin	E 239	0–0,15	0,02–0,1	–	(+)	–	+	–	–	–	–	–	–
Nitrite	E 250	0–0,2 (t)	0,01	–	(+)	+	+	–	–	–	–	–	–
Nitrate	E 251	0–5	0,01–0,06	–	(+)	+	+	–	–	–	–	–	–

[1] Seit dem 1.5.1988 in der Bundesrepublik Deutschland nicht mehr gestattet.

rung zur Verfügung stehenden Substanzen genau 5 (in der Bundesrepublik Deutschland sogar nur noch 4), doch recht bescheiden (die zugehörigen Salze wurden, wie es auch sonst üblich ist, dabei nicht berücksichtigt). Doch hat das seine berechtigten Gründe, denn gerade bei den Lebensmitteln werden besondere Anforderungen hinsichtlich der Verträglichkeit und chronischen Toxizität gestellt, da sie oft über einen längeren Zeitraum aufgenommen werden. Eine Risikoabwägung erlaubt hier der sogenannte ADI-(*a*cceptable-*d*aily-*i*ntake)-Wert, der von einem WHO-Expertenkomitee für die verschiedenen Produkte festgelegt wird (Tabelle 44).

Im Verbraucherdienst AID 1135 (8) sind in der Konservierungsstoffliste zusätzlich noch Kohlendioxid, L-Äpfelsäure und Fumarsäure aufgeführt. Auch die bei den Säuerungsmitteln genannte Citronensäure sowie die L(+)-Weinsäure gehören hierher. Nicht mehr genannt ist der Formaldehydabspalter Hexamethylentetramin.

An Konservierungsstoffen, die nur zur Oberflächenbehandlung von Citrusfrüchten (Tauchbad oder Einwickelpapier) eingesetzt werden dürfen, sind in beiden Listen (EWG und AID) Biphenyl (Diphenyl), Orthophenylphenolat und dessen Natriumsalz sowie Thiabendazol aufgeführt.

Auswahl eines geeigneten Konservierungsmittels

Bei der Konservierung von Lebensmitteln durch Zusatz eines geeigneten Konservierungsstoffes wird die Auswahl leicht gemacht: Aus Toxizitätsgründen dürfen nur solche Konservierungsstoffe eingesetzt werden, die offiziell als Zusatzstoffe (LMBG, §2 und Liste A Konservierungsstoffe, Zusatzstoff-ZulassungsVO, Anlage 3 zu §§ 3, 8 Abs. 1 Nr. 1 April 1988) zugelassen sind, und ihre Zahl ist klein. Trotzdem gibt es eine ganze Reihe wichtiger Auswahlkriterien, die zu beachten sind:

pH-Optimum:

Der pH-Wert des zu schützenden Produktes rangiert bei der Auswahl an erster Stelle, da das Wirkunsspektrum davon beeinflußt wird.

Verfügbare Konzentration (Löslichkeit):

Bei einigen Produkten, so bei den PHB-Estern, wird die mögliche Konzentration durch die Wasserlöslichkeit bestimmt.

Wirkungsspektrum:

Die Breite des Wirkungsspektrums, so besonders gegen Pilze, wird von der verfügbaren Konzentration und dem pH-Optimum mitbestimmt. Abbildung 16 zeigt die Wirkung gegen grampositive und gramnegative Bakterien sowie Hefen und Schimmelpilze. Das Spektrum läßt sich durch Kombination verschiedener Wirkstoffe erweitern, so bei den PHB-Estern.

Wirkungsweise:

Auch die Wirkungsweise – Hemmung oder Abtötung – ist konzentrations- und pH-abhängig. Erst bei einer etwa 10 mal höheren Konzentration (im Vergleich zur MHK) kommt es zu einer mikrobiziden Wirkung (Abtötung). Daneben spielt die Einwirkzeit (Kontaktzeit) eine erhebliche Rolle.

Verträglichkeit:

Eine Reihe anderer Bestandteile wie z.B. Emulgatoren (Lecithine) können KS inaktivieren. Durch chemische Analyse oder Konservierungsbelastungstest nachprüferbar.

Stabilität:

Nur bei ausreichender Stabilität kann die erforderliche Konzentration gehalten und damit ausreichender Schutz erzielt werden. Für Tropenlagerfähigkeit müssen höhere Temperatureinflüsse geprüft werden. Je nach Verpackung sind Licht- und Sauerstoffeinfluß sowie Adsorptionsverluste zu kontrollieren.

Sensibilisierung (Toxizität):

Da nur zugelassene KS eingesetzt werden, kann die eigentliche Toxizität vernachlässigt werden. Auf Allergien ist aber zu achten, sie sind jedoch meistens individuell bedingt und nur so zu vermeiden.

pH-Optimum

Ein Blick auf die Abb. 16 zeigt, daß mit Ausnahme der p-Hydroxybenzoesäureester (Parabene) alle aufgeführten Konservierungsstoffe organische oder anorganische Säuren bzw. deren Salze darstellen. Das bedeutet, daß ihr optimaler Wirkungsbereich ausnahmslos im sauren pH-Bereich liegt. Trotzdem gibt es gewisse Unterschiede, die in der Dissoziation begründet liegen. In der Regel ist nur der undissoziierte Anteil wirksam, weil er besser in die Mikroorganismenzelle eindringt und dort, meist durch Hemmung bestimmter Enzymsysteme, wichtige Stoffwechselfunktionen ausschaltet. Wie Tabelle 45 zeigt, sinkt der Anteil an undissoziierter Säure mit steigendem pH-Wert. Konservierungsstoffe, die einer Dissoziation unterliegen, sind daher um so wirksamer, je niedriger der pH-Wert des zu schützenden Produktes ist. Das gilt sowohl für die organischen Säuren, die im Neutralbereich nahezu vollständig dissoziiert sind, als auch für eine Reihe anorganischer Säuren wie z.B. die schwefelige Säure und die salpetrige Säure (Nitrite). Nur das Hydrogensulfition bildet hier eine Ausnahme (s. Tabelle 45).

Der große Vorteil besteht darin, daß im Gegensatz zu kosmetischen Erzeugnissen der pH-Wert von Lebensmitteln bei einem erheblichen Teil im stark sauren ($pH < 3{,}7$),

Tabelle 45. Die undissoziierten Anteile der wichtigsten Konservierungssäuren für Lebensmittel in Abhängigkeit vom pH-Wert.

Konservierungsstoff	Dissoziations-konstante	pK-Wert	undissoziierter Säureanteil in % bei pH 2,0	3,0	4,0	5,0	5,5	6,0	7,0
Schweflige Säure	$1{,}54 \times 10^{-2}$	1,81	37	6	0,6	0,06	0,02	0,01	0
Ameisensäure	$1{,}77 \times 10^{-4}$	3,75	98,3	85	36	5	1,8	0,6	0,06
Benzoesäure	$6{,}46 \times 10^{-5}$	4,18	99,3	94	61	13	5	1,5	0,15
p-Hydroxybenzoesäure	$3{,}3 \times 10^{-5}$	4,48	99,7	97	75	23	9	2,9	0,3
Essigsäure	$1{,}76 \times 10^{-5}$	4,75	99,8	98	85	36	15	5,4	0,6
Sorbinsäure	$1{,}73 \times 10^{-5}$	4,76	99,8	98	85	37	15	5,5	0,6
Propionsäure	$1{,}32 \times 10^{-5}$	4,88	100	99	88	43	19	7,0	0,8
Hydrogensulfit	$1{,}02 \times 10^{-7}$	6,99	100	100	100	99	97	91	50

Abb. 16. Die antimikrobiellen Konservierungsstoffe für Lebensmittel: Einsatzkonzentrationen, Wirkungsspektren und pH-Optima.(*A*: Wirkung in Aerosolform, hier zwischen Frucht und Einwickelpapier, die angegebene Konzentration bezieht sich auf die Oberfläche: Aufbringung von max. g/m^2; *OB*: ausschließlich Oberflächenbehandlung!; *R*: max. Rückstand pro kg Frucht nach der Oberflächenbehandlung; + gut wirksam; anaerob (+): hauptsächlich anaerob wirksam; –: unwirksam).

	Konservierungsstoff	EG-Nr.	Einsatz-konzentra-tion (%)	Wirkungsspektrum MHK in ppm gegen: Bakterien		Pilze		Optimaler pH-Wert (4 5 6 7 8 9)	Anmer-kungen
				Gram-positiv	Gram-negativ	Hefen	Schimmel-pilze		
	SO_2, anorgan. Sulfite	E 226	0,02	100	200	200	400		
	Ameisensäure	E 236	0,5	1400	800	1600	3000		
	Essigsäure	E 260	0,3–3	300	500	6000	3000		
	Propionsäure	E 280	0,3	2000	3000	2000	2000		
	Milchsäure	E 270	0,8	3000	3000	25000	25000		
	Sorbinsäure	E 200	0,1	100	300	500	300		
	Benzoesäure	E 210	0,25	1000	1500	750	750		
	Methylparaben	E 218	0,1	1250	1250	5000	5000		
	Ethylparaben	E 214	0,1[1]	625	625	2500	5000		
	Propylparaben	E 216	0,04[1]	180	625	625	2500		
	Natriumnitrit	E 250	0,01	400	4000	–	–		s. Seite 94
	Natriumnitrat	E 251	0,01	anaerob (+)		–	–		+[2]
OB	Diphenyl, Biphenyl	E 230	5 g/m^2	–	–	A(+)	A(+) +[3]	+[3]	R 50 mg/kg
OB	o-Phenylphenol	E 231	0,5–2	100	1000	50	50		R 12 mg/kg
OB	Thiabendazol	E 233	0,1–0,4	–	–		100	+[4]	R 3 mg/kg

[1] Konzentration durch Löslichkeit limitiert; [2] Wirkung wird in Konserven häufig durch nitratreduzierende Bakterien (→ Nitrit) verfälscht; [3] wirkt hauptsächlich in der Gasphase; [4] optimal bei pH 2,2 zu 3,84% löslich.

im sauren (pH 3,7–4,5) oder im mittel-sauren (pH 4,5–5,3) Bereich liegt (s. Tabelle 17). So wirkt z.B. Nitrit nur bei pH-Werten unter 4,5 ausreichend gegen Clostridium botulinum. Bei höherer pH-Einstellung sind zusätzliche Maßnahmen, wie z.B. Erhitzen, erforderlich. In vielen Fällen bringt eine Kombination verschiedener Konservierungsmaßnahmen ohnehin erhebliche Vorteile. Zu beachten ist jedoch weiterhin, daß einige der „Genußsäuren", so die Essigsäure und die Milchsäure, lediglich durch eine starke Absenkung des pH-Wertes (bei entsprechend hohen Einsatzkonzentrationen) zu einer Keimhemmung führen. Der schwach saure pH-Bereich läßt sich durch Einsatz von Sorbinsäure abdecken (bis pH 6,0), während unter den gleichen Umständen die Wirkung der Benzoesäure schon stark nachläßt. Für den Neutral- und den schwach alkalischen Bereich (pH 4–8) eignet sich als einzige Stoffgruppe die der PHB-Ester (Parabene, s. Abb. 16).

Verfügbare Konzentration

Die zugesetzte Konzentration des Konservierungsstoffes stimmt nur in den seltensten Fällen mit der verfügbaren Konzentration überein. Häufig kommt es zu Verlusten: durch Adsorption z.B. an Verdickungsmittel (Tragant, Gummi arabicum), Geliermittel (Gelatine, Agar-Agar, Pektine), oder auch an die Verpackung (Kunststoffbehältnisse). Solche Verluste können über kurz oder lang zum Versagen des Konservierungsstoffes führen. In der Entwicklungsphase eines neuen Lebensmittels müssen diese Verhältnisse geklärt werden. Hier gibt ein mikrobiologisch ausgerichteter Konservierungsbelastungstest (s. S. 112ff.) immer noch die eindeutigste Antwort. Zu seiner Durchführung ist allerdings ein mikrobiologisches Kontrollabor erforderlich; diese Aufgaben können jedoch auch von einem neutralen Untersuchungslaboratorium durchgeführt werden.

Eine chemische Analyse geht zwar schneller, doch birgt sie die Gefahr in sich, daß bei der erforderlichen Extraktion des Konservierungsstoffes aus dem zu prüfenden Gut auch jene Anteile freigesetzt werden, die vorher adsorbiert waren.

Mikrobiologisch anfällig ist in der Regel immer nur die wäßrige Phase eines Produktes. In Emulsionen, z.B. bei Fertigsalaten, kann es zu einer Abwanderung des Konservierungsstoffes in die Fettphase kommen – das trifft besonders für PHB-Ester zu –, wodurch die konservierende Wirkung nachläßt. Bei der antimikrobiellen Wirkung der PHB-Ester ist weiterhin zu beachten, daß mit zunehmendem Molekulargewicht der einzelnen Ester die Wasserlöslichkeit abnimmt.

Wirkungsspektrum

Nur selten besitzt ein Konservierungstoff ein breites Wirkungsspektrum zur Ausschaltung aller in Frage kommenden Verderbniserreger. In gewissem Umfang trifft dies, wie ein Blick auf Abb. 16 zeigt, für die Sulfite, für die Benzoesäure und die Sorbinsäure zu. Doch treten im Einzelfall auch hier immer wieder Lücken auf, wie sie z.B. bei der Sorbinsäure gegenüber Milchsäurebakterien und Clostridien festgestellt wurden. In letzter Zeit zeigte es sich aber, daß die erforderliche Nitritkonzentration in Gegenwart von Sorbinsäure im stark sauren Bereich herabgesetzt werden kann und man auf diese Weise schließlich doch eine ausreichende Clostridien-Hemmung erreicht. Auch die Benzoesäure ist kaum zum Einsatz gegegen Milchsäurebakterien und Clostridien geeignet. Als Mittel der Wahl zur Unterdrückung von Kontaminationen mit

Clostridien, vor allem C. botulinum, gilt immer noch Nitrit im pH-Bereich unter 4,5. Wo immer es möglich ist, wird dabei stets noch mit anderen Methoden, z. B. Erhitzen, kombiniert. Gegen Schimmelpilze und Hefen ist Nitrit wirkungslos.

Noch schwächer wirksam sind die Nitrate, die einen gewissen Einfluß auf anaerobe Bakterien ausüben und sie im Wachstum unterdrücken. Die meisten Bakterien jedoch verwerten Nitrate als Stickstoffquelle, einige Arten sind in der Lage, NO_3^- zu NO_2^- zu reduzieren, was dann häufig eine Wirkung vortäuscht, die keineswegs den Nitraten zuzuschreiben ist.

Milchsäurebakterien reagieren recht empfindlich auf SO_2, dabei sind jedoch Konzentrationen um 1000 ppm (0,1%) erforderlich. Zur Ausschaltung von Schimmelpilzen und Hefen werden zwischen 2000 und 4000 ppm benötigt. Die Säuren Ameisensäure, Essigsäure und Milchsäure wirken hauptsächlich infolge ihrer pH-Absenkung. Sie haben keinen oder nur geringen Einfluß auf Milchsäurebakterien, Hefen und Schimmelpilze, hemmen jedoch eine Reihe von Bakterien (E. coli, Bacillusarten) sowie einige Hefen (Ameisensäure). Propionsäure wird zur Unterdrückung des Schimmelwachstums und Fadenziehens (durch Bac. mesentericus) bei der Brotherstellung eingesetzt (s. hierzu jedoch S. 118).

Bei den PHB-Estern nimmt mit steigendem Molekulargewicht der hemmende Einfluß gegen Hefen und Schimmelpilze zu, die Wasserlöslichkeit jedoch ab, so daß ihre Wirkung dadurch limitiert wird. Bewährt haben sich Kombinationen des Methyl- bzw. Ethylesters (0,18 bzw. 0,1%) mit dem Propylester (0,02%). Es sind die einzigen Konservierungsstoffe, die auch noch im Neutralbereich (bis pH 7,5) eingesetzt werden können. Die Wirkung gegenüber Pilzen ist dabei jedoch recht schwach (s. Abb. 16).

Wirkungsweise

Ob ein KS keimtötend oder nur keimhemmend wirkt, wird durch eine Reihe von Faktoren bestimmt, allen voran die verfügbare Konzentration, der vorhandene pH-Wert und die jeweils erforderliche Einwirkungszeit. Diese Faktoren haben noch größere Bedeutung, wenn die Wirkstoffe als Desinfektionsmittel eingesetzt werden sollen. Dies wurde bereits am Beispiel des Alkohols (Ethanol, s. S. 100) erläutert. Werden dabei, etwa bei der Händedesinfektion, äußerst kurze Einwirkungszeiten (unter 1 Minute) verlangt, so steht bei der Konservierung doch erheblich mehr Zeit zur Verfügung, man begnügt sich durchaus mit einigen Tagen. Aber auch die Einsatzkonzentrationen sind bescheidener, sie liegen in der Regel um den Faktor 10 niedriger (etwa zwischen 0,01 bis 0,3%). Ein weiterer erheblicher Unterschied besteht darin, daß bei der Konservierung generell eine Keimhemmung ausreicht, während bei der Desinfektion eine Abtötung pathogener Keime und eine Inaktivierung bestimmter Viren verlangt wird.

Die Zusammenhänge zwischen Konzentration und pH-Wert lassen sich gut am Beispiel des Nitrits verdeutlichen. Die MHK liegt hier bei pH 5 etwa bei 80 ppm, steigt bei pH 5,8 auf ca. 400 ppm an und erreicht bei pH 6,9 schließlich einen Wert von 4000 ppm. Eine Änderung der Wirkungsweise in Abhängigkeit vom pH-Wert demonstriert die Sorbinsäure. Hier werden bei einer Konzentration von 0,2% bei pH 4,5 Bakterien zu 99,999% und Pilze zu 99,9% innerhalb 24 h abgetötet (s. Abb. 20), bei pH 6,0 reicht die gleiche Konzentration jedoch nur noch zu einer Keimhemmung aus.

Tabelle 46. Keimspezifische D-Werte für einige Lebensmittelkonservierungsstoffe, wobei Konzentration, pH-Wert und Temperatur (25 °C) gegeben sind.

Mikroorganismus	D-Wert in Stunden für				
	PHB-Mischung[1]		Sorbinsäure	Milchsäure	
	0,2%	0,1%	0,2%	0,6%	0,3%
	pH 6	pH 6	pH 4,5	pH 2,4	pH 2,4
Staphylococcus aureus	5	24	1,2	6	12
Escherichia coli	5	24	4	3	3
Pseudomonas aeruginosa	5	24	4	1	1
Candida albicans	16	72	6	–[2]	–[2]
Aspergillus niger	24	72	8	–[2]	–[2]

[1] Zusammensetzung: 0,18% Methylparaben + 0,02% Propylparaben.
[2] Selbst 2,5% Milchsäure ergaben nach 72 h Einwirkungszeit keine Verminderung der Keimzahl bei der Hefe und dem Schimmelpilz (s. Abb. 19).

Während bei der Konservierung von Lebensmitteln generell keine Verminderung der Keimzahl (d.h. Abtötung von Keimen) verlangt wird, erwarten die Arzneibücher (DAB 9) bei oralen Darreichungsformen nach 14 Tagen Einwirkungszeit eine Abnahme der Ausgangskeimzahl um wenigstens 3 Zehnerpotenzen, also um 99,9%. Wird eine solche Abtötung der Keime vorausgesetzt, so läßt sich die Effektivität eines Konservierungsvorganges – ähnlich wie bei den Sterilisationsverfahren – unter Zuhilfenahme der allgemeinen Formel

$$F = n \cdot D \qquad (2)$$

berechnen. „n" gibt dabei die Zahl der Zehnerpotenzen an, um die eine bestimmte Ausgangskeimzahl in einem Produkt (N_0) vermindert werden soll. Der keim- und verfahrensspezifische D-Wert (s. S. 55), der aussagt, nach welcher Zeit N_0 sich um den Faktor 10 vermindert, muß jeweils experimentell ermittelt werden. Bei der Lebensmittelkonservierung genügen hier Stunden. Einige D-Werte für eine PHB-Estermischung und zwei Konservierungssäuren sind in Tabelle 46 zusammengestellt.

Unter Zugrundelegung der Erwartungen des DAB 9 für Oralprodukte, wo eine Verminderung der zu Testbeginn eingebrachten Bakterien-Keimzahl um drei Zehnerpotenzen als wünschenswert angesehen wird, beträgt n = 3. Ein Sicherheitszuschlag wie bei den Sterilisationsmethoden (10^{-6}, d.h., zu n werden 6 weitere Zehnerpotenzen addiert) ist hier nicht üblich.

Danach lautet die Gleichung: $F = 3 \cdot D$, und für die Erwartungen des DAB 9 gilt:

$$F = 3 \cdot D = 14 \text{ Tage.}$$

Dieser Wert ist mit jedem der in Tabelle 46 angegebenen Konservierungsstoffe zu erzielen. So beträgt z.B. für einen Zusatz von 0,1% der PHB-Estermischung

$$F = 3 \cdot 24\,h = 72\,h = 3 \text{ Tage.}$$

Eine Verminderung der Keimzahl um 3 Zehnerpotenzen findet demnach bereits nach 3 Tagen statt. Gegenüber Pilzen reicht die Wirkung der Milchsäure nicht aus.

Verträglichkeit und Stabilität

Beide Faktoren sind eng miteinander verknüpft und können unter ungünstigen Bedingungen zu einer Herabsetzung der Konzentration des Konservierungsstoffes und damit zu einer Verminderung der antimikrobiellen Wirkung führen. Die Verträglichkeit eines Konservierungsstoffes hängt weitgehend von den anderen Zusatzstoffen ab, während die Stabilität hauptsächlich eine Frage des pH-Wertes und der Lagerungstemperatur des betreffenden Lebensmittels ist. Auch auf Adsorptionsverluste durch das Verpackungsmaterial und andere Zusatzstoffe ist zu achten.

Prüfung auf ausreichende Konservierung (Biovalidierung)

Die Biovalidierung eines mit chemischen Konservierungsstoffen versetzten Lebensmittels soll den Beweis erbringen, daß der Schutz gegen einen mikrobiellen Verderb auch funktioniert. Für diesen Zweck gibt es zwar im Lebensmittelbereich noch keine offizielle Richtlinie, wohl aber im DAB 9 von 1986 eine als Richtlinie anzusehende Prüfung auf ausreichende Konservierung, die zur Überprüfung von Arzneimitteln und Kosmetika eingesetzt wird (Anhang VIII, N1). Diese Prüfmethode eignet sich ohne Einschränkung auch für die Bewertung von Lebensmitteln, da das Arzneibuch ohnehin auch orale Darreichungsformen prüfen läßt, deren konservierende Zusätze weitgehend den bei den Lebensmitteln eingesetzten gleichen. Zu überlegen wäre höchstens eine Ausweitung unter Hinzunahme eines anaeroben Testkeimes.

Prinzip

Bei der Prüfung wird die Kontamination des zu beurteilenden Lebensmittels in seinem Endbehältnis mit einer bestimmten Keimzahl geeigneter Testorganismen (in der Regel 10^5–10^6 KBE/ml bzw. g) sowie die Lagerung dieser Prüfgefäße bei bestimmten Temperaturen untersucht und die jeweilige Restkeimzahl (Überlebenszahl in KBE/ml bzw. g) nach bestimmten Zeiten ermittelt. DAB 9 erwartet bei oralen Darreichungsformen, daß die vorgeschlagenen Testbakterien (Tabelle 47) sich in wenigstens 14 Tagen Einwirkungszeit um mindestens 3 Zehnerpotenzen vermindert haben (z.B. von 10^6 KBE/ml auf nunmehr 10^3 KBE/ml) und nach 28 Tagen keine Vermehrung (kein Anstieg der KBE/ml) stattgefunden hat. Bei den Hefen und Schimmelpilzen begnügt

Tabelle 47. Testorganismen für den Konservierungsbelastungstest nach verschiedenen Arzneibüchern.

Testorganismus	Stammbezeichnung ATCC Nr.	Anzuchtmedium	eingesetzt bei DAB 9	USP XXI	Vorschlag für Lebensmittelprüfung
Staphylococcus aureus	6538 P	CSA	+	+	+
Clostridium sporogenes[1)]	19404	RCM			+
Escherichia coli	8739	CSA	+	+	+
Pseudomonas aeruginosa	9027	CSA	+	+	+
Candida albicans	10231	SDA	+	+	–
Saccharomyces cerevisiae		SDA	–	–	+
Aspergillus niger	16404	SDA	+	+	+

[1)] noch nicht offiziell.

man sich mit einer Verminderung um 1 Zehnerpotenz nach 14 Tagen, wobei auch hier anschließend keine Keimvermehrung (Prüfung nach 28 d) mehr stattfinden soll.

Dabei wird klar und deutlich unterstrichen, daß eine Keimvermehrung über kurz oder lang zwangsläufig zum Verderb eines Produktes führt. Das kann nur verhindert werden, wenn es zumindest zu einer Keimhemmung kommt. Vorteilhaft ist jedoch, wenn der zugesetzte Konservierungsstoff zu einer angemessenen Keimverminderung führt. Auch ist darauf zu achten, daß die eventuell aus Mikroorganismen freigesetzten Enzyme das Produkt nicht schädigen. Dies unterstreicht die Tatsache, daß es stets ein Hauptanliegen sein muß, die Ausgangskeimzahl in einem Lebensmittel so niedrig wie nur irgend möglich zu halten.

Durchführung der Prüfung

I Vorarbeiten: Anzucht des erforderlichen Impfmaterials (Abb. 17):

a) Aerobe Bakterien: Frisch gezüchtete Kulturen der in Tabelle 47 genannten Stämme werden auf der Oberfläche von CSA-beschickten Agarplatten (Agarmedium B des DAB 9) ausgestrichen und 18 bis 24 h bei 30 bis 35 °C bebrütet. Anschließend werden die Keime mit genügend (5–10 ml) steriler Natriumchlorid-Peptonpufferlösung abgeschwemmt und mit der gleichen Lösung auf etwa 1×10^8 KBE/ml eingestellt.

b) Anaerober Keim: Anzucht 24 bis 48 h in flüssigem Clostridien (RCM)-Medium bei 35 bis 40 °C unter Anaerobierverschluß. Anschließend zentrifugieren und in soviel RCM (Merck Nr. 5411) aufnehmen, daß eine Keimzahl von ca. 1×10^8 KBE/ml resultiert.

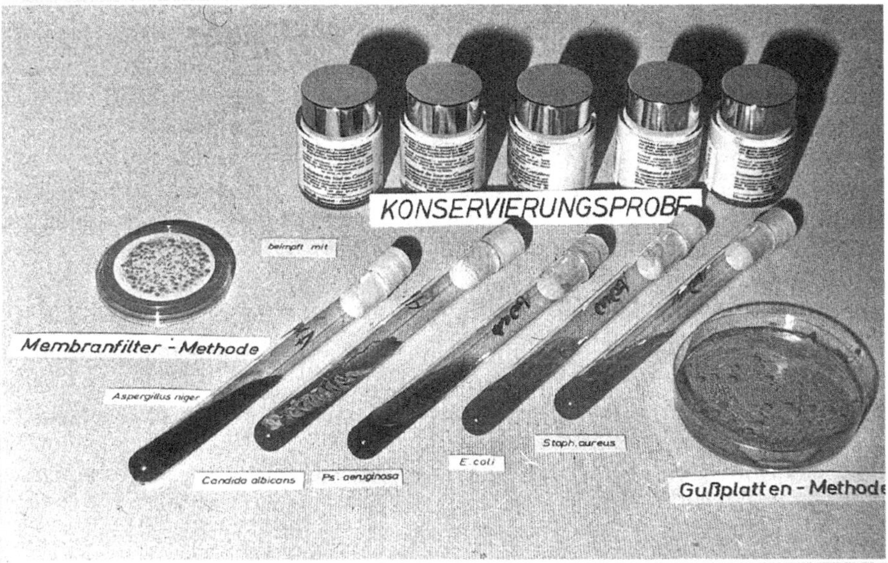

Abb. 17. Durchführung des Konservierungsbelastungstests (155). Im Vordergrund die 5 benötigten Teststämme, dahinter die erforderlichen Prüfgefäße. Die Keimzahlbestimmung (hier bei einem kosmetischen Produkt) erfolgt auch bei Lebensmitteln am zweckmäßigsten unter Verwendung der Gußplattenmethode (rechts).

c) Hefen (Candida albicans bzw. Saccharomyces cerevisiae): Frische Kulturen aus der jeweiligen Stammkultur auf Sabouraud-Agarplatten (SDA bzw. Agarmedium C des DAB 9) ausstreichen, 24 bis 48 h bei 20 bis 25 °C bebrüten, danach mit soviel Pufferlösung (s. oben) abschwemmen, daß eine Keimzahl von etwa 1×10^8 KBE/ml vorliegt.
d) Schimmelpilze (Aspergillus niger): Auf Sabouraud-Agar (SDA)-Platte ausstreichen und solange bei 20 bis 25 °C bebrüten, bis eine ausreichende, tiefschwarze Versporung vorliegt. Mit Pufferlösung unter Zusatz von 0,05% (m/V) Polysorbat 80 abschwemmen und auf eine Sporenzahl von ca. 1×10^8 KBE/ml einstellen.

II Vorprüfung des für den Test vorgesehenen Prüfgutes:
Bestimmung der Ausgangskeimzahl unterteilt nach
- aeroben Keimen
- Clostridien (Gußplatten mit Clostridien-Agar (RCM) im Anaerobier-Topf oder Brutschrank).

Die Keimzahl sollte repräsentativ für das jeweilige Gut sein und vorliegenden „Standardvorstellungen“ entsprechen. Dabei sollte stets berücksichtigt werden, daß bei hohen Ausgangskeimzahlen durch Zusatz chemischer Konservierungsstoffe in der Regel keine ausreichende Konservierung mehr zu erzielen ist. Es sei daran erinnert, daß bei Berechnung der Effektivität die Keimzahl über n in die Gleichung mit eingeht.

III Beimpfung der Prüfbehältnisse:
Es erleichtert die Durchführung eines solchen Tests, wenn für jeden der vorgesehenen Teststämme ein separater Prüfbehälter (das zu belastende Gut in der Originalverpackung) benutzt wird. Der Inhalt ist so zu beimpfen, daß bei homogener Verteilung eine Keimdichte von 10^5 bis 10^6 KBE/ml bzw. g vorliegt.

Im Anschluß an die Beimpfung wird die erste Keimzählung durchgeführt.

IV Keimzahlbestimmungen:
1. Ausgangskeimzahl unmittelbar nach der Beimpfung (siehe oben);
2. Keimzahl nach 14 Tagen Lagerzeit;
3. Keimzahl nach 28 Tagen Lagerzeit.

Für die Keimzahlbestimmungen wird bevorzugt die Gußplattenmethode eingesetzt (Agarmedien wie in Tabelle 47 angeführt). Die Bebrütung der Clostridienplatten erfolgt unter anaeroben Bedingungen.

Bewertungskriterien

Die Bewertungskriterien für pharmazeutische Oralia wurden bereits weitgehend bei den Erläuterungen zum Prinzip dieses Tests dargelegt und sollen durch Abb. 18 ergänzt werden. Diese Abbildung gibt einen Überblick über die Vorstellungen der Fédération internationale pharmaceutique (FIP) sowie verschiedener Pharmakopöen und macht deutlich, daß bei der Bewertung der Bakterien gute Übereinstimmung herrscht, während bei der Bewertung der Pilzbelastung die USP XXI (USA 1985) und neuerdings auch die BP 1988 weiter zurücksteckt und es für ausreichend ansieht, wenn sich die zugesetzten Testkeime während des Beobachtungszeitraums (28 d) nicht vermehren. Eine Fungistase reicht demnach aus.

Bei Lebensmitteln im stark sauren (pH < 3,7) und sauren (pH 3,7–4,5) pH-Bereich, die ausschließlich mit Sorbinsäure oder Benzoesäure bzw. deren Salzen konserviert

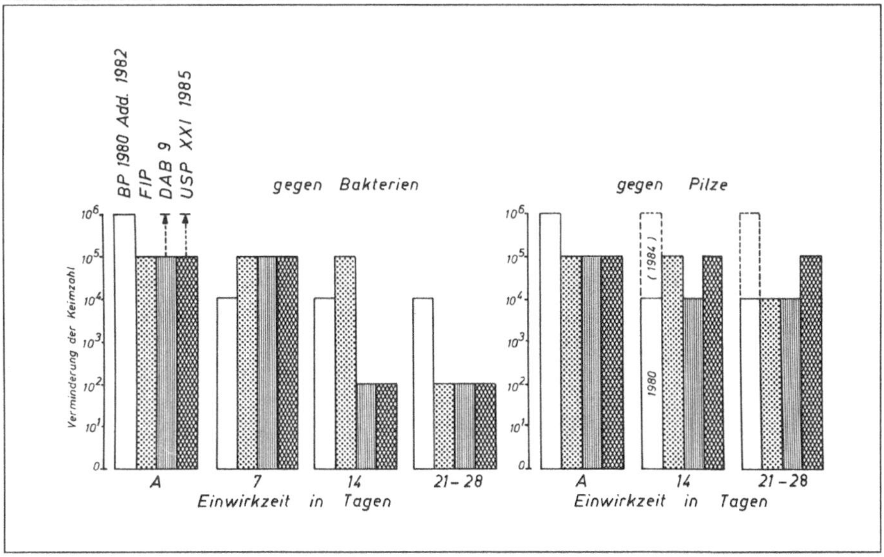

Abb. 18. Kriterien zur Bewertung einer Konservierung bei flüssigen oralen pharmazeutischen Zubereitungen nach den Vorstellungen verschiedener Institutionen (162). Die BP 1988 hat die oben genannten Kriterien übernommen.

sind, wird erwartet, daß unter diesen Bedingungen (s. Abb. 20) etwa vorhandene vegetative Keime abgetötet werden und Sporenbildner, Hefen und Schimmelpilze sich nicht vermehren können. Enthält das Produkt einen Nitritzusatz, so sollte sich Clostridium botulinum nicht mehr vermehren können. Auch die mittelsauren Produkte (pH 4,5–5,3) werden von Sorbinsäure und Benzoesäure noch beherrscht, doch verschiebt sich die Wirkungsweise von der Mikrobizidie zur Mikrobistase. Clostridium botulinum kann sich unter diesen Bedingungen bereits vermehren. Diese Voraussetzungen bestehen in etwa noch bis zu einem pH-Wert von 6,0, liegt der pH-Wert darüber, so läßt sich eine Konservierung nur noch unter Verwendung von PHB-Estern (bis etwa pH 7,5) erzielen, wobei die meisten vegetativen Bakterien abgetötet und Pilze i. d. R. gehemmt werden. Die größten Probleme im Hinblick auf Konservierungsversager stellen die Milchsäurebakterien dar, sie sind selbst im stark sauren Bereich noch vermehrungsfähig und sprechen auf die verfügbaren Konservierungsstoffe nicht an.

5.2.2.6.3 Kenndaten der wichtigsten Lebensmittelkonservierungsstoffe

Bei den nachfolgenden Kurzdarstellungen der für den Lebensmittelbereich wichtigsten Konservierungsstoffe ist im Rahmen dieses Buches eine Beschränkung auf die notwendigsten Angaben erforderlich und sinnvoll. So wurde vor allem auf Hinweise zur Toxizität verzichtet, da diese bei der erfolgten Zulassung bereits Berücksichtigung fand. Falls notwendig, können Daten hierzu bei Wallhäusser (165) nachgelesen werden. Bei den Einsatzbereichen wird lediglich die Lebensmittelkonservierung abgehandelt.

Ameisensäure – Acidum formicum

E 236; CAS No. 64-18-6;
E 237 = Natriumformiat
E 238 = Calciumformiat

Chemische Eigenschaften

Formel:	HCOOH; MG: 46,03; Kp: 100,8 °C; F: 8,6 °C
Eigenschaften:	Farblose, wasserklare, rauchende, stark ätzende Flüssigkeit mit stechendem Geruch, einem Flammpunkt bei 68,9 °C und einer Entzündungstemperatur von 601 °C. Das Handelsprodukt ist 25%ig.
Löslichkeit:	Die freie Säure ist mit Wasser und Ethanol in jedem Verhältnis mischbar. Na-, K- und Ca-Formiat sind weiße, kristalline Pulver, die sich in Wasser mehr oder weniger leicht lösen.
pH-Optimum:	3–5, wobei im Bereich von 2–3 im Vergleich zur Essigsäure eine bessere fungistatische Wirkung vorliegt.
Vorkommen:	natürliche Verbindung, aus Ameisen und Brennesseln isolierbar
MAK-Wert:	5 ppm (ml/m^3) bzw. 9 mg/m^3.

Antimikrobielles Wirkungsspektrum

Während die Laborteststämme, wie Tabelle 48 zeigt, im allgemeinen recht gut auf die Ameisensäure ansprechen, gibt es in der Alltagspraxis bei Milchsäurebakterien, Hefen und Schimmelpilzen immer wieder Versager, die mit den üblichen Einsatzkonzentrationen nicht zu erfassen sind. Wie Essigsäure und Milchsäure, wirkt auch die Ameisensäure z. T. durch den pH-senkenden Effekt und eignet sich so vor allem zum Schutz stark sauerer Produkte (pH unter 3,5). Hemmung von Decarboxylasen und Katalase auch im sauren Bereich.

Tabelle 48. Die mikrobistatische Wirkung der Ameisensäure bei pH 5–6.

Testorganismus	MHK nach 72 h (µg/ml)	pH-Wert
Staphylococcus aureus	1250	6
Streptococcus lactis	4000	5,2
Lactobacillus arabinosus	25000–50000	6,0
Escherichia coli	400–2000	5,2
Pseudomonas aeruginosa	625–1250	6,0
Saccharomyces cerevisiae	312–625	5,2
Aspergillus niger	1250–2500	5,2

Einsatzbereiche bei der Lebensmittelkonservierung

Fischerzeugnisse:	Fischmarinaden bis 0,3 g/kg, häufig in Kombination mit Benzoesäure oder Sorbinsäure. Das früher hierzu benutzte Hexamethylentetramin (Formaldehydabspalter) wird kaum noch eingesetzt; weiterhin Fischwaren aus Rogen und Krebszubereitungen bis 1 g/kg Fertigprodukt im stark sauren Bereich, häufig in Kombination mit Sorbinsäure und Benzoesäure.
Gemüseprodukte:	Gurken und andere Sauerkonserven (0,1–0,4% auf das Aufgußgewicht bezogen), häufig Calciumformiat mit Na-Benzoat im Verhältnis 1 : 1 bis 3 : 2 kombiniert.
Obsterzeugnisse:	Obstmuttersäfte, Obstpulpen (0,3–0,4%).
Lieferfirmen:	BASF, Chemische Werke Hüls, Riedel-de Haën

Essigsäure – Acidum aceticum

E 260; CAS No. 64-19-7
E 261 = Kaliumacetat
E 262 = Natriumdiacetat (MG: 142,09; Molekülverb. 1 Mol Essigsäure + 1 Mol Na-acetat ohne Kristallwasser)
E 262 = Natriumacetat · 3 H_2O (MG: 136,08)
E 263 = Calciumacetat (MG: 158,17)

Chemische Eigenschaften

Formel:	CH_3COOH; MG: 60,05; F: 16,5 °C; Kp: 118,1 °C
Eigenschaften:	klare, farblose Flüssigkeit mit stechendem Geruch, augenreizend; Salze als weiße Pulver mit Wasser und Alkohol in jedem Verhältnis mischbar, Salze leichtlöslich in Wasser
pH-Optimum:	3,0–6,5; wirkt im stark sauren Bereich am besten
Vorkommen:	natürliche Verbindung, entsteht durch bakterielle Oxidation aus Ethanol (Spritessig) und Wein (Weinessig)
Handelsformen:	Speiseessig (5%ig), Essigessenz (synthetische Essigsäure: 25–80%ig)
MAK-Wert:	10 ml/m^3; 25 mg/m^3; 10 ppm

Zum antimikrobiellen Wirkungsspektrum und den Einsatzbereichen bei der Lebensmittelkonservierung s. S. 96f.

Propionsäure – Acidum propionicum

E 280; CAS No. 79-09-4; EG-No. 607-089-00-0
E 281 Natriumpropionat (MG: 96,06)
E 282 Calciumpropionat (MG: 186,22)
E 283 Kaliumpropionat

Chemische Eigenschaften

Formel:	CH_3CH_2COOH; MG: 74,08; F: −21,5 °C; Kp: 141,1 °C
Eigenschaften:	farblose, stechend riechende Flüssigkeit, Flammpunkt 57,75 °C, die Salze liegen als Pulver vor

Löslichkeit:	mit Wasser mischbar, löslich in Alkohol; Salze leichtlöslich in Wasser
pH-Optimum:	3,5–4,5; Propionsäure kann jedoch wegen der niedrigen Dissoziationskonstanten (s. S. 107) auch noch bei höheren pH-Werten eingesetzt werden.
Vorkommen:	natürliches Produkt, wird von verschiedenen Mikroorganismen gebildet, entsteht als Nebenprodukt bei der Essigsäureherstellung, meist jedoch synthetische Gewinnung
Handelsformen:	Vorwiegend werden Na- und Ca-Propionat eingesetzt (Mycoban). In flüssiger Form (10–25%ig) reizend, ab 25%ig als ätzend eingestuft
MAK-Wert:	10 ppm (ml/m^3) bzw. 30 mg/m^3

Antimikrobielles Wirkungsspektrum

Die antimikrobielle Wirkung (Tabelle 49) hängt auch hier wiederum von dem Anteil an undissoziierter Säure und damit vom pH-Wert ab. Sie reicht bis in den schwach saueren Bereich (pH 6,0) und zielt in erster Linie auf die Hemmung von Schimmelpilzen, hier wird Propionsäure besonders bei Schnittbrot eingesetzt. Vereinzelt treten jedoch auch Penicillien auf, die noch in Gegenwart von mehr als 5%iger Propionsäure wachsen. – Ein weiterer Schwerpunkt ist der Einsatz gegen Bacillus mesentericus und andere sporenbildende Bacillen, die für das „Fadenziehen" im Brot verantwortlich sind. Die Wirkung gegen Hefen ist nur schwach.

In der Bundesrepublik Deutschland ist der Einsatz von Propionsäure sowie deren Natrium-, Calcium- und Kaliumsalz auf Grund der Verordnung zur Änderung der Zusatzstoff-Zulassungsverordnung und der Diätverordnung vom 2. März 1988 zur Lebensmittelkonservierung nicht mehr erlaubt (Bundesgesetzbl. Jg. 1988 Nr. 7 vom 10.3.1988, S. 203). Bereits Ende 1985 waren von seiten des BGA Bedenken zu dieser Substanz, die ja als natürliches Stoffwechselprodukt von Propionibakterien (an der Käsereifung beteiligt) anzusehen ist, geäußert worden. Es wird vermutet, daß die Propionsäure, in stärkeren Konzentrationen eingesetzt, Magenkrebs verursachen kann (Zusatzstoffe, Information der Verbraucherzentrale Hessen (ohne Erscheinungsjahr)).

Frühere Einsatzbereiche bei der Lebensmittelkonservierung (In der Bundesrepublik Deutschland nicht mehr gestattet)

Backwaren:	Brot: Bei der Herstellung von Roggenschnittbrot wird dem Teig zur späteren Unterdrückung des Schimmelwachstums 0,3 bis 0,6 g Calciumpropionat/kg Mehl zugesetzt. Bei Weißbrot beträgt die erforderliche Konzentration 0,15–0,3%. Bei Kuchen und sonstigen Backwaren verwendet man einen Zusatz von 0,2–0,3% Natriumpropionat und verspricht sich damit einen zusätzlichen Schutz gegen Mycotoxinbildner.

Tabelle 49. Mikrobistatische Wirkung der Propionsäure bei pH 3,9 nach 72 h.

Testorganismus	MHK (µg/ml)	Testorganismus	MHK (µg/ml)
Staphlococcus aureus	2000	Candida albicans	2000
Escherichia coli	2000	Aspergillus niger	2000
Klebsiella pneumoniae	1250	Penicillium notatum	2000
Pseudomonas aeruginosa	3000		

Käse:	Bei verschiedenen Hartkäsearten (s. S. 146) wirken propionsäurebildende Propionibakterien (verantwortlich für die Gasbildung und somit die Löcher im Käse) bei der Käsereifung mit. Die gebildeten Propionsäuremengen reichen jedoch nicht für einen Schutz gegen Schimmelbefall aus. In manchen Ländern werden 5–10%ige Lösungen von Natrium- oder Calciumpropionat zur Oberflächenbehandlung bei Hartkäse eingesetzt. Bei Schmelzkäse sind gelegentlich noch Zuschläge von 0,2–0,3% Propionat üblich.
Lieferfirmen:	BASF

Milchsäure – Acidum lacticum

E 270; CAS No. 50-21-5
E 325 Natriumlactat
E 326 Kaliumlactat
E 327 Calciumlactat

Chemische Eigenschaften

Formel:	$CH_3CHOHCOOH$; MG: 90,08; F: 18 °C; Kp: 119 °C
Eigenschaften:	farblose, sirupöse, geruchlose Flüssigkeit, bestehend aus einem Gemisch aus 2-Hydroxypropionsäure und ihren Kondensationsprodukten wie Lactylmilchsäure und Polymilchsäuren und Wasser (DAB 9)
Löslichkeit:	mischbar mit Wasser und Alkohol
pH-Optimum:	2–4, nur im stark sauren Bereich bakterizid
Vorkommen:	natürliche Verbindung, wird von Milchsäurebakterien bei der Säuerung von Milch, Kraut (Sauerkraut) u.a. Produkten gebildet.
Handelsformen:	Die Salze der Milchsäure werden im Lebensmittel- und pharmazeutischen Bereich als Säureregulatoren und Säuerungsmittel eingesetzt.

Antimikrobielles Wirkungsspektrum

Die mikrobizide Wirkung von Milchsäure bei verschiedenen Einsatzkonzentrationen und Einwirkungszeiten und einem pH von 2,4 zeigt die Abb. 19. Es geht daraus hervor, daß bei Konzentrationen von 0,3–2,5% die drei verschiedenen Bakterienarten – wobei die gramnegativen Keime (E. coli, P. aeruginosa) stärker beeinflußt werden – innerhalb einer Zeit von 6–72 h um mehr als 99,999% (5 Zehnerpotenzen) zurückgehen. Die Hefe und der Schimmelpilz zeigen unter den gleichen Bedingungen weder einen Abtötungs- noch einen Hemmeffekt. Das entspricht auch den Erfahrungen der Praxis. Gegen Milchsäurebakterien, Hefen und Schimmelpilze ist mit Milchsäure kein ausreichender Schutz zu erzielen.

Einsatzbereiche bei der Lebensmittelkonservierung

Bei der natürlichen Säuerung durch Milchsäurebakterien wird der im Gut vorhandene oder zugesetzte Zucker – häufig in Gegenwart von Kochsalz (Sauerkraut) – zu Milchsäure umgesetzt und der pH-Wert somit abgesenkt, wodurch ein Schutz gegen Fäulnis erreicht wird. Die meisten der bakteriellen Fäulniserreger haben ihr Wachstums-

Testorganismen	Kontakt-zeit (h)	pH 2,4 Konzentration in % K	2,5	1,25	0,6	0,3	
Staphylococcus aureus	6	7	<2	<2	6	6	
	24	7	<2	<2	<2	5	
	48	7	<2	<2	<2	<2	
	72	7	<2	<2	<2	<2	
Escherichia coli	6	7	<2	<2	<2	6	
	24	7	<2	<2	<2	<2	
	48	7	<2	<2	<2	<2	
	72	7	<2	<2	<2	<2	
Pseudomonas aeruginosa	6	7	<2	<2	<2	<2	
	24	7	<2	<2	<2	<2	
	48	7	<2	<2	<2	<2	
	72	7	<2	<2	<2	<2	
Candida albicans	6	6	6	6	6	6	
	24	6	6	6	6	6	
	48	6	5	6	6	6	
	72	6	5	5	6	6	
Aspergillus niger	6	6	6	6	6	6	
	24	6	6	6	6	6	
	48	6	6	6	6	6	
	72	6	6	6	6	6	

Abb. 19. Mikrobizide Wirkung von Milchsäure (Angabe der log-Überlebensrate), die in WSH gelöst wurde. (Weitere Erläuterungen s. Legende der Abb. 15.)

optimum im neutralen oder alkalischen pH-Bereich. Die gefährlichsten Kontaminationskeime in milchsäurehaltigen Produkten sind Kahmhefen, Milchschimmel und Penicilliumarten.

Sorbinsäure – 2,4-Hexadiensäure

E 200; CAS No. 110-44-1
E 201 Natriumsorbat (MG: 134, 11)
E 202 Kaliumsorbat (MG: 150, 22)
E 203 Calciumsorbat

Chemische Eigenschaften

Formel: $CH_3CH_2{=}CHCH{=}CHCOOH$; MG: 112, 12; F: 134 °C; Kp: 228 °C (Z)

Eigenschaften:	farbloses, kristallines Pulver (Nadeln) mit zartem charakteristischem Geruch, säuerlich schmeckend
Löslichkeit:	*Sorbinsäure:* in Wasser bei 30 °C 0,25%; bei 100 °C 3,8%; in absol. Ethanol ca. 12%; in Eisessig 11,5%; in Ölen 0,5–1,0%. *Kaliumsorbat:* in Wasser ca. 138%; in 10%iger NaCl-Lsg. ca. 54%. *Natriumsorbat:* ca. 32% in Wasser, nur in wäßriger Lsg. im Handel; lediglich einige Wochen haltbar *Calciumsorbat:* 1,2% in Wasser
pH-Optimum:	bis 6,0, mikrobizid bis etwa pH 4,5
Unverträglichkeiten:	Im Licht instabil; einige Mikroorganismen können S. metabolisieren, deshalb ist ein Zusatz zu stark verkeimten Produkten sinnlos.
Vorkommen:	natürliche Verbindung, in Preiselbeeren und Vogelbeeren vorkommend; heute synthetisch hergestellt
Handelsformen:	Als freie Säure sowie in Form ihrer Natrium-, Kalium- und Calciumsalze erhältlich.

Antimikrobielles Wirkungsspektrum

Wie auch bei anderen Säuren hängt die antimikrobielle Wirkung der Sorbinsäure in der Hauptsache von dem undissoziierten Anteil und dieser wiederum vom pH-Wert ab. Diese Tatsache ist dafür verantwortlich, daß die S. selbst noch im schwach sauren Bereich (pH 5–6) wirksam ist und dort die Benzoesäure übertrifft. Wie ein Blick auf die Abb. 20 zeigt, kommt es bei pH-Werten bis 4,5 und den üblichen Einsatzkonzentrationen (0,1–0,2%) im gesamten Wirkungsspektrum zu einer mikrobiziden Wirkung mit Abtötungsraten bis zu 99,999% (Keimverminderung um 5 Zehnerpotenzen). Bei pH 6,0 kann nur noch von einer hemmenden Wirkung gesprochen werden, die sich mit dieser Methode (dem Suspensionstest) nicht erfassen läßt.

Ganz allgemein wird die Sorbinsäure als fungistatischer Wirkstoff eingestuft (Tabelle 50), während ihre Wirkung gegen Bakterien in Abhängigkeit von den einzelnen Arten erhebliche Schwankungen aufweist. So werden katalasepositive Bakterien stärker gehemmt als katalasenegative, und Aerobier reagieren empfindlicher als obligate Anaerobier. Problemkeime sind vor allem Milchsäurebakterien, einige Staphylokokken und Pseudomonaden. Die angebliche Unwirksamkeit gegen Clostridien führt Lück (97) auf Labortests mit ungünstigen pH-Einstellungen (pH 7) zurück. Neuere Untersuchungen an Fleischerzeugnissen haben gezeigt, daß die S.

Tabelle 50. Die mikrobistatische Wirkung der Sorbinsäure gegen Pilze bei pH 6,0 nach 24 bzw. 72 h (165).

Mikroorganismus	MHK (µg/ml)	Mikroorganismus	MHK (µg/ml)
Staphylococcus aureus	50–100	Candida albicans	25–50
Clostridium sporogenes	100–500	Saccharomyces cerevisiae	50–100
Escherichia coli	50–100	Saccharomyces ellipsoid.	1000
Klebsiella pneumoniae	50–100	Aspergillus niger	200–500
Pseudomonas aeruginosa	100–300	Penicillium notatum	200–300

Testorganismen	Kontakt-zeit (h)	pH 4,5 Konzentration (µg/ml)						pH 6 Konzentration (µg/ml)					
		K	2000	1000	500	250	125	K	2000	1000	500	250	125
Staphylococcus aureus	6	7	<2	6	7			7	6	6	7		
	24	7	<2	<2	4			7	6	6	7		
	48	7	<2	<2	3			7	6	7	7		
	72	7	<2	<2	2			7	6	7	7		
Escherichia coli	6	8	5	7	7			7	7	7	7		
	24	8	<2	3	7			7	6	7	7		
	48	8	<2	<2	6			7	7	7	7		
	72	8	<2	<2	6			7	7	7	7		
Pseudomonas aeruginosa	6	8	4	5	7			7	7	7	7		
	24	8	<2	4	5			7	7	7	7		
	48	8	<2	<2	2			7	7	7	7		
	72	8	<2	<2	<2			7	7	7	7		
Candida albicans	6	6	5	6	6			5	5	5	5		
	24	6	<2	6	6			5	5	5	5		
	48	6	<2	5	6			5	5	5	5		
	72	6	<2	2	5			5	5	5	5		
Aspergillus niger	6	5	5	5	5			5	5	5	5		
	24	5	<2	5	5			5	5	5	5		
	48	5	<2	3	5			5	5	5	5		
	72	5	<2	<2	4			5	5	5	5		

Abb. 20. Mikrobizide Wirkung von Sorbinsäure bei pH 4,5 und 6,0 für verschiedene Einsatzkonzentrationen und Kontaktzeiten gegen 5 verschiedene Teststämme. Zur Vereinfachung der Darstellung wurde stets nur die log-Überlebensrate (Hochzahl zur Basis 10) angegeben und jene Felder mit einem Raster unterlegt, bei denen eine Verminderung der Ausgangskeimzahl um mindestens 5 Zehnerpotenzen bei Bakterien und 3 Zehnerpotenzen bei Pilzen erfolgt. Bei pH 6 kommt es nur noch andeutungsweise zu einer Abtötung, es dominiert eine Wachstumshemmung.

durchaus auch gegen Clostridium botulinum wirksam ist, wenn man mit „unterschwelligen" Nitrit-Konzentrationen und/oder Kochsalz kombiniert und den pH-Wert in den Optimalbereich absenkt.

Einsatzbereiche bei der Lebensmittelkonservierung

Lebensmittelrechtliche Anmerkungen: Sorbinsäure und ihre Salze sind weltweit zur Konservierung von Lebensmitteln zugelassen. Die höchstzulässige Menge liegt in der Regel bei 0,1 bis 0,2%.

Nach Wallhäußer und Lück (168) unterdrückt ein Sorbinsäurezusatz zu flüssigen (Orangenlimonade), zähflüssigen (Tomatenmark) und festen (Schnittkäse, Weizenbrot) Lebensmitteln das Wachstum von mykotoxinbildenden Pilzen (Tabelle 51).

Fettprodukte: Margarine: 0,05–0,1%; Zusatz der S. zur Fettphase und/oder von Kaliumsorbat zur Wasserphase ergibt ausreichenden Schutz in der Wasserphase.

Feinkostprodukte: Mayonnaise und mayonnaisehaltige Produkte: Mischung von Kaliumsorbat und Natriumbenzoat

Milcherzeugnisse (Käse): Frischkäse und Schmelzkäse: Zusatz von S. o. K-Sorbat 0,05–0,07%
Käsebehandlung: Behandlung der Oberfläche (0,1–0,4 g S./dm^2)
Salzbad: Zusatz von Kaliumsorbat
Bestäubung: mit fester Sorbinsäure
Tauchbad: wäßrige Sorbatlösung
Reifebehandlung: Calciumsorbat-Suspensionen
Verpackungsmaterialien und Überzugsmassen: fungistatischer Zusatz (2–4 g S./m^2)

Fleischwaren: Hartwürste und Brühwurst: Behandlung mit 10–20%iger K-Sorbatlösung gegen Schimmelbefall.

Gemüseprodukte: Zusatz von 0,05–0,15% Kaliumsorbat bei der Milchsäurefermentation stört den Prozeß nicht oder kaum, hemmt jedoch die Entwicklung von Kahmhefen und störenden Schimmelpilzen;
Gurken, Oliven: Zusatz von 0,1–0,2% Kaliumsorbat zu den essighaltigen Aufgüssen.

Obsterzeugnisse: Verzehrfertige Trockenpflaumen: 0,05% S.;
Obstpulpen: 0,1–0,13% Kaliumsorbat oft in Kombination mit geringen Mengen SO_2;

Tabelle 51. Die fungistatische Wirkung der Sorbinsäure nach Ergebnissen von in-vitro-Tests und der Konservierungspraxis. (Nach verschiedenen Quellen zusammengestellt).

Mikroorganismus	MHK (µg/ml bzw. g)				
	in vitro	Getränke	Wein	Tomatenmark	Brot
Alternaria tenuis	500				
Aspergillus flavus	200	625		1000	1250
Byssochlamys fulva		500		1000	
Cladosporium herbarum	80–1000				
Mucor racemosus	500–1000	100		750	
Penicillium chrysogenum	200–1500	500		1000	1500
Penicillium notatum	200–1500	500		750	1200
Rhizopus nigricans	200–1000	500		500	1000
Hansenula sp.		800	500		
Kloeckera apiculata		350	200		
Monilia candida			200		
Saccharomyces acidifaciens		800	200		
Saccharomyces cerevisiae	10–1000	500	500	1000	

	Marmeladen, Konfitüren: 0,05% S., meistens Oberflächenbehandlung.
Getränke:	Obstsäfte: 0,05–0,2% Kaliumsorbat meist mit kleinen Mengen SO_2 und/oder kombiniert mit Pasteurisation, meist nur bei Obstsäften zur Weiterverarbeitung; alkoholfreie Erfrischungsgetränke: 0,02% S. gegen Hefen; Wein: Schutz vor Nachgärungen durch Kombination von 200 mg Sorbinsäure (≙270 mg Kaliumsorbat) mit 20–40 mg freiem SO_2 pro Liter, nach Möglichkeit zusätzliche Entkeimungsfiltration. SO_2 übernimmt dabei den Schutz gegen einen enzymatischen Verderb sowie gegen Milchsäurebakterien.
Backwaren:	Zusatz von 0,1–0,2% S. – bezogen auf das Mehl – zum Teig, wenn Backpulver als Triebmittel eingesetzt wird (auch für Kuchen und andere Feinbackwaren). Bei Hefegärungen muß mit Störungen gerechnet werden.
Süßwaren:	Füllungen für Schokolade und Pralinen: 0,05–0,2%Sorbinsäure in Kombination mit Zucker und Säuren.
Lieferfirmen:	Hoechst AG

Benzoesäure – Phenylameisensäure – Acidum benzoicum

E 210; CAS No. 65-85-0
E 211 Natriumbenzoat (MG: 144, 11, weißes Kristallpulver)
E 212 Kaliumbenzoat
E 213 Calciumbenzoat

Chemische Eigenschaften

Summenformel:	$C_7H_6O_2$; MG: 122, 12; F: 122, 5 °C; Kp: 249,2 °C
Eigenschaften:	weißes, kristallines Pulver oder weiße glänzende Plättchen, geruchlos, Flammpunkt 121–131 °C
Löslichkeit:	wenig löslich in kaltem Wasser (0,29%); 1–2% in fetten Ölen; löslich in Ethanol (1 g in 2,3 ml); Na-Salz: 1 g in 1,8 ml Wasser bei 20 °C
pH-Optimum:	pH 2–5
Stabilität:	bei niedrigem pH-Wert stabil
Verträglichkeit:	unverträglich mit Methylcellulose und Gelatine, Aktivitätsverlust in Gegenwart von Glycerin und Proteinen, Abwanderung in die Fettphase
Vorkommen:	natürlicher Bestandteil des Benzoeharzes
Handelsformen:	Hauptsächlich als freie Säure sowie in Form des besser wasserlöslichen Natriumsalzes eingesetzt.

Antimikrobielles Wirkungsspektrum

Auch bei der Benzoesäure ist nur der undissoziierte Anteil, dessen Konzentration vom pH-Wert abhängt, antimikrobiell wirksam. Wegen der relativ hohen Dissoziationskonstanten (s. Tabelle 45) ist die Säure nur zur Konservierung saurer Produkte (bis

Tabelle 52. Die antimikrobielle Wirkung der Benzoesäure bei pH 6,0.

Mikroorganismus	minimale mikrobizide Konzentration im Suspensionstest (MMK in µg/ml)	minimale Hemmkonzentration im Reihenverdünnungstest[1)] (MHK in µg/ml)
Staphylococcus aureus	20	50–100
Escherichia coli	160	100–200
Klebsiella pneumoniae	160	100–200
Pseudomonas aeruginosa	160	200–500
Lactobacillus sp.	1500	1500–3000
Candida albicans	1200	500–1000
Aspergillus niger	1000	500–1000
Penicillium notatum	1000	500–1000

[1)] Die verhältnismäßig schlechte Wirkung im Reihenverdünnungstest ist auf den hohen Proteingehalt (s. Verträglichkeit) der benutzten Nährlösung zurückzuführen. Der Suspensionstest wird dagegen nur in Wasser standardisierter Härte durchgeführt.

etwa pH 5) geeignet. Der Vorteil liegt vor allem in den enzymhemmden Eigenschaften (Eingriff wahrscheinlich in den Essigsäurestoffwechsel, die oxidative Phosphorylierung und den Citronensäurecyclus). Darüber hinaus greift Benzoesäure auch die Zellwand an: Damit sie auf den Stoffwechsel einwirken kann, muß diese zunächst von dem Wirkstoff durchdrungen werden.

Auch die Benzoesäure wirkt in der Hauptsache gegen Pilze und nur vereinzelt gegen Bakterien (Tabelle 52), insbesondere gegen Milchsäurebakterien und Clostridien erweist sie sich als ungenügend wirksam (s. oben).

Einsatzbereiche bei der Lebensmittelkonservierung

Fettprodukte:	Margarine 0,08–0,15%: entweder B. zur Fettphase und/oder Natriumbenzoat zur Wasserphase. Wegen des nicht gerade sehr günstigen Verteilungskoeffizienten häufig durch Sorbinsäure ersetzt. Mayonnaise: Nach wie vor ist hier B. das Mittel der Wahl; genauso in Feinkostprodukten, bei denen ebenfalls der Öl-in-Wasser-(O/W-)-Emulsionstyp vorherrscht. Bewährt hat sich vor allem eine Kombination von Natriumbenzoat mit Kaliumsorbat (97).
Eiprodukte:	In einigen Ländern zur Konservierung von gesalzenem und ungesalzenem Flüssigeigelb in einer Konzentration von 0,8–1,2% B.
Fischerzeugnisse:	Gelegentlich zur Erzielung eines fungistatischen Effektes Konservierungsmischungen für Fischmarinaden zugesetzt.
Gemüseprodukte:	Essiggemüse: Zusatz für Essiggurkenaufgüsse 0,1–0,2% B. (bezogen auf Fertigprodukt).
Obsterzeugnisse:	Obstpülpen 0,1–0,13% Natriumbenzoat zum Schutz vor Gärungen und Schimmelbefall. Obwohl die Geschmacksbeeinflussung stärker ist als durch Sorbinsäure, wird B. aus

	preislichen Gründen bevorzugt. Kombination mit geringen Mengen SO_2 zu empfehlen, da diese die Hemmung von verderbenden Enzymen bewirken.
Getränke:	Natriumbenzoat für Obstsäfte zur Weiterverarbeitung, ebenfalls mit geringen Mengen SO_2 versetzt und, wenn möglich, pasteurisiert. Zusatz von Natriumbenzoat: Säfte: 0,05–0,2%; alkoholfreie Erfrischungsgetränke: 0,02%.

Allergien

Der AID-Verbraucherdienst Nr. 1135 (8) weist darauf hin, daß der Verzehr von Lebensmitteln, die mit Benzoesäure konserviert sind, bei besonders empfindlichen Personen gelegentlich allergische Reaktionen hervorrufen kann.

Lieferfirmen:	Bayer, Merck, Fluka, Schuchardt.

Schwefeldioxid – Schwefligsäureanhydrid – „Schweflige Säure"

E 220; CAS-No. 7446-09-5; EG-No. 016-011-00-9

E-Nr.	Bezeichnung:	Summenformel	MG	verfügbares SO_2
E 220	Schwefeldioxid	SO_2	64,06	100%
E 221	Natriumsulfit	$Na_2SO_3 \cdot 7H_2O$	252,15	ca. 25%
E 222	Natriumhydrogensulfit	$NaHSO_3$	104,06	ca. 62%
E 223	Natriumdisulfit	$Na_2S_2O_5$	190,10	ca. 67%
E 224	Kaliumdisulfit	$K_2S_2O_5$	222,34	ca. 58%
E 226	Calciumsulfit	$CaSO_3 \cdot 2H_2O$	156,17	ca. 64%

Chemische Eigenschaften

Formel:	SO_2; MG: 64,06
Eigenschaften:	Schwefeldioxid ist bei Raumtemperatur ein farbloses, stechend riechendes, nicht brennbares Gas, das sich leicht zu einer bei −10 °C siedenden Flüssigkeit verflüssigen läßt und in dieser Form in Gasflaschen vertrieben wird. Das Hantieren mit dem „Schwefelspan" zur Erzeugung von SO_2, z. B. beim „Ausschwefeln" von Weinfässern (Desinfizieren!), ist selten geworden. Nach wie vor werden jedoch SO_2 sowie Verbindungen, aus denen Schwefeldioxid gebildet wird, z. B. Sulfite, Bisulfite und Disulfite (= Pyrosulfite), als vielseitige Zusatzstoffe im Lebensmittelbereich eingesetzt: wegen ihrer antimikrobiellen Wirkung als Desinfektionsmittel (keimtötende Wirkung) oder zur Konservierung (Hemmung des Keimwachstums), als Bleichmittel, Antioxidantien, Enzymblocker und farberhaltende Mittel. Das Gas wirkt stark reduzierend.
Löslichkeit:	SO_2 löst sich bei 0 °C zu 80 l/l und bei 20 °C zu 40 l/l Wasser. Die Sulfite (Pulver) sind – mit Ausnahme von $CaSO_3$ – in Wasser löslich. Die Bisulfite sind nur als Lösungen im Handel.
pH-Optimum:	für SO_2 unter pH 4; für Hydrogensulfit (s. Tabelle 45) und Disulfite (s. Abb. 21) durchaus bis pH 6

Testorganismen	Kontaktzeit (h)	K	pH 4,5 Konzentration (μg/ml) 4000	2000	1000	pH 6,0 Konzentration (μg/ml) 4000	2000	1000	pH 8,0 Konzentration (μg/ml) 4000	2000	1000
Staphylococcus aureus	6	7	7	7	7	7	7	7	7	7	7
	24	7	7	7	7	7	7	7	7	7	7
	48	7	5	5	5	7	7	7	7	7	7
	72	7	<2	3	3	4	4	5	7	7	7
Escherichia coli	6	7	7	7	7	7	7	7	7	7	7
	24	7	7	7	7	7	7	7	7	7	7
	48	7	6	6	7	7	7	7	7	7	7
	72	7	3	3	4	7	7	7	7	7	7
Pseudomonas aeruginosa	6	7	7	7	7	7	7	7	7	7	7
	24	7	5	7	7	7	7	7	7	7	7
	48	7	<2	<2	<2	4	5	6	7	7	7
	72	7	<2	<2	<2	<2	<2	<2	7	7	7
Candida albicans	6	5	5	5	5	5	5	5	5	5	5
	24	5	4	4	5	4	4	5	5	5	5
	48	5	<2	<2	<2	3	4	5	4	5	5
	72	5	<2	<2	<2	<2	3	4	4	5	5
Aspergillus niger	6	5	4	4	5	5	5	5	5	5	5
	24	5	<2	<2	<2	4	5	5	5	5	5
	48	5	<2	<2	<2	<2	<2	<2	5	5	5
	72	5	<2	<2	<2	<2	<2	<2	4	5	5

Abb. 21. Mikrobizide Wirkung von Natriumbisulfit gegen Bakterien, eine Hefe und einen Schimmelpilz (Angabe der log-Überlebensrate).

Stabilität: in Lösungen instabil
MAK-Wert: 2 ppm (ml/m^3) bzw. 5 mg/m^3.

Antimikrobielles Wirkungsspektrum

Die mikrobistatische Wirkung der schwefligen Säure (Tabelle 53) ist im Vergleich zur mikrobiziden Wirkung (Abb. 21) gegen Bakterien etwas besser. Es ist nicht sicher, inwieweit hierbei Additionsverbindungen mit Nährbodenbestandteilen eine Rolle spielen, wie man sie vom Lebensmittelbereich her kennt. Dort werden vor allem Additionsverbindungen mit Aldehyden, Ketonen (also auch Zucker) verantwortlich gemacht, die insbesondere im pH-Bereich von 3–5 entstehen. So soll die hemmende

Tabelle 53. Die mikrobistatische Wirkung von Natriumbisulfit bei pH 4–6.

Mikroorganismus	MHK bei pH 6 (µg/ml)	Mikroorganismus	MHK bei pH 4 (µg/ml)
Staphylococcus aureus	80	Candida albicans	100–200
Escherichia coli	100–200	Saccharomyces cerevisiae	400–800
Klebsiella pneumoniae	100–200	Mucor mucedo	400–800
Pseudomonas aeruginosa	100–200	Aspergillus niger	200–400
Pseudomonas cepacia	100–200	Penicillium notatum	200–400

Wirkung gegenüber Lactobacillen dem Reaktionsprodukt von Acetaldehyd mit schwefliger Säure (Acetaldehydsulfonat) zuzuschreiben sein (51).

Natriumbisulfit, dessen wirksame Komponente ja Schwefeldioxid ist, zeigt, was seine mikrobizide Wirkung angeht (s. Abb. 21), gegen Hefen und Schimmelpilze eine bessere Wirkung als gegen Bakterien, obwohl auch diese bei pH 4,5 durchaus noch recht gut ist. Die Dissoziationskonstante der verschiedenen SO_2-Spender weist erhebliche Unterschiede auf, sie liegt bei der schwefligen Säure sehr hoch, so daß der allein wirksame „undissoziierte Anteil" bei pH 4,0 lediglich noch 0,6% beträgt (Tabelle 45). Hydrogensulfit dagegen weist eine ungewöhnlich niedrige Dissoziationskonstante auf und liegt selbst bei pH 7,0 noch zu 50% in undissoziierter Form vor. In Lösungen stehen neben dem SO_2 noch drei Dissoziationsstufen miteinander im Gleichgewicht: Bis pH 1,7 überwiegt der Anteil an undissoziierter schwefliger Säure, im Bereich von pH 1,7–5,1 der an Hydrogensulfitionen, ab pH 5,1 ist der Hauptanteil der schwefligen Säure dissoziiert.

Einsatzbereiche bei der Lebensmittelkonservierung

Anwendungsbeschränkungen: Schwefeldioxid und schweflige Säure sind nur für bestimmte Lebensmittel und in bestimmten Höchstmengen zugelassen. Diese sind bei den einzelnen Einsatzbereichen kenntlich gemacht.

Kennzeichnung: Die Menge an SO_2 bzw. schwefliger Säure, die in dem Lebensmittel enthalten ist, muß deklariert werden. Liegt sie über 50 mg/kg bzw. l, so muß – in Verbindung mit der Verkehrsbezeichnung – der Hinweis „geschwefelt" angebracht werden (AID, 8).

Diese Auflagen beziehen sich nicht auf den SO_2-Gehalt im Wein, der als Schutz vor Nachgärungen, Oxidationsvorgängen (Verfärbungen) und Geschmacksänderungen zugesetzt wird. Große Mengen SO_2 in einem Wein können nach dem Genuß zu Kopfschmerzen führen.

Fleischwaren: Eine Behandlung von Fleisch mit Sulfiten stabilisiert die Farbe und hemmt die Entwicklung von Bakterien auf der Oberfläche. In den meisten Ländern wird ein solches Vorgehen als Verfälschung angesehen.

Obsterzeugnisse: Bei der Verarbeitung von Obstprodukten zum Schutz von Rohware und Halbfabrikaten häufig als temporäres Konservierungsmittel und zum Schutz vor oxidativen und enzymatischen Prozessen eingesetzt. Einsatzkonz.: 0,01–0,2%; zulässige Höchstmenge für Trockenobst: 1000–2000 mg SO_2/kg. Eingesetzt auch in Obstrohsäften, Obstsaftkonzentraten, Obstpulpen und Obstmark.

Wein: SO_2 ist wohl eines der ältesten Hilfsmittel bei der Weinherstellung und wird zu den verschiedensten Arbeitsgängen heran-

Tabelle 54. Zulassungen von schwefliger Säure zur Stabilisierung von Wein: (AID Nr. 1135/1987, 8)

Wein	gesamte schweflige Säure (mg/l Wein)
Trockene Rotweine	160
Qualitätsschaumweine	200
Diabetikerwein, Diabetikerschaumwein	200
Ausländischer Likörwein	200
Trockene Weiß- und Roséweine	210
Rotwein mit über 5 g Restzucker/l	210
Weiß- und Roséwein mit über 5 g Restzucker/l	260
Weinhaltige Getränke	275
Schaumweine	300
Spätlesen	300
Auslesen	350
Beerenauslesen	400
Weinähnliche Getränke, Obstwein	„nur kleine Mengen"

gezogen. Zunächst, um im kelterfrischen Most das Wachstum von Essigsäurebakterien, Schadhefen und Schimmelpilzen zu verhindern, ohne daß die eigentlichen Gärungshefen beeinflußt werden. Es sind dabei Zusätze von 40–50 mg SO_2/l üblich, in südlichen Ländern sogar bis zu 200 mg SO_2/l Most. Früher wurde Most bei einem Zusatz von 1500–2000 mg SO_2/l oft „stumm geschwefelt", um als „Süßreserve" jenen Weinen zugesetzt zu werden, die mit einer gewissen Restsüße bevorzugt werden. Auch das „Abstoppen" der Gärung führte auf diese Weise zu demselben Ziel. Beide Verfahren werden heute nicht mehr eingesetzt.

Die zugelassenen Mengen an SO_2 im Wein (Tabelle 54) verhindern zwar bakterielle Veränderungen (Weinkrankheiten), sind aber kaum in der Lage, „Nachgärungen" zu unterbinden. Es gibt zahlreiche Heferassen, die noch bei mehr als 0,1% SO_2 zu wachsen vermögen. Daher wird SO_2 heute oft mit Sorbinsäure kombiniert, um stabile Weine zu erzielen.

Trockengemüse: zulässige Höchstmenge 500 mg/kg
Trockenkartoffeln: zulässige Höchstmenge 100 mg/kg
Konfitüre und Bonbons: zulässige Höchstmenge 50 mg/kg
Lieferfirma: Riedel de Haën

Nitrit – Natriumnitrit

E 250; CAS-No. 7632-00-0; EG-No. 007-010-00-4

Chemische Eigenschaften:

Formel: $NaNO_2$; MG: 69,00; F: 271 °C

Eigenschaften:	weiße bis schwach gelblich gefärbte, hygroskopische, kristalline Substanz
Löslichkeit:	leichtlöslich in Wasser (ca. 60%), schwerlöslich in Ethanol
pH-Optimum:	saurer Bereich (s. hierzu S. 94, Tabelle 35), wird unter pH 4,5
Stabilität:	an der Luft langsam zu Nitrat oxidiert
Verträglichkeit:	unverträglich mit Sulfiten, in Gegenwart von Säuren Bildung des braunen, gasförmigen N_2O_3; in Gegenwart von sekundären und tertiären Aminen Bildung von kanzerogen wirksamen Nitrosaminen
Vorkommen:	Bestandteil der in der Natur vorkommenden Salpetersalze. Erst spät wurde erkannt, daß die eigentliche antimikrobielle Wirkung beim Konservieren durch Einsalzen nicht dem Nitrat, sondern fast ausschließlich dem Nitrit zuzuschreiben ist. Es entsteht in der Natur in bodennahen Schichten, im Trinkwasser, der Milch u.a. flüssigen, stark keimhaltigen Produkten unter dem Einfluß von nitratreduzierenden Bakterien. Heute wird Nitrit, im Nitritpökelsalz (s. S. 93) mit Kochsalz abgemischt, in den Handel gebracht (s. Tabelle 32).

Antimikrobielles Wirkungsspektrum

Nitrit hemmt erst in verhältnismäßig hohen Konzentrationen und in starker Abhängigkeit vom pH-Wert das Wachstum von Bakterien. Es ist bisher der einzige Konservierungsstoff, der in der Lage ist, bei pH-Werten unter 4,5 das Wachstum der anaeroben Clostridien zu hemmen und vor allem die Toxinbildung von C. botulinum zu verhindern. Nitrit wird dazu in Kombination mit Kochsalz, der Pökelsalzmischung (Nitritpökelsalz, S. 93), eingesetzt. Der Wirkungsmechanismus ist noch nicht voll aufgeklärt, doch wird angenommen, daß die freigesetzte salpetrige Säure sowie die daraus entstehenden Stickoxide mit den Aminogruppen des Bakterien-Dehydrogenasesystems reagieren. Als weitere Angriffspunkte werden SH-Enzyme und Cytochrome vermutet. Auch das Wachstum von Salmonellen und anderen Enterobakterien wird gehemmt. Gegen Hefen und Schimmelpilze dagegen zeigt sich bei den Einsatzkonzentrationen keinerlei Wirkung.

Einsatz bei der Lebensmittelkonservierung

Anwendungsbeschränkungen: „Nitrit ist giftig, deshalb darf reines Nitrit oder Nitritpökelsalz mit einem höheren Gehalt als 0,5% Nitrit in keinem Fleischverarbeitungsbetrieb vorhanden sein.“ Auf die Bildung von Nirosaminen und deren kanzerogene Wirkung wird hingewiesen, zugleich aber betont, „daß es gegen die Bildung des Botulinusgiftes in Fleisch- und Wurstwaren bisher keine sicheren Mittel (Alternative) gibt.“ (AID 1135; 8).

Kennzeichnung: Die Zutatenliste muß auf einen Zusatz von Nitritpökelsalz hinweisen.

Fleischerzeugnisse:	Räucherwaren, Speck, Schinken: Die entsprechenden Fleischstücke werden in frischem Zustand zunächst mit Pökelsalz gesalzen (gepökelt). Nach einer gewissen Lagerzeit im Salz (Trockenpökeln) oder in der Salzlösung (Lake) kommt es zu

einer typischen Rotfärbung des Fleisches. Die Haltbarkeit des anschließend getrockneten Fleisches kann durch zusätzliches Räuchern verbessert werden, ebenso der Geschmack.
Rohwürste (Dauerwürste): aus rohem, grob- oder feingekuttertem Fleisch, gepökelt und geräuchert.
Brühwürste: Der größte Teil der Brühwürste ist umgerötet, doch gibt es auch Sorten ohne Pökelstoffe. Kaliumnitrat (Salpeter) darf zum Pökeln von bestimmten Rohwürsten und Schinken eingesetzt werden.
Etwa 95% der Wurstwaren werden heute gepökelt (AID 1135; 8). Zulässige Höchstmengen in der Bundesrepublik Deutschland: je nach Erzeugnis 100–150 mg/kg Fleischerzeugnis. In einigen Ländern sind höhere Werte erlaubt.

p-Hydroxybenzoesäureester – 4-Hydroxybenzoesäureester – PHB-Ester – Solbrole – Nipag-Ester – Parabene

Chemische Eigenschaften

Bezeichnung	Methylester	Ethylester	Propylester
E-Nr.	E 218	E 214	E 216
CAS-No.	99-76-3	120-47-8	94-13-3
MG	152,14	166,17	180,20
MG Na-Salz	174,12	188,15	202,18
E-Nr. Na-Salz	E 219	E 215	E 217
F (Ester)	125–128 °C	116–119 °C	95–98 °C
Kp (Ester)	270–280 °C (Z)	297–298	

Eigenschaften: weiße, kristalline Pulver, nicht hygroskopisch
Löslichkeit der PHB-Ester in g/100 g Lösungsmittel:

Verbindung	Lösungsmittel					
	Wasser bei 10 °C	25 °C	50 °C	80 °C	Ethanol 25 °C	Erdnußöl 25 °C
Methylester	0,13	0,25	0,75	3,2	52	0,1
Ethylester	0,06	0,11	0,30	0,86	70	1,0
Propylester	0,018	0,04	0,12	0,45	95	14,0

Die Schwerlöslichkeit dieser Ester begrenzt ihre Einsatzfähigkeit und ihre Wirksamkeit. Die in Wasser leichtlöslichen Natriumsalze sind stark hygroskopisch und in ihren Lösungen nur etwa 24 h haltbar. Häufig kommt eine Kombination aus 0,18% PHB-Methylester mit 0,02% Propylester zur Anwendung.

pH-Optimum: 4–8

Stabilität: Die Ester neigen in Abhängigkeit vom pH-Wert und der Temperatur zur Hydrolyse, und zwar besonders im alkalischen Bereich über pH 7,5, aber auch im stark sauren Bereich

	(pH 1). Bei pH 4 sind Methyl- und Ethylester im Temperaturbereich von 40–121 °C stabil. Der durch die hohe Öllöslichkeit bedingte ungünstige Verteilungskoeffizient hat eine teilweise Abwanderung in die Ölphase und ein Nachlassen der konservierenden Wirkung in der wäßrigen Phase zur Folge.
Verträglichkeit:	Unverträglich mit nichtionogenen Tensiden, Proteinen, Emulgatoren (Tween 20, Myrj u.a.). Auch Verdickungsmittel wie z.B. Methylcellulose und Tragant inaktivieren (Adsorptionsverluste).
Vorkommen:	Auch in natürlichen Verbindungen, z.B. in Alkaloiden und Pflanzenpigmenten sowie im Käse nachweisbar.

Antimikrobielles Wirkungsspektrum

Die PHB-Ester haben gegenüber allen anderen im Lebensmittelbereich eingesetzten Konservierungsstoffen den Vorteil, daß sie im schwach sauren und schwach alkalischen pH-Bereich (bis etwa pH 8) eingesetzt werden können. Ihre antimikrobielle Wirkung nimmt mit steigender Kettenlänge zu, die Wasserlöslichkeit jedoch in der gleichen Richtung ab. Im Vergleich zu Phenol weist der Methylester eine 3–4mal, der Ethylester 5–8mal und der Propylester 17–25mal bessere Wirkung auf. Wegen der schlechten Wasserlöslichkeit und der dadurch bedingten geringen Verfügbarkeit reicht die frei vorhandene Wirkstoffmenge in der wäßrigen Phase oft nicht zu einer dauerhaften Wirkung aus, und es muß mit anderen Wirkstoffen (z.B. Sorbinsäure) kombiniert werden. Für eine entsprechende Kombination im neutralen und schwach alkalischen Bereich stehen jedoch keine geeigneten Konservierungsstoffe zur Verfügung. Die wachstumshemmende bzw. keimtötende Wirkung der PHB-Ester ist in den Tabellen 55 und 56 dargestellt.

Tabelle 55. Die wachstumshemmende Wirkung der PHB-Ester (MHK in µg/ml).

Verbindung	MHK (µg/ml) für				
	Staphylococcus aureus	Pseudomonas aeruginosa	Candida albicans	Aspergillus niger	Penicillium chrysogenum
Methylester	800	1000	1000	600	500
Ethylester	500	800	800	400	250
Propylester	150	400	250	200	125

Tabelle 56. Die keimtötende Wirkung der PHB-Ester nach 24 h Einwirkzeit im Suspensionstest (165).

Verbindung	Abtötung bei µg/ml				
	Staphylococcus aureus	Escherichia coli	Pseudomonas aeruginosa	Candida albicans	Aspergillus niger
Methylester	1250	1250	1250	5000	5000
Ethylester	625	1250	625	2500	5000
Propylester	180	360	600	625	2500

Allergien

Gelegentlich kann eine Kontaktallergie auftreten, die häufig durch höhere Konzentrationen (über 3%) ausgelöst wird. Die Einsatzkonzentration liegt im Lebensmittelbereich zwischen 0,1 und 0,2%. Das BGA hat in einer Bekanntmachung vom 15. Oktober 1986 (19) Maßnahmen zur Abwehr von Arzneimittelrisiken angekündigt, denen zufolge in Zukunft Parabene in Arzneimitteln zu deklarieren sind und unter „Gegenanzeigen" in der Packungsbeilage der Satz enthalten sein muß: „Darf nicht bei Patienten mit Überempfindlichkeit gegenüber Alkyl-4-hydroxybenzoaten (Parabenen) angewendet werden". Bisher steht jedoch eine endgültige Regelung noch aus.

Auch der AID-Verbraucherdienst 1987 weist darauf hin: „Hautreizungen und Taubheitsgefühle einzelner Hauptpartien sind beim Verzehr von PHB-Estern möglich, aber sehr selten." (8)

Einsatzbereiche bei der Lebensmittelkonservierung

Die drei genannten PHB-Ester sowie ihre Natriumsalze sind weltweit zur Konservierung vieler Lebensmittel, Kosmetika und Arzneimittel erlaubt. In der Bundesrepublik Deutschland sieht die Zusatzstoff-Zulassungsverordnung eine generelle höchstzulässige Menge zwischen 0,1 und 0,2% vor.

Fettprodukte:	Säurearme Fettemulsionen: 0,06–0,1% einer Kombination von Ethyl- und Propylester (im Verhältnis 3:1 bis 2:1), häufig in Abmischung mit Sorbinsäure.
Milcherzeugnisse:	Hartkäse: Zum Schutz vor Schimmelbefall werden in einigen Ländern alkoholische Lösungen mit Ethyl- und Propyl-PHB-Estern im Verhältnis 1 : 1 und einer Einsatzkonzentration von 5–15% verwendet. Käsedeckmassen: Zusatz von PHB-Estern oder Sorbinsäure.
Fleischwaren:	Gelatinehaltige Wurst und Fleischüberzüge: Kombination von Ethyl- und Propylester in einer Konzentration von 0,05–0,1%.
Fischerzeugnisse:	Fischmarinaden: PHB-Ester meist in Kombination mit Sorbinsäure (wegen geschmacklicher Beeinflussung in Konzentrationen meist um 0,05%, bezogen auf das Endprodukt) oder Benzoesäure.
Süßwaren:	Füllungen für Süßwaren und Backwaren mit hohen pH-Werten: Zusätze von 0,05–0,1% Propyl-PHB-Ester.
Lieferfirmen:	Bayer, Chemag, Damm, Fluka, Nipa, Zimmerli

Konservierungsmittel zur Oberflächenbehandlung von Früchten

Streng genommen muß man bei den Konservierungsstoffen für Lebensmittel, die ja zu den Zusatzstoffen zählen, nochmals unterscheiden: Einerseits sind da die Konservierungsstoffe, die den einzelnen Lebensmitteln in begrenzter Konzentration beigemischt werden dürfen; andererseits gibt es einige Außenseiter, die nur zur Oberflächenbehandlung von Früchten erlaubt sind, bei deren Einsatz es aber trotzdem zu geringfügigen „Verunreinigungen" des zu schützenden Produktes kommen kann.

Die lediglich zur Oberflächenkonservierung bei Citrusfrüchten und bei Thiabendazol zusätzlich auch bei Bananen zugelassenen Konservierungsstoffe sind in Tabelle 57 zusammengestellt. Dort werden zugleich auch Angaben über Verfahren, Verfahrensbedingungen und höchstzulässige Rückstandsmengen gemacht.

Behandlungsverfahren

Zur Auswahl stehen zwei Verfahren:
- das Tauchverfahren zur Direktbehandlung der Fruchtschale, wobei der Konservierungsstoff in Wasser oder Wachsemulsionen gelöst bzw. zugesetzt wird;
- die Imprägnierung des Verpackungsmaterials (z.B. des Einwickelpapiers).

Letzteres kann nur eingesetzt werden, wenn der Konservierungsstoff leicht verdampft, auf diese Weise an die Fruchtschale abgegeben und von dieser z. T. aufgenommen wird. Dies trifft für Diphenyl, nicht aber für die beiden anderen Konservierungsstoffe zu.

Antimikrobielles Wirkungsspektrum

Bei der Oberflächenbehandlung von Früchten geht es in erster Linie um einen Schutz gegen Schimmelpilze. Citrusfrüchte werden vor allem von Penicillium italicum (Blauschimmel, blaugrüne Konidiosporen), Penicillium digitatum (Grünschimmel) und anderen Schimmelpilzen befallen. Dabei bilden sich immer wieder resistente Stämme heraus, die auf die eingesetzten Konservierungsstoffe nicht mehr ansprechen.

Recht unterschiedlich fällt die Beeinflussung der durch Diplodia natalensis, Phomopsis citri und Alternaria citri verursachten „Spielendfäule" und der durch Phytophtoraarten hervorgerufenen „Braunfäule" aus. Ortho-Phenylphenol ist auch gegen Bakterien gut wirksam, die beiden anderen Konservierungsstoffe dagegen kaum.

Lebensmittelrechtliche Auflagen

In der Bundesrepublik Deutschland sind durch die Zusatzstoff-Zulassungsverordnung die höchstzulässigen Restmengen pro kg Frucht festgelegt (s. Tabelle 57). Diese Zahlen berücksichtigen einen erheblichen Sicherheitsfaktor. So empfiehlt beispielsweise die FAO/WHO für Biphenyl(=Diphenyl) als Tageshöchstdosis 0,25 mg/kg Körpergewicht. Danach kann ein Mensch täglich etwa 17,5 mg Biphenyl ohne Bedenken zu sich nehmen, eine Menge, die ausreicht, um 200 Apfelsinen zu konservieren.

Tabelle 57. Die zur Oberflächenbehandlung von Citrusfrüchten und Bananen erlaubten Konservierungsstoffe. (Ci: Citrusfrüchte; Ba: Bananen).

Konservierungsstoff	*Einsatzbereich*	*Behandlungsart*					tolerierter *Restgehalt*
		Tauchverfahren				Packstoffbehandlung (g/m²)	(mg/kg Frucht)
		Konzentr. der Lösung (%)	pH	Lösungsmittel	Temperatur (°C)		
o-Phenylphenol	Ci	0,5–2,0	11,7	Wasser	30–35	–	12 mg/kg
Diphenyl	Ci					1–5 g/m²	70 mg/kg
Thiabendazol	Ci, Ba	0,1–0,45		Wachsemulsion		–	6 mg/kg (Ci) 3 mg/kg (Ba)

6 Natürliche Konservierungsprozesse bei Lebensmitteln

Organisches Material dient nicht nur Mensch und Tier, sondern auch den Mikroorganismen zur Aufrechterhaltung ihres Stoffwechsels. Aus zahlreichen recht anfälligen, für die Ernährung genutzten Rohstoffen entstehen dabei unter dem Einfluß von Mikroorganismen Umwandlungsprodukte, für die ein über eine gewisse Zeit anhaltendes „Stabilisierungsniveau" charakteristisch ist.

Unter dem deutschen Wort *Gärung* wurde ursprünglich ein „Reifeprozeß" verstanden, der unter Abwesenheit von Luft (Sauerstoff) in Gegenwart lebender Mikroorganismen abläuft und bei dem vor allem Kohlenhydrate wie Traubenzucker und Malzzucker (Wein und Bier) oder Milchzucker (Milch und Molkereiprodukte) zu Alkohol bzw. Milchsäure umgesetzt werden. Im Vergleich zur Atmung wird dabei lediglich ein Bruchteil der Kohlenhydratenergie freigesetzt, doch entstehen anstelle von CO_2 und H_2O auch höherwertige Stoffwechselprodukte, die zugleich – unter bestimmten Voraussetzungen – eine Konservierung bewerkstelligen. Auch die Weiterentwicklung der spontanen Sauermilchprodukte zu Käse erfolgte schon recht früh, wahrscheinlich vor mehr als 8000 Jahren.

In römischer Zeit kannte bereits Plinius (1. Jh. n. Chr.) den „Gärstoff", den er als „fermentum" bezeichnete; Pasteur schuf später den Begriff „Fermentation" (= Gärung): „La fermentation est la vie sans air".

Der von Pasteur vertretenen Meinung, daß dieser Prozeß nur in Gegenwart der lebenden Mikroorganismenzelle erfolgt, widersprach Liebig in seinen „Chemischen Briefen" aus dem Jahre 1859 mit dem Hinweis, daß auch die zerstörte (marzerierte) Zelle zur Gärung befähigt ist (94); doch erst 38 Jahre später konnte dies von Buchner mit dem isolierten Enzym (= Ferment) Zymase bewiesen werden.

Der Begriff der Gärung ist später erweitert worden. Heute versteht man darunter ganz allgemein den enzymatischen Abbau organischer Substanz (Kohlenhydrate, Fette, Proteine) durch Mikroorganismen, wobei dieser Prozeß weder an das Vorhandensein *lebender* Mikroorganismen noch an die früher als charakteristisch bezeichnete „Gasbildung" (Gärungskohlensäure) geknüpft ist. Neben der klassischen alkoholischen Gärung (anaerob mit Gasentwicklung) wird jedoch auch die in gewissem Sinne als Fortentwicklung anzusehende „Essigsäuregärung", ein rein oxidativer Prozeß, der unter Zufuhr von Luft abläuft, hier eingereiht.

Die Biotechnologie schließlich versteht unter dem Begriff Fermentation alle großtechnischen Verfahren, bei denen unter Mithilfe von Mikroorganismen, aber auch Zellkulturen, alle möglichen Stoffwechselprodukte (v.a. Antibiotika, Aminosäuren, organische Säuren wie Zitronensäure u.a., Vitamine, Enzyme etc.) in Fermentern von 1–200 m^3 Fassungsvermögen gewonnen werden. In ähnlichen Prozessen und Anlagen werden Rohstoffe umgesetzt und Abfallprodukte biologisch abgebaut (biologische Kläranlagen).

Die Fermentationsprozesse lassen sich unterscheiden in solche, bei denen sterile, und solche, bei denen unsterile Ausgangsstoffe und Anlagen verwendet werden:

Unsterile Ausgangsstoffe und Anlagen:	Sterile Ausgangsstoffe und Anlagen:
● Alkoholische Gärung Herstellung von Wein	● Alkoholische Gärung Bierbrauerei
● Milchsäuregärung I) Molkereiprozesse (mit Starterkultur) – mit Reinkulturen – mit Mischkulturen im Batch-Verfahren, im kontinuierlichen Prozeß II) Silage	● Antibiotika-Fermentation und ähnliche Prozesse – mit Reinkulturen – mit Mischkulturen im Batch-Verfahren im kontinuierlichen Prozeß.
● Abwasserreinigung	
● Methangasgewinnung	
● Zellenrotten (organ. Müll).	

Daneben gibt es noch eine ganze Reihe anderer Fermentationsprozesse zur enzymatischen Aufbereitung von Nahrungs- und Genußmitteln sowie verschiedener Rohstoffe, bei denen Eiweiß- und Kohlenhydratbestandteile abgebaut und Aroma- und Geschmacksstoffe gebildet werden. Genannt seien an dieser Stelle die Pektinolyse der Kaffeekirsche, die „Fermentation" von Tee, Kakao und Tabak sowie die Flachsröste, ebenfalls eine Pektinolyse, bei der es unter dem Einfluß des anaeroben Clostridium amylobacter zur Freisetzung der Flachsfasern kommt.

6.1 Fermentierte Milchprodukte (Sauermilcherzeugnisse)

Schon von der Muttermilch an, gehört die Milch zu den wichtigsten Lebensmitteln überhaupt. Ein wesentlicher Nachteil ist jedoch ihre geringe Haltbarkeit, die durch den – je nach Klimazone oft schon rasch einsetzenden – mikrobiellen Verderb bedingt wird. Erst die moderne Molkereitechnik dieses Jahrhunderts hat es ermöglicht, die Milch in nahezu unverändertem Zustand über einen längeren Zeitraum zu erhalten (H-Milch, Sterilmilch).

Doch auch die Menschen der Vorzeit nutzten bereits die natürliche Säuerung der Milch in Form der Produkte Sauermilch, Joghurt und Weichkäse zur Bevorratung. Ebenso die spontan erfolgende Aufrahmung des Milchfettes dürfte schon vor mehr als 5000 Jahren zu butterähnlichen Erzeugnissen geführt haben (älteste Überlieferung auf einem sumerischen Mosaik aus der Zeit von ca. 3000 v. Chr.). Doch erst gegen Ende des 19. Jahrhunderts schafften die Erfindung der kontinuierlich arbeitenden Entrahmungszentrifuge (Prandtl 1875) und des Milcherhitzers (Fesca 1882) die notwendigen Voraussetzungen für die heutige Molkereitechnik. Ein weiterer Schritt war schließlich die Einführung von Reinkulturen durch Storch (1888), die als „Starterkulturen" eine gelenkte Fermentation ermöglichten.

6.1.1 Sauermilch

Während die Milchsäuerung früher dem spontanen, aber zufälligen Befall mit Milchsäurebakterien überlassen wurde, bedient sich die moderne Technologie heute eines gelenkten Verfahrens zur Erzielung einer möglichst störungsfreien Säuerung. Dabei werden folgende Stufen durchlaufen:

- Die aus dem gekühlten Lagertank entnommene *Rohmilch*, die in der Regel zur Verminderung der Keimzahl bereits pasteurisiert wurde (Qualitätsanforderung und Verfahrensbedingungen s. S. 187), erhält in einem Durchlauferhitzer die erforderliche Ausgangstemperatur (Abb. 22, ①).
- Es folgt das *Beimpfen* des Ansatzes im Säuerungstank (③) mit der *Reinkultur* eines geeigneten *Säureweckers* (②), z.B.
  - Streptococcus lactis } Kontrolle der Stämme auf Phagenfreiheit
  - Streptococcus cremoris } erforderlich!
  - Streptococcus diacetylactis
  - Leuconostoc spp.-Stämme (zur Aromabildung).

Ausgedehnte Untersuchungen von Schmidlin und Spillmann (133) bei der Stufenkontrolle in einer Halbhartkäserei (Raclette) haben gezeigt, daß als Hauptursache der auf einer Phageninfektion beruhenden Säuerungsstörungen in dem Betrieb die benutzte mesophile Betriebskultur anzusehen war, in der sich 5×10^6 Phagen/ml nachweisen ließen. Die zur Käseherstellung benutzte Rohmilch sowie Lab und Wasser waren dagegen frei von virulenten Phagen. Da die isolierten Phagen recht gut auf die eingesetzten Desinfektionsmittel ansprachen, muß angenommen werden, daß die an den Einrichtungen und Geräten gefundenen max. 300 Phagen/dm^2 auf eine Rekontamination durch Molke zurückzuführen sind. Die beiden Phagen des Streptococcus cremoris sowie der Streptococcus-diacetylactis-Phage zeigten ein recht unterschiedliches Verhalten im Hinblick auf ihre Hitzeresistenz. Der D-Wert lag
für D_{65° bei 22, 770 und 62 min,
für D_{72° bei 0,09, 5 bzw. 12 min.

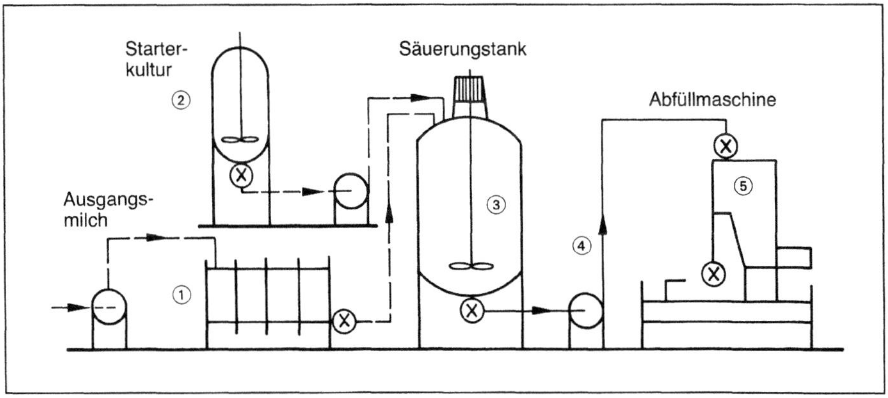

Abb. 22. Herstellungsschema für Sauermilchprodukte (in gekürzter Form unter Verwendung von Symbolen nach 77). Erläuterungen: ① Milchvorwärmer (Wärmeaustauscher), ② Anzuchtfermenter für die Starter-(Säurewecker-)Kultur, ③ Säuerungstank mit Temperierungseinrichtung zur Regulierung der Verfahrenstemperatur, ④ Homogenisierungspumpe, ⑤ Abfüllmaschine. ⊗: kontaminationsgefährdete Stellen.

Bei 90 °C wurden die Phagen in maximal 5 s eliminiert. Auch der Phagentiter der Raumluft lag mit 4000 Phagen/m³ im Vergleich zum Bakteriengehalt (200–1000 Keime/m³) verhältnismäßig hoch. Ebenso war die Personalhygiene zu bemängeln, an der Schürze und den Händen des Käsers waren relativ viele Phagen nachweisbar, die vermutlich durch Kontakt mit der Molke eingeschleppt wurden.

Nach Lembke und Teuber (92) bereitet die Inaktivierung von Phagen der mesophilen Milchsäurestreptokokken im wäßrigen Milieu ohne Eiweißbelastung keine Schwierigkeiten. Alle sechs ausgewählten Phagen zeigten unter dem Einfluß der in der Milchwirtschaft gebräuchlichen Desinfektionsmittel bereits nach 10 min eine Plaque-Titer-Reduktion um 7 bis 8 Zehnerpotenzen. Unter Belastung, d.h. im normalen Milieu, in Milch und Molke hatten 6% H_2O_2, 2% Phenol, basisches Milieu (pH 11,0) und saures Milieu (2,0) nur geringe Wirkung (Verminderung des Titers um 1 bis 2 Zehnerpotenzen nach 1 bis 2 Stunden). Mit 0,6% Formalin ergab sich eine nur langsame Inaktivierung um 8 Zehnerpotenzen, die sich über 2 Stunden hinzog. Fünf der sechs geprüften Phagen reagierten dagegen sehr rasch auf 0,2% Chloramin und 0,5%Natriumhypochlorit (Titerreduktion um 7 bis 8 Zehnerpoten nach 10 min). Zweifellos die beste Wirkung zeigte 0,5% Peressigsäure, auf die alle Phagen innerhalb von 15 min mit Reduktionsfaktoren von 8 bis 9 Zehnerpotenzen ansprachen. Noch schwieriger lagen die Verhältnisse in Quark und Käsebruch. Die im Bruch eingeschlossenen Phagen ließen sich unter praxisnahen Bedingungen nicht inaktivieren.

- Die *Impfmenge* liegt je nach Art des Produktes bei 0,5 bis 6% des Ansatzvolumens und sollte pro Milliliter eine Keimdichte von etwa $\geq 10^9$ KBE der produktspezifischen Bakterien aufweisen (wobei sich diese in der logarithmischen Vermehrungsphase befinden).
- *Verfahrenstemperatur:* 15 bis 28 °C im Säuerungstank.
- *Säuerungszeiten:* 6 bis 18 h, wozu entsprechend etwa 4 bis 8 Generationen erforderlich sind. Die Generationszeit g, das Zeitintervall für eine Verdoppelung der Zellzahl, liegt hier in Abhängigkeit von Temperatur und Keimart bei etwa 1,5 bis 2,0 h.
- *pH-Wert:* Er liegt im Reaktionsprodukt bei ca. 4 bis 5. Casein wird bei pH 4,6 bis 4,8 ausgefällt. Der Säuregrad stellt einen gewissen Schutz vor störenden Fremdkeimen dar und verhindert zugleich den mikrobiellen Eiweißabbau.
- *Abfüllung:*
  a) Fließfähige Ware säuert in der Regel im Ansatzbehälter, sie wird darin verrührt und dann gekühlt in das Endbehältnis abgefüllt.
  b) Sofort nach der Beimpfung mit dem Säurewecker abgefüllte Ware wird im Verkaufsgebinde bis zur Gerinnung bebrütet und dann heruntergekühlt (stichfeste Sauermilchprodukte).
- *Thermisierung:* Gelegentlich werden Sauermilchprodukte nach Abschluß des Säuerungsprozesses (beschränkt auf fließfähige Ware) pasteurisiert und dann unter aseptischen Bedingungen in vorbehandelte Behältnisse abgefüllt.
- *Qualitätsmerkmale* sowohl für stichfeste als auch für gerührte Sauermilcherzeugnisse sind in Tabelle 58 zusammengestellt.

Nach den allgemeinen Erfahrungen läßt sich eine Haltbarkeit von Sauermilcherzeugnissen nur gewährleisten, wenn keine Hefen und Schimmelpilze in einer Packungseinheit vorhanden sind. Bedenkliche Zahlen an Staphylokokken und anderen Krankheitserregern kommen in der Regel nur bei Säuerungsstörungen vor.

Verderbniserreger während der Lagerung

Als solche treten meist Enterobacteriaceen auf, die das Pasteurisieren überlebt haben und in der Lage sind, sich noch bei Temperaturen bis zu 8 °C zu vermehren.

Tabelle 58. Mikrobiologische Qualitätsmerkmale für Sauermilchprodukte unter Einbeziehung der Toleranzwerte (TW) des Eidgenöss. Dep. d. Innern vom 1. Juli 1987 (46).

Produkt	produktspez. Milchsäure-bakt. (KBE/ml)	pasteurisiertes Produkt (KBE/ml)	aerobe, meso-phile Fremd-keime pro g	Enterobact./ Coliforme pro g	Hefen und Schimmelpilze pro g[1]
Sauermilch	$\geq 10^9$	ca. $2{,}5 \times 10^4$	10^5 (TW)	10 (TW)	10^3 (TW)
Sauermilch-Qualitätsware				≤ 1	

[1] ausgenommen Kefir

Tabelle 59. Mikrobiologische Toleranzwerte (TW) für Buttermilch, Molke sowie Milch-, Molke- und Buttermilchgetränke (46).

Produkt	aerobe, mesophile (Fremd-) Keime[1] (KBE/ml)	Enterobacteriaceae (KBE/ml)
Buttermilch, Molke	10^4	10
Milch-, Molke-, Buttermilchgetränke (bei Abgabe)	10^5	10

[1] Bei angesäuerten Produkten sind die aeroben, mesophilen Fremdkeime zu bestimmen.

6.1.2 Buttermilch

Die als Nebenprodukt der Butterherstellung (s. S. 150ff.) anfallende Buttermilch ist aus mikrobiologischer Sicht den Sauermilcherzeugnissen gleichzustellen. In beiden Fällen sind die als Säurewecker benutzten Reinkulturen und die Verfahrensbedingungen nahezu identisch (s. S. 150ff.). Die mikrobiologischen Toleranzwerte für Buttermilch und Molke sind aus Tabelle 59 ersichtlich.

6.1.3 Joghurt

Unter den Sauermilcherzeugnissen rangieren die verschiedenen Joghurtsorten heute an der Spitze. Grundsätzlich ist der Produktionsablauf der gleiche wie bei der Sauermilchherstellung. Der einzige Unterschied, der jedoch die Bedingungen oft erschwert, liegt in der Verwendung von *Mischkulturen*, bei denen das Verhältnis von Stäbchen : Kokken von ausschlaggebender Bedeutung ist und daher genau ausbalanciert werden muß. Es bestimmt weitgehend die Geschmacksrichtung. Ein Dominieren der Lactobazillen (Stäbchen) führt zur Übersäuerung.

In der Regel wird ein Kokken/Stäbchen-Verhältnis von 1 : 1 bis 3 : 2 angestrebt. Geeignete Säurewecker-Mischungen sind beispielsweise:

- Streptococcus thermophilus/Lactobacillus bulgaricus oder
- Streptococcus lactis/Lactobacillus acidophilus (= Darmkeim); (häufige Kombination in Bioghurt und Reformjoghurt).

Daneben existieren eine ganze Reihe weiterer Kombinationen, auch solche, die überwiegend Rechts-Milchsäure enthalten und dazu Lactobacillus casei ssp. rhamnosus u.a. verwenden.

Verfahrensbedingungen
Bebrütungstemperatur: 41 bis 42 °C. Bereits geringfügige Abweichungen von der optimalen mittleren Temperatur können eine Entmischung der Kultur mit verschiedenen Folgeerscheinungen bewirken; u.a. werden dadurch z.B. die Struktureigenschaften und der Molkegehalt beeinflußt.
Reaktionszeit: etwa 2 h reichen im allgemeinen bei der Bebrütungstemperatur aus.
Lagerung: Im Kühlschrank; auch tiefgekühlt kann Joghurt gelagert werden.

Mikrobiologische Qualitätsmerkmale
Der Gehalt an Fremdkeimen entspricht dem bei Sauermilch (s. Tabelle 58). Ein weiteres Problem bei Sauermilchprodukten, hier vor allem bei der Joghurtherstellung, ist der Befall mit keimartspezifischen Bakteriophagen, die sich mit jeder Generation nicht wie Bakterien verdoppeln, sondern um den Faktor 20 bis 100 vermehren, wobei es – als äußeres Zeichen – zu einer schleppenden und schließlich völlig erliegenden Säuerung kommen kann. Durch Fruchtzusätze wird die Anfälligkeit gegen Hefegärung und Schimmelbewuchs an der Oberfläche erhöht. Dabei handelt es sich vor allem um Penicilliumarten und Endomyces lactis (= Oospora = Geotrichum candidum). Steigt die Keimzahl an Hefen über 10^5 KBE/ml an, so kommt es häufig schon zu einem prickelnden Geschmack und zur Gasentwicklung (Bombage).

Fruchtjoghurt
Bei der Herstellung von Fruchtjoghurt wird der Fruchtzusatz kurz vor oder bei der Abfüllung vorgenommen, die Bebrütung erfolgt ebenfalls im Abgabebehälter. Normalerweise entstehen dadurch keine Produktionsschwierigkeiten, gelegentlich aber mikrobiologische Haltbarkeitsprobleme, da durch verschiedene Fruchtzusätze erhebliche Mengen an Fremdkeimen (Verderbniserreger) eingeschleppt werden können.

6.1.4 Alkoholische Sauermilchprodukte

Durch die gleichzeitige Säuerung von Milch und die Vergärung des Milchzuckers mit Hilfe von Mischkulturen aus Milchsäurebakterien und Milchzuckerhefen entstehen die alkoholischen Erzeugnisse Kefir und Kumys, deren hauptsächliches Verbreitungsgebiet einige südosteuropäische und asiatische Länder sind.

Kefir
Kefir wurde ursprünglich in Südrußland, im Kaukasus und in Sibirien aus Stutenmilch hergestellt; heute verwendet man dazu vor allem in den südeuropäischen Ländern,

meistens Kuhmilch. Das Produkt erfreut sich immer größerer Beliebtheit. Aus betriebstechnischen Gründen wird Kefir in der Regel in halbreifem Zustand abgegeben und macht bei dem Verbraucher eine Nachgärung durch, die sich meist durch eine Bombage der dichtschließenden Packungen bemerkbar macht. Diese Verfahrensweise führt zu dem geschätzten, angenehmen und erfrischenden Moussieren des Produktes.

Verfahrensbedingungen
Zur Produktion werden *Mischkulturen* aus zwei Hefearten:
- Saccharomyces (Kluveromyces) lactis sowie
- Torula sp. und

drei Milchsäurebakterien:
- Lactobacillus casei
- Lactobacillus caucasicus und
- Streptococcus lactis

eingesetzt. Die Bakterien werden dabei häufig in Form von sogenannten Kefir-Knöllchen – auch in getrocknetem Zustand – als Impfmaterial benutzt.

Reifetemperatur
Vorgärung: bei 25 °C;
Nachgärung (beim Verbraucher): auch bei Kühlschranktemperatur (+5 °C).

Mikrobiologische Qualitätsmerkmale
Sie entsprechen weitgehend den bei Sauermilch aufgezeigten (s. S. 139). Bei Kefir stellen sich jedoch gelegentlich auch noch Essigsäurebakterien als Verderber ein. Coliforme und Streptokokken treten dagegen als Kontaminanten nur bei Säuerungsstörungen auf.

Kumys
Das unter ähnlichen Verhältnissen von Nomadenvölkern aus Stuten- oder Kamelmilch hergestellte dickflüssige Sauermilchgetränk hat einen Alkoholgehalt von 0,5 bis 3% sowie 0,5 bis 1,0% Milchsäure. Zur Deklaration des Alkohols s. S. 100.

6.1.5 Speisequark

Die zu Speisequark (Weichkäse) zu verarbeitende Milch (Abb. 23) wird nach dem Vorwärmen in einem Milcherhitzer (①) in den Ansatzbehälter (④) eingeleitet, aus dem Anzuchtgefäß (②) mit der erforderlichen Menge einer Starterkultur sowie aus dem Labtank (③) unter ständigem Rühren mit der notwendigen Labmenge versetzt.

Verfahrensbedingungen
Starterkultur: Die benutzten Säurewecker setzen sich vor allem aus mesophilen Milchsäurebakterien zusammen, z.B. einer Mischung aus
- Streptococcus lactis und
- Streptococcus cremoris,

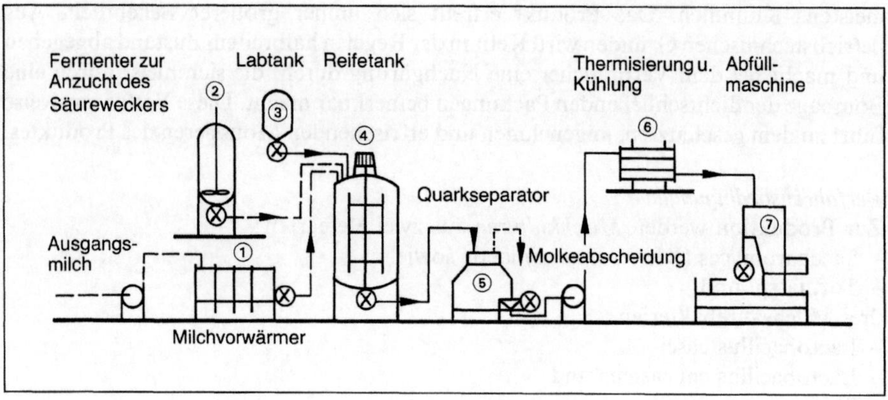

Abb. 23. Schema einer Herstellung von Speisequark (gekürzt nach 77). ① Milchvorwärmer (zur Erreichung der Verfahrenstemperatur), ② Anzuchtfermenter für die Säureweckerkultur, ③ Labtank, ④ Ansatzbehälter mit Rührwerk, ⑤ Quarkseparator, ⑥ Thermisierung bzw. Kühlung, ⑦ Abfüllmaschine. ⊗: Besondere Gefahrenpunkte für die Einschleppung von Kontaminationskeimen.

wie sie auch bei der Sauermilcherzeugung gebräuchlich ist. Der spätere Keimgehalt des Quarks wird weitgehend von der Vermehrung der Säureweckerbakterien sowie dem Restkeimgehalt (aus der Rohmilch bzw. der pasteurisierten Milch) und den später hinzukommenden Kontaminationskeimen bestimmt. Er kann durch eine nachgeschaltete Thermisierung (⑥) wieder reduziert werden, so daß sich auf diese Weise eine mögliche Nachsäuerung vermeiden läßt.
Bebrütungstemperatur: 18–22 °C.
Reaktionszeit: Nach 10 bis 14 h sind Gerinnung und Säuerung abgeschlossen.

Abtrennung des Reaktionsproduktes
Die Abtrennung des Reaktionsproduktes, des Speisequarks, erfolgt mittels eines Quarkseparators (⑤) oder in Formen. Der Quark wird dann entweder direkt abgefüllt oder nach der Lagerung in einem Stapeltank (Quarksilo) sowie einer möglichen Thermisierung zur Verminderung der Keimzahl und nachfolgender Kühllagerung (⑦). Auf diese Weise sollen zusätzliche Kontaminationen vermieden werden.

Der im Endprodukt gewünschte Fettgehalt kann entweder in der Ausgangsmilch oder im fertigen Quark eingestellt werden.

Nebenprodukt Molke (Käsewasser, Milchserum): Die als Nebenprodukt anfallende Molke, die reich an Milchzucker und Vitaminen ist, enthält außerdem 0,2 bis 0,8% Eiweiß sowie 0,04 bis 0,5% Fett. Sie läßt sich vielfältig verwenden und wird z. B. als Viehfutter, zur Herstellung von Milchzucker oder zur Vergärung zu „Molkenbier“ eingesetzt.

Mikrobiologische Qualitätsmerkmale
Aus Tabelle 58 ist ersichtlich, daß Sauermilch und mithin auch Sauermilchprodukte einen hohen Wert an produktspezifischen Milchsäurebakterien aufweisen, und daß

Tabelle 60. Toleranzwerte für einige spezifische Keime im Speisequark (TW = Toleranzwerte).

Produkt-anforderungen	Enterobac-teriaceae (Coliforme) (KBE/g)	Staph. aureus (KBE/g)	Hefen (KBE/g)	Schimmelpilze (KBE/g)
gute Qualität				
– Eidg. V. (46)	1000 (TW)	100 (TW)		1000 (TW)
– Sonstige	(< 100)		< 500	
lange Haltbarkeit[1)]	(< 1)		< 1/10 g	< 1/10 g

[1)] Angestrebt wird die Abwesenheit von vermehrungsfähigen Schadkeimen in einer Packungseinheit der Handelsware.

selbst nach dem Pasteurisieren noch ein erheblicher Gehalt an sogenannten Fremdkeimen (bis ca. $2{,}5 \times 10^4$ KBE/ml) zurückbleibt. Für die Qualität und Lagerfähigkeit des Speisequarks ist insbesondere der Gehalt an Coliformen (an anderer Stelle Enterobacteriaceae), Staphylococcus aureus, Hefen und Schimmelpilzen ausschlaggebend. Einige Toleranzwerte sind in Tabelle 60 zusammengestellt.

Die Qualitätsvorstellungen für Molke sind aus Tabelle 59 ersichtlich.

Lagerung

Quark sollte im Kühlschrank gelagert werden und ist dort einige Tage haltbar, dabei muß jedoch stets auf das angegebene Haltbarkeitsdatum geachtet werden. Quark und Quarkspeisen eignen sich ebenso wie Sahne und Fruchtjoghurt zur Tiefgefrierlagerung.

Verderb während der Lagerung

Eine Gefahr geht hier vor allem von milchzuckerverwertenden Hefen und Schimmelpilzen aus. Hefen führen dabei oft zu Bombagen und Schimmelpilze zu einem Oberflächenbewuchs. Dieser wird bei manchen Weichkäsesorten auch bewußt zu Reife- und Aromazwecken eingesetzt.

6.1.6 Käse (Weichkäse)

Die für die Käseherstellung vorgesehene Milch wird grundsätzlich zunächst auf den gewünschten Fettgehalt und die erforderliche Verfahrenstemperatur eingestellt. Danach können zwei Wege beschritten werden:

- die traditionelle Chargenherstellung (Batch-Herstellung) oder
- die kontinuierliche Großherstellung.

Die Anlaufphase bis zur Vorreifung unter dem Einfluß des Säureweckers (Abb. 24, ② und ③) läuft dabei in beiden Verfahren nach dem gleichen Schema ab. Nicht immer erfolgt jedoch die Vorreife-Säuerung durch Zusatz von Reinkulturen (auch Mischungen), gelegentlich begnügt man sich mit der spontanen natürlichen Säuerung.

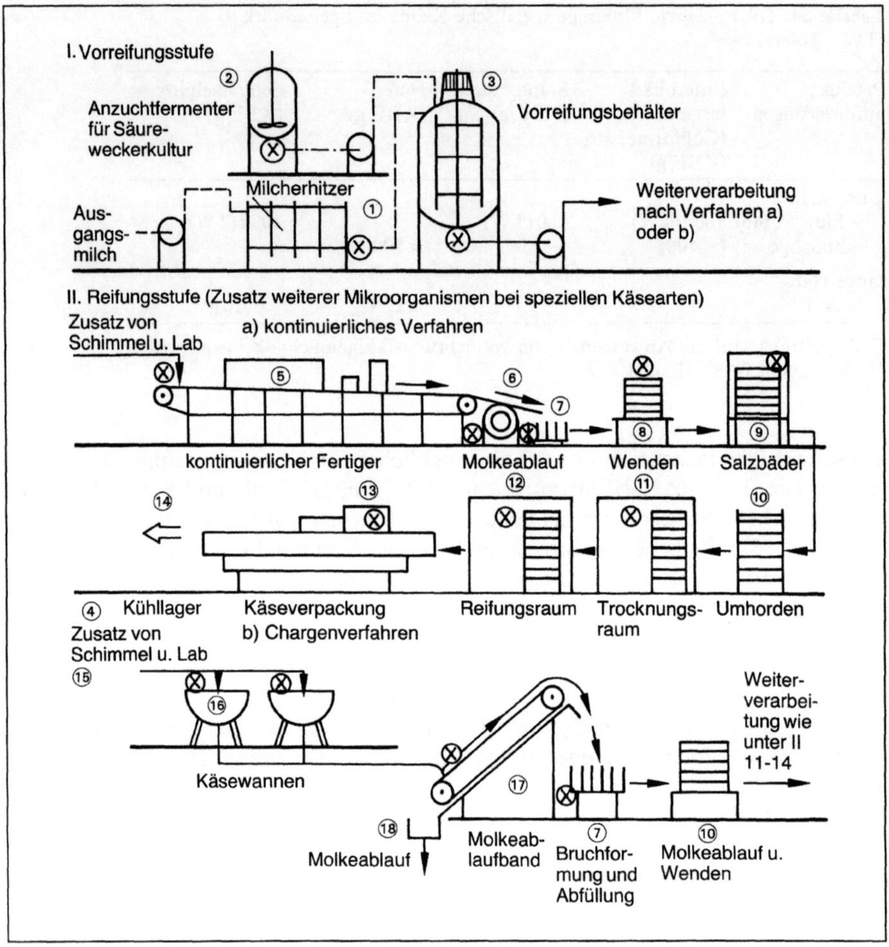

Abb. 24. Verfahrensablauf der Käseherstellung (verkürztes Schema nach 77). ① Milcherhitzer, ② Anzuchtfermenter für Säureweckerkultur, ③ Vorreifungstank mit Rührwerk (Impfmenge = Zusatz an Säureweckerkultur: 0,1–1,5%), ④ Zusatz weiterer Reife-Mikroorganismen wie z.B. Brevibacterium linens bzw. Arthrobacter globiformis (sogenannte Rotkultur), Impfmenge ca. 0,006 bis 0,025% sowie bei Camembert-Sorten einer geeigneten Schimmelkultur (0,008 bis 0,02%) und, falls erforderlich, von Lab. Der weitere Ablauf erfolgt entweder nach einem kontinuierlichen Verfahren (a) oder einem Chargenverfahren (b). ⑤ Kontinuierlicher Käsefertiger, ⑥ Molkeablaufband, ⑦ Bruchformung und Abfüllung, ⑧ Molkeablauf und Wenden der geformten Käse, ⑨ Salzbäder, ⑩ Umhorden, ⑪ Trockenraum, ⑫ Reifungsraum, ⑬ Käseverpackungsmaschine, ⑭ Kühllager, ⑮ Zusatz von Schimmel und Lab, ⑯ Käsewannen, ⑰ Molkeablaufband, ⑱ Molkeablauf. Bei dem Chargenverfahren IIb. folgt der weitere Ablauf nach dem Prozeßschritt ⑩ den Programmpunkten ⑪ bis ⑭ unter IIa. Auch hier sind die kontaminationsgefährdeten Stellen besonders gekennzeichnet ⊗.

Erst mit dem Zusatz von Lab und weiteren spezifischen Impfkulturen, z.B. einer Rotkultur oder geeigneten Schimmelpilzen (Edelschimmel), ändert sich der Verfahrensablauf (Abb. 24, ④). Besonders das traditionelle Verfahren, bei dem offene Käsewannen verwendet werden, wird dann stark von der jeweiligen Betriebshygiene beeinflußt. Für die einzelnen Käsesorten ist das Verhältnis zwischen Säuregerinnung und Labgerinnung, der Grad des Wasserentzugs sowie das F.i.T.-Verhältnis von Bedeutung:

- Käsesorten mit weniger festem Bruch und hohem Wasseranteil erfordern einen hohen Labanteil, niedrige Verarbeitungstemperatur, kurze Bearbeitungszeit und langsame Säuerung;
- Käse mit höherer Trockenmasse entsteht dagegen bei frühzeitiger (rascher) Säuerung, hoher Bearbeitungstemperatur und längerer Bearbeitungszeit.

Ausschlaggebend ist weiterhin, ob der Käsebruch gewaschen wird. Ein frühzeitiger Milchzuckerentzug begrenzt zwar die Säuerungsfähigkeit, doch erhöht das benutzte Waschwasser die Gefahr einer zusätzlichen mikrobiellen Kontamination (Einschleppen von Verderbniserregern bei schlechter Wasserqualität).

Mikrobiologische Beeinflussung der Käseherstellung

Eine der wichtigsten Voraussetzungen sind die zur primären Säuerung eingesetzten Mikroorganismen (s. S. 137). Durch Pasteurisierung der Rohmilch (erfolgt nicht bei Roquefort-Käse-Herstellung) werden nicht nur ein großer Teil der Ausgangsflora mit einer recht unterschiedlichen Zusammensetzung, sondern auch deren Enzyme sowie die Milchenzyme ausgeschaltet. Eine Reihe von Keimen übersteht jedoch diesen Erhitzungsprozeß, dazu gehört z.B. Propionibacterium spp. (im Emmentaler), aber auch zahlreiche Penicilliumarten, wie sie bei pilzreifenden Käsearten verwendet werden.

Auch die Bebrütungstemperatur während der Reifezeit greift selektionierend ein. In der Regel wird die Starterkultur bei ca. 30 °C angezogen und der Reifeansatz bei einem Milchsäuregehalt von etwa 0,2% beimpft. Die Reifung läuft dann während einer Zeit von 6 bis 8 h bei 35 °C, nach anderen Verfahren bei 43 °C, solange ab, bis der gewünschte Säuregehalt erreicht ist.

Während der Reife finden eine Reihe chemischer Reaktionen statt, die ausgelöst werden durch

- Enzyme aus der Milch (falls diese nicht durch Pasteurisierung inaktiviert wurden),
- Aktivitäten der Säureweckerkultur,
- andere mikrobiologische Einflüsse über sonstige Kontaminanten,
- sonstige, enzymfreie Reaktionen.

Starterkulturen

Es werden eingesetzt für die Herstellung von

- Weichkäsen und halbfesten Schnittkäsen:
  - Streptococcus lactis
  - Streptococcus cremoris
  - Streptococcus thermophilus (bei 43 °C) } in Mischkultur
  - Lactobacillus bulgaricus (bei 43 °C) }

- Hartkäsen: häufig thermophile Arten wie z.B.
  - Streptococcus thermophilus
  - Lactobacillus lactis
  - Lactobacillus helveticus.

Obwohl die ursprüngliche Säuerungsflora bei der Käsereifung weitgehend verschwindet, bleibt ihr Einfluß z.T. über die zurückgelassenen Enzyme, vor allem die Proteasen, aufrechterhalten. Als weitere eiweißabbauende Mikroorganismen gesellen sich oft noch Brevibacterium linens, Micrococcus caseolyticus, Micrococcus freudenreichii, Streptococcus faecalis und andere, sich spät entwickelnde Milchsäurebakterien, wie Lactobacillus casei, hinzu. Beim weiteren Reifungsverlauf spielt Lactobacillus casei eine entscheidende Rolle.

Für den Abbau von Milchsäure sind vor allem

- Propionsäurebakterien
- Oospora lactis
- sowie verschiedene Kahmhefen verantwortlich.

Impfmenge

Der Reifungstank wird mit einer Impfmenge von 0,1 bis 2,0%, aus dem Anzuchtfermenter für die Säureweckerkultur, bezogen auf das Ansatzvolumen, beschickt.

Bei den zusätzlichen Reifungsorganismen, die erst während einer späteren Phase zur Entwicklung kommen sollen (s. Abb. 24, ④), ist die Keimeinsaat wesentlich geringer. In manchen Betrieben kommt man sogar ohne solche Zusätze aus, was jedoch nicht gerade für eine gute Betriebshygiene spricht (hier erfolgt dann die „Beimpfung" über den Keimgehalt der Luft, kontaminierte Anlagen usw.).

Bei der *Camembert-* oder *Weißschimmelkäse*-Produktion erfolgt dabei ein Zusatz von beispielsweise

- 0,006 bis 0,025% einer Rotkultur (Brevibacterium linens bzw. Arthrobacter globiformis) sowie
- 0,008 bis 0,02% einer geeigneten Edelschimmelkultur z.B. folgender Penicilliumarten:

Pc. album	Pc. camembertii
Pc. caseicolum	Pc. roquefortii[1]
Pc. candidum	Pc. spp. (blaugrüne Sporen) u.a.

Heute muß sichergestellt werden, daß die für die Käsereifung eingesetzten Schimmelpilze keine zu beanstandenden Mengen an Mycotoxinen (s. S. 147), vor allem Aflatoxine, bilden. Nach verschiedenen Quellen sind Penicillium puberulum und Aspergillus parasiticus unter den Bedingungen der Käsereifung durchaus zur Aflatoxinbildung befähigt. In den vergangenen Jahren traten Zweifel an der Sicherheit von Reifepilzen auch bei Roquefort, Gorgonzola und Stilton-Käse auf. Deshalb muß heute durch laufende Überwachungen sichergestellt werden, daß die benutzten Stämme keine Gefahr darstellen.

[1] Die 1. Reifung des Roquefort-Käses erfolgt bei 8 °C und 98% rel. Feuchte in 3–4 Wochen nach vorheriger Beimpfung des ca. 2,5 kg schweren Käseleibes mit 30 Nadelstichen einer Reinkultur.
Anschließend äußerliche Reinigung, danach Salzung und Verpackung in einer Zinnfolie zur 2. Reifung über 3–4 Monate bei 8 °C.

Tabelle 61. Mycotoxin-Grenzwerte in µg bzw. ng/kg Produkt (46).

Produkt/ Produktgruppe	Aflatoxine B_1	$B_2+G_1+G_2$	$B_1+B_2+G_1+G_2$	M_1	Patulin
Mais, Ceralien gekörnt oder gemahlen	2 µg				
alle anderen Lebensmittel	1 µg				
alle Lebensmittel		5 µg			
Säuglingsnahrung[1)]			10 ng	20 ng	
Milch und Milchprodukte				50 ng	
Käse				250 ng	
Fruchtsäfte					50 µg

[1)] Bezogen auf das trink- oder eßfertige Produkt.

Nach der Eidgenössischen Verordnung von 1987 (46) sind für alle Lebensmittel die in der Tabelle 61 genannten Grenzwerte einzuhalten.

Neben Mycotoxinen können im Verlauf der Käsereifung auch unerwünschte Toxine bakteriellen Ursprungs auftreten. So kann es zur Bildung von Staphylococcus-Enterotoxin Typ A kommen (verursacht meistens eine Gastroenteritis), wenn der pH-Wert des Gutes nie unter 4,8 sinkt und koagulasepositive Staphylococcus-aureus-Keime in Mengen von mehr als 10^7 KBE/g auftreten.

Auch verschiedene Enterobacteriaceae greifen in den Reifeprozeß ein und beeinflussen vor allem Geschmack und Geruch (Proteinabbau).

Starterorganismen lösen darüber hinaus häufig definierte Effekte aus:

- So kann es bei zu starkem Pilzwachstum bei Camembert zur Austrocknung des Käses kommen – meistens durch eine zu niedrige Temperatur, die eine Proteasen-Aktivität hemmt.
- Bei überreifem Brie-Käse wird dagegen der Boden durch proteolytische Enzyme verflüssigt und Ammoniak freigesetzt. Der weiße Mycelbelag verfärbt sich gelb. Dieser Vorgang wiederum läuft in der Regel bei zu hohen Temperaturen ab.
- Streptococcus lactis, der in reifendem Käse überlebt, bildet Ethanol aus Acetaldehyd, der dann mit Buttersäure zu Ethylbutyrat umgesetzt wird.
- Streptococcus lactis ist weiterhin in der Lage, Aminosäuren mit Hilfe von Transaminasen und Decarboxylasen zu Aldehyden umzusetzen (142).
- Streptococcus faecalis, Lancefield Gruppe D, wird bei hohen Keimzahlen (ca. 10^6 KBE/g) dazu befähigt, aus geeigneten Aminosäuren toxische Amine, z.B. Tyramin, Histamin und Tryptamin freizusetzen (s. S. 212).

Mikrobiologische Qualitätsmerkmale bei Fertigprodukten

Alle Käsesorten weisen in der Regel – in Abhängigkeit vom Produktionsverfahren – einen hohen Keimgehalt auf, der sich jedoch nicht gleichmäßig über das gesamte Produkt verteilt, sondern oft, besonders in der Randzone, starken regionalen Schwankungen unterworfen ist. Nicht selten sind die „Reifeorganismen“ in „Nestern“

Tabelle 62. Mikrobiologische Keimzahltoleranzwerte für Käsesorten nach dem Eidgen. Department des Innern von 1987 (46).

Produkt	aerobe, mesophile Fremdkeime (KBE/g)	Enterobacteriaceae (KBE/g)	Escherichia coli (KBE/g)	Staphylococcus aureus (KBE/g)	Schimmelpilze (KBE/g)
Extrahart- und Hartkäse			10	100	1 000
Reibkäse			10	100	10 000
Halbhartkäse			1 000	1 000	
Weichkäse[1]		10^6		1 000	
Frischkäse	10^6	1 000		100	1 000
Schmelzkäse, Streichschmelzkäse, Schmelzkäsezubereitungen	10^4	10		100	100

1) Darf keine Bläherscheinungen zeigen.

mit Keimdichten bis zu 10^{12} KBE/g anzutreffen, während die Säuerungsflora kaum noch nachweisbar ist.

Keimzahlbestimmungen sind daher nur sehr schwer reproduzierbar und wenig aussagekräftig. Trotzdem werden von einigen offiziellen Stellen (46) mikrobiologische Kriterien als hygienisch-mikrobiologische Forderungen aufgestellt (Tabelle 62). Bei genußfertigen Lebensmitteln, die aus Rohmilch hergestellt wurden, darf Brucella abortus in 10 g nicht nachweisbar sein (Grenzwert). Weitere Einschränkungen hinsichtlich genußfertiger Nahrungsmittel s. Tabelle 130 S. 284.

Zu einer raschen Beurteilung des Reifegrades eignet sich daher weit besser eine organoleptische Prüfung.

Lagerung

Weichkäse sollte dunkel und kühl gelagert, jedoch nicht tiefgefroren werden.

Mikrobiologischer Verderb während der Lagerung

Die Vergabe des Prädikates „verdorben" fällt nirgendwo schwerer als gerade beim Käse. Oft wird die nach mikrobiologischen Gesichtspunkten eigentlich abzulehnende Ware vom Verbraucher als „besondere Geschmacksrichtung" durchaus akzeptiert. Nach (77) ist ein durch den sogenannten „Frühtrieb", für den E. coli verantwortlich zeichnet, „süßlich faulig" schmeckender Tilsiter ebenso wie ein randweicher, durch Proteolyse leicht bitterer Camembert durchaus nicht ungenießbar. Doch wo liegen die Grenzen? Diese Frage ist nicht zu beantworten, denn jeder einzelne Käse kann sich durch die vielfältigen Kontaminationsmöglichkeiten an der angestrebten „Produktqualität" vorbeientwickeln. Er entzieht sich so vor allem der betrieblichen Qualitätskontrolle.

Was die Forderungen der Toxinfreiheit betrifft, wurde bereits auf S. 146 auf die Überwachung der Kulturschimmelarten hingewiesen. Doch ist die Gefahr damit keineswegs behoben. Auch durch Schimmelbefall während der Lagerung beim Verbraucher kann es zu einer Aflatoxinbildung kommen. Deshalb sollte stets auf den äußeren Befall der Käserinde mit Fremdschimmel geachtet werden.

Weitere Verderbsformen gehen auf den Listeriose-Befall von Rotschmier-Weichkäse (55) – er ist als gesundheitsschädigend anzusehen – auf den sogenannten „Käsekrebs" und auf den „Spättrieb" zurück. Beim Käsekrebs handelt es sich um eine Zerstörung der Käserinde, die auf den gemeinsamen Befall von proteolytisch wirkenden Bakterien und Schimmelpilzen zurückzuführen ist. Für den Spättrieb verantwortlich ist Clostridium tyrobutyricum, ein anaerober Keim, der Lactose zu Buttersäure vergärt, wobei zugleich Wasserstoff entsteht (Blähungen). Die Sporen dieses Bakteriums werden häufig durch Verwertung von Silagefutter über die Rohmilch eingeschleppt. Sie überstehen auch eine Pasteurisierung der Milch. Die von verschiedenen Seiten vorgeschlagene Gegenmaßnahme in Form eines Zusatzes des von manchen Streptococcus-lactis-Stämmen gebildeten Antibiotikums Nisin, wird recht unterschiedlich beurteilt (77, 142). Zur Bekämpfung von Spätblähungen sind Salpeterzusätze (Natriumnitrat) zur Kesselmilch üblich (8).

6.1.7 Hartkäse

Der Produktionsablauf erfolgt nach dem gleichen Schema wie bei Weichkäse (s. Abb. 24), doch ist der Wassergehalt von Hartkäse niedriger (s. S. 145). Die häufig charakteristischen Gasblasen (= Löcher) z. B. bei Emmentaler, Gruyère, Jarlsberg u. a. werden meist von Propionibacteriumarten, aber auch von Clostridiumarten verursacht und während des Quarkstadiums eingeschleppt. So baut Clostridium butyricum bei hohem pH-Wert Milchsäure unter Gasbildung ab. Daneben führen auch die meisten Enterobakterien zu einer Gasproduktion.

Ein Mycotoxingehalt kann bei diesen Käsesorten verschleiert werden, da der bei der Lagerung entstehende Befall mit Fremdschimmel öfters abgekratzt und abgewaschen wird, während die zwischenzeitlich gebildeten Toxine längst in die Käsemasse eindiffundiert sind. Hier kann nur eine gelegentliche Toxinbestimmung im Endprodukt die Verhältnisse klären.

Mikrobiologische Qualitätsmerkmale
Die mikrobiologischen Keimtoleranzwerte können der Tabelle 62 entnommen werden.

Lagerung:
Der Käse muß dunkel und kühl lagern. Eine Tiefgefrierlagerung ist nicht möglich; dies gilt genauso für Schnittkäse.

6.1.8 Schmelzkäse

Bei Schmelzkäse handelt es sich um Hartkäsemischungen, die unter Zusatz von Emulgatoren in geschmolzenem Zustand gekocht und danach zum Erstarren gebracht werden. Auch bei dieser Verfahrensweise können Bacillussporen und Sporen von

Clostridiumarten überstehen und zu einem anschließenden Verderb des Produktes führen. Um ein Auskeimen dieser Sporen zu verhindern, wird hier ebenfalls häufig Nisin eingesetzt.

Mikrobiologische Qualitätsmerkmale
Vorgeschlagene Keimtoleranzwerte sind in Tabelle 62 angegeben.

Lagerung
Schmelzkäse ist bis zum Verzehr im Kühlschrank aufzubewahren.

6.2 Butter

Bei der Butterherstellung wird das in der Milch, einer Fett-in-Wasser-Emulsion (häufig auch als O/W-Emulsion bezeichnet), in mikroskopisch kleinen Kügelchen vorliegende Milchfett zunächst über den Rahm, ebenfalls einer Fett-in-Wasser-Emulsion, angereichert. Danach wird es mit einem spezifischen *Phasenumkehrverfahren*, das zu einer feinen Verteilung von Wasser in der Fettphase führt, als Butter (Wasser-in-Fett-Emulsion, W/O-Emulsion) abgeschieden.

Seit etwa 3000 v. Chr. wird Butter hergestellt. Dazu wurde zunächst der in flachen Gefäßen (Satten) auf der Milch schwimmende Rahm abgeschöpft und danach in einem Butterfaß gestoßen bzw. mit einem Rührwerk geschlagen, bis sich die beiden Phasen Milchfett – die Butter – und Buttermilch trennten.

Auch heute werden noch mechanische Verfahren wie z. B. eine Zentrifugation eingesetzt, wobei sich das leichtere Fett an der Drehachse absetzt, während die schwerere Magermilch (Buttermilch) nach außen geschleudert wird und dort austritt. Moderne Butterungsverfahren sind das Fritz-Verfahren (kontinuierliches Schaumbutterungsverfahren), das Alfa- sowie das NIZO-Verfahren (Kombination aus Süß- und Sauerrahmbutter). Je nach Vorbehandlung des Rahms (s. S. 151) wird unterschieden zwischen *Süßrahmbutter* und *Sauerrahmbutter*.

In der Regel führt bei den industriellen Verfahren (Abb. 25) ein vorheriges Erhitzen auf Temperaturen, die höher als bei der Milchpasteurisierung liegen, zu einer Verminderung der Ausgangskeimzahl. Anschließend erfolgt ein rasches Abkühlen. Während der Süßrahm sofort weiterverarbeitet wird, macht der als Sauerrahm vorgesehene Anteil zunächst einen Säuerungsprozeß durch, der mit dem bei Sauermilchprodukten zu vergleichen ist. Wegen der gewünschten Bildung von Aromastoffen werden dabei jedoch häufig noch andere Milchsäurebakterien eingesetzt.

Mikrobiologische Einflüsse
Zur Säuerung bei der Sauerrahmherstellung finden unterschiedliche Gemische Verwendung, die zusammengesetzt sind aus:
- Streptococcus lactis,
- Streptococcus cremoris,

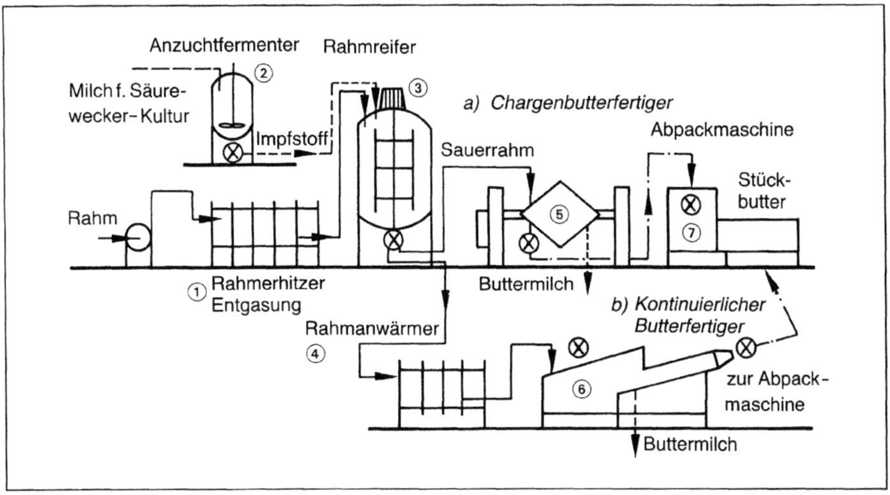

Abb. 25. Schema einer Butterfertigung a) im Chargenverfahren bzw. b) im kontinuierlichen Verfahren. (In verkürzter Form nach 77). ① Rahmerhitzer zur Einstellung der Reifetemperatur, ② Anzuchtfermenter für Säureweckerkultur, ③ Rahmreifer mit Rührwerk zur Herstellung des Sauerrahms, ④ Rahmanwärmer (nur für das kontinuierliche Verfahren (b) erforderlich), ⑤ Chargenbutterfertiger (er begrenzt die Kontaminationsrisiken während der Fertigung auf die bearbeitete Charge), ⑥ kontinuierlicher Butterfertiger (hier sind der Zulauf zum Schlagwerk, Knet- und Förderschnecken sowie der Anschluß zur Packmaschine besonders kontaminationsgefährdet), ⑦ Packmaschine (ein Kontaminationsrisiko geht von der Form- und Förderanlage sowie dem Verpackungsmaterial aus). ⊗: Besonders kontaminationsgefährdete Stellen.

- Streptococcus saccharolactis,
- Streptococcus lactis subspec. diacetylactis,
- Leuconostoc cremoris,
- Leuconostoc citrovorum und
- Leuconostoc dextranicum.

Optimale Keimvermehrung und Säurebildung finden bei relativ niedrigen Temperaturen, im Bereich von 12–15 °C , statt (Kaltsäuerung). Für die Bildung von Aromastoffen (z.B. Diacetyl) liegt das Temperaturoptimum dagegen bei etwa 18 °C.

Keimgehalt während der Verarbeitung

Süßrahmbutter sollte eigentlich nur den nach der Pasteurisierung des Rahms zurückbleibenden Rest an Keimen enthalten, doch treten bei der Verarbeitung, vor allem durch die verschiedenen Waschvorgänge, weitere Kontaminanten hinzu. Der resultierende Gehalt an mesophilen, aeroben Mikroorganismen im Fertigprodukt erlaubt daher stehts eine Beurteilung der jeweils vorhandenen Betriebshygiene.

Bei der Sauerrahmbutter gibt es darüber hinaus einen erheblichen Anteil an verfahrensspezifischen Milchsäurebakterien. Liegt bei der Süßrahmbutter die Keimzahl bei ungefähr 10^4 KBE/g, so kann sie bei Sauerrahmbutter einen Wert von 10^7 KBE/g durchaus überschreiten.

Auch das Salzen von Butter kann zu einer Keimeinschleppung führen, wobei halophile Bakterien begünstigt werden. Kochsalz (NaCl) wird jedoch lediglich in einer Konzentration von 0,3–2,0% (bezogen auf das Gesamtgewicht der Butter) zugesetzt, daraus ergibt sich – bezogen auf die mikrobiell anfällige Wasserphase der Butter – ein NaCl-Gehalt von 2–13% (97). Das bedeutet, daß allenfalls leicht bis mäßig halophilen Keimen zusätzliche Entwicklungsmöglichkeiten geboten werden, Keime, zu denen neben Staphylococcus aureus z. B. auch die Mikroflora von Sauerkraut und Pökellake zu rechnen sind. Auf der anderen Seite kann durch das Salzen jedoch auch eine Verminderung der Keimzahl erreicht werden, da der Salzgehalt in der wäßrigen Phase der Butter die Hemmkonzentration für zahlreiche Keimarten überschreitet.

Mikrobiologische Qualitätsmerkmale
Zur Qualitätsbeurteilung der Handelsware werden aerobe, mesophile Fremdkeime oder sogenannte Nichtsäurebildner, Lipolyte, der Gehalt an E. coli bzw. Coliformen, Staphylococcus aureus sowie Hefen und Schimmelpilzen herangezogen (Tabelle 63).

Lagerung
Butter muß bis zum Verzehr im Kühlschrank gelagert und der Lagerhinweis „gekühlt halbar mindestens bis…“ beachtet werden.

Mikrobieller Verderb während der Lagerung
Die Feinheit der Wasserverteilung in der Butter, besonders in der ungesalzenen Butter, wirkt sich auf die Keimvermehrung und mithin auf die Haltbarkeit (Lagerungsfähigkeit) aus. Da die Entwicklung von Keimen grundsätzlich in der Wasserphase stattfindet, kann in sehr kleinen Wassertröpfchen eine Vermehrung, sei es aus Nährstoff- oder auch „Platz“-Mangel, verhindert werden. Eine erhebliche Gefahr geht von lipasebildenden (lipolytischen) Mikroorganismen aus. Hierzu sind vor allem Pseudomonaden, die zur Gewinnung technischer Lipase eingesetzt werden, sowie Achromobacter-, Alcaligenes-, Flavobacterium- und Serratia-Arten zu rechnen; aber auch Mikrokokken, Bazillen, Corynebakterien, Hefen und Schimmelpilze können auf diese Weise als Verderbniserreger wirken. Erfahrungsgemäß korreliert die Anzahl der Lipolyten weitgehend mit der Anzahl der sogenannten Nichtsäurebildner (77). Gefähr-

Tabelle 63. Mikrobiologische Keimzahltoleranzwerte für Buttersorten nach dem Eidgen. Departement des Innern von 1987 (46). (n.n.: nicht nachweisbar).

Produkt	aerobe, mesophile Fremdkeime (KBE/g)	Pseudomonas aeruginosa (KBE/g)	Escherichia coli (KBE/g)	Staphylococcus aureus (KBE/g)	Hefen (KBE/g)	Schimmelpilze (KBE/g)
Butter aus pasteurisiertem Rahm	10^5		n.n.		5×10^4	100
Kochbutter und Butter aus unpasteur. Rahm	10^6	10	10	10		100

lich wird es, wenn sich die Lipasebildner bereits vor der Butterung erheblich vermehrt haben und das Enzym dann durch den Fertigungsprozeß „feinverteilt" wird.

Verderbende Schimmelpilze werden in der Regel durch das Verpackungsmaterial oder bei der Verpackung eingeschleppt.

6.3 Fermentierte Fleisch- und Wurstwaren

Die hierher gehörenden Fleisch- und Wurstwaren durchlaufen einen der Stabilisierung (erhöhte Haltbarkeit durch Milchsäurebildung und pH-Absenkung) und Geschmacksbeeinflussung dienenden Fermentationsprozeß (Reifeprozeß). Bei einigen dieser Produkte (b und c, s.u.) ist dieser jedoch als temporär zu bezeichnen, da die Keime der zugesetzten Starter-Reinkultur in diesen Fällen durch ein nachgeschaltetes Kochen abgetötet werden. Grundsätzlich läßt sich unterscheiden zwischen

a) Dauerwurstsorten, zu denen die Rohwürste gehören, z.B. Cervelatwurst, Salami u.a.;
b) gekochte Pökelwurstsorten, z.B. Berliner, Brabanter u.a.;
c) gekochter Pökelschinken.

Mikrobiologische Einflüsse

Die als Starterkulturen geeigneten Mikroorganismen sind in Tabelle 64 zusammengestellt. Die Spitzenqualität von Cervelatwurst und Salami ist in der Regel weiterhin an einem weißen bis grauweißen Überzug der Wursthaut mit einem Kulturschimmel zu erkennen, der durch Beimpfung mit einer Reinkultur im Tauchverfahren erzeugt wird. Auch hier gilt, daß die dabei benutzte Schimmelkultur keine Mycotoxine produzieren

Tabelle 64. Geeignete Starterkulturen für die Fermentation von Fleisch- und Wurstwaren. (Nach verschiedenen Quellen zusammengestellt.)

Produkt	Starterkulturen[1]	pH-Wert	a_w-Wert
Dauerwurst	Streptococcus Lancefieldgruppe N, z.B. S. lactis und S. raffinolactis, sowie Pediococcusarten wie z.B. P. cerevisiae einzeln oder in Kombination	ca. 5,0	0,6 (0,7–0,8 bei ungarischer Salami); bei 12 °C auf ca. 50% des Ausgangsgewichts getrocknet
gekochte Pökelwurst	verschiedene Milchsäurebakterien in Reinkultur, so z.B. Lactobacillus plantarum		
gekochter Pökelschinken (einige Stunden bei 70 bis 83 °C erhitzt)	gelegentlich zugesetzt: Vibrio spp. (halophil), (142)		

[1] Im Fermenter gezüchtete, danach zentrifugierte, gewaschene und gefriergetrocknete Starterkulturen mit ca. 3–4% Restfeuchte werden der Wurstmasse in einer Keimzahl von etwa 10^7 KBE/g zugesetzt.

darf. Nach Mintzlaff und Leistner (101, 102) eignet sich Penicillium nalgioversis für diesen Zweck als Starterkultur. Bei den meisten traditionell hergestellten Rohwurstarten wird jedoch eine Mischkultur eingesetzt.

Auf das Toxinbildungsvermögen der von Rohwürsten isolierten Schimmelpilze der Gattung Penicillium wird in verschiedenen Literaturstellen näher eingegangen (33, 34, 95). Lauermann weist auf die Gefahr einer „Fremdschimmel-Kontamination" bei der Rohwurstreifung sowohl in Kühlräumen als auch in Reife- und Klimakammern hin und geht auf geeignete Desinfektionsmöglichkeiten ein (90). Seiner Meinung nach müssen unerwünschte Schimmelpilze in fleischverarbeitenden Betrieben aus hygienischer Sicht als sehr bedenklich angesehen werden.

Mikrobiologische Qualitätsmerkmale

Auf die Fermentation von Rohwürsten mit Milchsäurebakterien wird seltsamerweise nicht oder nur selten hingewiesen. Sie bedingt jedoch eine sehr hohe Keimzahl im Hinblick auf die Starterkultur, die von 10^4 KBE/g bis über 10^8 KBE/g reicht. Zur Kontrolle wird die Bestimmung der Keimzahl an aeroben, mesophilen Bakterien (Fremdkeimen) sowie gelegentlich an peroxidbildenden Lactobacillen und die visuelle Prüfung auf Hefen und Fremdschimmel vorgeschlagen (Tabelle 65). Bei gekochtem Pökelfleisch sollten nach Sutherland et al. (142) außer der Gesamtkeimzahl (aerobe, mesophile Keime) auch der Gehalt an D-Streptococcen (Lancefield Gr. D) und Staphylococcus aureus kontrolliert werden. Bei Pökelprodukten ist eine Keimzahlbestimmung unter Verwendung eines Prüfmediums mit einem Kochsalzgehalt von

Tabelle 65. Mikrobiologische Keimzahltoleranzwerte für Rohwurst und Kochpökelprodukte nach der Eidgen. Verordnung von 1987 (46).

Produkt	aerobe, mesophile Keime (KBE/g)	Enterobacteriaceae (KBE/g)	Staphylococcus aureus (KBE/g)	Lactobacillen (KBE/g)	Clostridium perfringens (KBE/g)
Rohwurstwaren, Rohpökelwaren (ausgereift)		100	1 000		100
Rohwurstwaren mit abgebrochener Reife sowie streichfähige Rohwürste		10 000	1 000		100
Kochpökelwaren, Koch- u. Brühwurstwaren in ganzen Stücken	10^5	100		10^5	100[1)]
aufgeschnittene Kochpökelwaren, Koch- und Brühwurstwaren	10^6	1 000		10^6	100[1)]
in der Packung pasteurisierte Produkte	10^4	10		10^4	100[1)]

[1)] Diese Prüfung ist nur dann zusätzlich durchzuführen, wenn das Produkt keinen Pökelstoff enthält.

3–5% ratsam, um den halophilen Mikroorganismen eine optimale Entwicklung zu ermöglichen.

Mit einer Vermehrung von Milchsäurebakterien ist besonders in Vakuumpackungen zu rechnen (Bombage).

6.4 Fermentierte pflanzliche Produkte

Auch zur Konservierung verschiedener Gemüsearten, die als Beilagen während der Wintermonate den Speisezettel bereichern sollen, bedient man sich der Milchsäuregärung: bei der Herstellung von Sauerkraut, sauren Bohnen und Gurken (in den angelsächsischen Ländern unter der Bezeichnung Pickles bekannt).

6.4.1 Sauerkraut

Während sich einige Krautarten, z.B. Rotkraut, nach der Abernte durchaus einige Monate lagern lassen, wird das anfälligere Weißkraut schon seit Jahrhunderten bereits im Herbst mit einem „Sauerkrauthobel“ eingeschnitten und danach in einem Sauerkrautständer aus Sandstein oder Steingut unter Zusatz von 1–3% Kochsalz eingestampft oder eingetreten. Zur Schaffung anaerober Verhältnisse wird die Oberfläche anschließend abgedeckt: zunächst mit angefeuchteten Leinentüchern, danach mit eingepaßten Brettern, die abschließend mit dem Sauerkrautstein beschwert werden. Anschließend überläßt man den Ansatz sich selbst. Bei starker Schaumbildung sollte die Abdeckung, speziell das Leinentuch, mit heißem Wasser ausgewaschen und dann wieder sorgfältig aufgelegt werden.

Bei dem Gärungsprozeß, der sich je nach den vorliegenden Temperaturbedingungen über 2–4 Wochen hinziehen kann, wird der Zuckeranteil des Kohls, der etwa bei 2,5 bis 6,5% liegt, zu Milchsäure umgesetzt, wobei ein Milchsäuregehalt von ca. 1,5 bis 2,5% resultiert. Das Salz entzieht dem Kraut den „Saft“, so daß in der Flüssigkeit eine Salzkonzentration von etwa 10 Volumenprozent erzielt wird. Mancherorts sind Zusätze von Zucker oder auch Wein vor oder während der Gärung üblich.

Mikrobiologische Verfahrensbedingungen
Obwohl das zugesetzte Kochsalz z.T. als nicht unbedingt notwendig angesehen wird, so erfüllt es doch eine wichtige Aufgabe: Es unterdrückt das Wachstum zahlreicher saprophytischer Keime und unterstützt so die spontane Gärung der im Gut natürlich vorhandenen Milchsäurebakterien. Eine Beimpfung mit einer Starterkultur findet also nicht statt. Gelegentlich wird jedoch der Prozeß durch Säurezusatz unterstützt, wie es häufig auch bei der Futtersilage geschieht.

Bei der natürlichen Aufwuchsflora des Kohls lassen sich vor allem drei Gruppen von Mikroorganismen unterscheiden:

- Milchsäurebakterien,
- Fäulniserreger und
- Hefen.

Die Milchsäurebakterien liegen in der Regel ebenfalls in drei Vertretergruppen vor, und zwar als
- gasbildende Kokken (Leuconostoc mesenteroides, *Pediococcus damnosus*),
- gasbildende Stäbchen (*Lactobacillus brevis*, L. pentoaceticus) und
- Stäbchen ohne Gasbildung *(Lactobacillus plantarum)*.

Die Aufwuchsflora der Milchsäurebildner wird vor allem durch
- die Verfahrenstemperatur (15,6–21 °C),
- den Salzgehalt sowie
- die Milchsäurekonzentration gesteuert.

So entwickeln sich die gasbildenden Kokken vom Typ Leuconostoc mesenteroides optimal bei einem Salzgehalt von 2,5% und einer Temperatur um 21 °C. Bei Kellertemperatur (ca. 15 °C), die in Haushalten bevorzugt wird, läuft daher die erste Phase der Gärung, die Milch- und Essigsäure sowie Mannit und Kohlensäure liefert, nur gedrosselt ab. Sie hört bei einer Temperatur von 15,6 °C gewöhnlich auf, wenn etwa 1% Säure gebildet ist (118). Das Zellgefüge des Sauerkrauts sowie die Proteine werden dabei kaum beeinträchtigt. Bereits bei einem Milchsäuregehalt von 0,7–1,0% sterben diese Kokken ab. Die beiden Gruppen der stäbchenförmigen Milchsäurebakterien entwickeln sich nur langsam, wobei die nicht gasbildenden Formen aus dem restlichen Zucker und Mannit größere Mengen Milchsäure produzieren. Auch die gasbildenden Stäbchen, die bis zu 2,4% Milchsäure tolerieren, sind stark an der Säureproduktion beteiligt, außer Milch- und Essigsäure setzen sie noch Ethanol, Mannit und CO_2 frei.

Bei der industriellen Sauerkrautherstellung kommen gelegentlich Starterkulturen zum Einsatz, die in ihrer Zusammensetzung der Mischkultur einer natürlichen Sauerkrautflora entsprechen.

Mikrobieller Verderb

Fäulnisbakterien, meist Aerobier, treten nur dann auf, wenn die Gärung nicht funtioniert. In solchen Fällen liegt die Kochsalzkonzentration in der „Brühe", dem Saft, häufig unter 5% und der pH-Wert sinkt nicht ab.

Störende Hefen, meist aerobe Kahmhefen, entwickeln sich in der Regel nur während der Anfangsphase und dann an der Oberfläche. Nach 2–3 Tagen Gärzeit sollten daher Leinentuch und Abdeckbretter abgewaschen werden.

Bei raschem Wachstum bestimmter Stämme von Lactobacillus plantarum kann es bei höheren Temperaturen gelegentlich zur Bildung von Schleim im Sauerkraut kommen. Die manchmal beobachtete rote Pigmentierung von Sauerkraut wird auf Lactobacillus brevis zurückgeführt (142).

6.4.2 Fermentierte Brechbohnen

Nach dem bei der Sauerkrautherstellung gebräuchlichen Verfahren lassen sich auch Schnittbohnen durch Milchsäuregärung konservieren. Zur besseren Abschirmung gegen verderbende Mikroorganismen können sie vorher pasteurisiert werden. Die Gefahr der dabei nicht abgetöteten Sporen von Clostridium botulinum läßt sich durch einen hohen Kochsalzgehalt abwenden.

6.4.3 Fermentation von Pickles

Bei den Pickles muß unterschieden werden zwischen der Herstellung
1. unvergorener Essigkonserven (s. S. 97) und
2. vergorener Pickles (Gurken-Gärung) mit
   a) Salzpickles und
   b) Dill-(Gewürz)-Pickles.

Nachstehend sollen nur die vergorenen Pickles abgehandelt werden. Bei diesem Verfahren werden kleine, grüne, von Schadstellen freie Gurken, die im Haushalt – um ein späteres „Hohlwerden" zu verhindern – nach sorgfältigem Waschen mit einer Stricknadel 2–3mal angestochen wurden, über Nacht gewässert und danach in geeignete, sorgfältig gereinigte Behälter aus Holz oder Steingut eingelegt. Holzbehälter sind vorher stets mit Natrium-Hypochlorit oder schwefliger Säure (Schwefelspan) zu desinfizieren. Die Gärungsverfahren selbst sind für Salz- und Dillpickles verschieden.

6.4.3.1 Salzpickles

Die in den Behälter eingelegten Gurken werden anschließend mit einer Natriumchlorid-Lake überschichtet und durch steinbeschwerte Holzbrettchen ständig mit der Flüssigkeit bedeckt gehalten.

Zur Erreichung der notwendigen Salzkonzentration kommen 2 Verfahren zum Einsatz:

a) Ausgangskonzentration ca. 8,0% NaCl (ca. 9 kg Salz auf 100 kg Gurken), danach wöchentliche Erhöhung der Salzkonzentration, so daß am Ende des Prozesses eine Salzkonzentration von ca. 15,9% resultiert. Das Salz dringt dabei gut in die Gurken ein, und die Gärung erfolgt rasch. Es besteht jedoch die Gefahr einer Kontamination mit Verderbniserregern.

b) Bei einer höheren Ausgangskonzentration von 10,6% NaCl läßt sich eine solche Kontamination weitestgehend verhindern. Die weitere Erhöhung der Salzkonzentration erfolgt langsamer, erreicht aber zum Abschluß den gleichen Wert wie beim Verfahren (a). Durchsalzung und Gärung laufen dabei ebenfalls langsamer ab. Dieses Verfahren (b) läßt sich auch bei höheren Temperaturen (>20 °C) einsetzen.

Durch das Salz wird den Gurken der „Saft" entzogen, in dem sich Zucker, lösliche Proteine und Mineralstoffe befinden, die von der spontan vorhandenen Mikroflora oder auch von optimal zusammengesetzten „Starterkulturen" bei dem Gärungsprozeß zu den konservierenden Säuren, im wesentlichen zu Milchsäure und in geringem Umfang auch zu Essigsäure, umgesetzt werden.

Gärungsflora

Bei der Fermentation von eingesalzenen Gurken lassen sich drei verschiedene Gärungstypen beobachten, und zwar

- die Milchsäuregärung, die der Konservierung dient;
- eine durch Enterobacter-Aerobacter-Arten verursachte Gärung, bei der CO_2 und Wasserstoff entstehen; dieser Prozeß läuft ausschließlich bei hohen NaCl-Konzentrationen ab;
- eine Hefegärung, bei der CO_2 und Ethanol gebildet werden, der Kochsalztoleranzbereich ist dabei sehr groß.

Alle drei Gärungsformen setzen sofort nach Zusatz der Lake ein und halten über 2 bis 9 Wochen an. Der Gärungsablauf läßt sich auch hier weitgehend durch die Salzkonzentration steuern.

Während der ersten 24 h der Gurkengärung vermehren sich hauptsächlich peptonisierende Bakterien, die dann allmählich von Säurebildnern verdrängt werden. Die Milchsäurebildung läuft bei der niedrigsten Salzkonzentration (8–9%) am schnellsten und intensivsten ab. Sie wird bei 10,6% nur wenig langsamer und kommt bei 15,6% NaCl fast vollständig zum Erliegen.

Die Enterobacter-Gärung macht sich durch starke Gasbildung (Wasserstoff und CO_2) bemerkbar; sie herrscht bei hohen bis mittleren Salzkonzentrationen (10,6 bis 15,9% NaCl) vor und fehlt bei niedrigen Konzentrationen (5,3% NaCl) oft ganz.

Dagegen läuft die Hefegärung im gesamten Konzentrationsbereich (5,3 bis 15,9% NaCl) gleichmäßig lebhaft ab. Während des Gärungsprozesses kann es zur Schaumbildung kommen, die in der Regel auf Kahmhefen zurückzuführen ist (z. B. Mycoderma-Arten, Debaromyces, Hansenula, Pichia und Zygopichia).

Behandlung vor Abgabe (Zusatzbehandlung)

Konserven mit nur halbgegorenen Gurken sowie einige Dill-Pickles werden zur zusätzlichen Stabilisierung pasteurisiert; dabei sollten in der Mitte des Abgabebehältnisses 74 °C über 15 min oder 70 °C über 20 min gehalten werden.

Mikrobieller Verderb

Eine Reihe von Bakterien, z. B. auch die Milchsäurebakterien, die eine normale Gärung hervorrufen, können anschließend die Konserven verderben und müssen daher vernichtet werden. Dies kann z. B. durch Pasteurisierung geschehen, einige Säurebildner überstehen jedoch diesen Prozeß. Enterobacter-Arten und Hefen bilden Gase, die für aufgeblähte und hohle Gurken verantwortlich gemacht werden. Pilzbefall führt oft zum Abbau der Milchsäure und zu Geschmacksveränderungen. Das Weichwerden ist auf eine Kontamination mit Bazillen der Gruppe mesentericus fuscus zurückzuführen, während das Schwarzwerden Bacillus nigrificans, einem Stamm der Bacillus-mesentericus-Gruppe, anzulasten ist. Doch auch schwefelwasserstoffbildende Bakterien (Desulfovibrio-Arten) können in Gegenwart von Eisensalzen eine Schwarzfärbung auslösen.

Weiterverarbeitung von Salzpickles

Als Salzkonserven werden unreife Gurken angesehen, die in einer Salzlösung mit oder ohne Gewürze konserviert sind. Ein großer Teil davon wird durch Wässern – zur

Verringerung des Salzgehaltes – und nachträgliches Einlegen in Weinessig (bis zu 4%) zu sauren Pickles, süßsauren Konserven und Mixed-pickles verarbeitet.

6.4.3.2 Dill-Pickles

Die Herstellung von Dill-Pickles weicht in zwei wesentlichen Punkten von derjenigen für Salzkonserven ab, und zwar durch

- die Verwendung von schwächeren Salzlaken,
- den Zusatz von Gewürzen, die keinen Einfluß auf die normale Gärung haben.

Die Gewürzmischung setzt sich nach Prescott und Dunn (118) beispielsweise aus 4 kg Nelkenpfeffer, 2 kg Koriander- oder Senfsamen, 2 kg schwarzem Pfeffer und 1 kg Lorbeerblättern zusammen. Bei einem Ansatz von Gewürzpickles, der meist in sorgfältig desinfizierten Holzfässern vorgenommen wird, werden zu 160 l Inhalt 0,5 kg Gewürzmischung gegeben sowie zusätzlich 2,5 bis 3,5 kg grüner oder gesalzener Dill und eventuell noch 1 kg Zucker, der das Wachstum der Bakterien beschleunigt. In der 7–8%igen Lake können jedoch auch unerwünschte Bakterien noch wachsen. Normalerweise wird der pH-Wert mit Essigsäure auf 4,6 eingestellt und eine Temperatur von 20 °C eingehalten. Zur Fertigung in Lebensmittelbetrieben werden häufig Reinkulturen eingesetzt.

Bei spontanen Gärungsprozessen treten zunächst grampositive, kokkenförmige, danach stäbchenförmige Milchsäurebakterien auf, die ihre maximale Keimzahl etwa zehn Tage nach Gärungsbeginn erreichen.

Tabelle 66. Hauptmerkmale der Mikroflora in fermentierten Gemüsekonserven und Pickles.

Mikroorganismen	Gärungstyp				Salztoleranz					Vorkommen							
	keine Gärungsmerkmale	Gärung und Gasbildung	Milchsäuregärung, Säuregärung	Säuretoleranz	5% NaCl	10% NaCl	15% NaCl	>15% NaCl	Wachstum bei 10% NaCl und 1,7 °C	verringerte O_2-Spannung erforderlich	gärende, eingesalzene Gemüse	echte Gewürzpickles	gebeizte und gesalzene Gemüse	nicht für Pickles-Herstellung	stark gesalzene Gemüse, ohne Säure	fertigverarbeitete Pickles	pasteurisierte Essigkonserven
Enterobacteriaceae (Coliforme)		+	−	−	−	±	+				+	+	+	+		−	
säurebildende Bakterien		−	+	+	+	+	+	−			+	+	−			+	+
salztolerante Kokken	+			−	+	+	+		+				+	−	+		
obligat halophile Bakterien	+	+		−			+			+							
Hefen (Mycoderma)		+		+	+	+	+										

Mikrobieller Verderb
Als Verderber treten Kahmhefen (Debaromyces spp. u. a.), gelegentlich auch Candida spec. auf.

6.4.4 Sauerteig

Nach unserem derzeitigen Wissen wird Brot seit mehr als 5000 Jahren aus Mehl hergestellt und in der Ofenhitze gebacken. Durch den von Gärungsgasen im Teig verursachten Auftrieb, dem „Gehen" des Brotteiges vor dem Backen bei geeigneter Temperatur, kommt es nicht nur zur Auflockerung, sondern auch zu dem säuerlichen Geschmack. Dazu wird ein zurückgestellter Rest vom vorherigen Brotbacken, der „Sauerteig", mit dem frisch bereiteten Teig vermengt und bis zur „Reife", d.h., bis er aufgegangen ist, stehengelassen; in der Regel beträgt die dafür benötigte Zeitdauer 12–16 h.

Bereits in der Bibel wird auf diese Zusammenhänge hingewiesen. So heißt es im 1. Korintherbrief Kapitel 5, Vers 6: „Wisset ihr nicht, daß ein wenig Sauerteig den ganzen Teig versäuert?" Auch im Galaterbrief Kapitel 5, Vers 6 gibt es einen ähnlichen Hinweis.

Gärungsflora
Die Zusammensetzung der Mikroflora des Sauerteigs ist je nach den klimatischen und sonstigen Milieu-Verhältnissen recht unterschiedlich, zudem handelt es sich ja um eine spontane Gärung, die sich von allein, beim Stehenlassen von Teig, über einige Tage oder Wochen (zugedeckt und feucht bei Zimmertemperatur), einstellt. Sauerteig enthält in der Regel Hefen, so vor allem Saccharomyces cerevisiae (die Bäckerhefe), verschiedene Milchsäurebakterien (Lactobacillus plantarum, L. brevis sowie L. fermentum) und gelegentlich auch Enterobacteriaceen (s. auch 140). Heute werden zwar für diesen Zweck meist Backhefen (Saccharomyces cerevisiae) eingesetzt, doch kommt der „alte Sauerteig" wieder mehr in Mode.

Brotverderb
Das *Fadenziehen* wird von Bacillus-mensentericus-Sporen verursacht, die während des Backens nicht abgetötet werden. Durch einen Zusatz von Propionsäure (s. S. 118) zum Brotteig, was in der Bundesrepublik Deutschland nicht mehr erlaubt ist, kann das Auskeimen dieser Sporen verhindert werden.

Beim *Verschimmeln* handelt es sich um einen Befall des gebackenen Brotes mit Schimmelpilzsporen aus der Luft, primär aus dem Lagerraum (verschimmelte Wände). Verantwortlich dafür ist eine zu feuchte Lagerung. Vertreten sind Aspergillen und Penicillien, aber auch Mucorineen, Neurospora (Moniliales) u.a. (s. S. 47ff.). Bei einem solchen Befall besteht die Gefahr einer Aflatoxinbildung (s. S. 218), verschimmeltes Brot sollte daher nicht verzehrt werden.

6.4.5 Hefeteig

Bereits gegen Ende des 18. Jahrhunderts wird aus Holland über die Herstellung von Preßhefe aus den Rückständen von Brauereien und Brennereien berichtet. Dabei handelte es sich vorzugsweise um Saccharomyces cerevisiae. Von einer industriellen Fertigung kann jedoch frühestens seit 1860 (Wiener-Verfahren) gesprochen werden.

Die Bäckerhefe dient heute vielfältig als Backhilfsmittel und bewirkt, wie der Sauerteig, während des „Gehens" eine Reife und Auflockerung des Teiges, die auf die aus Zuckerbestandteilen gebildete Kohlensäure zurückzuführen ist.

Die Keimtoleranzwerte für Preßhefe sind nach der Eidgen. Verordnung von 1987 (46) für

- aerobe, mesophile Bakterien: 2 KBE/100 lebensfähige Hefezellen;
- Enterobacteriaceae: 1 000 KBE/g.

Die mikrobiologischen Toleranzwerte für ungekochte, trockene Teigwaren (46) sind für

- aerobe, mesophile Keime: 10^5 KBE/g;
- Enterobacteriaceae: 1 000 KBE/g;
- Staph. aureus: 10 000 KBE/g;
- Schimmelpilze: 1 000 KBE/g.

6.4.6 Fermentation von Kaffeekirschen

Die äußere Schicht der Kaffeekirsche (Coffea arabica), das Fruchtfleisch, wird zunächst fermentativ mit Hilfe pektinolytischer Enzyme, wie sie vor allem von Enterobacteriaceen, aber auch von verschiedenen Pilzen gebildet werden, entfernt. Danach erfolgt eine Milchsäuregärung, vorzugsweise mit Leuconostoc mesenteroides, L. brevis und/oder Streptococcus faecalis, worauf sich die Trocknung der freigesetzten Kaffeebohnen anschließt.

6.4.7 Teefermentation

Auch beim „echten" Tee (Camellia sinensis), der aus gerollten, fermentierten (schwarzer Tee) oder unfermentierten (grüner Tee), getrockneten Knospen und Blättern des Teestrauches besteht, spielt die Fermentation eine wichtige Rolle. Während in einigen Ländern, besonders auch in Ostasien, der „grüne Tee" bevorzugt wird, greift man in Europa und den USA lieber zum „schwarzen Tee" oder dem halbfermentierten Oolong Tee.

Die Fermentation, die bei kontrollierter Temperatur (ca. 30 °C) und Feuchte abläuft, ist mehr auf die Wirkung zelleigener Enzymsysteme (intrinsic enzymes) als auf die von Mikroorganismen gebildeten zurückzuführen. Ein Befall mit Pilzen (oft sind hier Aspergillen, Penicillien und Rhizopus-Arten beteiligt) reduziert nach der allgemeinen Auffassung Aroma und Qualität des Tees, doch sind auf der anderen Seite spezielle Teepilzmischungen bekannt, die besonders in einigen ostasiatischen Ländern wegen ihres guten Aromas geschätzt werden.

6.4.8 Kakaofermentation

Die mit dem Fruchtfleisch aus der Fruchtschale entnommenen Kakaobohnen durchlaufen, bevor sie getrocknet werden, einen spontanen, mehrstufigen, etwa 2 bis 7 Tage währenden Reifungsprozeß. In der ersten Phase entwickeln sich Aspergillen und Penicillien sowie Mucor- und Rhizopus-Arten, die das Fruchtfleisch zersetzen (Aflatoxinbildung möglich, s. S. 51). Danach erfolgt eine alkoholische Gärung und schließlich eine Produktion von Essigsäure durch Acetobacter-Arten. Mitunter greifen auch noch Milchsäurebakterien in das bisher keineswegs voll aufgeklärte Geschehen ein. Bei der rasch ansteigenden Temperatur (44 °C bis 50 °C) wird der Embryo der Kakaobohnen abgetötet, und die Keimblätter gehen in Autolyse über. Dabei werden phenolische Substanzen der Bohnen freigesetzt, während der herbe, bittere Geschmack verschwindet und dem charakteristischen Aroma Platz macht. Dies soll auf den mikrobiellen Fermentationsprozeß zurückzuführen sein, bei dem unter Mitwirkung von Bacillus subtilis Tetramethylpyrazin entsteht. Die bei diesem Prozeß braun gewordenen, süß schmeckenden und getrockneten Kakaobohnen eignen sich nunmehr zur Gewinnung von Kakaopulver.

Bei Einwirkung von Feuchtigkeit kommt es jedoch durch Schimmelbefall sowohl beim Transport als auch in Lagerhäusern zu einem schnellen Verderb (120).

Mikrobiologische Qualitätsmerkmale

Auch hier enthält die Eidgenössische Verordnung von 1987 (46) einige richtungsweisende Angaben (Toleranzwerte), sie beziehen sich auf Kakaopulver, Schokoladenpulver und Schokolade ohne Füllung:

- aerobe, mesophile Keime: 10^5 KBE/g
- Enterobacteriaceae: 100 KBE/g
- Staph. aureus: 100 KBE/g
- Hefen: 1 000 KBE/g
- Schimmelpilze: 100 KBE/g

Nicht unberücksichtigt sollte bleiben, daß Kakaopulver gelegentlich auch mit Salmonellen verseucht sein kann, was in der Regel auf Einwirkungen während des Trockenprozesses der Kakaobohnen, z. B. auf einen Kontakt mit Eidechsen, zurückzuführen ist. Gerade bei Schokolade wurde nachgewiesen, daß selbst eine geringe Anzahl Salmonellen eine Erkrankung auslösen können (10, 165).

6.5 Alkoholisch vergorene Getränke

Die alkoholische Gärung, bei der, wie wir seit etwa 150 Jahren wissen (s. S. 135), Zucker, vorzugsweise Glucose, unter Mithilfe von Hefen (z. B. Saccharomyces cerevisiae) oder auch Bakterien spontan in Ethanol, CO_2 und Wasser umgesetzt wird, hat von ihrer Jahrtausende währenden Bedeutung nichts eingebüßt. Im Gegenteil, sie erfreut sich noch immer größter Beliebtheit, dient sie doch dem Menschen in vielerlei Hinsicht:

Tabelle 67. Produkte der alkoholischen Gärung.

Verfahrensstufe	Wein	Sekt	Weinbrand	Bier	Whisky	Branntwein	Rum	techn. Ethanol
Ausgangsmaterial	Weintrauben	Wein	Wein	Gerste (Stärke)	Roggen, Mais, Weizen, Gerste	Obst, Kartoffeln	Zuckerrohrrückstände	Holz, Cellulose
Verzuckerungsmittel (Aufschluß)	–	–	–	Malz, Pilzenzyme	Malz	– (Malz bei Kartoffeln)	–	Säuren
Gärungserreger	Weinhefen, Sacch. cerevisiae, S. ellipsoideus			Bierhefen, Sacch. cerevisiae, S. carlsbergensis	Sacch. cerevisiae	Sacch. cerevisiae	Sacch. cerevisiae, Schizosacch.-Arten	Sacch. cerevisiae
Nachgärung		Weinhefen						
Alkoholgehalt (Vol.-%)	8–18	9–12		3,4–5,2				
Weiterverarbeitung			Destillation		Destillation	Destillation	Destillation	Destillation
Alkoholgehalt (Vol.-%)			40–86		40–55	40–45	40–55	70–96,4

sowohl als flüssige Nahrungsmittel (Bier) als auch zur Anregung und Stimulierung, leider aber auch zur Sucht. Auf die Dosis tolerata kommt es dabei an. Seit dem 1. Mai 1989 muß bei Getränken und Speisen jeder Alkoholgehalt über 1,2% deklariert werden.

Für die im Rahmen des Lebensmittel- und Bedarfsgegenständegesetzes (88, § 1) hergestellten alkoholischen Getränke (Tabelle 67) sind die Voraussetzungen abgeklärt. Auf die technische Gewinnung von Alkohol unter Verwendung von Abfallprodukten der verschiedensten Art (z.B. auch Molke) oder durch vorhergehende Holzverzuckerung soll hier nicht näher eingegangen werden. Eine Verwertung des technischen Alkohols kommt ohnehin nur als Benzinzusatz (etwa 10%) in Frage.

6.5.1 Weinherstellung

Alkohol läßt sich, wie bereits erwähnt, durch Vergärung von Zuckerlösungen herstellen, Wein soll darüber hinaus jedoch nicht nur Alkohol, sondern auch Charakter haben. Wein ist deshalb ein ganz individuelles Produkt jener Landschaft – einschließlich ihrer geologischen und klimatischen Bedingungen –, die ihn hervorgebracht hat. Richtig aufbereitet, ist er ein einmaliges Erzeugnis, und jeder Jahrgang besitzt seine Besonderheiten.

Dieser Ansicht war auch schon der griechische Historiker und Philosoph Plutarch (50–ca. 125 n. Chr.), der treffend bemerkte: „Der Wein ist unter den Getränken das Nützlichste, unter den Arzneien die Schmackhafteste und unter den Nahrungsmitteln das Angenehmste". Auch Paulus (10–64 n. Chr.), ein Zeitgenosse von Plutarch, empfahl: „Trinke nicht mehr nur Wasser, sondern brauche ein wenig Wein um deines Magens willen, damit du nicht krank wirst" (1. Brief an Timotheus Kap. 5, Vers 23).

Die kultivierte Weinrebe (Vitis vinifera sativa), die das Ausgangsmaterial, die Traube und mit dieser den Zucker, liefert, ist wahrscheinlich aus den Wildformen Vitis vinifera silvestris und Vitis vinifera caucasica, die in Europa und Vorderasien heimisch sind, hervorgegangen.

Sie hat vermutlich die Eiszeiten im südlichen Europa überstanden und drang dann in der letzten Nacheiszeit über das Rhônetal in das Rheintal ein. Die charakteristischen Traubenkerne der Wildrebe sind mancherorts bei prähistorischen Ausgrabungen gefunden worden, so aus der Zeit um 4000–3000 v. Chr. bei Stuttgart (16). Während in Gallien und z. T. auch in Rätien der Weinbau bis auf etwa 500 v. Chr. zurückgeht (die Griechen waren es, die ihn in Gallien einführten), wurde er in Deutschland wahrscheinlich erst in nachchristlicher Zeit (zwischen 100 und 200 n. Chr.) heimisch. Seine weiteste und flächenmäßig größte Ausdehnung erreichte der Weinbau kurz vor der Reformationszeit.

Die geographische Verbreitung des Weinstockes läßt sich etwa durch den 40. Grad südlicher und den 40. Grad nördlicher Breite, in Europa sogar durch den 50. nördlichen Breitegrad, der durch Mainz am Rhein und den durch seine Rieslingrebe bekanntgewordenen Ort Johannisberg im Rheingau verläuft, abgrenzen. Hier folgt die Weinbaugrenze der 10 °C-Jahresisotherme und hebt die Bedeutung des lokalen Klimas hervor.

Unsere Edelreben (Tabelle 68) sind mit Ausnahme der Gutedelrebe aus deutschen bzw. europäischen Wildreben hervorgegangen, so auch die Rieslingtraube, die zahlreiche deutsche Spitzenweine liefert und mit manchen anderen Edelreben gekreuzt wurde. Die wohl älteste Kreuzung zwischen Riesling und Sylvaner wurde 1882 von dem aus der Schweiz stammenden Professor Müller an der Weinbauschule in Geisenheim a. Rhein gezüchtet und erhielt zu Ehren seiner Heimat den Namen Müller-Thurgau. Heute entfällt auf diese Rebsorte die größte Anbaufläche in der Bundesrepublik Deutschland. Diese Tatsache ist vor allem dem feinen Muskatton, der Spritzigkeit

Tabelle 68. Abstammung der weinliefernden Reben.

Abstammung	Bezeichnung	lateinische Bezeichnung	Herkunft	heutige Anbaugebiete
Europäische Wildrebe	Spätburgunder (blauer Burgunder)	V. vinifera	durch Römer eingeführt; aus Gallien durch die Karolinger zu uns	Aßmannshausen, Ingelheim
	Elblinge	V. vinifera albuelis	durch Römer eingeführt	Mosel, Breisgau, Kaiserstuhl
	Gänsfüßler	V. vinifera chenopodia	durch Römer eingeführt	nur noch an Hausmauern
	Trollinger	V. vinifera macrocarpa	von Karl dem Großen eingeführt	Württemberg, Neckartal
Westasiatische Wildrebe	Gutedel, Chasselas	V. vinifera aminea	aus Ägypten, dort seit 2000 v. Chr., durch die Römer eingeführt	Markgräfler Land, weitverbreitet in der Schweiz
Donau-Wildrebe	Silvaner	V. vinifera austriaca	nach dem 30jährigen Krieg aufgetreten, Transsilvanien?	Rheinhessen, Franken, Württemberg, Pfalz
	Blaufränkischer	V. vinifera franconia u. limbergica	aus den Donauländern	Baden, Württemberg
aus deutschen Wildreben	blauer Portugieser	V. vinifera lusitanica	wahrscheinlich nicht aus Portugal, sondern aus Österreich im 18. Jh. nach Deutschland einführt	Pfalz, Rheinhessen, Württemberg
	Riesling	V. vinifera pusilla	seit über 500 Jahren im Rheingau; Urheimat vermutlich im Rheintal bei Worms	Rheingau, Rheinhessen, Pfalz, Franken, Baden, Württemberg
	Traminer	V. vinifera tirolensis	trotz seines Namens wahrscheinlich aus dem Rheintal stammend, 1498 erstmals erwähnt	Pfalz, Rheinhessen
	Ruländer, Grauer Burgunder	V. vinifera	Mutation des blauen Burgunders, 1711 von dem Kaufmann Ruländer auf einer Brandstätte aufgefunden	Baden, Kaiserstuhl, Württemberg

und Eleganz der daraus gewonnenen Weine zuzuschreiben. Die Anfälligkeit gegen die Edelfäule (Botrytis cinerea) erhöht die Chance zu Spitzenqualitäten bei Spätlesen (ab 85° Öchsle). Der würzige Geschmack und das blumige Bukett sind die ebenfalls hervorstechenden Eigenschaften weiterer, nachfolgender Kreuzungen wie Scheurebe, Kernerrebe u.a.

Großen Schaden verursachten im 19. Jh. die aus den USA eingeschleppte Reblaus und der falsche Mehltau (Peronosporaceae), denen man später mit gleichfalls in den USA vorkommenden, gegen beide Krankheiten resistenten Rebsorten begegnete. Auf diese aus den USA bezogenen „Unterlagen" wurden unsere Edelreben aufgepfropft, ein Verfahren, das heute durch den maschinell durchgeführten Omegaschnitt vereinfacht wird, so daß sich Wurzelstock und Edelreis leicht zusammenfügen lassen. Das Pfropfen an sich war schon zu den Zeiten des Aristoteles bekannt.

Heute werden vorzugsweise gepfropfte Stecklinge für die Neuanlage von Weinbergen eingesetzt. Pfropft man nun Stücke des gleichen Sprosses auf einheitliche Unterlagen, so erhält man eine als Klon bezeichnete Gesamtheit von Pflanzen, die alle genetisch identisch sind. Das weitaus kompliziertere Verfahren der Kreuzungszüchtung ist mit größerem Einsatz und geringerem Erfolg verbunden. Dazu erfordert es noch längere Entwicklungszeiten.

Die Qualität der Traube und damit des Weines werden von der benutzten Rebsorte, deren Standort (Bodenart und Klima, besonders Sonnenlage und Sonnentage u.a.) sowie dem Zeitpunkt der Lese, der ausschlaggebend für den Gehalt an Zucker (Grad Öchsle), Säuren und Aromastoffen ist, beeinflußt.

Die Mostwaage oder *Öchslewaage*, von dem Pforzheimer Goldschmied Ferdinand Öchsle (1774–1852) entwickelt, stellt ein *Aräometer* dar, mit dem sich die Dichte und damit das spezifische Gewicht des Traubenmostes bestimmen läßt. Die Einteilung in Öchslegrade reicht von 0 bis 130 °Öchsle (Oe), was einem spezifischen Gewicht von 1,000 bis 1,130 g/l entspricht. So geben die Öchslegrade an, um wieviel Gramm 1 Liter der betreffenden Flüssigkeit bei einer bestimmten Bezugstemperatur (20 °C) schwerer ist als der Bezugsstandard Wasser (1 Liter Wasser = 1000 g). 70 °Öchsle entsprechen einem spezifischen Gewicht von 1,070, d.h., ein Liter der Flüssigkeit wiegt 1070 g (Tabelle 69). Bei einer solchen Bestimmung muß die Prüfflüssigkeit jedoch frei von Trübstoffen sein.

Bei 76 °Oe beginnen die „Kabinett"-Weine und ab 85 °Oe in der Regel die „Spätlesen". Der Bereich um 135 °Oe ist nur mit „Beerenauslesen" zu erzielen.

Bei dem klimatisch besonders begünstigten Jahrgang 1988 wird mit einem Anteil der „Prädikatsweine" (Kabinett, Spätlese usw.) von ca. 50% gerechnet. Der am 22. Nov. 1988 im Bereich der Hessischen Bergstraße gelesene „Eiswein" schaffte es auf 182 °Oe. Im Staatsweingut Assmannshausen erzielte das Lesegut (350 l) bei einer Außentemperatur von −10 °C am 25. Nov. 1988 sogar 205 °Oe und 16 Promille Säure (68). Der Pro-Kopf-Verbrauch an Wein (ohne Sekt) liegt derzeit in der Bundesrepublik Deutschland (für 1987) bei etwa 21 Liter.

Eine weitere natürliche Grenze setzen die Hefen, die normalerweise bei einem Alkoholgehalt von ca. 18 Vol-% ihre Gärtätigkeit einstellen. Nur ausgesprochene Süßweinhefen schaffen es bis etwa 20 Vol-%. Mit den Sake-Hefen Saccharomyces sake, S. tokyo und S. yeddo lassen sich Alkoholgehalte von 14–24 Vol-% erzielen.

Was den Zuckergehalt betrifft, so vertragen osmophile Hefen mehr als 30%, produzieren aber kaum mehr als 10–13 Vol-% Alkohol.

Die Abernte der Trauben erfolgt erst ab dem offiziellen Lesebeginn. Zu Früh- oder Vorlesen kommt es nur bei festgestellter Sauerfäule. Bei einem milden und sonnenreichen Herbst, wenn die „Öchsle" noch steigen, wird die Lese oft hinausgeschoben, um

Tabelle 69. Der bestimmten Mostgewichten zuzuordnende Zucker- und Alkoholgehalt (Näherungswerte).

Mostgewicht (° Öchsle)	spezifisches Gewicht	Zuckergehalt (g/l)	voraussichtlicher Alkoholgehalt (Vol.-%)	(g/l)
35	1,035	62	3,8	30
40	1,040	72	4,4	34
45	1,045	85	5,1	40
50	1,050	99	5,9	46
55	1,055	115	6,7	53
60	1,060	130	7,6	60
65	1,065	143	8,4	66
70	1,070	155	9,1	72
75	1,075	168	9,9	78
80	1,080	180	10,6	84
85	1,085	192	11,4	90
90	1,090	205	12,2	97
95	1,095	218	13,0	103
100	1,100	231	13,8	109
105	1,105	244	14,6	115
110	1,110	257	15,3	121
115	1,115	270	16,1	127
120	1,120	283	16,9	133
125	1,125	296	17,7	140
130	1,130	308	18,4	145
135	1,135	321	19,2	151

höhere Qualitätsprädikate, wie z.B. Kabinett, Spätlese, Auslese, Beerenauslese, Trockenbeerenauslese (Befall mit der Edelfäule Botrytis cinerea) oder sogar Eiswein zu erzielen.

Abbildung 26 gibt einen schematischen Überblick über die einzelnen Phasen der Weinherstellung. Beim Ausbau des Weins ist eine ständige Kontrolle erforderlich, damit es nicht zu einer Kontamination mit Schadkeimen wie Essigsäurebakterien, Milchsäurebakterien oder Schadhefen (Kahmhefen) kommt. Sobald er dann flaschenreif ist, wird die Abfüllung des durch Entkeimungsfilter (s. S. 69ff.) filtrierten Weines unter aseptischen Bedingungen vorgenommen. Dabei sollte der frisch filtrierte Wein sofort in vorgereinigte und heißgespülte Flaschen in einem vor Luftkontaminationen geschützten Bereich abgefüllt und unmittelbar mit heißwasserbehandelten Korkstopfen verschlossen werden. Auch im Endbehälter, der Flasche, sorgt ein geringer Restgehalt an schwefliger Säure für ausreichende Sicherheit gegen einen möglichen mikrobiellen Befall während der Lagerung.

Bei der Herstellung von *Rotwein* werden die entrappten, d.h. vom Stiel befreiten Trauben ungekeltert, nur gequetscht oder gemahlen, in einem offenen Behälter vergoren, bis der rote Farbstoff und daneben auch noch Gerbstoffe aus der Beerenhaut in den Most übergegangen sind. Dieser Vorgang läßt sich durch Temperaturregulierung beschleunigen, doch bestimmt die Dauer der Vorgärung sowohl die Farbtiefe als auch den Gerbstoffgehalt und beeinflußt auf diese Weise auch den Geschmack. Nach etwa acht Tagen sollte dann gekeltert und danach im geschlossenen Behälter (mit Gärverschluß) vergoren werden.

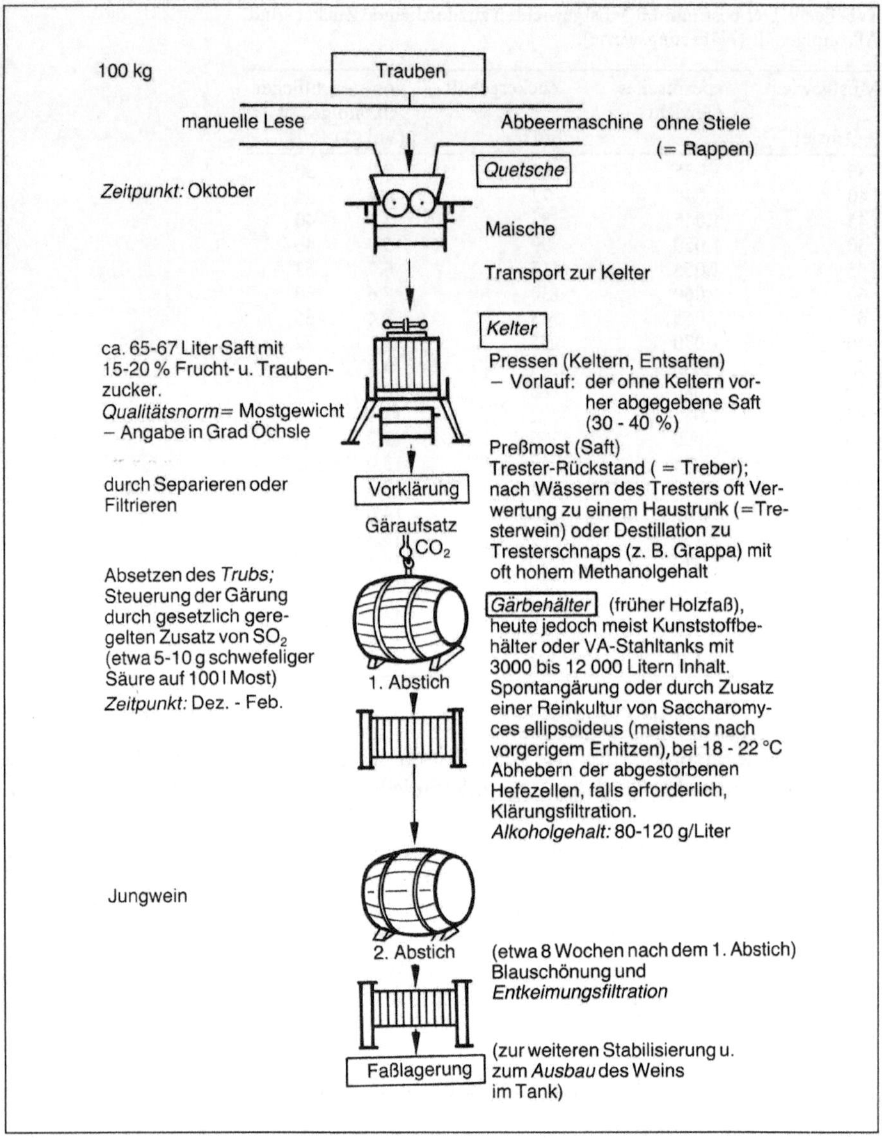

Abb. 26. Schema der Weinherstellung (Weißwein).

Eine nicht vorbehandelte, d.h. sofort gekelterte und vergorene Maische aus roten Trauben führt zu einem Rosé-Wein, der in Deutschland auch als Weißherbst bezeichnet wird.

Auch während der Flaschenlagerung wird der Wein weiter ausgebaut und nach Erreichen eines gewissen Höhepunktes später schließlich wieder abgebaut. Zahlreiche Faktoren, so vor allem die Lagerung, die liegend und optimal bei einer Temperatur von 8–12 °C und ca. 75% relativer Feuchte erfolgen sollte, beeinflussen diesen Vorgang. Weißweine erreichen die genannten Zeitpunkte früher als Rotweine.

Der Korkgeschmack wird nach umfangreichen Untersuchungen von Heimann et al. (in 74a) durch Befall des Stopfens mit Penicillium roquefortii und den dabei entstehenden muffig riechenden Sesquiterpenen verursacht.

6.5.2 Schaumweinherstellung (Champagner®, Sekt)

Bei der Schaumweinherstellung wird in der Regel ein Verschnitt (Cuvée) aus beispielsweise zwei Jungweinen und einem ausgereiften Wein so zusammengestellt, daß die charakteristische Geschmacksrichtung eingehalten werden kann. Anschließend erfolgt bei einem Zuckergehalt von 2–4 Gew.-% eine zweite Gärung, die je nach Zeitaufwand, Ansprüchen und Preislage als *Flaschengärung* oder als *Tankgärung* erfolgt.

Flaschengärung

Bei der Flaschengärung werden druckgeprüfte, dickwandige Flaschen benutzt, die einer Druckbelastung von ca. 6 bar widerstehen. Der mit einer Hefereinkultur beimpfte „Flaschengäransatz" wird mit einem 60 mm langen Walzenkorken verschlossen und verdrahtet. Eine solche Flaschengärung, die später auf dem Etikett des Endproduktes vermerkt wird, erfolgt zunächst über einige Monate bei 15–18 °C und danach in kühleren Räumen bei 8–10 °C über bis zu 3 Jahren. Während der ersten Wochen wird jede Flasche täglich „gerüttelt", so, daß sich bei den zuletzt schräg gelagerten Flaschen (Hals nach unten), der Hefetrub auf dem Korken absetzt. Sobald der Rohsekt klar ist, wird der Flaschenhals vereist, der verdrahtete Stopfen gelöst und mit Hilfe einer speziellen „Degorgierzange" der zusammengefrorene Hefetrub entfernt. Bevor die Flasche dann erneut verschlossen wird, kann eine gewünschte Geschmackskorrektur, in Richtung halbtrockenem, halbsüßem oder süßem Schaumwein (Tabelle 70) durch Zugabe der erforderlichen *Likör-Dosage* (etwa 10–25 ml)

Tabelle 70. Der Zuckergehalt verschiedener Sektarten.

Bezeichnung		Zuckergehalt g/l
brut	herb	15
extra dry	sehr trocken	12–20
dry	trocken	17–35
demi sec	halbsüß	33–50
	süß	mindestens 50

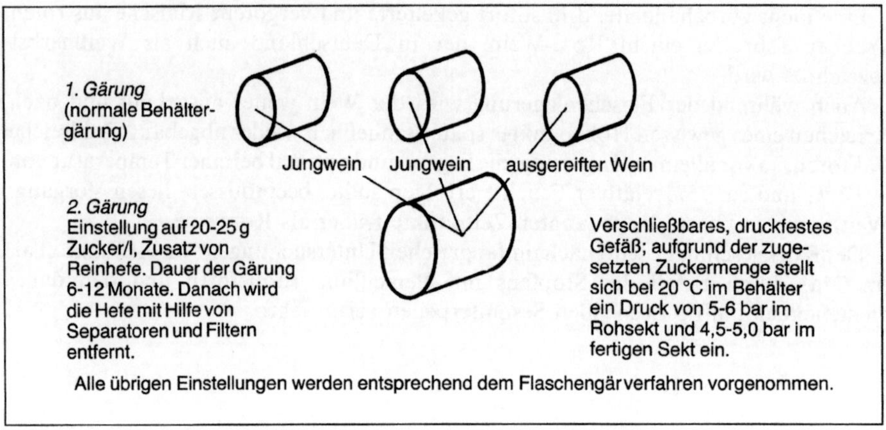

Abb. 27. Schaumweinherstellung im Großraumgärverfahren.

erfolgen. (Unter Likör wird eine Lösung von Kandiszucker in Wein verstanden.) Trockener Schaumwein hat einen Restzuckergehalt von 0,5–2,0%, halbsüßer einen solchen von etwa 4%.

Die Flaschen lagern anschließend noch einige Monate, bis sie zum Verkauf freigegeben werden.

Tankgärung
Sie stellt eine Schnellmethode zur Erzeugung von Schaumwein dar, wobei die Gärung in Stahldrucktanks abläuft (Abb. 27).

Imprägnierung
Neben den beiden vorgenannten Verfahren zur Herstellung moussierender Weine wird auch die Imprägnierung eingesetzt: In der Regel stellt man *Perlweine* auf diese Art und Weise her. Dabei wird dem fertigen Wein nach der Abfüllung in dickwandige, druckstabile Flaschen bei 20 °C und etwa 3 bar Druck Kohlendioxid zugesetzt.

6.5.3 Apfelweinherstellung (Fruchtwein, Obstwein)

In Obstanbaugebieten wurden neben den ausgesuchten „Tafeläpfeln" seit jeher die oft in größeren Mengen anfallenden „Falläpfel" verwertet. Nach dem Keltern wird der Apfelsaft entweder entkeimt und abgefüllt oder zu Apfelwein vergoren. Heute muß vor einer „lässigen" Fallobstverwertung gewarnt werden, da besonders Äpfel häufig mit patulinbildenden Schimmelpilzen befallen sind. Der Gehalt an dem kanzerogenen Mykotoxin Patulin wird für Fruchtsäfte vielfach begrenzt. Das Eidgenössische Department des Innern (46) hat einen Maximalwert von 50 µg/kg festgelegt. Nach den bisherigen Erfahrungen stellt Patulin nur für Obstsäfte eine Gefahr dar, bei einer Gärung wird es abgebaut.

Der Apfelwein muß ganz verschiedenen Geschmacksrichtungen gerecht werden. Oft bekommt er durch einen Zusatz bestimmter Birnensorten oder auch der Scheinfrucht des Speierlings (Sorbus domestica) eine besondere Geschmacksnote, wobei manchem dieser Zusätze zugleich eine konservierende Wirkung zuzuschreiben ist. Meist wird der Apfelwein „naturtrüb" getrunken.

Der Alkoholgehalt hängt vom Reifegrad, d.h. vom Zuckergehalt des benutzten Obstes ab. Gelegentlich wird – wie bei der Apfelcider-Herstellung in Frankreich – mit Zucker auf ca. 120 °Öchsle aufgestockt, so daß ein Alkoholgehalt bis zu 13 Vol.-% erreicht werden kann. Normalerweise liegt der Zuckergehalt des Apfelsaftes jedoch wesentlich niedriger, meist bei etwa 45–55 °Öchsle. Der Gehalt von 55 °Öchsle (ca. 260 g Zucker/10 l) sollte dabei angestrebt werden. Da beim Apfelwein somit ein sehr geringer Alkoholgehalt von nur 6 bis 7 Vol.-% resultiert, ist aus Stabilitätsgründen weiterhin ein Säuregehalt von 6–9 g/l erforderlich. Falls es sich als notwendig erweist – dies kann vor allem bei der Verwendung sehr reifer Äpfel der Fall sein –, sollte mit Mostmilchsäure auf etwa 6,5 g Säure pro Liter aufgestockt werden. Auf ein möglichst rasches Einsetzen der Gärung ist zu achten. Oft wird dem Saft noch vor Beginn der Gärung 1 g Kaliumpyrosulfit/10 l Flüssigkeit zugesetzt, um verderbende Mikroorganismen fernzuhalten.

Nach Abschluß der Gärung (Spontangärung oder Zusatz von Reinzuchthefe) wird die Hefe abgezogen und der Apfelwein, falls erforderlich, geschwefelt, so daß die gewünschte Konzentration erreicht wird.

Im Hinblick auf die Abfüllung und Kühllagerung gelten die Bedingungen der Weinherstellung.

6.5.4 Herstellung von Met (Honigwein)

Der in germanischer Zeit häufig genossene Met war auch bereits den Griechen und Römern bekannt, doch wurde er bei ihnen mehr als Arzneimittel und weniger als Getränk eingesetzt. Das aus dem indogermanischen Sprachbereich stammende Wort Medhu (111) steht für einen „gegorenen Honigtrank". Nach dem deutschen Weingesetz dürfen dabei einem Kilo Honig höchstens 2 l Wasser zugesetzt werden. Ein Zuckerzusatz ist nicht erlaubt, doch kann mit Nelken, Anis oder Hopfen gewürzt werden. Die Vergärung bereitet gelegentlich Schwierigkeiten, da im Honig – je nach seiner Herkunft – oft gärungshemmende Stoffe enthalten sein können.

Der fertige Met kann durch eine Schwefelung in Form eines Zusatzes von 1 g Kaliumpyrosulfit/10 l haltbar gemacht werden.

6.5.5 Bierbrauerei

Die Bierbereitung ist seit mehr als 5000 Jahren bekannt. Der früheste Nachweis stammt aus Mesopotamien, doch ist das Brauen sicherlich an verschiedenen Orten immer wieder „neuentdeckt" worden, stets als Zufallserfindung beim Stehenlassen von dünnflüssigem Mehlbrei aus stärkehaltigen Getreidearten. Heute wird unter Bier jedes aus stärkehaltiger Substanz durch alkoholische Gärung gewonnene Getränk verstanden.

Im nord- und westgermanischen Bereich wurde neben dem Met schon sehr früh bei besonderen Anlässen (Thingversammlungen, Opferfesten, Totenfeiern u.a.) von den Frauen aus Getreide, vornehmlich Gerste, auch Bier gebraut. Sein Name kommt von dem vulgärlateinischen Wort bibere (= trinken).

Im frühen Europa wurde Bier aus gemälzten oder ungemälzten Getreidesorten obergärig hergestellt. Hopfen wurde in Deutschland nachweislich erstmalig 736 in Bayern eingesetzt. Neben den Bürgerbrauereien Norddeutschlands begründeten vor allem die bayrischen Klosterbrauereien den Ruhm des deutschen Bieres. Bereits 1516 erließ der bayrische Landtag das erste „Reinheitsgebot" für Bier, das die Verwendung anderer Stoffe als Malz, Hopfen und Wasser für die Bierherstellung verbot. Bis heute blieb es dabei, doch versuchen unsere EG-Nachbarn diese Schranke einzureißen.

Durch ein Urteil des Europäischen Gerichtshofs vom Frühjahr 1987, das *„Bier-Reinheitsgebot"* betreffend, wurde das Bundesgesundheitsamt in Zugzwang gebracht und entwarf eine neue „Bier-Verordnung". Danach wird den deutschen Brauern vorgeschrieben, auf dem deutschen Markt auch weiterhin nur „rein" gebrautes Bier, das nach alter Tradition nur aus *Wasser*, *Hefe*, *Hopfen und Malz* hergestellt wird, zu verkaufen. Daneben muß jedoch die Bundesregierung Bier aus anderen EG-Ländern, das nicht dem deutschen Reinheitsgebot entspricht, mit gewissen Einschränkungen über ihre Grenzen lassen. Der Brauerbund fordert in diesem Zusammenhang (65), daß Importbiere Zusatzstoffe, technische Hilfsstoffe und Enzymzusätze deutlicher kenntlichmachen sollen, um den Verbraucher vor Täuschungen und Irreführungen zu schützen. Dabei reicht es nicht aus, wenn bei der Angabe von Zusatzstoffen neben dem Klassennamen anstelle der Verkehrsbezeichnung des Zusatzstoffes auch dessen EWG-Nummer (s. S. 14) angegeben werden kann (65).

Die Bierherstellung läuft in drei herausragenden Teilprozessen ab, an deren Anfang die **Malzbereitung** steht. Malz ist ein enzymhaltiges Produkt (Diastasen oder Amylasen), das bei der Bierbrauerei – und häufig auch bei der Brennerei (s. S. 163) zur Verzuckerung der Getreide- bzw. Kartoffelstärke, die der alkoholischen Gärung vorausgeht – eingesetzt wird (Abb. 28).

Als Ausgangsmaterial dient meist hochwertige Gerste (Hordeum distichon). Das vorgereinigte, sortierte, in Silos gelagerte Getreide wird zunächst in *Quelltanks* bei optimalem pH-Wert, einer Temperatur von 10–18 °C unter Luftzufuhr während eines Zeitraumes von 7 bis 8 Tagen zum Quellen gebracht. Bei einer Feuchtigkeitsaufnahme von 45 bis 47%, während der gleichzeitig der Wurzelkeim um das 1 bis 1 1/2fache und der Blattkeim um etwa 3/4 der Kornlänge wächst, kommt es zu einer Enzymaktivierung.

Das so entstehende **Grünmalz** wird anschließend in *Darr-Trommeln* bei bestimmten Temperaturen getrocknet (Tabelle 71), ein Vorgang, der Farbe, Aroma und Enzymgehalt beeinflußt.

Im zweiten Verfahrensschritt wird das Malz geschrotet und anschließend gemaischt, d.h. mit geeignetem Brauwasser angerührt. Die Qualität des benutzten Wassers ist für

Tabelle 71. Verfahrensbedingungen für verschiedene Malzsorten.

Malztyp	Wassergehalt (%)		Darre-temperatur	Darrezeit
	Anfang	Ende (abgedarrt auf)	(°C)	(Std.)
hell	5–10	1,5–3	80–85	3–4
dunkel	15–20	5	100–120	2–3

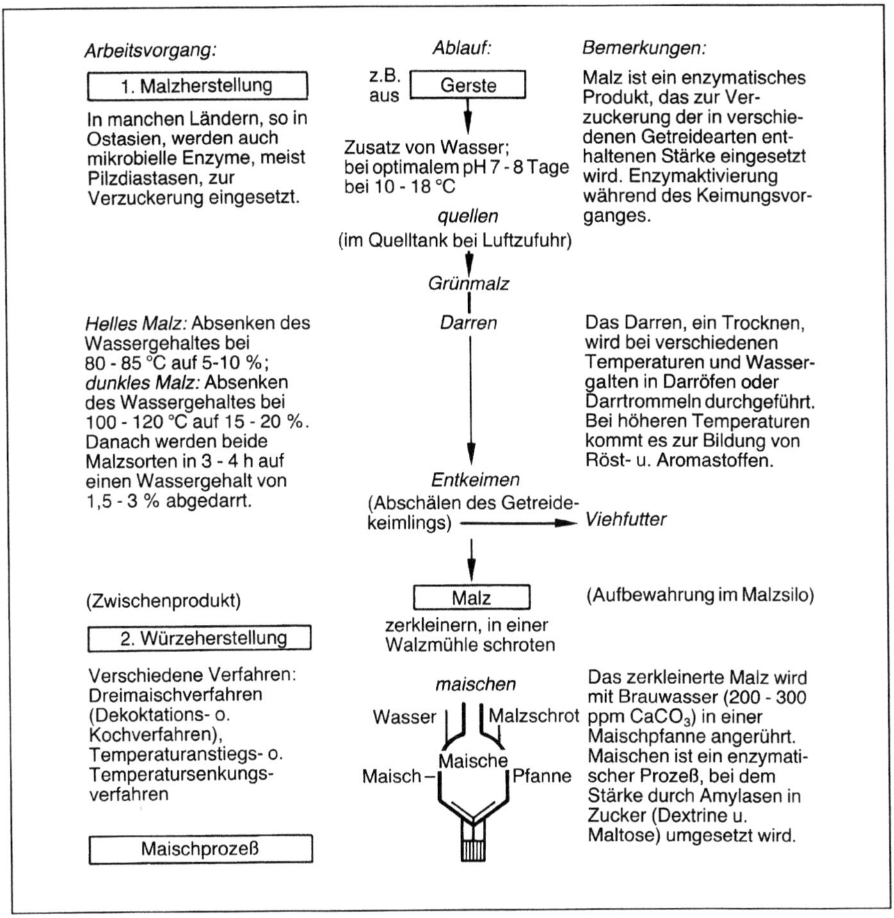

Abb. 28. Schema der Bierherstellung.

die Güte und den Geschmack des Bieres von ausschlaggebender Bedeutung. Leichtere Lagerbiere benötigen weiches Wasser, während für die Ale- und Bierherstellung ein etwas härteres Wasser (200–300 ppm $CaCO_3$) bevorzugt wird. Bei dem anschließenden Prozeß geht es vor allem um die enzymatische Spaltung der noch vorhandenen Stärke, wobei höhere Temperaturen die Aktivität der α-Amylase begünstigen, was zu einer erhöhten Dextrinbildung führt und ein süßeres Bier mit niedrigem Alkoholgehalt zur Folge hat. Niedrige Temperaturen ermöglichen dagegen eine Stärkespaltung sowohl durch α- als auch durch β-Amylasen, dabei entsteht ein höherer Anteil an vergärungsfähigem Zucker (Maltose), und es resultiert somit ein höherer Alkoholgehalt. Als optimaler pH-Wert, der sowohl für die „Extrakt-Ausbeute" als auch für die Filtrationsverluste von Bedeutung ist, gilt pH 5 bis 5,2, ein Bereich, in dem auch das Wirkungsoptimum der β-Amylase und der Proteasen liegt.

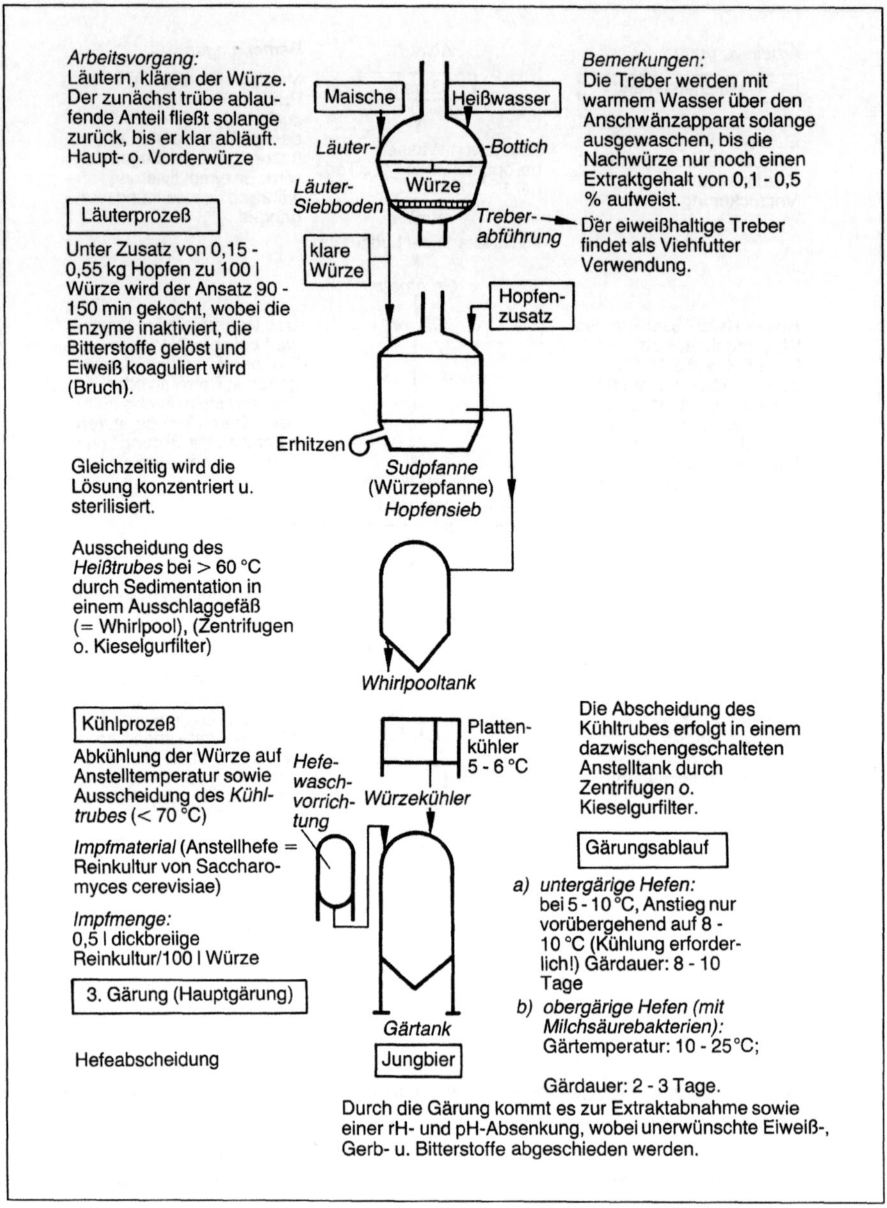

Abb. 28. Fortsetzung

Tabelle 72. Stammwürzegehalt bei verschiedenen Biersorten.

Biersorte	Stammwürzegehalt (%)
Einfachbiere	2–5,5
Schankbiere	7–8
Vollbiere	11–14
Starkbiere	mindestens 16

Der **Maischprozeß** läuft im Hinblick auf die Temperatursteuerung im wesentlichen nach drei verschiedenen Verfahren ab, wobei das *Dekoktations-* oder *Koch-Verfahren* (auch Dreimaischeverfahren genannt) am weitesten verbreitet ist. Im Anschluß daran gelangt die Maische in den *Läuterbottich*, in dem der flüssigen Würze die festen *Treberbestandteile* entzogen werden. In der darauf folgenden *Sudpfanne* erfolgt das Kochen der gehopften Würze (0,15 bis 0,55 kg Hopfen/100 l Würze) über 90–150 min mit dem Ziel, die Flüssigkeit einzuengen, die vorhandenen Enzyme zu inaktivieren, Eiweiß zu koagulieren, Schadkeime abzutöten und die Bitterstoffe aus dem Hopfen zu lösen. Die so behandelte Würze wird schließlich filtriert und bei 5–6 °C bis zur Weiterverarbeitung gelagert.

Für die einzelnen Biersorten ist der Extraktgehalt, d.h. die Menge der in der Würze (= Stammwürze) gelösten Stoffe, charakteristisch (Tabelle 72).

Im dritten Verfahrensschritt wird die gehopfte und gekühlte Würze in offenen Gärbottichen oder speziellen Gärtanks mit der Anstellhefe versetzt und die Gärung eingeleitet. Als Anstellhefe werden sorgfältig ausgewählte Reinkulturen bestimmter Stämme von Saccharomyces cerevisiae verwendet. Die auf gewaschene und kontrollierte Hefezellen bezogene Impfmenge liegt in der Größenordnung von 0,5–1,0 l der dickbreiigen Kultur pro 100 l Würze.

Je nach der gewünschten Biersorte kommen dabei *obergärige* Hefen oder *untergärige* Hefen zum Einsatz (Tabelle 73).

Während der Gärung steigt die Temperatur zunächst um einige Grad an, so daß es beim Einsatz untergäriger Hefen einer Kühlung (Einbau von Kühlschlangen) bedarf. Im Laufe des Prozesses kommt es dann zur Bildung von Alkohol und CO_2 gemäß der Gleichung:

$$\underset{\text{Glucose}}{C_6H_{12}O_6} \xrightarrow{\text{Gärung}} \underset{\text{Ethanol}}{2\,C_2H_5OH} + \underset{\text{Kohlendioxid}}{2\,CO_2}$$

Gleichzeitig vermindert sich die Extraktkonzentration, und der rH- und pH-Wert fallen ab. Durch den pH-Abfall kommt es zur Abscheidung der noch vorhandenen, unerwünschten Eiweiß-, Gerb- und Bitterstoffe sowie zur Aufhellung der Farbe des Gäransatzes. Die Hauptgärung wird nach den in Tabelle 73 aufgeführten Verfahrensbedingungen gesteuert.

Nachdem das Jungbier die sogenannte Schlauchreife erreicht hat, die sich durch die Schlauchtemperatur, eine Extraktabnahme sowie die Hefeausscheidung anzeigt, wird der Ansatz in die Lagergefäße übergepumpt.

Dort durchläuft das Jungbier einen **Nachgärungs- und Reifeprozeß**, der bei Temperaturen zwischen $-1°$ und $+5$ °C bis zu 3 Monate dauern kann (Abb. 29). In

Tabelle 73. Bierherstellung: Gärungsbedingungen für verschiedene Biere. (H: Kulturhefen, MB: Milchsäurebakterien).

Bedingungen u. Produkte	obergärige Biere	Stammwürzegehalt	untergärige Biere	Stammwürzegehalt
Bedingungen				
Kulturhefen	Frohberg-Hefe		Sacch. cerevisiae, Sacch. carlsbergensis Hansen, Sacch. monacensis, Saaz-Hefe	
Gärtemperatur	10–25 °C		5–12 °C[a]	
Gärungsdauer	2–7 Tage		8–12 Tage	
Biersorten			Lagerbiere:	
helle Biere	Berliner Weiße (H+MB)[b] Münchner Weißbier (H)	11–13%	Pilsner (Gattungsbegriff für stark gehopfte Biere), Dortmunder,	11–12% 13–14%
mittelfarbige Biere	engl. Ale Kölsch		Wiener Bier, Münchner Bier	11–14%
dunkle Biere	Altbier, engl. Porter (≥6,5% Alkohol) Stout			

[a] Kühlvorrichtung erforderlich.
[b] Mit Hefe und Milchsäurebakterien gleichzeitig vergoren, was zu einem säuerlichen Geschmack führt.

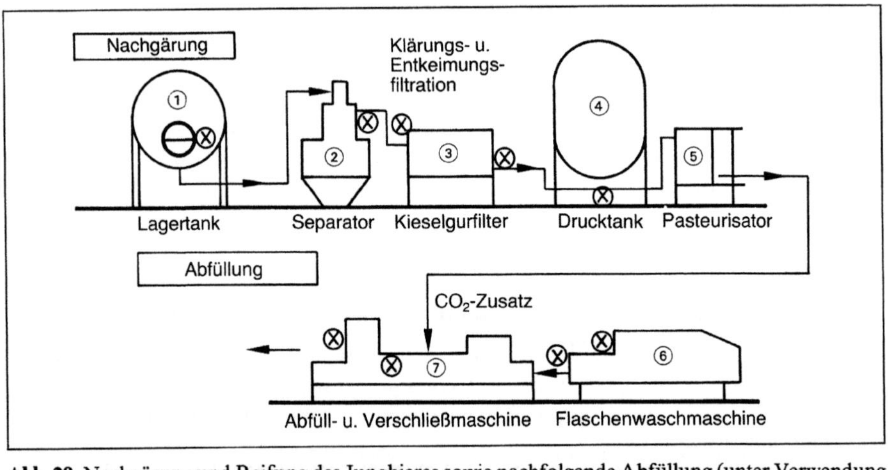

Abb. 29. Nachgärung und Reifung des Jungbieres sowie nachfolgende Abfüllung (unter Verwendung von Symbolen nach 76). ① Lagertank (Temperatur: −1 bis 5 °C, Lagerzeit: je nach Bierart bis zu drei Monaten), ② Separator (Abtrennung des „Gelägers“ (Hefezellen, Eiweiß-, Gerb- und Bitterstoffe)), ③ Kieselgurfilter (Klärungs- und Entkeimungsfiltration), ④ Drucktank (Zwischenlagerung bis zur Abfüllung), ⑤ Pasteurisator (zusätzliche Maßnahme gegen verderbende Mikroorganismen), ⑥ Flaschenwaschmaschine, ⑦ Abfüll- und Verschließmaschine.

dessen Verlauf erfolgt neben einer weiteren Extraktabnahme eine CO_2-Bindung sowie die Bildung und Bindung von Gärungsnebenprodukten, wozu u.a. höhere Alkohole, Ester, Diacetyl und Aldehyde zählen. Außerdem kommt es zum Absetzen des „Gelägers", das aus Hefezellen und anderen ausgefallenen Sedimenten besteht. Es wird mit Hilfe von Separatoren oder Entkeimungsfiltern von dem reifen Bier abgetrennt, das anschließend im Drucktank unter Zusatz von 0,45–0,52 % CO_2 gelagert wird.

Bei diesem Verfahrensschritt erwiesen sich als besonders kontaminationsgefährdet die Filtrationsanlage (sie sollte vor jedem Einsatz sorgfältig sterilisiert o. desinfiziert werden), die Flaschenwaschmaschine (durch keimhaltige Kondenswassertropfen) sowie die Abfüll- und Verschließmaschine, in der es durch überschäumendes Bier zu einer raschen Keimvermehrung und anschließenden Verschleppung kommen kann. Auch die Verschließelemente für Kronkorker zählen zu den Gefahrenquellen einer solchen Anlage.

Abziehen bzw. Abfüllen des Bieres. Unter dem „Abziehen" wird im allgemeinen die Verteilung des filtrierten und mit Kohlensäure versetzten Bieres auf vorher sorgfältig gereinigte und in der Regel (dampf-)desinfizierte Flaschen (Dosen) bzw. Fässer verstanden. Dabei werden isobarometrische Abfüllbedingungen eingehalten, d.h., ein ganz bestimmter CO_2-Gehalt im Bier eingestellt. Um die Reinheitserwartungen aus mikrobiologischer Sicht erfüllen zu können, erfolgt dieser Vorgang heute in modernen Anlagen unter aseptischen Bedingungen. Diesem Zweck dient auch die Pasteurisierung des Bieres, die meist unmittelbar vor der Abfüllung erfolgt. Vereinzelt wird auch noch im Endbehälter, der Flasche, bei 60–61 °C 20 min pasteurisiert (118).

Mikrobielle Einflüsse außerhalb der eigentlichen Gärung

a) Verunreinigende Mikroorganismen bei der Produktion

Aus mikrobiologischer Sicht gehört die Bierherstellung seit mehr als einem halben Jahrhundert zu den im Hinblick auf ihre Technologie am besten abgesicherten Verfahren. Sie stand Pate bei der Entwicklung der Antibiotikafermentation während der vierziger Jahre. Eine Rekontaminationsgefahr besteht jedoch bei der Weiterverarbeitung der gekochten Würze. Vielfältig sind die Möglichkeiten für das Eindringen von Schadkeimen über undichte Stellen im Leitungssystem, bei Kühlern, Filtern, Abfüllanlagen sowie ungenügend gereinigten bzw. desinfizierten Abfüllbehältern (Flaschen, Fässer) und Verschlußvorrichtungen (z.B. Kronkorker für Flaschen), (s. Abb. 29).

Der Gärungsprozeß selbst ist durch die massive Beimpfung der vorher gekochten (sterilisierten) Würze mit einer Hefereinkultur sowie die weiteren Verfahrensbedingungen, selbst in offenen Gärbottichen, vor Kontaminationen weitgehend gesichert. Durch die Hefegärung bei niedrigen Temperaturen und niedrigem pH-Wert, die keimhemmenden Eigenschaften der „Hopfenantiseptika", die das Wachstum grampositiver Sporenbildner verhindern, die Pasteurisierung sowie die anaeroben Verhältnisse im Endprodukt wird die Zuverlässigkeit des Verfahrens weiterhin gefördert. Schließlich wird das Endprodukt, das reife Bier, zusätzlich noch durch eine Entkeimungsfiltration, den CO_2-Zusatz und gelegentlich auch durch ein weiteres Pasteurisieren im Endbehältnis abgesichert.

Tabelle 74. Wachstums- und Abtötungsbedingungen für bierverderbende Bakterien während Produktion und Lagerung. (– : bei der Gramfärbung: gramnegativ; zur Charakterisierung des Wachstums: kein Wachstum; der Wirkung (Hopfenantiseptika): keine hemmende Wirkung).

Gattung	Art	Eigenschaften										Pasteurisierung bei	
		Gramfärbung	Essigsäurebildner	Milchsäurebildner	anaerob	aerob	mikroaerophil	säuretolerant	Wachstum bei pH 4	Diacetylbildung	Hopfenantiseptika	5 min 54 °C	5 min 60 °C
Pseudomonas		–											
Acetobacter	peroxidans	–	+			+					–		
Achromobacter[1]	anaerobicum	–			+			+	+		–		+
Flavobacterium[1]	proteus	–							–			+	
Coli-Aerogenes[1]		–									–		
Pediococcus[2]	cerevisiae[3]	+		+	+			+		+			+
	damnosus	+		+	+			+	+	+	+		+
Lactobacillus[2]	brevis[4] (pastorianus)	+	+	+			+	+			–		+

[1] Würzebakterien; [2] gefährliche Verderber, nur schwer zu bekämpfen; [3] Bierpediokokken oder Biersarcinen, sie produzieren Diacetyl; [4] Hauptverderber bei obergärigen Bieren.

b) Bierverderber während der Lagerung

Werden bei unzulänglicher Entkeimungsfiltration nach dem Reifeprozeß oder durch unhygienische Verhältnisse während der Abfüllung Verderbniserreger eingeschleppt, so kann es zu einer mikrobiellen Trübung (Wachstumskontrolle erforderlich!) des Bieres kommen. Daran können sowohl Kulturhefen und wilde Hefen (Saccharomyces pastorianus, S. diastaticus) als auch Bakterien beteiligt sein (Tabelle 74). Unter den Bakterien sind vor allem Pseudomonaden, die essigsäurebildenden Acetobacterarten, Flavobakterien, Enterobacteriaceen sowie die milchsäurebildenden Pediococcus-Arten und einige Lactobacillusarten gefürchtet. Essigsäurebakterien stellen nur in Gegenwart von Sauerstoff (z. B. bei der Kontamination von Anstellhefen) eine Gefahr dar. Die weitverbreiteten „Biersarcinen" (Pediococcus cerevisiae), die häufig eine Trübung des Bieres verursachen, sind an ihrem honigartigen Geruch zu erkennen.

Erwartungen zur mikrobiellen Reinheit des Bieres

Die mikrobielle Anfälligkeit des Bieres beeinflußt ganz entscheidend die Haltbarkeit. Das Konsumprodukt Bier ist so ausgerichtet, daß es im Endbehältnis nicht zu einer Keimvermehrung und somit nicht zum Verderb kommen kann. Etwa noch vorhandene aerobe Sporenbildner, die das Pasteurisieren überstanden haben, können durch Benutzung von 0,45 µm-Membranfilter abgefangen werden, doch keimen sie in Gegenwart von CO_2 (anaerobe Verhältnisse) und bakteriostatisch wirkender Hefebestandteile ohnehin nicht aus.

Die Haltbarkeit wird vor allem von der Betriebshygiene beeinflußt. Ab der Entkeimungsfiltration des gereiften Bieres (durch 0,2 µm bzw. 0,45 µm-Filter) sollten alle weiteren Schritte unter aseptischen Vorkehrungen erfolgen.

Das resultierende Produkt ist dann – in Abhängigkeit von dem verwendeten Filter – als außergewöhnlich „keimarm“ einzustufen, bei Benutzung von 0,2 µm-Filtern läßt sich Sterilität erreichen. Zur Kontrolle kann dann der Einfachheit halber eine Sterilitätsprüfung unter Anwendung der Membranfiltermethode (s. S. 24ff.) durchgeführt werden.

Grenzwerte oder Toleranzwerte für Bier werden bisher – selbst in der Eidgen. Verordnung von 1987 – nicht direkt angegeben. Die einwandfreie Beschaffenheit des Endproduktes und die mögliche Haltbarkeitsdauer sind als entscheidende Parameter zu werten. Als Mykotoxine können im Bier sowohl Aflatoxin B_1 als auch Ochratoxin A (mit der Gerste eingeschleppt) auftreten (119). Beide Toxine werden jedoch während der Bierherstellung zu mehr als 3/4 der Ausgangskonzentration zerstört.

Aflatoxin B_1 soll dabei durch den Stoffwechsel von Hefen inaktiviert werden (100). Ochratoxin ließ sich bei der Überprüfung von 130 Brauereien in den USA weder im Gerstenmalz noch im Bier nachweisen (49).

6.5.6 Weitere bierartige Getränke

Weltweit werden zahlreiche stärkehaltige Produkte zu bierähnlichen Getränken vergoren. Für die wichtigsten dieser Produkte gibt Tabelle 75 einige Daten zum Produktionsablauf sowie zu ihren besonderen Eigenschaften an.

Tabelle 75. Bierähnliche Getränke aus stärkehaltigen Substraten.

Bezeichnung des alkohol. Getränks	Stärkequelle	Verzuckerung mit	Gärungsorganismen	Verfahrensbedingungen Temperatur	 Zeit	 Alkoholgehalt
Saké (Reiswein) (Japan, China)	Reis	Pilzdiastase (Asp. oryzae) in China auch Penicillium-, Absidia- oder Monoascus-Diastase	S. saké, S. tokyo, S. yeddo, Hansenula anomala, Milchsäurebakt., Lactobac. u. Leuconostoc spec.	20 °C	4 d	
Kwass (Zusatz von Pfefferminz bzw. Soja in Mittelasien)	Gersten- und Roggenmalz sowie Roggenmehl, Vollkornbrot	Gersten-, Roggen- oder Weizenmalz, Pilzdiastasen	zunächst Milchsäurebakt., danach Hefen (S. sp.)	50 °C 25–28 °C	8–9 h 8–9 h	 0,5%
Pombe	Hirse	Hirsemalz	S. pombe			
Ingwer-Bier (ginger beer)	Zucker mit Ingwerwurzel versetzt		S. piriformis zusammen mit Betabakterium vermiforme			

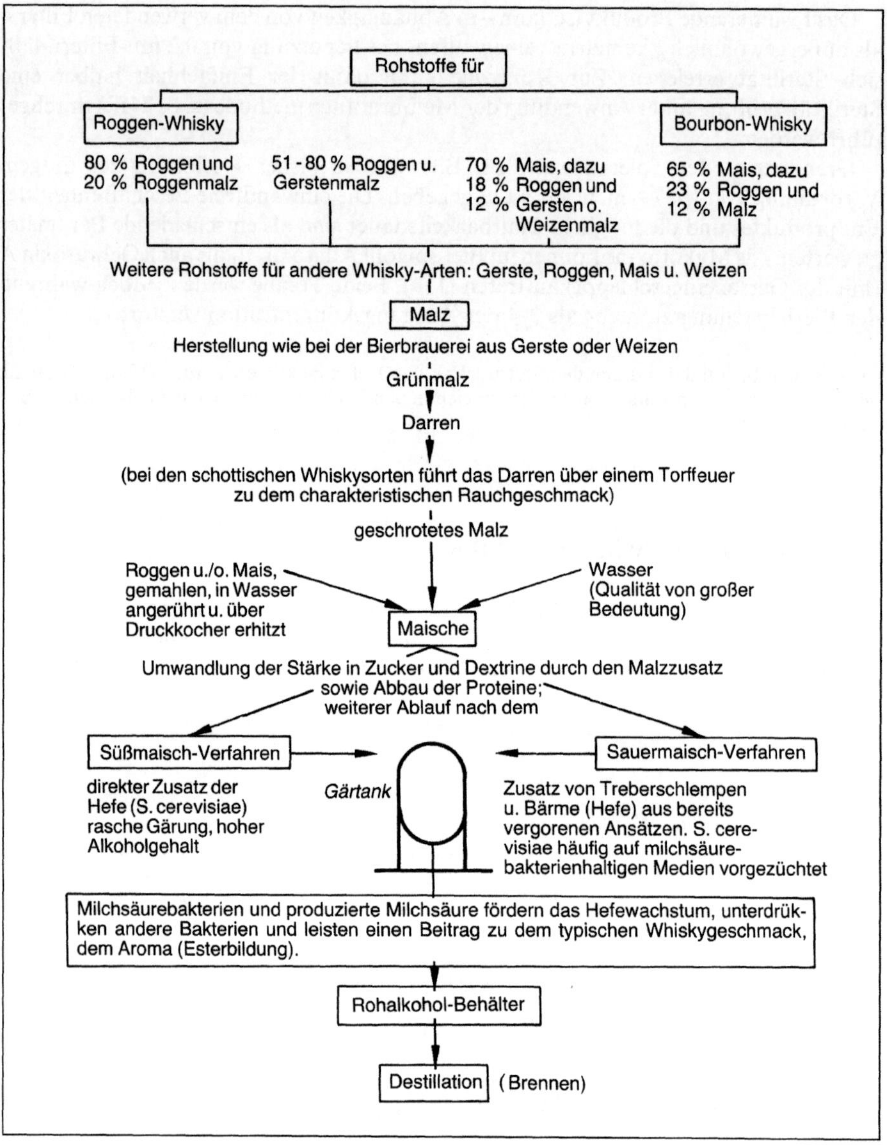

Abb. 30. Schema der Whiskyherstellung.

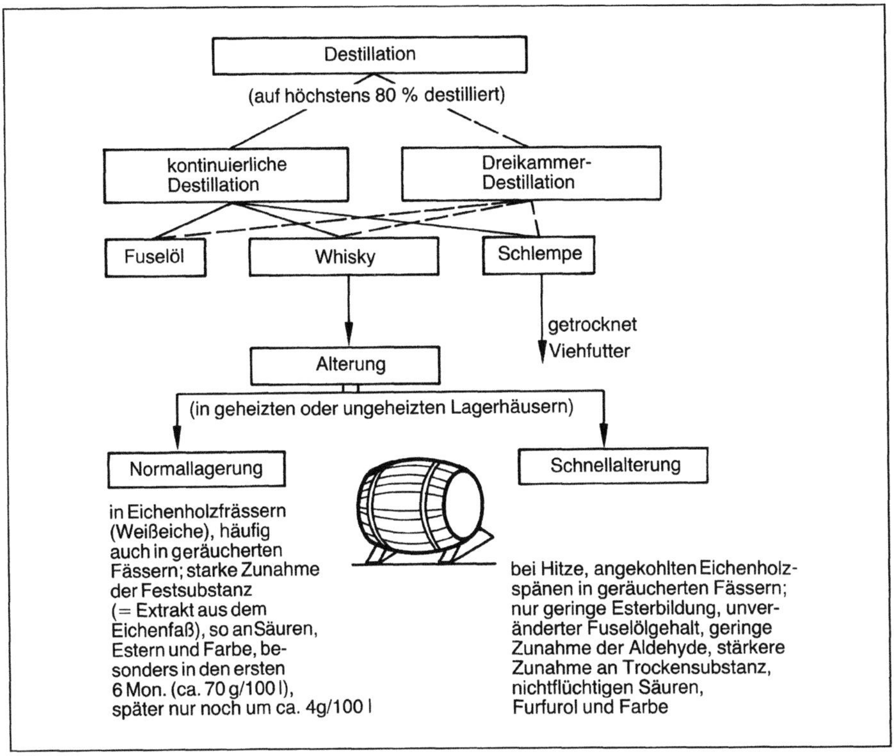

Abb. 30. Fortsetzung

6.5.7 Whiskyherstellung

Auf dem gleichen Wege, der durch Destillation von Wein zum Weinbrand führt (ca. 40 Vol.-% Alkohol), gelangt man auch vom Bier zum Whisky (40–45 Vol.-% Ethanol), (Abb. 30). Der Name dieses Getränkes leitet sich von dem keltischen Wort Uisgebeatha ab, das, frei übersetzt, „Lebenswasser" bedeutet, ebenso wie die Bezeichnung „Aquavit" (Handelsname für einen Wachholderschnaps).

Gute Whiskysorten haben ein Alter von mindestens 3 Jahren, ihr Alkoholgehalt liegt zwischen 40 bis 55 Vol.-%.

Mikrobiologische Anfälligkeit des Prozesses

Schädigende mikrobiologische Einflüsse beschränken sich lediglich auf den kurzen Zeitraum des Gärungsvorganges, bei dem vorher erhitzte Maischen massiv mit Hefen beimpft und nach Beendigung des Prozesses sofort destilliert werden. Das Endprodukt, das einen Alkoholgehalt von 40–45 Vol.-% aufweist, wirkt auf vegetative Keime desinfizierend, d.h. in wenigen Minuten abtötend. Lediglich Sporenbildner bleiben unbeeinflußt, sie können jedoch nicht auskeimen.

6.5.8 Branntweinherstellung

Nach dem Schema der Whiskyherstellung läuft weitgehend auch die Korn- und Kartoffelschnaps-Gewinnung ab, bei der die Verzuckerung der Korn- bzw. Kartoffelstärke bevorzugt mit Hilfe von ca. 3–4% Gerstenmalz – bezogen auf das Kartoffelgewicht – in der Maische erfolgt. An die übliche Vergärung mit Hefen und die Entfernung der Kartoffelschalen schließt sich dann die Destillation und Einstellung des handelsüblichen Produktes an.

Außer den durch Stärkeverzuckerung gewonnenen Branntweinen gibt es noch eine ganze Reihe von Obstbranntweinen, bei deren Gewinnung der beschriebene Verzuckerungsschritt entfällt und der vorhandene Zucker wie beim Wein und Apfelwein direkt vergoren wird. Nach Beendigung der Gärung erfolgt die Destillation zum Branntwein.

Mikrobiologische Anfälligkeit des Prozesses
Die Verhältnisse liegen hier ähnlich wie bei der Whiskyherstellung, d.h., eine Kontaminationsgefahr besteht nur kurzfristig während der Anstellung und der Gärungsphase.

7 Mikrobiologische Überwachung wichtiger Lebensmittel

Ausgangsmaterial (Rohware) – behandelte Produkte – Lagerung – Reinheits- und Qualitätskriterien – Prüfungen

7.1 Milch- und Milchprodukte

Ein großer Teil des „Rohstoffes Milch" und der daraus gewonnenen Milchprodukte wird „frisch" verkonsumiert oder ist unter Einhaltung bestimmter Lagerungsbedingungen zum alsbaldigen Verbrauch bestimmt. Auf diese Weise kann ein Verderb vermieden und der Verbraucher vor gesundheitlichen Schäden geschützt werden. Milch ist das durch Mikroorganismen am stärksten gefährdete Lebensmittel und erfordert daher besondere hygienische Sorgfalt. Auf die *fermentativen Maßnahmen* zur Haltbarmachung von Milch, bei denen als natürlicher Konservierungsstoff die Milchsäure dient, wurde bereits auf S. 136ff. eingegangen. Darüber hinaus lassen sich aus Milch durch entsprechende *Hitzebehandlung* temporäre Konserven (Pasteurisierung) oder Dauerkonserven (Sterilmilch, UHT-Milch) sowie widerstandsfähige, erhitzte Konzentrate (Kondensmilch) oder Trockenmilch herstellen. Auch durch *Kühllagerung* läßt sich die Haltbarkeit der Milch verlängern.

7.1.1 Rohmilch und Vorzugsmilch

Die Qualität der Rohmilch wird aus mikrobiologischer Sicht von
- *endogenen*, aus dem Tiermaterial stammenden Mikroorganismen sowie
- *exogenen* Kontaminationskeimen, die während des Melkvorganges und auf dem Transportweg bis zur Molkerei eingeschleppt werden können, beeinflußt.

In früheren Zeiten stellten pathogene Mikroorganismen, die durch das Tiermaterial über die Euterflora in die Milch eingebracht wurden, eine große Gefahr dar. So waren vor allem Tuberkelbakterien, Brucella- sowie gelegentlich auch Listeriose-Bakterien und Coxiella burneti, der zu den Rickettsien gehörende Erreger des Q-Fiebers, anzutreffen. Im Jahre 1935 betrug der jährliche Schaden, der durch Mycobacterium tuberculosis, Typ bovinus angerichtet wurde, noch 360 Millionen Reichsmark (107). Die beim Menschen verursachten Krankheiten beschränkten sich dabei auf Halsdrüsen-Tb (80%), Gekrösedrüsen-Tb (40%), Nieren-Tb (20%) sowie Haut-Tb (bei Melkern, Tierärzten und Metzgern) (107). Von 9 Infektionen mit bovinen Tb-Bakterien waren 8 Melker (Melkerknoten) und 1 Metzger betroffen (107). Noch vor

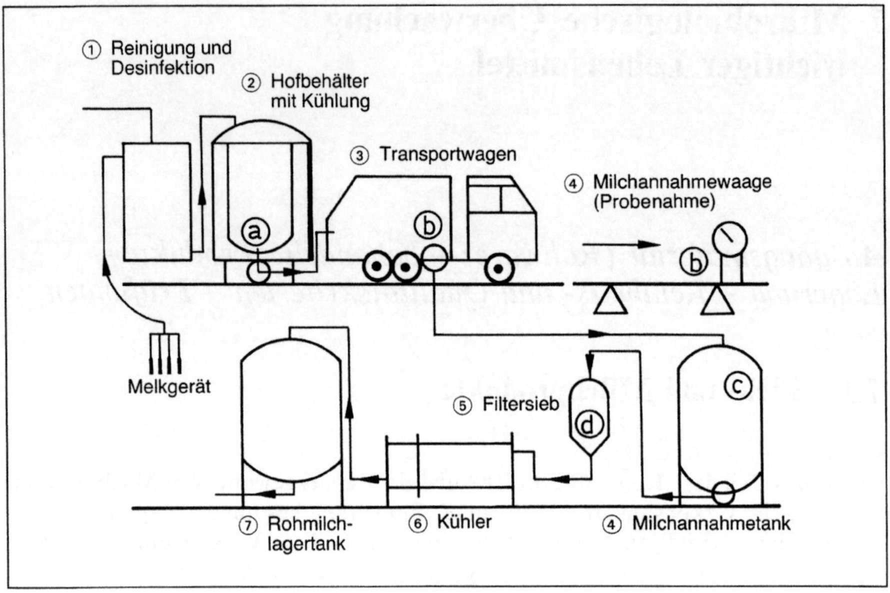

Abb. 31. Schema der Rohmilchgewinnung, Anlieferung und Lagerung. Besondere Gefahrenstellen (ⓧ): Bei der Absaugung der Milch aus dem Hofbehälter ②, Kontamination mit Staubkeimen (häufig mit hitzeresistenten Sporen); ⓐ Schlauchverbindungen (stets gut reinigen und desinfizieren); ⓑ Probeentnahmehähne; ⓒ der sich an Tankwänden absetzende Milchschaum fördert das Keimwachstum; ⓓ nur grober Schmutz wird zurückgehalten, während Mikroorganismen passieren.

nicht allzulanger Zeit (in den sechziger und siebziger Jahren) wurden Tb-freie Viehbestände an den Hoftüren der Bauern durch ein besonderes Hinweisschild angezeigt.

Im Rahmen der Hygieneüberwachung bei der Milchproduktion werden heute kranke Tiere sofort ausgesondert bzw. behandelt, so daß die endogene Kontaminationsgefahr stark zurückgegangen und zahlenmäßig nahezu unbedeutend ist. Erhöhte Aufmerksamkeit verdienen aber nach wie vor exogene Kontaminationsmöglichkeiten – trotz des kaum noch praktizierten Melkvorganges mit der Hand (Einschleppung von Eitererregern, wie z. B. Staphylococcus aureus über eiternde Wunden an der Hand) –: Toxinbildende Keimarten (Staph. aureus, Clostridien, Bacillus-Arten, Coliforme u. a.) können auf diese Weise zu einem Verderb der Milch beitragen. Einige der Toxine, wie z. B. das Staphylokokkentoxin, übersteht nicht nur das Pasteurisieren, sondern selbst ein Kochen über 20–60 Minuten.

Durch die moderne Technologie in der Milchwirtschaft (Abb. 31), den maschinellen Melkvorgang, die ständige Desinfektion von Melkanlage, Sammel- und Transportbehältern sowie durch das möglichst rasche Herunterkühlen der Rohmilch wird dafür Sorge getragen, daß die natürlich bedingte Keimvermehrung soweit wie möglich unterdrückt wird.

Mikrobiologische Qualitätsmerkmale
Hauptqualitätsmerkmal ist die Keimzahl, die im Vergleich zu Trinkwasser bei Milch erheblich höher liegt. Da exakte Keimzahlbestimmungen mehrere Tage in Anspruch nehmen, begnügt man sich häufig mit einem Schnelltest, der auf mikrobiologischen Reaktionen basiert, und dennoch bereits nach einigen Stunden eine grobe Beurteilung erlaubt.

a) Redoxindikator(Methylenblau-)Test (87)

Durchführung des Tests: In einem Reagenzglas wird zu 10 ml der zu untersuchenden Milch 0,5 ml der nachstehend aufgeführten Indikatorlösung zugesetzt, mit Paraffinöl überschichtet und anschließend im Wasserbad bei 37 °C bebrütet.

Indikatorlösung: 5 ml gesättigte alkoholische Methylenblaulösung ad 400 ml Wasser.

Auswertung: Die Auswertung und Qualitätseinstufung erfolgt nach der bis zum Farbumschlag von blau nach farblos (Leucomethylenblau) erforderlichen Zeit (Tabelle 76). Die Methode läßt sich mit Hilfe einer parallel zum Test mitlaufenden Standardreihe mit abgestufter, bekannter Keimzahl (zu Sterilmilch zugesetzt) eichen.

Tabelle 76. Auswertungsschema zum Schnelltest zur indirekten Keimzahlbestimmung in Rohmilch (87).

Qualitätskategorie	erforderliche Umschlagszeit (min)	die der Umschlagszeit zuzuordnende Keimzahl (KBE/ml)
nicht akzeptable, sehr schlecht	15	$\geq 2{,}5 \times 10^7$
schlecht	< 90	bis $2{,}5 \times 10^7$
noch akzeptabel (noch gut)	120–420	bis $2{,}0 \times 10^6$
gut	> 420	bis $6{,}0 \times 10^4$

b) Limulus(LAL-)Test
Seit einigen Jahren wird zur Qualitätsüberwachung bei Milch ein weiterer biologischer Schnelltest eingesetzt, der *L*imulus-*A*möbocyten-*L*ysat (LAL)-Test, der, als in-vitro-Test, in kürzester Zeit auf die von gramnegativen Bakterien gebildeten Pyrogene, fiebererzeugende Stoffe, anspricht. Chemisch gesehen stellen die Pyrogene Lipolysaccharid-Protein-Lipid-Symplexe dar, die vorzugsweise in der Zellwand gramnegativer Bakterien vorkommen, doch bereits während des Wachstums, besonders jedoch bei der Autolyse der Keime, freigesetzt werden. Sie sind hitzestabil und lassen sich erst bei Temperaturen über 220 °C in einigen Minuten inaktivieren. Amöbocyten des Pfeilschwanzkrebses (Limulus polyphemus), die heute als standardisiertes Präparat im Handel erhältlich sind, werden durch pyrogenwirkende bakterielle Endotoxine koaguliert. Diese Reaktion kann als Trübung, Fällung oder Gelbildung erfaßt werden und wird von der Endotoxinkonzentration, dem pH-Wert, der Temperatur, sowie der Gegenwart verschiedener divalenter Kationen beeinflußt. Eine Monographie „Bakterielle Endotoxine“ befindet sich im 11. Teilband der PH. EUR. 2 1988, die entsprechende deutsche Fassung erscheint in Kürze als Ergänzung zum DAB 9.

Gemäß der EG-Milchhygiene-Richtlinie (85/397/EWG) ist bei ultrahocherhitzter und sterilisierter Milch ab 1.1.1989 der Limulustest als Qualitätsprüfung vorgeschrieben, wobei als Referenzmethode, wie bei PH. EUR. 2, zunächst nur der Röhrchentest

Tabelle 77. Keimzahlen und Toleranzwerte für Rohmilch und Vorzugsmilch.

	im Jahre	aerobe, mesophile Keime (KBE/ml) gesamt	Enterobakterien	Staph. aureus	Literaturhinweis
Qualitätseinstufung für Rohmilch					
gute Qualität	1909	$1{,}9 \times 10^6$			Weigmann
schlechte Qualität		$3{,}2 \times 10^7$			zit. b. Henkel (77)
Sommer-Qualität	1968	$1{,}5 \times 10^6$			Tolle zit. b. Henkel (77)
	1970	$2{,}6 \times 10^6$			Henkel (77)
Toleranzwert für unpast. Rohmilch	1987	$5{,}0 \times 10^5$			Eidg. V. 1987 (46)
Toleranzwert für Vorzugsmilch	1987	$2{,}0 \times 10^4$	10^2	10^2	Eidg. V. 1987 (46)

benutzt wird. Zu diesem Test sowie dem Mikrotiter-Test liegt bereits ein Entwurf für die vom BGA herausgegebene Sammlung von Untersuchungsverfahren (§ 35 LMBG) vor.

Der LAL-Test ist ein Limittest, der unter Verwendung eines Reference-Standards mit definierter Wirksamkeit arbeitet. Zur Zeit wird auch bei uns der Referenzstandard EC-5 der USP verwendet, der 10 Endotoxineinheiten (E. U.) pro 1 ng enthält. 1 EU = 0,1 ng Referenzstandard EC-5.

Im Anhang (s. S. 292 ff.) sind einige Richtwerte für Milch und Milchprodukte sowie andere Lebensmittel zusammengestellt, die sich auf den Gehalt an Lipopolysacchariden (= LPS) pro ml bzw. g, d.h., auf den bisher gefundenen Streubereich, beziehen.

Bislang hat die dafür zuständige Expertengruppe für die obengenannten Milchqualitäten noch keinen LPS-Grenzwert festgelegt.

Es wird jedoch davon ausgegangen, daß in der 1. Übergangsstufe (bis 31.12.1992 ein Grenzwert von < 1200 EU/ml (< 120 ng Referenzstandard EC-5) und in der 2. Stufe von weniger als 400 EU/ml (< 40 ng EC-5) einzuhalten sein wird.

Für die in Verbraucherpackungen abgefüllte Milch gilt bereits ab 1.4.1990 der Grenzwert der 2. Stufe, d.h. < 40 ng/ml.

Unter *Vorzugsmilch* wird eine Rohmilchqualität verstanden, deren Gesamtkeimzahl ebenso wie der Gehalt an Enterobakterien und Staphylococcus aureus unter den in Tabelle 77 genannten Toleranzwerten liegt.

7.1.2 Pasteurisierte Milch zur Weiterverarbeitung

Wie in den meisten europäischen Staaten wird die Rohmilch auch in der Bundesrepublik Deutschland vor der Abgabe als Trinkmilch bzw. vor der Weiterverarbeitung erhitzt; dazu werden sogenannte Pasteurisierungsverfahren eingesetzt (Abb. 32, s. auch S. 80f.). Auf diese Weise soll die Keimzahl möglichst rasch drastisch reduziert

Tabelle 78. Pasteurisierte Milch: Richt- und Toleranzwerte für den Keimgehalt.

Verwendung	Prüfparameter				Literaturhinweis
	aerobe, mesophile Keime (KBE/ml)		Enterobakterien, Coliforme (KBE/ml)		
	Richtwerte	Toleranzw.	Toleranzw.	Richtwerte	
zur Weiterverarbeitung	20 000 bis 50 000	10 000	10		Eidg. V. (46), versch. Qu.
Abgabe an den Verbraucher	100 000 bis 800 000	100 000	10	10	Eidg. V. (46), versch. Qu.

werden (Tabelle 78). Je nach der Hitzeresistenz der vorhandenen Keime, z. B. von Sporenbildnern, rechnet man mit einer durchschnittlichen Verminderung um 2–4 Zehnerpotenzen. Daneben geht es aber auch um die Ausschaltung pathogener Keime, z. B. Tuberkelbakterien, Staphylokokken, Listeriosebakterien u. a. Lediglich in einigen Ausnahmefällen verzichtet man bei naturbelassenen Verfahren auf eine Pasteurisierung. So bei der traditionellen Emmentaler-Käserei und der in jüngster Zeit ins Gerede gekommenen Herstellung von Vacherin-Käse (einem sogenannten Rotschmier-Weichkäse), in dessen Rinde pathogene Listeriose-Bakterien (L. monocytogenes) nachgewiesen wurden (55). Gelegentlich kommt es auch beim Pasteurisieren zu Versagern, d. h., nicht alle Listeriosebakterien werden abgetötet.

7.1.3 Trinkmilch und Milchgetränke

Die als Trinkmilch vorgesehene Rohmilch wird zunächst einer Teil- oder Vollhomogenisierung unterworfen, dabei wird das Fett gleichmäßig verteilt und der Fettgehalt eingestellt (Abb. 32). Das nachgeschaltete Erhitzungsverfahren richtet sich ganz nach den Haltbarkeitsanforderungen, die aus Tabelle 79 ersichtlich sind.

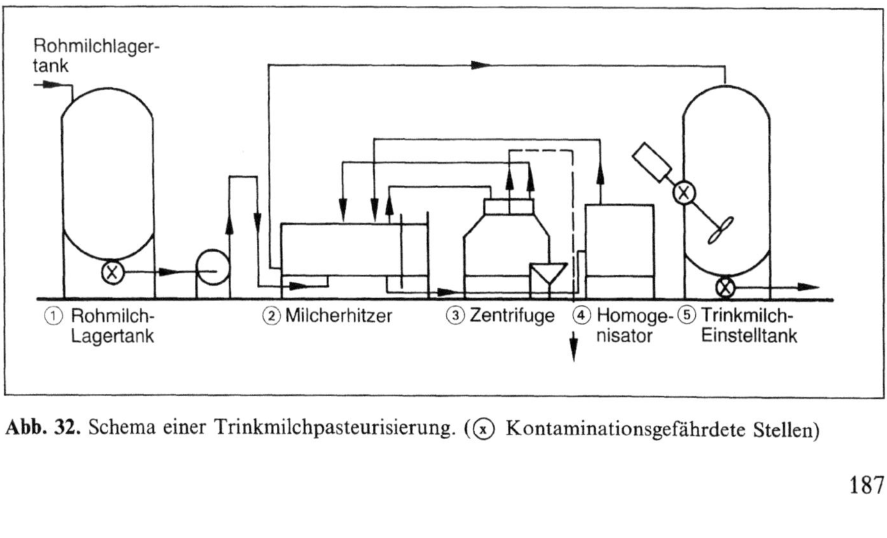

Abb. 32. Schema einer Trinkmilchpasteurisierung. (ⓧ Kontaminationsgefährdete Stellen)

Tabelle 79. Verschiedene Trinkmilchqualitäten aus mikrobiologischer Sicht. (E): Abgabe vom Erzeuger an den Verarbeiter bzw. Wiederverkäufer; (V): Abgabe an den Verbraucher im Detailhandel oder im Gastgewerbe (Eidg. V. 1987, 46).

Qualitätsbezeichnung	Haltbarkeit	Behandlung	Keimzahl (KBE/ml)
pasteurisierte Milch	bei Kühlschrank-lagerung 1–2 Tage	pasteurisiert (s. Seite 80f.)	10000 (E) 100000 (V)
H-Milch (im Durchlauferhitzer behandelt, aseptisch abgefüllt)	mehrere Monate (mindestens 6 Wochen bei Raumtemtemperatur)	UHT-erhitzt bei ≥130 °C, in vorsterilisierte Behältnisse aseptisch abgefüllt	handelsüblich steril
Sterilmilch (im Endbehälter sterilisiert)	bis zu 1 Jahr	im Endbehältnis bei 115–121 °C über 30–15 min sterilisiert	steril (s. Seite 18ff.)

Bei UHT-Milch wird gelegentlich ein „Gerinnen" beobachtet, das auf hitzestabile, von Bakterien bereits vor der Hitzebehandlung gebildete Proteasen zurückzuführen ist. Der höchste Sicherheitsgrad im Hinblick auf die Haltbarkeitsdauer läßt sich durch eine Sterilisation der Milch im Endbehälter erzielen, wobei jedoch geschmackliche Einbußen hingenommen werden müssen. Die H-Milch schneidet in dieser Hinsicht günstiger ab, stellt aber höhere Ansprüche bei der Vorbehandlung der Endbehältnisse und der anschließenden aseptischen Abfüllung der vorsterilisierten Milch in die vorsterilisierten Behältnisse, was in der Regel mit einem höheren Kontaminationsrisiko verbunden ist. Mit den heute zur Verfügung stehenden, automatisch arbeitenden Reinigungs- und Desinfektionsanlagen (CIP/SIP-Technologie, 77) und Sterilisationsverfahren läßt sich jedoch durchaus ein einwandfreies Verkaufsprodukt erzielen.

Bei Milchgetränken, z.B. bei Kakao, erhöht sich das Kontaminationsrisiko noch zusätzlich durch das häufig stark verunreinigte Kakaopulver (s. S. 162).

7.1.4 Kondensmilch

Neben der Frischmilch und den daraus hergestellten Produkten spielen auch Dauermilcherzeugnisse eine große Rolle, von denen Kondensmilch eines der wichtigsten ist. Sie wird durch Konzentrierung von standardisierter Rohmilch in Vakuum-Eindampfanlagen bei Temperaturen von 65 °C und Einstellung auf einen bestimmten *Trockenmassegehalt* (Verminderung des Wassergehaltes um ca. 20%) gewonnen, in Dosen abgefüllt und im Autoklaven sterilisiert. Was eine weitgehende Ausschließung der geschmacklichen Beeinflussung betrifft, haben sich Ultrafiltrationsverfahren bewährt, doch bereiten dabei die potentiellen Verderber noch Schwierigkeiten. Gesüßte Kondensmilch (55–60% Zucker vor dem Einengen) verfärbt sich durch Karamelisierung.

Mikrobiologische Qualitätsmerkmale

Autoklavierte Kondensmilch sollte steril sein, bei gesüßter Ware kommt es gelegentlich zu einem Verderb durch osmotolerante Hefen, z.B. Torula spp., und in der Folge zur Gasbildung.

Selbst in ordnungsgemäß verschlossenen Dosen kommen gelegentlich Sporenbildner als Kontaminanten vor. Vor allem aber ist auf beschädigte Dosen (nach dem Autoklavieren) zu achten, die durch Ansaugen während der Abkühlung Keime aus der Umgebung aufnehmen.

7.1.5 Milchpulver

Milchpulver wird heute größtenteils unter Verwendung eines Vorkonzentrats im Sprühturm erzeugt. Bei diesem Verfahren führt lediglich die bei der Ausgangsmilch bereits vorgeschaltete Pasteurisierung zu einer Verminderung der Keimzahl, während der eigentliche Trocknungsprozeß (s. hierzu auch Abb. 13) hier keinen Einfluß ausübt. Er reicht weder zur Abtötung von Coliformen noch von Staphylokokken aus, so daß gelegentlich immer wieder entsprechende Kontaminationen beobachtet werden. Die mikrobiologischen Qualitätsmerkmale für Milchpulver sind in Tabelle 80 aufgeführt.

Tabelle 80. Mikrobiologische Qualitätsmerkmale für Milchpulver. (TW): Toleranzwert.

	aerobe, mesophile Keime (KBE/g)	aerobe Sporenbildner u. Kaseolyten (KBE/g)	Enterobakterien (KBE/g)	Coliforme (KBE/g)	Staph. aureus (KBE/g)
DLG-Prüfbestimmung 1981 (41)					
Walzen-Verfahr.	≤25 000	≤1 500		n.n.	≤10
Sprühverfahren	≤50 000	≤1 500		n.n.	≤10
Eidg. V. 1987 (46)	50 000 (TW)		10 (TW)		10 (TW)

7.1.6 Speiseeis

Außer Milch, Sahne und Butter enthält Speiseeis zahlreiche weitere natürliche Bestandteile wie Früchte, Fruchtmark, Nüsse, Säfte, Aromen, Kakao, Gewürze sowie Stabilisatoren und Emulgatoren, die alle ihren Beitrag zur Gesamtkeimzahl liefern. Bei der Chargenproduktion in kleinerem Maßstab schlägt hier auch noch die Personal- und Betriebshygiene zu Buche. Zwar wird die gemäß den einzelnen Rezepturbestandteilen (Tabelle 81) zusammengestellte und homogenisierte Mischung anschließend

Tabelle 81. Rezepturbeispiel für Eiscreme.

Bestandteil	prozentualer Anteil
Milchbestandteile (solids-non fat = SNF)	11,0
Fett	10,0
Zucker	14,0
Emulgatoren	0,5–0,75

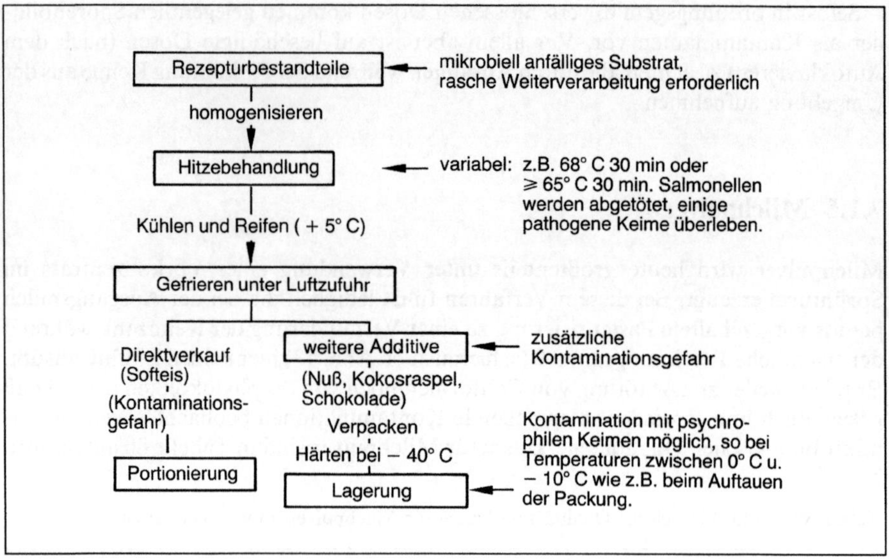

Abb. 33. Schema der Speiseeisherstellung.

einem Pasteurisierungsprozeß unterworfen, doch bringt dieser nicht immer den gewünschten Erfolg (er ist abhängig von der Teilchengröße, dem pH-Wert sowie der Behandlungstemperatur und -zeit (s. S. 80f.)), der noch dazu kaum durch Kontrollen überwacht wird. Lediglich bei der Großproduktion werden Kontrollen – meist unter Verwendung kontinuierlicher Verfahren – durchgeführt. Das heruntergekühlte Produkt durchläuft bei 5 °C im Vorstapeltank einen Reifeprozeß und wird dann in einem Freezer unter Einarbeitung von Luft zu dem Endprodukt mit dem gewünschten Gefüge verarbeitet. Bei einem anschließenden Sofortverkauf des Produktes und bei Softeis entfällt der bei Lagerware übliche „Härtungsprozeß", der bei Temperaturen unter −18 °C abläuft. Bei der Großproduktion von „Lagerware" schließt sich die Portionierung und Endverpackung sowie die Härtung unmittelbar an (Abb. 33).

Mikrobiologische Laborkontrollen

Die mikrobiologischen Qualitätsmerkmale sind in Tabelle 82 zusammengestellt. Im allgemeinen wird auf

- aerobe, mesophile Keime sowie
- Enterobakterien bzw. Coliforme und
- Staphylococcus aureus geprüft.

Tabelle 82. Mikrobiologische Qualitätsmerkmale für Speiseeis.

Prüfparameter nach	aerobe, mesophile Keime (KBE/g)	Enterobakterien (KBE/g)	Coliforme (KBE/g)	E. coli (KBE/g)	Staph. aureus (KBE/g)	Krankheitserreger (KBE/g)
versch. Quellen	100 000 bis 300 000		<10–1 000	1–10	<100	n.n.
Eidg. V. 1987 (46)	100 000	100 (TW)			100 (TW)	

Tabelle 83. Mikrobiologische Qualitätsmerkmale für Rahm und Schlagrahm. (E: Erzeugerabgabe; TW: Toleranzwert; V: bei Abgabe an den Verbraucher).

Prüfparameter nach	aerobe, mesophile Keime (KBE/g)	Enterobakterien (KBE/g)	Escherichia coli (KBE/g)	Staphylococcus aureus (KBE/g)
DLG (41)				
hocherhitzt	10 000		n.n.	
kurzerhitzt	100 000		n.n.	
Eidg. V. 1987 (46) (TW)				
Rahm flüssig: E	10 000	10		10
V	100 000			
Rahm geschlagen	1 000 000		10	100

7.1.7 Rahm

Eine Hitzebehandlung von Rahm zum Zwecke der Keimverminderung (Tabelle 83) erfolgt mit den gleichen Verfahren, die bei der Trinkmilchverarbeitung eingesetzt werden. Die gegen Pasteurisierung hitzeresistenten Sporen des toxinbildenden Bacillus cereus rufen bei Rahm eine krümelige Struktur („bitty cream“) hervor.

7.1.8 Butter

Auf die Butterherstellung wurde bereits im Rahmen der fermentierten Milchprodukte, zu denen ja die Sauerrahmbutter zu rechnen ist, eingegangen (s. S. 150ff.).

Bei der Süßrahmbutter ist mit einem wesentlich geringerem Keimgehalt zu rechnen, der auf die von der Pasteurisierung nicht erfaßten Mikroorganismen sowie die später bei der weiteren Verarbeitung eingeschleppten Kontaminationskeime zurückzuführen ist.

Was die mikrobiologischen Qualitätsmerkmale betrifft, so können die Toleranzgrenzen der eidgenössischen Verordnung von 1987 (s. Tabelle 63, S. 152) für Butter aus pasteurisiertem Rahm herangezogen werden.

7.2 Fleisch

Unter Fleisch werden im Sinne des LMG alle Teile von geschlachteten oder erlegten warmblütigen Tieren verstanden, die zum Verzehr für Menschen bestimmt sind. Fleisch als unverarbeitetes frisches Produkt ist wie die meisten anderen Lebensmittel besonders anfällig gegen einen mikrobiellen Verderb, und es bedarf daher spezieller Maßnahmen, um seine Haltbarkeit zu verlängern. Der Fleischkonsum hat mit Beginn der Industrialisierung ständig zugenommen und seit einiger Zeit nun ein verhältnismäßig stabiles Niveau erreicht. Ziel muß es daher sein, „Frischfleisch mit einem hohen Qualitätsniveau auf breiter Ebene auch zukünftig für das gesamte Sortiment zu vermarkten. Dieses Konzept basiert auf einem schonenden Schlachtprozeß, bakteriologischen Stufenkontrollen, ständigen Qualitätsmessungen, perfekter Zerlegung und kontrollierter Kühlkette“ (60).

Die Ausgaben für Fleisch- und Fleischwaren beliefen sich für einen Vier-Personen-Arbeitnehmerhaushalt im Jahre 1980 auf monatlich ca. 160,-- DM, das sind etwa 32,4% der Gesamtkosten für Lebensmittel (2). Dieser Kostenanteil lag für 1987 bei 28%. Im Jahre 1988 betrug der Fleischverzehr 69 kg/Kopf der Bevölkerung in der Bundesrepublik Deutschland. Davon wurden etwa 40% zu Wurst verarbeitet (72b). Das Fleischerhandwerk hat mit 25 750 Betrieben einen Marktanteil von 51%.

Die Qualität des Fleisches wird vor allem beeinflußt durch

- die Mastbedingungen (Weide- oder Stallmast, frei von gesundheitsschädlichen Stoffen);
- den Gesundheitszustand des Schlachtviehs (frei von Infektionskrankheiten und Parasiten), kein Streß durch den Transport;
- die Hygienebedingungen auf dem Schlachthof bzw. beim selbstschlachtenden Metzger.

Dieser Bereich wird ebenso wie die nachfolgende Vertriebskette für Fleisch und Fleischwaren von den Landesbehörden für die Lebensmittelüberwachung, v.a. den dafür verantwortlichen Landesuntersuchungsämtern, kontrolliert.

Erst mit dem Einkauf wird der Verbraucher selbst gefordert und er ist anschließend voll verantwortlich für einen Verderb der Ware bei unsachgemäßer Lagerung und Verarbeitung. Gewiß wird es dem selbstzubereitenden Verbraucher durch Kühlschränke mit Gefrierfach bzw. Gefriertruhen heute leicht gemacht (s. S. 89ff.), doch ohne gewisse Sach- und Grundkenntnisse über einen möglichen mikrobiellen Verderb und seine Folgen kommt man nicht aus, wenn gesundheitliche Schäden vermieden werden sollen.

Hinsichtlich der mikrobiologischen Überwachung von Schlachthöfen, Metzgern und Fleisch existieren keine offiziellen Routine-Kontrollvorschriften, doch gehört sie zu den Grundvoraussetzungen.

Der Begriff Hygiene wird von der Weltgesundheitsorganisation (WHO) folgendermaßen umrissen: „Alle Vorkehrungen und Maßnahmen, die bei der Herstellung, Behandlung, Lagerung und dem Vertrieb notwendig sind, um ein einwandfreies, gesundes und bekömmliches Erzeugnis zu gewährleisten, das für den menschlichen Genuß tauglich ist“.

Beim Schlachtvorgang soll nun ein von außen und innen keimreiches Tier zu möglichst keimarmen Produkten verarbeitet werden. Das ist nicht möglich ohne einen wohldurchdachten Hygieneplan für jeden spezifischen Arbeitsschritt innerhalb des gesamten Produktionsweges, wobei sowohl Personal, Räume und Arbeitsgeräte als auch die Rohstoffe berücksichtigt werden müssen.

Das Personal unterliegt, wie in anderen Lebensmittelbetrieben auch, aufgrund gesetzlicher Bestimmungen der Pflicht zur gesundheitlichen Überwachung. Dabei geht es vor allem um Röntgenbilduntersuchungen zur Ausschaltung von Tuberkulose-Infektionen sowie bakteriologische Stuhluntersuchungen, um Salmonellenausscheider frühzeitig zu erfassen. Daneben sollte aber stets auch auf momentane Hauterkrankungen sowie Erkältungskrankheiten (Nasen-Rachenraum) geachtet werden, die ein erhebliches Kontaminationsrisiko darstellen. Derart belastetes Personal sollte von kontaminationsgefährdeten Bereichen ferngehalten werden.

Der Umgang mit Fleisch bringt in der Regel eine starke Verschmutzung der Arbeitskleidung mit Blut- und Fleischbestandteilen mit sich, die eine rasche Vermehrung von Mikroorganismen begünstigt. Die Arbeitskleidung muß daher, je nach Verschmutzungsgrad, häufig, in der Regel täglich, gewechselt werden.

Wichtiger Bestandteil der Personalhygiene ist die Händedesinfektion, die vor Arbeitsbeginn sowie vor und nach einem Toilettenbesuch sorgfältig durchzuführen ist. Laufende Hygienebelehrungen sollten immer wieder auf die große Bedeutung dieser Maßnahmen nicht nur für die eigene Gesundheit, sondern auch für die der Allgemeinheit, hinweisen.

Beim Schlachtvorgang unterscheidet man zwischen der
unreinen Seite mit hoher Keimbelastung durch Grobverschmutzung der Schlachttiere (Haut, Borsten, Klauen vor allem aber Magen-Darminhalt) und der
reinen Seite, bei der es darum geht, eine Hygienebarriere einzuschieben, um das bei der *Spaltung* (Abb. 34) der Tiere anfallende und für die Weiterverarbeitung vorgesehene Fleisch soweit wie nur irgend möglich vor Rekontamination zu schützen.

Besonders kontaminationsgefährdete Arbeiten (+in Abb. 34) sind das **Enthäuten** (a) und das **Ausweiden** (b). Die grobverschmutzten Häute sollten daher stets unmittelbar nach diesem Arbeitsprozeß sofort aus dem Raum entfernt und der Schmutz durch Reinigung, Desinfektion und Wassernachspülung beseitigt werden. Das gilt in gleichem Maße für das Ausweiden, die Entnahme des Magen-Darm-Konvoluts. Dabei kommt es vor allem darauf an, einen Pansen- oder Darmanstich zu vermeiden, da deren stark verkeimte Inhalte eine breitgestreute Kontamination mit Fäkalkeimen zur Folge hätte.

Nach dem Schlachten durchläuft das Fleisch (insbesondere Rindfleisch) noch einen **Fleischreifungsprozeß** (c), einen enzymatischen Vorgang, der im Kühlbereich abläuft und bei dem ein Abbau von Glykogen zur Milchsäure erfolgt. Dadurch kommt es zu einer Auflockerung des Zellgewebes und somit zur gewünschten „Mürbe". Während dieses *Abhängens* muß durch entsprechende Hygienemaßnahmen dafür gesorgt werden, daß die Keimbelastung, die vor allem durch psychrophile Keime (s. S. 34) entstehen kann, möglichst eingedämmt wird. Treten Probleme auf, so handelt es sich in der Regel um eine Oberflächenfäulnis, für die Pseudomonaden (häufig fluoreszierende Stämme), Flavo- und Achromobacter-Arten und Schimmelpilze verantwortlich sind.

Kontaminationsgefährdet ist aber auch die **Zerlegung** (d) in verbrauchsgerechte Portionen sowie deren **Verpackung** (e) in geeignete Polystyrolschalen und Abdeckung mit Klarsichtfolien, die dem Verbraucher später eine optische Begutachtung (s. Tabellen 84–87) gestatten.

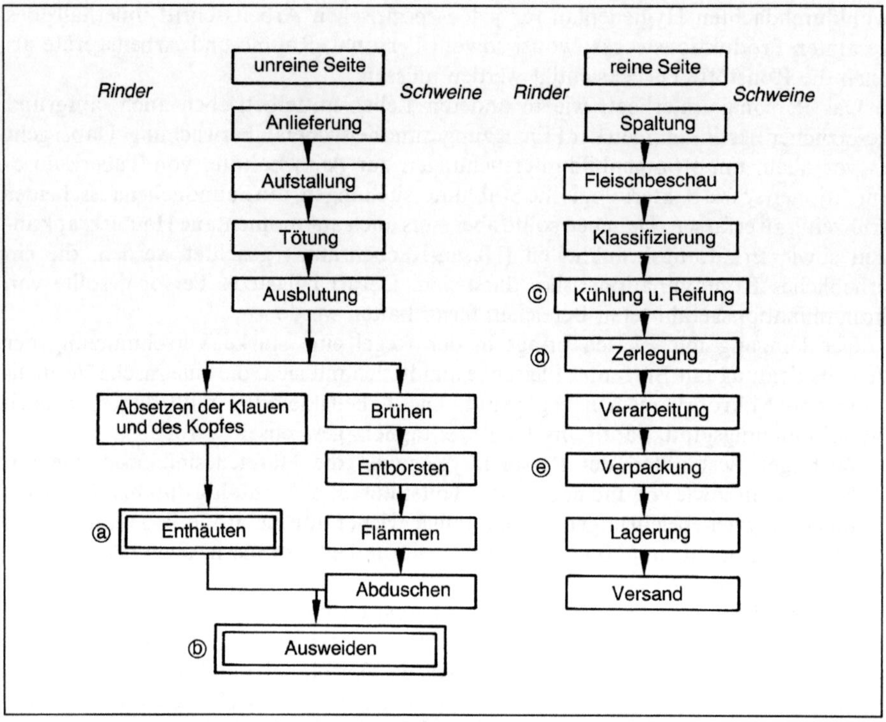

Abb. 34. Schema der Fleischverarbeitung von der Schlachtung bis zum Frischfleischversand. (Nach 78). Erläuterung der kritischen Stellen siehe Text S. 193.

Tabelle 84. Qualitätsmerkmale für Schweinefleisch (2).

Alter des Tieres	Fleischfarbe	Beschaffenheit	Bemerkungen
In der Regel unter 1 Jahr	blaßrot bis rosarot (kräftig rosarot)	feinfaserig und leicht fettdurchwachsen (Maserung)	dunkelrotes und grobfaseriges sowie blaßrosafarbiges u. aussaftendes Schweinefleisch ist weniger gut und meist zäh (s. PSE-Fleisch)

Tabelle 85. Qualitätsmerkmale für Rindfleisch (2).

	Kennzeichen	Alter des Tieres	Fleischfarbe	Fleischfaser	Fettmaserung	Bemerkungen
Junges Rindfleisch	JR					Abhängedauer[1]:
Jungbullenfleisch	JB	bis 2 Jahre	hell- bis mittelrot	mittelfein	hell, ohne Fettadern	Kochen: 3–5 d Braten: 6–12 d Steaks: >12 d
Färsenfleisch	F		kräftig rot	sehr fein	weiß, Fettadern	Fettgehalt: 25–30% zulässig, wobei der erkennbare Fettanteil ca. 15–20% ausmacht
Ochsenfleisch	O	2–3 Jahre	rot bis mittelrot	fein	hell, Fettadern	
Kuhfleisch						
sehr junges Kuhfleisch	JK	bis 5 Jahre	mittelrot	mittelfein	helle, starke Fettadern	
Kuhfleisch	K	über 5 Jahre	braun bis dunkelrot	mittelfein bis grob	hell- bis dunkelgelbe, starke Fettadern	

[1] Unter Abhängedauer versteht man den Zeitraum ab dem Schlachttag.

Tabelle 86. Qualitätsmerkmale für Kalbfleisch (2).

	Fleischfarbe	Fleischfasern	Fleischfett	Bemerkungen
Junge Kälber[1]	rosa bis hellrot	feine Fasern, fest	fast fettlos	Schlachtkörpergewicht 50–150 kg je nach Alter
Mastkälber[1]	rosa bis hellrot[2]	fein, fest	wenige, aber feste Fettränder	

[1] Die Koteletts von Jungkälbern sind kleiner, die von Mastkälbern größer als Schweinekoteletts.
[2] Einer besonders hellen Farbe wird neuerdings weniger Bedeutung beigemessen.

Tabelle 87. Qualitätsmerkmale für Schaffleisch (2).

	Alter des Tieres	Fleischfarbe	Fleischfaser	Fettmaserung
Milchlamm	bis 6 Monate	lachsfarben	sehr zartfaserig	wenig weißes Fett
Mastlamm	bis 12 Monate	ziegelrot	zartfaserig	gelblich-weißes Fett
Hammel	bis 2 Jahre	dunkelrot	mittel- bis grobfaserig	stärkere gelbliche bis gelbe Maserung
Schaf	über 2 Jahre	dunkelrot	mittel- bis grobfaserig	stärkere gelbliche bis gelbe Fettmaserung

Packstoffe

Die Packstoffe sind in der Regel als keimarm einzustufen (165), doch können durch mangelnde Personalhygiene oder eine leichte Beschädigung der sauerstoffdurchlässigen Klarsichtfolie – sie muß nicht immer sichtbar sein – Mikroorganismen in die Packung gelangen. Das Wachstum von Clostridien kann dort (auch in Vakuumverpackung) ebensowenig ausgeschlossen werden wie in einer „controlled atmosphere“ (CAP). CAP besteht aus einer Mischung von Sauerstoff, CO_2 und in einigen Fällen auch Stickstoff. Der Sauerstoff soll dabei die Farbe erhalten und CO_2 das Wachstum von Pseudomonas spp. verhindern. Auch Wachstum und Toxinbildung von Staphylococcus aureus und Enterobacteriaceen werden gefürchtet. Unter den entsprechenden Voraussetzungen kann bereits eine 2tägige Lagerung bei 10 °C zu einem Verderb führen.

7.2.1 Frischfleisch

7.2.1.1 Allgemeine Qualitätsmerkmale

Während Rindfleisch im „abgehangenen Zustand“ bevorzugt wird, sollte Schweinefleisch möglichst frisch, am besten 2–3 Tage nach dem Schlachten, verzehrt werden, weil es dann die höchsten Geschmackswerte aufweist.

Die drei F: *Fleischfarbe*, *Fleischfaser* (Beschaffenheit des Fleisches) und *Fettfarbe*, die sich bei Klarsichtverpackung leicht vom Käufer kontrollieren lassen, erlauben eine Qualitätszuordnung. In den Tabellen 84–87 sind die Qualitätsmerkmale für Schweinefleisch, Rindfleisch, Kalbfleisch und Schaffleisch zusammengestellt. Der Fachmann erkennt anhand dieser Qualitätsmerkmale bestimmte Wertminderungen, die auch der Verbraucher leicht wahrnehmen kann: bei einem Schweineschnitzel beispielsweise, das hell, d.h. blaßrosa gefärbt, und weich ist und eine feuchtglänzende Oberfläche hat. In der Fachsprache wird diese Erscheinungsform als „PSE-Fleisch“ bezeichnet. *P* steht dabei für *pale* (=hell), *S* für *soft* (=weich) und *E* für *exudative* (=wäßrig). Trotz ihres appetitlichen Aussehens saften solche Schnitzel in der Pfanne stark aus, schrumpfen und werden zäh.

Rindfleisch, selten auch Schweinefleisch, ist gelegentlich zu dunkel, zu fest und zu trocken. Solches Fleisch wird als „DFD-Fleisch“ bezeichnet, wobei *D dark* (=dunkel), *F firm* (=fest) und das zweite *D dry* (=trocken) bedeutet.

7.2.1.2 Mikrobiologische Qualitätsmerkmale für Frischfleisch

Die Anzahl aerober, mesophiler Keime, auf eine bestimmte Fleischoberfläche bezogen, kann als Maßstab für die Betriebshygiene im Schlachthof und zur Charakterisierung ausreichender Lagerbedingungen (im Kühlhaus) herangezogen werden. Die Keimzahlen schwanken – je nach den Verhältnissen – allerdings sehr stark, die in Tabelle 88 angegebenen können daher nur mit Vorbehalt als Richtwerte dienen. Annähernd gleiche Werte lassen sich auch nach 3–4 Tagen Lagerung im Kühlraum nachweisen.

Tabelle 88. Aerobe, mesophile Keimzahl bei Frischfleisch (Erfassung im swab-Test). (Nach 109).

Bereich der Probenentnahme	Keimzahl pro 16 cm^2 Oberfläche
Rumpf	< 50 000
Brust	<150 000
Vorderviertel	< 25 000

Tabelle 89. Qualitätseinstufung von Frischfleisch mit Hilfe des Resazurinstreifentests.[1] (Nach 13).

Qualitätseinstufung	Indikatorumschlag nach ... Minuten
schlecht	< 50
noch akzeptabel	50–150
gut	>170–300
ausgezeichnet (frische Qualität)	>300

[1] Bezugsquelle für Resazurinteststreifen: Struers, Kopenhagen, Skindergarde 38.

Zur raschen Abwicklung der Wareneingangskontrolle bei Frischfleisch beschreibt Baumgart (13) einen Schnelltest, der auf dem Farbumschlag des Redoxindikators Resazurin [oxidierte Form blau, reduzierte Form rotrosa (=Resorufin) bis farblos (Dihydroresorufin)] beruht. Die dafür benötigte Zeitdauer wird, wie auch bei der Beurteilung von Frischmilch (s. S. 185) als Qualitätsmerkmal gewertet und die Keimzahl kann durch Aufstellen einer Regressionsgeraden annähernd quantifiziert werden (Tabelle 89). Die Farbintensität des Teststreifens korreliert dabei mit der bei der Gußplattenmethode ermittelten Keimzahl.

Gelegentlich sind Kontaminationen von Schweinefleisch mit Pseudomonaden zu beobachten, dabei kommt es zu einer Erhöhung des pH-Wertes und zu einer Dunkelfärbung. Luftdurchlässige Packungen begünstigen in einem solchen Fall das Wachstum der Schadkeime. Bei Rindfleisch führt ein Befall mit Brochothrix thermosphacta gelegentlich zur Schleimbildung. Normalerweise verderben Schweine- und Kalbfleisch leichter als Rind- und Hammelfleisch, besonders Milchsäurebakterien sind dabei häufig anzutreffen.

7.2.1.3 Lagerung und Aufbrauch von Frischfleisch im Haushalt

Frischfleisch sollte im Haushalt möglichst noch am Tag des Einkaufs, spätestens aber am darauffolgenden Tag zubereitet werden. Bis zu diesem Zeitpunkt empfiehlt sich eine Lagerung bei Kühlschranktemperatur (2–6 °C). Der Verbraucherdienst AID (2) weist darauf hin, daß es wichtig ist, das Fleisch aus der Verpackung herauszunehmen, damit Luft daran kommt und es nicht stickig wird. Günstig ist eine Aufbewahrung in Porzellan-, Glas- oder Cromarganschüsseln mit Deckel, in denen das Fleisch nicht austrocknen und keine Fremdgerüche annehmen kann. An dem zu verwerfenden

Verpackungsmaterial und dem damit in Berührung gekommenen Fleisch haften in der Regel stets Bakterien, deshalb sollten die Hände nach dem Auspacken sorgfältig gereinigt werden.

Hackfleisch

Für den Aufbrauch von frischem Hackfleisch gelten noch schärfere Bestimmungen. Hackfleisch, das zum Rohrverzehr vorgesehen ist, darf nur unter Aufsicht von geschultem Personal hergestellt werden (7). Bis zum Verkauf, der noch am Tag der Herstellung stattfinden muß, ist es bei Temperaturen bis +4 °C zu lagern. Auch der Verbraucher sollte frisches Hackfleisch nach dem Einkauf höchstens einen halben Tag im Kühlschrank aufbewahren.

Grund dafür ist, daß diese Frischfleischkategorie durch ihre erheblich vergrößerte Oberfläche besonders anfällig ist im Hinblick auf eine rasche Keimvermehrung (s. Tabelle 88). Die Eidgenössische Verordnung von 1987 (46) gibt für Tartar und ähnliche genußfertige, rohe Fleischwaren die in Tabelle 90 zusammengestellten Toleranzwerte (TW) an.

Nach der Hackfleischverordnung ist es erlaubt, Hackfleisch und zubereitetes Hackfleisch aus Gefrierfleisch herzustellen oder tiefgefroren anzubieten. Tiefgefrorenes Hackfleisch muß innerhalb von 3 Monaten verkauft werden. „Hackepeter" („Mett") darf Zusätze von Zwiebeln, Speisesalz und Gewürzen enthalten.

Die Herstellung von Hackfleisch aus Wild ist verboten (7).

Tabelle 90. Richt- (RW) und Toleranzwerte (TW) für den Keimgehalt von frischem Hackfleisch.

Vorschlag	aerobe, mesophile Bakterien (KBE/g)	Pilze (KBE/g)	Escherichia coli (KBE/g)	Coli-aerogenes (KBE/g)	Salmonellen (KBE/g)	Fäkalstreptokokken (KBE/g)
Eidg. V. (46), TW	10^6		1000			
Murray (109), RW	$0{,}5–2 \cdot 10^6$	<1000		<1000	n.n./100	<5000

7.2.1.4 Weiterverarbeitung von Frischfleisch im Haushalt

Frischfleisch wird mit Ausnahme des Rohverzehrs bei Tartar in der Regel unter Verwendung von Garmethoden zubereitet. Diese sollten je nach Geschmacksrichtung und Größe des Fleischstückes so gewählt werden, daß auch im Inneren des Fleisches ausreichend hohe Temperaturen erreicht und über eine genügend lange Zeit gehalten werden, damit eventuell vorhandene, gesundheitsschädliche Mikroorganismen und Viren abgetötet bzw. inaktiviert werden (s. Tabelle 91).

Keineswegs darf das zum Verzehr vorgesehene Fleischstück schon am Vortag angebraten werden. Bei einem solchen Vorgehen lassen sich die vorhandenen Mikroorganismen nur selten in ihrer Gesamtheit vernichten und keimen dann in der Zwischenzeit, d.h. bis zur Weiterverarbeitung, in dem noch rohen oder nur teilweise gegarten Inneren des Fleisches aus, häufig unter Bildung von hitzestabilen Toxinen

Tabelle 91. Methoden zum Garen von Frischfleisch. (K: Kalbfleisch; L: Lammfleisch; m: medium; R: Rindfleisch; r: raw; S: Schweinefleisch; W: Wild; wd: well-done, gut **durchbraten**)

a) Kurzbraten: Das Garen von Fleischscheiben.

Behandlungsgut	Gewicht	Dicke	Behandlungsbedingungen				
			Kern-tempera-tur	Gare-grad	Braten (Pfanne) je Seite	Grillen (Rost) je Seite	Schmoren
	(g)	(cm)	(°C)		(min)	(min)	(min)
Kalbsschnitzel	125	1					
unpaniert					3–4	4–5	
paniert					4–5	–	
Medaillon K/L	80	1			3	4	
S	100	1–2			4	4–5	
Schweineschnitzel	125	1					
unpaniert					5	5–6	
paniert					6	–	
Kotelett S	180	1,5			6	8	
L	125	1,5			4	6	
Rouladen K		1					25–40
S	125	1					45–50
R	125	1					80–90
Steaks							
Garegrade R	200	2	65	r	1–2	2–3	
			70	m	4–5	5–6	
			80–90	wd	5–6	5–7	
Filetsteak R	150–200	2		m	4–5	5–6	
Chateaubriand R	400–500	6			1 min anbraten		
				m	7–8		
Tournedos R	100	4		m	3–4		
Porterhouse-steak R	800–1000	6		m	10–12		
T-Bone Steak R	600	4		m	5–7		
Rumpsteak R	200–300	2–3		m	4–5		
Kluftsteak R	200	3		m	4–5		
Entrecote R	400	6		m	6–8		
Kalbssteak K	150	2		wd	4–5		
Schweinesteak S	150	1,5		wd	6		

(z.B. Staph. aureus-Enterotoxin A) (165). Frischfleisch sollte daher stets auf dem kürzesten Wege, ohne Unterbrechung, gegart werden. Abhängig von der gewählten Garmethode liegen die im „Kern" des Fleisches, d.h. die am kältesten Punkt erzielbaren Temperaturen bei 65–90 °C, oft werden sie nur wenige Minuten (beim Kurzbraten), gelegentlich auch zwei Stunden (beim Kochen, Braten, Schmoren), gehalten. Am sichersten läßt sich die Kerntemperatur mit einem Bratthermometer bestimmen.

Nach der Garprobe für Schweinebraten (3) spricht man von folgenden Reifegraden:

Kerntemperatur	*Reifegrad*
65 °C	halbroh
70 °C	halbgar
80–90 °C	ganz gar

Tabelle 91. Fortsetzung

b) Braten[1)] und Schmoren von größeren Fleischstücken.

Behandlungsgut	Gewicht	Behandlungsbedingungen			
		Kern-temperatur	Backofen-temperatur	Garegrad	Zeit
	(g)	(°C)	(°C)		(min)
Roastbeef	1000	70	230–250	m	35
Rinderfilet	1000	75	250	wd	35
Rinderbraten	1000		230	m	50–60
Kalbsbraten	1000	75	200–220	wd	80–100
Schweinebraten	1000	85	200–220	wd	90–120
Schweinefilet	500	85	230–240	wd	60–80
Lammbraten	1000		240		40–50
Hammelbraten	1000		210–220		90–120
Kalbshaxe	1500		200		150
Wildbret					
Rehrücken	2000	80			40–50
Rehkeule	2000	80			60–90
Schmorstück	2000	80			90–110
Hirschrücken	2000	80			90–100
Hirschkeule	2000	80			90

c) Garen größerer Fleischstücke durch Kochen.

Behandlungsgut	Gewicht	Behandlungsbedingungen		
		Kern-temperatur	Einwirkungszeit in min im	
			Kochtopf	Druckkocher
	(g)	(°C)		
Schweinefleisch	500	85–90	60–80	15–20
Eisbein, normalgroß			90–120	30–40
Tafelspitz R	1000	85–90	105–120	

[1)] Unter Braten versteht man normalerweise „Garen in heißer Luft" in nicht zu großem Bratgeschirr: einer Bratpfanne bzw. einem Brattopf – jeweils mit Deckel – oder einer Bratfolie.

Schweinefleisch sollte grundsätzlich gar sein, damit alle vegetativen Keime abgetötet werden. Die richtige Lagerung des Frischfleisches schränkt die Kontaminationsgefahr ein, so daß eigentlich nur die Oberfläche eines Fleischstückes, nicht jedoch dessen Kern davon betroffen ist. Anders verhält es sich beim Braten von Hackfleisch. Hier muß auch im Inneren der Boulette mit dem Vorhandensein von Mikroorganismen gerechnet werden.

Wie Tabelle 91 zeigt, wird eigentlich nur beim Kurzbraten ein kritischer Bereich im Hinblick auf die Abtötung von Schadkeimen erreicht, insbesondere dann, wenn der Kern des behandelten Fleisches noch roh (raw), d.h. blutig ist. Durch das „scharfe Anbraten", das zum Verschließen der Poren dient, um so das Austreten des Fleischsaftes zu verhindern, werden die an der Oberfläche haftenden vegetativen Keime in der Regel abgetötet. Bei richtiger Lagerung sollte das Innere der Fleischstücke keimfrei sein. Gepökeltes Fleisch sollte keinesfalls gebraten werden, da sich dabei Nitrosamine bilden können, die eine kanzerogene Wirkung haben.

Wild wird heute überwiegend tiefgefroren und portioniert angeboten. Soll vor dem Braten eine Beizung mit Rotwein oder Buttermilch vorgenommen werden, so läßt sich diese mit dem Auftauprozeß verbinden.

Ein weiterer, äußerst wichtiger Gesichtspunkt ist die Warm(halte)phase bei gegarten Produkten, in der überlebende Keime wie z. B. Sporenbildner (Clostridien) sich im kritischen Temperaturbereich von 42 °C (ca. 60 °C bei thermophilen Bacillen) bis etwa −2 °C noch vermehren und vor allem auch Toxine bilden können. Produkte, die nach der Hitzebehandlung, dem Garen, kalt verzehrt werden sollen, sind möglichst rasch abzukühlen und danach kühl zu lagern. Selbst der Kühllagerung bei Kühlschranktemperaturen sind aus mikrobiologischen Gründen Grenzen gesetzt, sie sollte daher auf höchstens 2 Tage beschränkt werden. Reicht diese Lagerzeit nicht aus, so ist es ratsam, das Produkt einzufrieren.

Die Haltbarkeit von Fleisch kann durch folgende Maßnahmen verlängert werden:

- Einlegen des Frischfleisches in eine Essig- oder Sauermilchbeize;
- Sterilisieren (Einkochen) in Einkochgläser mit Gummiring und Deckel bzw. Blechdosen (früher häufig, heute im Haushalt kaum noch praktiziert);
- Einfrieren, heute die Methode der Wahl bei Vorratshaltung im Haushalt (s. S. 91).

7.2.1.5 Frischfleisch- und Rohfleischprodukte

Neben dem Frischfleisch gibt es eine ganze Reihe sogenannter Frischfleisch- oder Rohfleischprodukte, die etwa die gleiche mikrobielle Anfälligkeit besitzen und ebenfalls zum alsbaldigen Verbrauch bestimmt sind; auch bei Kühlschranklagerung müssen sie innerhalb weniger Tage verzehrt werden.

Rohfleischprodukte (frische Bratwurst, Hamburgers) sollten bei +5 °C nicht länger als 1 Tag aufbewahrt werden. Hackepeter (Hackfleisch mit Zwiebeln, Kochsalz und sonstigen Gewürzen versetzt) und Bratwurst (Rostbratwurst, Rheinische Bratwurst, Kalbsbratwurst und Schweinswürstchen) sind ebenso wie Hackfleisch selbst durch die Kontaminationsmöglichkeiten bei der Verarbeitung sowie die dabei entstehende große (innere) Oberfläche besonders gefährdet und sollten daher möglichst rasch gegart und verzehrt werden.

Als verderbende Mikroorganismen lassen sich sowohl Bakterien (Enterobakterien, darunter auch Serratia marcescens, und Brochothrix thermosphacta) als auch Hefen und Schimmelpilze nachweisen.

7.2.2 Wurstwaren

Nach den Herstellungsverfahren werden die drei Hauptgruppen Kochwurst, Brühwurst und Rohwurst unterschieden.

7.2.2.1 Kochwurst

Kochwurst wird aus vorgekochtem oder gebrühtem Fleisch und Innereien hergestellt und danach nochmals gekocht und z. T. geräuchert. Tabelle 92 zeigt eine Aufstellung der verschiedenen Kochwurstarten.

Tabelle 92. Fettgehalt, Zusatzbehandlung und Lagerdauer von Kochwürsten.

Kochwurstart	Fettgehalt (%)	Zusatzbehandlung	Lagerdauer bei +5 °C (Tage)
Kalbsleberwurst	40–50	angeräuchert	2
Leberwurst	40–50	angeräuchert	2
Speckblutwurst	40–50	geräuchert	≥4[1]
Thüringer Rotblutwurst	15–30	angeräuchert	2
Zungenrotwurst	15–30	angeräuchert	2
Blutwurst	15–30	geräuchert	≥4
Aspik/Sülzen	5–15		2
Schwartenmagen	5–15	angeräuchert	2
		geräuchert	≥4
Corned beef			2

[1] Mindestlagerdauer: 4 d.

Sülzen sind durch den Gehalt an Gelatine besonders mikrobiell anfällig. Der erste „feste Nährboden", den Robert Koch zum Nachweis und zur Züchtung von Bakterien einsetzte, bestand aus Fleischbouillon unter Zusatz von 15% Gelatine. Später wurde die enzymatisch leicht angreifbare Gelatine durch den aus Rotalgen (Ostasien) gewonnenen Agar ersetzt. Auch heute noch dient die Gelatineverflüssigung als charakteristisches Merkmal bei der systematischen Einstufung von Bakterien. Durch das Kochen werden vegetative Mikroorganismen abgetötet, während Sporen von Bazillen und Clostridien überleben. Bei einer Kühllagerung (+5 °C) wird das Wachstum zahlreicher Mikroorganismen gehemmt oder doch stark verzögert, so daß sich dadurch die Lagerfähigkeit um einige Tage verlängern läßt.

Beim Einkauf von Kochwurst kommt es durch das Schneiden, Zurechtlegen und Verpacken in der Regel zur Kontamination der Schnittflächen. Da diese Produkte anschließend ohne Erhitzen verzehrt werden, kann es gelegentlich zu Lebensmittelvergiftungen (Staphylokokken- oder Clostridium-Toxine) kommen. Bei Leberwurst wird in seltenen Fällen ein Befall mit Lactobacillus viridescens beobachtet; einige Stämme dieses Bakteriums sind zur Bildung von H_2O_2 befähigt. Auch bei Blutwurst tritt hin- und wieder ein Verderb durch gasbildende Bazillen auf.

7.2.2.2 Brühwurst

Brühwürste gehören zu den am häufigsten verzehrten Fleischerzeugnissen. Zu ihrer Herstellung wird Fleisch unter Zusatz von Wasser, Salz und Gewürzen zunächst zu einer homogenen Masse zerkleinert, die nach dem anschließenden Erhitzen (Brühen) ein schnittfestes Produkt ergibt. Man unterscheidet zwischen

- *umgeröteten Brühwürsten* bei denen Pökelstoffe zugesetzt werden, und
- sogenannter *weißer Ware*, die keinen Pökelstoffzusatz enthält. Hierzu gehören z.B. Brat-, Gelb-, Weiß-, Woll- und Hirnwurst sowie Kalbskäse, Produkte, die kühlbedürftig und zum baldigen Verbrauch bestimmt sind (Tabelle 93). Letzteres gilt insbesondere dann, wenn sie unverpackt vertrieben werden, in diesem Fall sind sie nur wenige Tage haltbar.

Tabelle 93. Spezielle Brühwurstarten: Eigenschaften und Lagerfähigkeit. (R: Rindfleisch; S: Schweinefleisch; S-Darm: Schweine-Darm; Sp: Speck).

Wurstart	Fleischzusammensetzung	Fettanteil (%)	im Darm o. Formen gebrüht	Pökelzusatz	Warmverzehr	Kühlschranklagerung bei +5 °C (Tage) roh	angeräuchert	geräuchert
Fleischwurst	S+R		+	–	+	≤1	2	≥4
Fleisch-/Leberkäse	S+R		+	–	+	≤1		
Weißwurst			+	–		≤1		
Gelbwurst			+	–		≤1		
Bierschinken	Brät u. gepökeltes S in größeren Stücken	15–25	+	+		≤1	2	
Brühwurst mit stückigen Einlagen (Zungenwurst)	Brät u. stückige Einlagen	15–25	+	+		≤1	2	
Mortadella, Schinkenwurst		15–25	+			≤1	2	
Brühwurstpasteten	Brät u. stückige Einlagen		+	+				
Lyonerwurst	Brät aus S+R	20–35	+	+		≤1	2	
Jagdwurst	Brät u. gekörntes mageres u. fettes S	20–35	+	+		≤1	2	≥4
Bayr. Bierwurst		20–35	+	+		≤1	2	≥4
Bockwürstchen	feingekuttertes S+R, S-Fett u. Speck, 100 g in S-Darm	20–35	+	+	+[1]		+[2]	
Knackwürstchen	S+Sp im S-Darm	20–35	+	+	+[1]		+[2]	
Frankfurter Würstchen[3]	S+Sp mager im Schafsdarm	20–35	+	+	auf 65° erhitzt[4]		Kaltrauch	

[1] Vor dem Verzehr in heißem Wasser erhitzen, jedoch nicht kochen, da sonst die Wursthülle platzt.
[2] Das Räuchern erfolgt in der Regel vor dem Brühen.
[3] Die Bezeichnung geschützt.
[4] Die fertigen Würstchen werden einem speziellen Kaltrauchverfahren unterworfen, anschließend jedoch *nicht gebrüht*. Dies macht beim Verzehr ein Erhitzen auf 65 °C erforderlich, bis sich die Würstchen fest und prall anfühlen.

Brühwürste, die zum Braten oder Grillen vorgesehen sind, dürfen keinen Nitritpökelsalz-Zusatz enthalten.

7.2.2.3 Rohwurst

Rohwürste werden aus rohem, grob- oder feingekuttertem Fleisch (Rindfleisch, Schweinefleisch, Speck) unter Zusatz von Salzen (vor allem auch Pökelsalzmischungen), Gewürzen und geringen Mengen Zucker hergestellt. Zur Erhöhung der Haltbarkeit werden sie in der Regel einem durch Mikroorganismen gesteuerten Reifungsprozeß unterworfen (Fermentation, s. S. 153f.), anschließend getrocknet und häufig auch geräuchert (Tabelle 94). Ihr Fettgehalt liegt bei 35–65%. Im Hinblick auf

Tabelle 94. Charakteristische Daten für Rohwurstsorten.

Wurstarten	Fettanteil (%)	Pökelsalz-zusatz	Fermenta-tion	getrocknet	geräuchert	Haltbar-keit
Streichfähige Rohwurst						
– Teewurst, grobe Teewurst, Mettwurst, Streichmettwurst 1 a	35–50	+			+	≤4 Woch.
– Braunschweiger Mettwurst, Schmierwurst, Streichmettwurst	45–55	+			+	≤4 Woch.
– Mettwurst einfach, Schmierwurst fett, Streichmettwurst, fett	55–65	+			+	≤4 Woch.
Schnittfeste Rohwurst						
– Salami	35–55	+	+	+	+	6 Mon.
– Cervelatwurst		+	+	+	+	6 Mon.
– Plockwurst		+		+	+	6 Mon.
– Schlackwurst		+		+	+	6 Mon.
– Schinkenmettwurst		+		+	+	6 Mon.
– Westfäl. Mettwurst		+		+	+	6 Mon.

die Verwendung unterscheidet man zwischen streichfähigen und schnittfesten Rohwürsten.

Bei Dauerwurst in Packungen sind Monat und Jahr für die Mindesthaltbarkeit angegeben.

7.2.2.4 Mikrobiologische Qualitätsparameter für Wurstwaren

Gelegentlich wird bei der mikrobiologischen Qualitätskontrolle auch der Gehalt an mesophilen „Fremdkeimen" erfaßt. Einen hohen Prozentsatz stellen hier die unerwünschten, peroxidbildenden Lactobacillen (bis zu 10^7 KBE/g), unter denen sich oft Gasbildner, die für eine starke Porigkeit verantwortlich sind, befinden. Als weitere Kontaminationskeime treten Hefen und Schimmelpilze auf, die oft für den Reifeschimmel auf der Wursthaut verantwortlich sind (s. S. 153). Die Hauptursache für diese Kontaminationen ist in der Regel beim Ausgangsmaterial, der Rohware, zu suchen: Durch den Auftauprozeß von Gefrierfleisch z.B. oder einen zu langen Reifeprozeß bei Rindfleisch, kommt es oft zur Einschleppung von Fremdkeimen.

Mikrobiologische Standards für Fleisch- und Wurstwaren werden auch von Murray (109) angegeben, im Vergleich zu der Eidg. V. (46) wird dabei zusätzlich noch auf das Vorkommen von Fäkalstreptokokken, Salmonellen sowie Hefen und Schimmelpilzen geprüft (Tabelle 96).

Salmonellen werden nach den Untersuchungen von Sinell et al. (138a) häufig über Innereien, die ja bei der Herstellung mancher Wurstsorten mitverwertet werden, verbreitet. Durch Hitzebehandlung (Kochen, Brühen) sollten sie eigentlich abgetötet sein: Das Auftreten dieser Keime zeigt daher stets irgendwelche Schwachstellen im Verarbeitungsverfahren an (53).

Tabelle 95. Keimzahlen und spezifische Keime bei Wurstwaren (Angabe der Toleranzwerte (TW) nach der Eidg. V. von 1987, 46).

Wurstsorte	aerobe, mesophile Keime (KBE/g)	Enterobacteriaceae (KBE/g)	Escherichia coli (KBE/g)	Staph. aureus (KBE/g)	Lactobacillen (KBE/g)	Clostrid. perfringens (KBE/g)
Rohe Bratwurst	10^6		10^3			
Koch- u. Brühwurst						
– in ganzen Stücken	10^5	10^2			10^5	
– ohne Pökelsalz	10^5	10^2			10^5	10^2
– aufgeschnitten	10^6	10^3			10^6	
– ohne Pökelsalz	10^6	10^3			10^6	10^2
Rohwurstwaren[1]						
– ausgereift	s.u.[1]	10^2		10^3		10^2
– mit abgebrochener Reife		10^4		10^3		10^2
– streichfähig		10^4		10^3		10^2

[1] Rohwurstwaren mit Starterzusätzen (fermentierte Wurstsorten, s. S. 153) haben einen hohen Keimgehalt, er beträgt ca. 10^7–10^9 KBE/g und enthält einen erheblichen Anteil an Milchsäurebakterien.

Tabelle 96. Mikrobiologische Qualitätsmerkmale für Hackfleisch, Wurstwaren und Pasteten. (Nach 109).

Beurteilungskriterium	Hackfleisch und Wurstwaren		Pasteten
	Richtwerte (Standard) (KBE/g)	Toleranzwerte (KBE/g)	Richtwerte (KBE/g)
aerobe, mesophile Keime	$< 5 \times 10^5$	2×10^6	$< 2 \times 10^2$ bei 22 °C
Fäkalstreptokokken[1,2]	$< 5 \times 10^3$		n.n./10 g
Coliforme	$< 10^3$	10^3	n.n./10 g
Salmonellen	n.n./100 g		n.n./25 g
– nach anderen Quellen	n.n./25 g		
Clostridium perfringens	n.n./g		
Staphylococcus aureus			n.n./10 g
Hefen und Schimmelpilze	10^3	5×10^3	

[1] Definition s. S. 43.
[2] Neuerdings tritt beim Menschen (Metzger) eine Infektion mit Streptococcus suis (vom Schwein kommend) auf, die über die Haut oder beim Rohverzehr von Fleisch übertragen wird (64).

7.2.3 Gekochtes Fleisch und gekochtes Pökelfleisch

Nach der entsprechenden Vorbehandlung – Pökeln, Kochen oder Braten – wird das in Portionen geschnittene Fleisch (häufig in Scheiben) in der Endverpackung (Vakuumverpackung, Blechdose) meistens nochmals erhitzt. Dieses Vorgehen erfordert einen hohen Hygienestandard, da die eingesetzten Erhitzungsmethoden keineswegs immer einer Sterilisation ebenbürtig sind.

Tabelle 97. Mikrobiologische Qualitätskontrollen für Fleischprodukte. (Nach verschiedenen Quellen zusammengestellt).

Prüfprodukt	aerobe, mesophile Keime	aerobe, mesophile Keime bei 3–5% NaC	Lactobacillen (Vakuumverpackung)	Coliforme	Escherichia coli	Salmonellen	Fäkalstreptokokken, Lancefield Gr. D	Staphylococcus aureus	halophile Vibrionen	Clostridium perfringens	Clostridien spp.	Katalase-posit. Lactobacillen	Endprodukt-pH-Wert	a_w-Wert
ungekochtes Fleisch	+				+									
ungekochtes Pökelfleisch		+							+					
fermentierte Wurst	+											+	5,0	0,7–0,8
gekochte Wurst, Mortadella	+						+							
gekochte Fleisch-Scheiben	+					+	+	+		+				
gekochtes Pökelfleisch		+	+	+			+	+	+					
gekochte Pökelwurst		+	+				+	+	+					
gekochte Delikatesswurst	+		+				+	+		+	+			

Tabelle 98. Mikrobiologische Qualitätsparameter für Kochfleisch und Kochpökelfleisch (Toleranzwerte. Nach 46).

Produkt	Untersuchungskriterien			
	aerobe, mesophile Keime (KBE/g)	Lactobacillen (KBE/g)	Enterobakterien (KBE/g)	Clostridium perfringens (KBE/g)
Ganze Stücke:				
Kochfleisch	10^5	10^5	10^2	10^2
Kochpökelwaren	10^5	10^5	10^2	
Aufgeschnitten:				
Kochfleisch	10^6	10^6	10^3	10^2
Kochpökelware	10^6	10^6	10^3	
In der Packung pasteurisiert:				
Kochfleisch	10^4	10^4	10	10
Kochpökelware	10^4	10^4	10	

Gekochte, ungepökelte Bratenstücke zur Tiefkühllagerung

Beim Kochen dieser Produkte ermöglichen zu niedrige Behandlungstemperaturen das Überleben vegetativer Formen, wie z.B. Staphylococcus aureus, Salmonellen und Clostridien, die sich bei der anschließenden Abkühlung – vor allem dann, wenn diese nur langsam verläuft – vermehren können und mitunter auch Toxine bilden.

Gekochtes Pökelfleisch
Nach Abschluß des Pökelprozesses wird das Produkt in einer Vakuumverpackung oder in Dosen (Schinken) einem Erhitzungsverfahren unterworfen und einige Minuten bei 70–75 °C (Kerntemperatur), gelegentlich auch einige Stunden bei 83 °C, „gekocht" (142). Bei einem solchen Vorgehen wird zwar die normale saprophytische Mikroflora des Pökelprozesses abgetötet, jedoch keine Sterilität erreicht, da stets einige Sporenbildner überleben. Bei Dosenschinken zwar kann, in Abhängigkeit von den übrigen Gegebenheiten, handelsübliche Sterilität (s. S. 19f.) erzielt werden, bei den sonstigen Produkten ist aber höchstens eine Lagerfähigkeit von 6 Monaten bei +5 °C zu halten. Als verderbende Keime treten häufig Milchsäurebakterien und andere halophile Bakterien (Vibrio spp.), aber auch pathogene Keime, z.B. Staph. aureus, auf, die hauptsächlich über die Schneidemaschinen verbreitet werden (Tabelle 98).

7.3 Geflügelprodukte

7.3.1 Geflügelfleisch

Obwohl sich die Hygieneverhältnisse bei der Geflügelhaltung und Verarbeitung in den letzten Jahrzehnten deutlich gebessert haben, ist Geflügelfleisch noch immer die Hauptgefahrenquelle für die Einschleppung von Salmonellen. Häufig ist das Futter – auch aus natürlicher Umgebung – dafür verantwortlich, doch ist der wesentlichste Grund darin zu suchen, daß es bei der „inline-Verarbeitung" in Großbetrieben an kritischen Stellen leicht zu einer Keimvermehrung und dann zu einer breiten Streuung kommt (Abb. 35). Verursacht wird sie in der Regel durch Kühlbäder – die meisten Schlachthähnchen gelangen heute als Tiefkühlware in den Handel – etwa bei der Eiswasser- oder Tiefkühlsole-Kühlung (hier kann eine Kontamination durch vorheriges Einsiegeln in eine Vakuumverpackung allerdings vermieden werden). Die Hauptgefahrenpunkte hinsichtlich einer Infektionsverschleppung liegen jedoch beim Verbraucher selbst:

- zum einen bei der Abnahme der auf der Innenseite stets kontaminierten Verpakkungsfolie nach dem Auftauen;
- zum anderen bei der anschließenden Verarbeitung, vor allem durch eine nicht erreichte oder eine nicht lange genug gehaltene „Kerntemperatur", der eigentlichen Garzeit.

Die Auftauflüssigkeit sollte stets verworfen werden! Ist ein Tranchieren erforderlich, so sollte dies auf einem leicht zu reinigenden Kunststoffbrett oder in einer Schüssel vorgenommen werden. Hände und Gerät sind anschließend gründlich zu reinigen.

Zur Abtötung von Salmonellen und anderen vegetativen Krankheitserregern ist im Behandlungsgut beim Braten eine 10minütige Kerntermperatur von 80 °C erforderlich!

Größere Geflügelarten, wie z.B. Gänse und Puter benötigen oft Garzeiten bis zu 4 Stunden (Tabelle 99). In den letzten Jahren mehren sich die Fälle von Campylobacter-Infektionen (s. S. 41), die durch Milch und nicht ausreichend erhitztes Hühnerfleisch

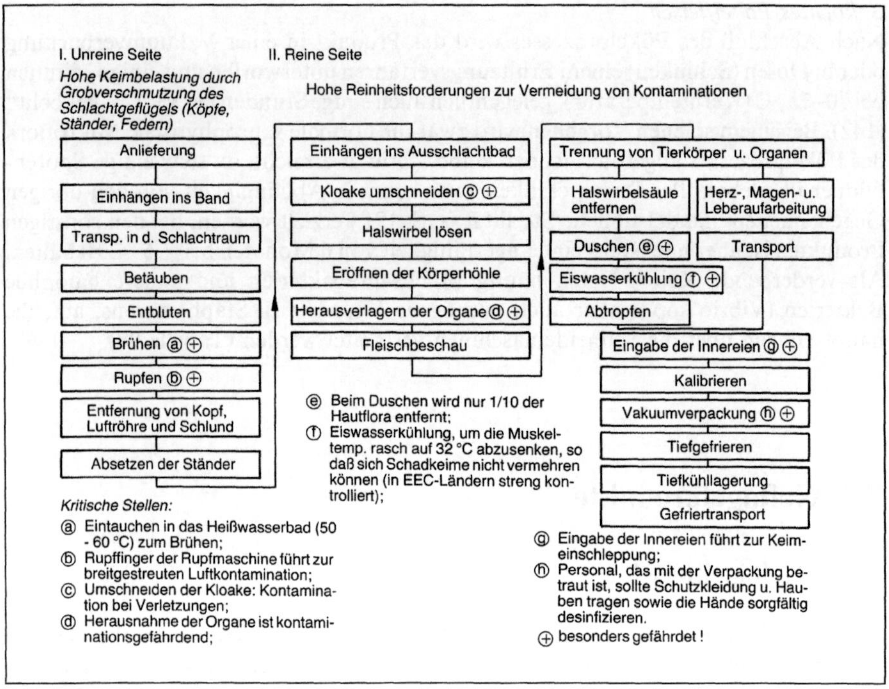

Abb. 35. Schema einer Geflügelverarbeitung für ofenfertige Hähnchen (nach 78). (⊕: besonders gefährdet)

Tabelle 99. Das Garen von Geflügel durch Braten (136).

Behandlungsgut	Gewicht (g)	Backofentemperatur (°C)	Behandlungszeit (min)
Taube	300–600	220	35–45
Brathähnchen	900–1200	210	50–60
Poularde	1150–1500	210	90–100
Ente[1)]	1500–2000	210	90–110
Gans[1)]	3000–4000	180	180–210
Puter[1)]	3000–4000	180	180–210

[1)] Für einen großen Geflügelbraten sollte stets die längste Bratzeit bevorzugt werden, da es durch das häufige Beträufeln des Bratens durch das dazu notwendige Öffnen des Backofens zu einem Temperaturverlust kommt. Daneben ist für gefülltes Geflügel – je nach Größe – eine um 20–40 min längere Bratzeit anzusetzen. Allgemein üblich ist, daß man den Braten nach Beendigung der Bratzeit bei geöffneter Backofentür noch ca. 10 min ruhen läßt.

verursacht wurden. Durch Kochen läßt sich dieser Keim jedoch abtöten. In Restaurants und Großküchen ist stets auf eine strikte Trennung zwischen frischen und bereits gebratenen Hähnchen zu achten, um Rekontaminationen zu vermeiden.

Bei Enten ist die Kontaminationsrate mit Salmonellen höher als bei Schlachthähnchen. Bei Geflügelprodukten steigt sie noch einmal an und liegt nicht selten bei 50%.

Tabelle 100. Erforderliche Kontrolltests zur Überwachung der Geflügelqualität und einige Angaben zur Keimzahl (109). (+: Test erforderlich).

Produkt	Gesamtkeimzahl bei 22 °C	Enterobacteriaceen (E. coli) bei 30 °C	Salmonellen bei 37 °C	Fäkalstreptokokken bei 37 °C	Staph. aureus bei 37 °C	Bacillus cereus bei 30 °C
Geflügelfleisch (frisch o. gefroren)	+		+			
KBE/16 cm² Oberfl.						
Richtwert	<250 000	<1 000		< 5 000	<100	
Grenzwert	≯500 000			≯10 000		
Geflügel gekocht	+	+			+	
Zubereitungen, z. B. Geflügelrisotto	+	+			+	+

Untersuchungen von Murray (109) haben gezeigt, daß zahlreiche „Problemkeime" bei Frischhähnchen menschlichen Ursprungs sind. Das gilt insbesondere für Staph. aureus, der durch Handarbeit beim Schlacht- und Verpackungsprozeß, meist über offene Wunden des Personals, eingeschleppt wird. Sobald die Keimzahl einen Wert von 500 000 KBE/16 cm² übersteigt, sollte die Betriebshygiene mit einem raschen Desinfektionsstoß (Chlorung) verbessert werden (Anhebung des Chlorgehaltes im Prozeßwasser auf 20 ppm, eine Maßnahme, die weder eine Korrosion der Anlage noch eine Schädigung des Gutes zur Folge hat).

Mikrobiologische Qualitätskontrolle für Geflügel und Geflügelprodukte
Bislang gibt es keine offiziellen Toleranzwerte für Geflügel und Geflügelprodukte. Hinweise auf die „Oberflächengesamtkeimzahl" sowie die noch akzeptable Keimzahl für bestimmte, spezifische Keime sind in Tabelle 100 zusammengestellt. Daneben werden Vorschläge für in bestimmten Fällen erforderliche Kontrolltests gemacht.

7.3.2 Eier

Frische Eier und Eiprodukte bringen ebenfalls häufig mikrobiologische Probleme mit sich, die hauptsächlich bei der Verwendung von Flüssigei auftreten. Flüssigei (s. Kap. 7.3.2.3) wird v.a. zur Weiterverarbeitung in Teigwaren eingesetzt.

7.3.2.1 Ganzei

Zu erkennen sind frische Eier beim Aufschlagen am hochgewölbten Dotter sowie an der deutlichen Trennung des Eiklars (Eiweiß) in zwei Zonen (AID 1987, 7). Mit zunehmendem Alter wird der Dotter flacher und vermischt sich beim Aufschlagen oft sogar mit dem Eiklar. Solche Eier sollten nicht zur Herstellung roh zu verzehrender Speisen verwendet werden. Eier sind im Haushalt grundsätzlich kühl und trocken aufzubewahren. Im Kühlschrank halten sich Frischeier etwa 4–5 Wochen.

Tabelle 101. Mikrobiologische Qualitätskriterien für Eier und Eikonserven (Toleranzwerte). (Nach 46).

Produkt	aerobe, mesophile Keime (KBE/g)	Escherichia coli (KBE/g)	Staphylococcus aureus (KBE/g)
Eier und Eikonserven	10^5	10	100
Flüssigei (nach 73)	5×10^6 (22 °C)		

In jedem Falle ist die Schalenqualität der Frischeier zu begutachten. Auf der Oberfläche haftende keimhaltige Schmutzreste können beim Aufschlagen in die Speise gelangen und beim Rohrverzehr zu Problemen führen. Verschmutzte Eier sollten keinesfalls im Kühlschrank aufbewahrt werden. Batterieeier sind im allgemeinen sauber. Häufig werden Eier vor dem Verkauf auch gewaschen und/oder – oft mit quaternären Ammoniumverbindungen – desinfiziert. Doch ist bisher nicht auszuschließen, ob es dadurch zu einer Begünstigung der Keimpassage durch die Eischale kommt.

Die mikrobiologischen Qualitätskriterien für Eier und Eikonserven sind in Tabelle 101 dargestellt. An Kontaminationskeimen lassen sich aus Eiern vor allem gramnegative Bakterien wie z. B. Salmonellen, Pseudomonas fluorescens und andere Arten, Achromobacter spp., Proteus spp., Aeromonas spp., Acinetobacter u. a. nachweisen. Um alle in Hühnereiern auftretenden Bakterien sicher abtöten zu können, müssen diese 7 min lang gekocht, 5 min pouchiert oder insgesamt 7 min (mit Wenden) gebraten werden. Bei der Zubereitung von Spiegeleiern lassen sich Salmonellen nicht mit Sicherheit abtöten (58).

Besondere Vorsicht ist beim Umgang mit Enteneiern geboten. Sie müssen nach AID (7) die Aufschrift tragen: „Entenei – 10 Minuten kochen". Rohe Enteneier dürfen nicht zur Herstellung von Mayonnaise, Speiseeis und sonstigen Speisen verwendet werden, die vor dem Verzehr nicht auf Temperaturen erhitzt werden, die eine Abtötung von Salmonellen zur Folge haben!

7.3.2.2 Flüssigei – Gefrierei – Trockenei

Außer Gefrierei (ganz) wird besonders Flüssigei (vor allem aus zerbrochenen bzw. angebrochenen Eiern) zur Weiterverarbeitung eingesetzt. Es wird entweder in Eiprodukten (z. B. Teigwaren) verwendet oder aber auch zu Trockeneipulver verarbeitet. Die dabei eingesetzten Verfahren sind besonders kontaminationsgefährdet und machen daher eine zusätzliche Verminderung der Keimzahl (Tabelle 102) erforderlich. Als Verfahren dafür kommen in Frage:

- Kurzzeiterhitzen (in manchen Ländern ist eine Pasteurisierung, z. B. Erhitzen auf 60–61 °C über 3–3,5 min sowie eine anschließende sofortige Kühlung auf 7,2 °C, vorgeschrieben);
- Zusatz von zugelassenen Konservierungsstoffen (z. B. 10–12 g Benzoesäure pro kg Flüssigei (165)).

Zur Abtötung von Salmonellen (S. senftenberg, S. thompson, S. typhimurium) in Trockenvollei durch Erhitzen bei konstanter Feuchte sind nach Schmidt-Lorenz (135) 142 min bei 75 °C, 12 min bei 85 °C und 0,3 min bei 100 °C erforderlich. Bei trockener Wärme überleben diese Salmonellen nach 90 min bei 55–60 °C.

Tabelle 102. Mikrobiologische Qualitätsparameter für Flüssigei, Gefrierei, Eipulver (nach verschiedenen Quellen). (RW: Richtwert, TW: Toleranzwert).

Produkt	Untersuchungskriterien		
	aerobe, mesophile Keime (KBE/g)	Coliforme (KBE/g)	Hefen- u. Schimmelpilze (KBE/g)
Gefrierei (ganz) vorher auf 60–61 °C erhitzt)	RW $\leq 1{,}0 \times 10^4$ TW $1{,}5 \times 10^4$	≤ 50	≤ 50
Flüssigei (bei 22 °C geprüft)	RW $5{,}0 \times 10^6$		
Trockenei (vorher auf 60–61 °C erhitzt)	RW $\leq 5{,}0 \times 10^4$ TW $7{,}5 \times 10^4$	≤ 50	≤ 20

Tabelle 103. Mikrobiologische Toleranzwerte für Teigwaren. (Nach 46).

Produkt	aerobe, mesophile Keime (KBE/g)	Enterobacteriaceae (KBE/g)	Staphylococcus aureus (KBE/g)	Schimmelpilze (KBE/g)
Teigwaren, ungekocht, trocken	10^5	10^3	10^4	10^3

7.3.2.3 Eiprodukte

Eiprodukte, vor allem die dazu zählende Hauptkategorie der Teigwaren, haben oft eine wesentlich höhere Keimzahl als Frischeier (vergl. Tabellen 101 und 103). Das gilt insbesondere für Teigwaren mit langer Ausformungs- und Trockenzeit. Normalerweise werden Teigwaren jedoch nicht roh verzehrt, sondern vorher gekocht oder im Backofen erhitzt. Beim Umgang mit diesen Produkten ist stets ein hygienisches Verhalten angezeigt.

7.4 Fisch

Fisch aus Hochseefanggebieten ist normalerweise nicht mit bakteriellen Lebensmittelverderbern und Viren kontaminiert. Ein Befall tritt in der Regel erst bei der Lagerung, dem Transport, der Verarbeitung des Fanges, der Verteilungskette sowie beim Verbraucher durch mangelnde Hygienemaßnahmen, auf.

Anders ist es bei Fischen aus küstennahen, mit Abwässern verseuchten Gebieten und bei Süßwasserfischen auch aus Zuchtteichen; schädigende Keime werden hier nicht selten über das Fischfutter eingeschleppt. Der Verbraucher muß also stets davon ausgehen, daß Fische ebenso wie Fleisch und Geflügel mit pathogenen Keimen infiziert sein können. Es ist daher ratsam, den Kontakt mit anderen Lebensmitteln zu vermeiden und nach der Bearbeitung von rohem Fisch Hände, Arbeitsgerät und Tisch gründlich zu reinigen.

7.4.1 Lagerung

Frischer Fisch sollte nicht länger als einen Tag im Kühlschrank gelagert werden, zu empfehlen sind dafür geruchsdichte Lagerbehälter aus Glas oder Kunststoff mit Deckel.

Tiefgekühlter Fisch. Das nach dem Fang in Form von tiefgekühltem Fisch auf den Markt gebrachte Produkt kann von dem Verbraucher ohne weiteren Arbeitsaufwand direkt zum Verzehr zubereitet werden. Es ist optimal zugerichtet und fachgerecht gelagert. Fettfische werden wegen möglicher Geschmacksveränderungen nicht zum Verzehr angeboten. Sie schmecken nach bestimmten Lagerzeiten tranig und ranzig und verfärben sich.

Die vertretbaren Tiefkühllagerzeiten für Magerfisch sind in Tabelle 104 angegeben. Das Garen von tiefgekühltem Fisch sollte aus hygienischen Gründen (Möglichkeit der Keimvermehrung) direkt, also ohne einen dazwischengeschalteten Auftauprozeß, vorgenommen werden.

Tabelle 104. Tiefkühllagerung von Magerfisch. (Nach 7).

Fischart	Lagerzeiten bei −18 °C bis −20 °C (Monate)
Hering, Makrele, Lachs	2–4
Fischfilets	3–5

7.4.2 Zubereitung von frischem Fisch im Haushalt

Hier empfiehlt der Verbraucherdienst (7) nach der altbekannten 3-S-Regel: Säubern – Säuern (s. S. 95ff.) – Salzen (s. S. 92ff.) vorzugehen, die in erster Linie darauf abzielt, eine Keimvermehrung und einen damit verbundenen Verderb bzw. eine Gefährdung durch Krankheitserreger abzuwenden. Nicht vergessen werden sollte der Einfluß von *biogenen Aminen*, die sich ebenfalls auf dem Transport und bei der Lagerung von Fischen unter bakteriellem (enzymatischem) Einfluß bilden können (intrinsic food poisoning). Sie entstehen durch Decarboxylierung aus bestimmten Aminosäuren, wie z.B.

aus der Aminosäure:	*das biogene Amin:*
Histidin	Histamin
Lysin	Cadaverin
Ornithin	Putrescin

Die o.g. biogenen Amine verursachen beim Verbraucher Kopfschmerzen und rufen – in Abhängigkeit von der Dosis – auch Diarrhöen hervor.

Ein Maß für den bakteriellen Abbau stellt auch der Gehalt an Trimethylamin dar, für den eine Obergrenze von 120–130 mg/kg vorgeschlagen wird (93). Durch Einlegen des gekühlten Fischfilets in EDTA soll die Bildung von Trimethylamin verhindert werden.

Der Verderb von Fischen mit einem hohen Anteil an Histidin, z.B. Thunfisch, Rotbarsch, Sardinen und Heringen, geht parallel mit einem erheblichen Histamingehalt bei diesen Tieren. In Heringsfilet konnte selbst bei Temperaturen von −3 °C bis −2 °C nach 5–6 Tagen Lagerung noch Histaminbildung festgestellt werden. Bei Vollkonserven werden die biogenen Amine – vor allem das Histamin – durch den Rohfisch eingeschleppt. Histamin ist ganz allgemein als „Leitamin“ und Indikator für biogene Amine anzusehen. Es läßt sich fluorimetrisch oder mit HPLC nachweisen.

In jüngster Zeit (61) wurde in portugiesischen Ölsardinen ohne Haut und Gräten ein hoher Histamingehalt über das Landwirtschaftsministerium in Nordrhein-Westfalen angemahnt. Mit 1,2–2,9 g Histamin/kg Fisch lag der ermittelte Gehalt erheblich über dem seit neuester Zeit gültigen Höchstwert von 0,2 g pro kg. Vermutet wird zunächst eine mangelnde Verarbeitungshygiene, doch kann auch eine zu lange Lagerzeit (vom Fang bis zur Verarbeitung) der vorher bereits kontaminierten Sardinen dafür verantwortlich sein.

Beim Einlegen von Heringen nach „Hausfrauenart“ ist auf einen Befall mit Nematodenlarven zu achten. Zur Abtötung dieser Fischparasiten sind ausreichend hohe Salzkonzentrationen bzw. ausreichend lange Garzeiten erforderlich.

Mikrobiologische Qualitätsparameter

Bei Frischfisch macht Clostridium botulinum E keine Probleme, wohl aber bei Räucherware. In kanadischen und US-Lachspräserven wurden in den letzten Jahren

Tabelle 105. Zweckmäßige mikrobiologische Kontrollen für Fische und Weichtiere.

Produkt	empfehlenswerte Prüfung					
	aerobe, mesophile Keime	E. coli	Salmonellen	Vibrio parahaemolyticus	Staph. aureus	Clostridium spp.
Rohfisch	+	+	+[1)]	+[1)]		
Räucherfisch	+	+			+	+
Muscheln	+	+		+	+	

[1)] Rohverzehr

Tabelle 106. Mikrobiologische Qualitätsmerkmale für Fisch, Muscheln und Krabben. (Nach US Publ. Health Service).

Produkt	aerobe, mesophile Keime (KBE/g)	Coliforme (KBE/g)
Fisch	$\leq 10^5$	$\leq 10^2$
Shrimps	$\leq 5 \times 10^5$	
Krabben	$\leq 10^5$	
Austern	$\leq 5 \times 10^4$/ml	$\leq 1{,}6 \times 10^4$/100 ml

häufig Kontaminationen mit Clostridium botulinum Typ E festgestellt. Endosporen dieser Keimart kommen in Küstennähe sowie in Küstengewässern vor und lassen sich aus Fischen dieser Standorte isolieren. Eine Vermehrung des Keimes findet noch bei +4 °C statt. In Japan und Ostasien verursacht Vibrio parahaemolyticus, ein halophiles Bakterium aus mariner Umgebung, milde bis schwere Diarrhöen oder Enteritis. Der Keim ist hitzelabil (142). Zweckmäßige mikrobiologische Kontrollen für Fische und Weichtiere zur Einhaltung der mikrobiologischen Qualitätsmerkmale (Tabelle 106) sind in Tabelle 105 zusammengestellt.

7.5 Weichtiere: Schnecken, Muscheln und Tintenfische

Von diesem etwa 128 000 Arten umfassenden Tierstamm der Weichtiere (Mollusken – Mollusca), zu dem hauptsächlich Wasser-, aber auch Landbewohner wie z. B. die Weinbergschnecken gehören, sind lediglich drei Klassen von Interesse: die zu den Schalentieren zählenden Klassen der Schnecken (Gastropoda) und Muscheln (Bivalvia) sowie die Kopffüßer (Cephalopoda).

Schnecken

Die zu den Delikatessen zählenden Weinbergschnecken (Helix pomatia) werden, ebenso wie andere zum Verzehr geeignete Arten, in der Regel in konservierter Form, d.h. entweder tiefgefroren oder in Gläsern oder Dosen angeliefert und vor der Darreichung meist in dem mitgelieferten Schneckenhaus (in Butter) oder in sonstiger Form erhitzt. Die Bratzeit beträgt im Backofen bei 200 °C ca. 15 min.

Muscheln

Muscheln stellen aus mikrobiologischer Sicht besonders dann ein Problem dar, wenn sie roh verzehrt oder bei der Zubereitung nicht hoch genug erhitzt werden. Außer Austern werden auch Herzmuscheln, Venusmuscheln und Teppichmuscheln meist roh verzehrt. Die auf Muschelbänken in meist abwasserverseuchten Meeresbuchten gezogenen Tiere sind häufig mit bakteriellen Krankheitserregern (Enterobacteriaceen und Pseudomonaden u. a.), in zunehmendem Maß aber auch mit pathogenen Viren kontaminiert. (Erst im März 1988 erkrankten in Shanghai annähernd 800 000 Personen nach dem Genuß von Muscheln an Hepatitis A (57)). Zur Inaktivierung von Hepatitis-A-Viren sind während einer Haltezeit von 5–10 min Temperaturen im Bereich von 95–100 °C erforderlich. Bei den über kochendem Wasser gedünsteten Austern, die sich bereits nach etwa einer Minute öffnen, wird im Inneren eine Temperatur von höchstens 45 °C erreicht, was keineswegs zu einer Virusinaktivierung genügt.

Beim Einkauf lebender Muscheln ist darauf zu achten, daß die Schalen fest geschlossen sind. Lassen sich Muscheln leicht öffnen und schließen sich nicht sofort wieder nach dem Aufklopfen auf eine Unterlage, so ist das Tier abgestorben und auszusondern. Miesmuscheln werden grundsätzlich gegart verzehrt, Jakobsmuscheln dagegen nur blanchiert und abschließend gebraten. Diese beiden bei uns am häufigsten verzehrten Arten stehen auch in konservierter Form – tiefgefroren oder in Gläsern bzw. Dosen – zur Verfügung.

Tintenfische (Sepia officinalis) und Kalmare
Die zu den Kopffüßern gehörenden Arten werden nur in ihrem Verbreitungsgebiet, an den Küsten, frisch angeliefert, stehen aber in Feinkostläden küchenfertig als Konserven, d.h. tiefgefroren oder in Dosen, zur Verfügung. In tiefgekühlter Form werden sie nach dem Auftauen und den eventuell erforderlichen Vorbereitungen gegart oder ausgebacken.

7.6 Krustentiere (Krebse)

Alle für die menschliche Ernährung genutzten Krustentiere (Krebse, Crustacea) gehören zu den Decapoden, den Zehnfüßern. Die aus mikrobiologischer Sicht erforderlichen Vorsichtsmaßnahmen sind die gleichen wie bei den Weichtieren.

Sämtliche Krustentiere haben ein Außenskelett aus Chitin. Zum Teil werden sie tafelfertig, also gekocht und ausgelöst, tiefgefroren oder in Dosen verpackt, geliefert. Verschiedene tiefgefrorene Krustentiere kommen sofort nach dem Auftauen – ohne Nachbehandlung – in Cocktails oder als Garnitur kalt zum Verzehr, andere werden warm serviert (Toast, Omlettfüllung). Roh eingefrorene Krebsschwänze, z.B. vom Kaisergranat, sowie lebend gekaufte Krustentiere (Langusten, Hummer vorher durch 5–10minütiges Eintauchen in siedendes Wasser abgetötet) werden in der Regel in der Kruste gegart, wozu – je nach Größe – Garzeiten von 15–50 min (in kochendem Wasser) erforderlich sind (Tabelle 107). Um die Haltbarkeit zu verbessern, werden einige Konserven von Krustentieren in einer Reihe von Ländern noch zusätzlich chemisch konserviert (Tabelle 108).

Tabelle 107. Krustentiere: Verfügbarkeit und Garzeiten. (Nach verschiedenen Quellen zusammengestellt). ((Leb): lebend auf dem Markt; ⊕ das ganze Tier eingefroren; (Fl) nur das Fleisch konserviert; (Schw) roh eingefrorene Krebsschwänze).

Produktbezeichnung			Verfügbarkeit			Länge	Garzeit
deutsch	englisch	französisch	frische Ware	tiefgefrorene Ware	Dosenkonserv.	(cm)	bei 100 °C (min)
Krill, Zerggarnelen	shrimps	Crevetten	+		+	5–6	12–15
Nordseekrabben	shrimps	Crevetten	+	+	+	5–15	15–20
Riesengarnelen			+	+	+	17–23	15–20
Langusten	lobster	langoustes	+(leb.)	⊕	+(Fl)	25–40	50
Hummer	lobster	homards	+(leb)	⊕	+(Fl)	25–30	20–30
Kaisergranate				+(Schw)			12
Krabben	crabs	crabes			+	5–20	
Königskrabben	kingcrabs			+	+		15–45
Flußkrebse	crayfish		+(leb)	+(Schw)	+		15–20

Tabelle 108. Chemische Konservierungsstoffe als zusätzlicher Schutz von Schaltier-, Krustentier- und Fischpräserven.

Produkt	Konservierungsstoffe (Zusatz in %)								
	Hexamethylentetramin[1]	Ameisensäure[2]	Essigsäure	Salicylsäure[3]	Borsäure[4]	NaCl	Nitrate	PHB-Ester	EDTA
Muscheln	0,1								
Garnelen	0,1								+
Krebszubereitg.	0,1	0,1							
Kaviar	0,1				0,3	+			
Fischrogen						+			
Anchosen	0,1			+		+	+		
Fischpasten						+			
Fischpräserven		0,3	1–3					0,05	+

[1] Das Formaldehyd-abspaltende Produkt gilt auch heute noch als der einzige sicher wirkende Konservierungsstoff für Fischmarinaden, Anchosen, Kaviar, Muscheln, Garnelenerzeugnisse und Krebszubereitungen (97). Sein Einsatz war früher in einigen Ländern erlaubt, wird jedoch heute kaum noch eingesetzt.

[2] Häufig als Ersatz für Hexamethylentetramin eingesetzt, wobei jedoch zu berücksichtigen ist, daß der Konservierungsstoff nur im sauren pH-Bereich wirkt.

[3] Früher zur Konservierung von Fischmarinaden und Anchosen eingesetzt, in der Bundesrepublik Deutschland jedoch nicht mehr erlaubt.

[4] Früher häufig für Fischerzeugnisse und Produkte aus anderen Meerestieren erlaubt, heute nur noch in einigen Ländern zur Konservierung von Kaviar (0,3–0,5%) eingesetzt.

In einigen Ländern wird zum Schutz von Garnelen EDTA eingesetzt.

7.7 Getreideprodukte (Körnerprodukte)

Neben Fleisch, Beeren und Wildfrüchten gehören Getreidekörner zu den ältesten Nahrungsmitteln des Menschen. Sie wurden in gemahlener Form zunächst zur Herstellung von Mehlbrei (Grütze), später von Brot und Bier eingesetzt. Auch Reis wird seit mehr als 4000 Jahren in Ostasien sehr vielfältig verwendet, während Mais erst nach der Entdeckung der neuen Welt nach Europa kam, wo er sich bis heute nur einen bescheidenen Einsatzbereich erobert hat (Tabelle 109).

Das Getreide ist bereits auf dem Halm, später in geernteter Form, bei der Einlagerung, mikrobiologisch gefährdet. Früher wurden die auf Roggen gebildeten *Sklerotien* des Pilzes Claviceps purpurea aus Unkenntnis der gefährlichen Toxine mitvermahlen; dadurch konnte das Mehl mit einem Gehalt von 0,1 bis 0,3% Ergotin (Mutterkornalkaloid) belastet werden (142). Die sich von der Lysergsäure ableitenden Mutterkornalkaloide Ergotoxin und Ergotamin rufen bereits in niederer Konzentration Übelkeit, Schwindel, Erbrechen, Durchblutungsstörungen und Krämpfe hervor (Ergotismus), doch werden sie daneben auch therapeutisch genutzt. Zu diesem wohl am längsten bekannten *Mycotoxin* gesellten sich in der 2. Hälfte dieses Jahrhunderts noch eine ganze Reihe weiterer Toxine hinzu (s. S. 50f.): z.B. das während des 2. Weltkriegs für die „Alimentary toxic aleukia" (ATA) verantwortliche Toxin, das beim

Tabelle 109. Getreide und Getreideprodukte: Einsatzbereiche und Lagerzeiten.

Getreidesorte	Haupt-produkte	Lagerzeit	Einsatzbereiche	Garzeit
Weizen	Mehl (Weißmehl)	12 Monate	- Weißbrot, 90% Weizenanteil - Mischbrot, 11–49% Weizenanteil - Backwaren - Teigwaren - Weizenstärke	
	Grieß	mehrere Monate	aus entkeimtem Hart- oder Weichweizen - Grießbrei - Grießklöße - Teigwaren - Suppen - Süßspeisen	Brei 15 min Klöße 25 min
Roggen	Mehl (dunkles Mehl)	3–4 Wochen	- Vollkornbrot dunkel, wegen hohem Eiweißanteil und Balaststoffen bevorzugt. Wegen hohem Fettgehalt nur kurz lagerfähig. - Roggenbrot, 90% Roggenanteil - Mischbrot, 50–89% Roggenanteil	
Hafer	Haferflocken	mehrere Monate	aus geschältem Spelzhafer, danach gedämpft und gedarrt. Erhitzen zur Haltbarmachung der äußeren Schicht. Haferflocken zum Frühstück: - roh mit Milch - zum Brei verkocht	Brei 10 min Porridge 10 min
Gerste	Graupen	mehrere Monate	„Rollgerste", geschälte, polierte, rund oder länglich geschliffene Gerstenkörner - Suppen - Fleischeintöpfe	
	Malz		Malz wird als Enzymprodukt bei der Brauerei und Brennerei zur Spaltung (Verzuckerung) der Stärke eingesetzt - Bier - Whisky - Kartoffel- und - Kornschnaps	
Hirse		mehrere Monate	Rispenhirse, nur noch selten angebaut - Hirsebrei - Süßspeisen	

Tabelle 109. Fortsetzung

Getreidesorte	Hauptprodukte	Lagerzeit	Einsatzbereiche	Garzeit
Dinkel (Spelt)	Grünkern	mehrere Monate	aus dieser alten Weizenart werden die noch grünen Körner nach dem Darren bei 120 °C von Spelzen befreit. – Suppen	
Reis	Kochreis	12 Monate	Verarbeitung: Entfernen von Samenhülle, Reishäutchen und Keimling. – Langkornreis – Rundkornreis – Mittelkornreis – Schnellkochreis (vorgekocht)	Kochreis 25–35 min
	Reismehl	mehrere Monate	Verarbeitung zu – Reisstärke – Reisflocken – Reiswein	
Mais	Cornflakes	mehrere Monate	gewalzte und gedarrte Maiskörner, mit Zucker, Salz und Malz hergestellt. – Frühstücksspeise, mit Milch und Obst; ebenfalls aus Mais: – Maisgrieß – Maismehl – Maisstärke – Puffreis	

Verzehr von Getreidekörnern, die in Rußland auf dem Halm überwintert hatten, aufgenommen wurde. Die Ursache dafür konnte erst in den fünfziger Jahren aufgeklärt werden, sie beruht auf einem Befall von Roggen mit Fusarium poae. Die Toxinbildung wird dabei vermutlich durch den alternierenden Einfrier- und Auftauprozeß begünstigt. Neuere Untersuchungen machen das Trichothecen-Toxin T-2 für diese Vergiftung verantwortlich.

Weit verbreitet im Rohgetreide und in Getreideprodukten (Mehl, Haferflocken, Brot, Backwaren u.a.) sind vor allem aber auch die vor weniger als zwei Jahrzehnten entdeckten, von *A*spergillus *fla*vus und anderen Aspergillus- und Penicilliumarten gebildeten *Aflatoxine* (s. S. 51 sowie Tabelle 114). Sie können beim Verschimmeln feuchtgelagerter Produkte gebildet werden und gehören zu den gefährlichsten uns bekannten Toxinen. Auch ein Befall mit Patulinbildnern (s. S. 51) oder eine gelegentliche Staphylokokkus-aureus-Intoxikation im Getreide ist möglich. Die letztgenannten Keime können sich im Teig (nach dessen Kontamination über vereiterte Wunden an den Händen) vermehren. Das Toxin wird beim Backen nicht zerstört. Obwohl heute einige Toxine wie z.B. Aflatoxine rasch nachzuweisen sind, sollten verschimmelte Produkte grundsätzlich verworfen werden, da die Toxizität vieler mikrobieller Stoffwechselprodukte noch nicht bekannt ist.

Tabelle 110. Keimzahlen und spezifische Keime bei Getreide und Getreideprodukten.

Produkt	aerobe, mesophile Keimzahl (KBE/g)	Coliforme (KBE/g)	Staphylococcus aureus (KBE/g)	Hefen (KBE/g)	Schimmelpilze (KBE/g)
Getreide	10^4–10^6				10^2–10^5
Mehl	10^4–10^6				
Weizenstärke	10^2–10^5				
Brotteig	10^4–10^6	+		10^4–10^6	0–10^5
Brot	10^2–10^3				0–10^2

Mikrobiologische Qualitätsparameter für Getreide und Getreideprodukte
Die wenigen in der Literatur veröffentlichten Keimzahlen für diese Produkte (Tabelle 110) schwanken recht erheblich. Neben Enterobakterien, z.B. Erwinia sp., sind vor allem sporenbildende Bodenbakterien vertreten, Bac. licheniformis oder Bac. subtilis, die das „Fadenziehen" in Brot (s. S. 220) verursachen. Auch eine Reihe von Schimmelpilzen und Hefen lassen sich isolieren.

7.7.1 Brot

Von dem zu unseren Grundnahrungsmitteln gehörenden Brot gelangten in der Bundesrepublik Deutschland 1975 pro Kopf und Jahr 68,8 kg zum Verzehr. Die Schätzung für 1990 beträgt ca. 80 kg (70).

Die Hauptsorten werden entweder mit Sauerteig (s. S. 160) oder mit Bäckerhefe (Saccharomyces cerevisiae) zum „Gehen" gebracht, damit sie – durch eine Gasproduktion der in beiden Verfahren wirksamen Mikroorganismen – „luck", d.h. porös werden, wobei sich das Ausgangsvolumen etwa verdoppelt. Während das Hefebrot bei ca. 26 °C dafür nur eine Ruhezeit von etwa 25–30 min benötigt, braucht das Sauerteigbrot 5–12 h für diesen Prozeß. Lange „Gehzeiten" können sich bei Kontamination des Sauerteigs mit Staphylococcus-aureus-Enterotoxin-A-Bildnern negativ auswirken, da das so entstandene hitzestabile Toxin durch den nachfolgenden Backprozeß nicht inaktiviert wird. Bei der Verwendung von Sauerteig muß also stets auf eine gute Betriebshygiene geachtet werden. Der Backprozeß läuft bei einer Ofentemperatur von 230–260 °C über 35–40 min, die Kerntemperatur des Brotes beträgt dabei ca. 98 °C.

Um das Aufgehen des Teiges zu beschleunigen, werden den modernen Backmitteln neuerdings häufig Enzyme zugesetzt, die aus Schimmelpilzen gewonnen werden: z.B. die Alpha-Amylase, die Stärke in Zucker spaltet, der dann von der Hefe rasch vergoren wird, so daß der Prozeß des Aufgehens beschleunigt wird; gleichzeitig wird aufgrund der veränderten Konsistenz die Verarbeitung erleichtert und zusätzlich der Geschmack verbessert.

Doch wird gerade dieser Enzymzusatz neben dem Mehlstaub und den gelegentlichen Sojamehlzusätzen für das bei Bäckern häufig anzutreffende Asthma verantwortlich gemacht (63).

Der Verfasser erinnert sich an eine ähnliche Erscheinung in den sechziger Jahren bei der Produktion von Proteasen, die als Waschmittelenzyme eingesetzt werden sollten. Damals führte das feine, stäubende Enzympulver ebenfalls zu Unverträglichkeiten, die sich durch eine nachgeschaltete Granulation beheben ließen.

Durch den Backvorgang werden normalerweise alle vegetativen Bakterien und Pilze abgetötet, lediglich Bacillensporen überstehen und verursachen gelegentlich ein „Fadenziehen". Durch Zusatz von Propionsäure – was jedoch in der Bundesrepublik Deutschland nicht mehr erlaubt ist – (s. S. 118) läßt sich dies durchaus verhindern.

Brotverderb ist in der Regel auf unsachgemäße Lagerbedingungen (insbesondere feuchte, verschimmelte Räume) zurückzuführen. Brot sollte daher stets kühl und trocken in einem Brotkasten oder Brottopf, der mindestens wöchentlich gereinigt wird, gelagert werden. Dabei ist es zweckmäßig, die Portionierung so zu wählen, daß ein Verzehr nach spätestens 2–3 Tagen erfolgt. Ein Brotvorrat, bei dem die Portionen ebenfalls auf einen 2–3-Tage-Verzehr abgestimmt sind, läßt sich – in Plastiktüten verpackt – bei −18 °C im Gefrierschrank halten und ist dort ca. 4–6 Monate lagerfähig. Das Auftauen erfolgt bei Zimmertemperatur. Bei Kühlschranklagerung ist eine Folienverpackung ungünstig. Durch Schwitzwasserbildung und die allgegenwärtigen Schimmelsporen kann es – selbst bei +5 °C – leicht zu einem Verderb kommen.

Schnittbrot ist häufig konserviert und wird in der Regel erst beim Schneiden und Verpacken kontaminiert. Eine Schimmelbildung tritt, wenn es luftdicht verpackt ist, erst beim Öffnen der Packung auf, wenn Luft zutritt. Ein alsbaldiger Verzehr ist daher anzuraten.

7.7.2 Backwaren

Das für Brot ausgeführte gilt auch für Backwaren. Vielfach wird heutzutage im Haushalt Hefeteig, sei es für Kuchen oder Pizzen, tiefgefroren, nach dem Auftauen ausgeplattet, belegt und im Anschluß an das Gehenlassen gebacken. Dieses Vorgehen birgt aus mikrobiologischer Sicht normalerweise keine Gefahren in sich. Vegetative Keime werden bei einer Backzeit von 15–30 min, einer Backofentemperatur von 220 °C und einer Kerntemperatur von 96–98 °C abgetötet (s. S. 219).

7.7.3 Teigwaren (Nudeln)

Die Gefahren bei Teigwaren sind, wie bereits auf S. 211 erläutert, häufig auf die schlechte Qualität der benutzten Eizusätze (Flüssigei, Gefrierei) sowie vor allem auf mangelnde Personal- und Betriebshygiene (Apparaturen, Trocknungsvorgang u.a.) zurückzuführen. Bei Garzeiten von 8–15 min in siedendem Wasser werden vegetative Krankheitserreger abgetötet, doch reicht diese Behandlung nicht zur Inaktivierung der hitzestabilen Staphylokokken-Toxine aus.

7.8 Gemüse

Bei Frischgemüse muß grundsätzlich unterschieden werden zwischen den Sorten, die nach sorgfältigem Waschen *roh verzehrt* werden sollen, wie z.B. Salate (Kopfsalat, Eissalat, Endivien, Feldsalat, Gurkensalat, roher Kohlsalat u.a.) und jenen, die im Anschluß an den Waschvorgang einem *Erhitzungsprozeß* unterworfen werden.

Besonders die „grünen Salatköpfe", aber auch Feldsalat u.a., sind von der Freilandanzucht und Düngung her häufig mit den verschiedensten Krankheitserregern bakterieller Natur sowie mit Wurmeiern und anderen Parasiten befallen (Düngen mit Jauche, Abwasserberieselung, Nutzung der Felder als Schafweide u.a.m.). Hinzu kommt, daß in Ländern mit schlechter Wasserqualität der Waschprozeß im Haushalt eine zusätzliche Gefahr für eine Kontamination mit Fäkalkeimen, z.B. aus der Gruppe der Enterobakteriaceen, mit sich bringt.

Der Selbstversorger, der in solchen Ländern nicht auf den Genuß von Salatkost verzichten will, sollte diesen mit vorher abgekochtem und wieder abgekühltem Wasser waschen, dem zur Desinfektion noch 5% Chloramin T oder einige Kaliumpermanganatkristalle (bis zur leichten Violettfärbung) zugesetzt wurden. Die Waschzeit, bzw. Eintauchzeit in die Desinfektionslösung, sollte etwa 5 min betragen. Der noch anhaftende restliche Chlorgehalt (von Chloramin T) läßt sich mit gekochtem Wasser abspülen, doch sollte man nicht vergessen, daß Trinkwasser in solchen Ländern ebenfalls gechlort ist (für eine Desinfektion reicht die darin vorliegende Konzentration allerdings nicht aus!) (165).

Auch die Auswahl von frischen Salatköpfen ist noch immer ein Kontaminationsproblem (Anfassen!), denn nur gelegentlich, z.B. beim Eissalat, ist das Produkt durch eine Plastikfolie geschützt. Auf der anderen Seite kommt es bei der Benutzung von Folien gerade bei Gemüsearten zur Kondenswasserbildung, die ihrerseits wiederum das Wachstum von verderbenden Keimen – auch bei Lagerung im Kühlschrank (s. S. 88) – zur Folge hat.

In den letzten Jahren häuften sich die Fälle, in denen Kohl, der auf Feldern gewachsen war, die mit Schafmist gedüngt wurden, einen Befall mit Listeria monocytogenes aufwies (131). Dieses pathogene Bakterium, das noch bei +2 °C wächst und zu einer hohen Keimzahl führt, hat mittlerweile auch bei bestimmten Käsearten Probleme aufgeworfen (s. S. 46). Auch in Fertigsalaten konnte es nachgewiesen werden (142). Das Bakterium übersteht das Pasteurisieren offenbar häufig, läßt sich aber beim Garen von Gemüse abtöten.

Wie Tabelle 112 zeigt, sollte Gemüse und vor allem Salat in der Regel stets „frisch" verzehrt werden. Die meisten Arten lassen sich – ohne Geschmacksverlust – höchstens 2–3 Tage im Gemüsefach des Kühlschranks aufbewahren. Solch kurzfristige Lagerzeiten bringen, wenn der Kühlschrank wöchentlich gereinigt wird, keine Probleme mit sich.

Grundsätzlich ist Salat und Gemüse auf der Oberfläche stark verkeimt. Die Keimzahlverminderung durch Waschen oder Blanchieren zeigt Tabelle 111a. Dabei sollte keineswegs vergessen werden, daß es bei den sogenannten Abkühlphasen, sei es nach dem Blanchieren, Kochen oder Braten, bei Produkten, die später eingefroren werden sollen, zu einem erheblichen Keimanstieg und zur Toxinbildung kommen kann. Bei frisch gekochtem und sofort verzehrtem Gemüse gibt es dagegen keine

Tabelle 111a. Keimzahlverminderung bei Frischgemüse (146).

Behandlung	aerobe, mesophile Keime (KBE/g)	Keimverminderung (%)
Rohgemüse (Ausgangsmaterial)	ca. 300 000	–
Waschen	ca. 150 000	50
Blanchieren	ca. 3 000	99
Abkühlen und Tiefgefrieren	ca. 75 000	75

Tabelle 111b. Keimzahlen bei tiefgekühltem Gemüse.

Produkt	aerobe, mesophile Keime (KBE/g)
Blattgemüse	$10^3 - 10^5$
Erbsen	$\leq 5 \times 10^4$
Mais	$\leq 6 \times 10^4$
Bohnen	$\leq 1 \times 10^5$

Probleme. Die in Tabelle 112 genannten Garzeiten reichen bei einer Haltezeit von ca. 10 min zu einer Abtötung der vegetativen Keime aus (s. Tabelle 23). Bei Anwesenheit von Clostridien-Sporen, wie es z. B. beim „Einkochen“ von grünen Bohnen der Fall ist, genügen die genannten Garzeiten oft nicht, und es sind höhere Temperaturen und/oder längere Behandlungszeiten erforderlich (Sterilisation mit gespanntem Dampf, s. Tabelle 23).

Durch das *Blanchieren*, bei dem rohe Lebensmittel, insbesondere Gemüsearten, kurzzeitig in kochendes Wasser eingetaucht werden, sollen vor allem Enzyme inaktiviert sowie Nitrate (11) und Bitterstoffe herausgelöst werden. Bei den auszuschaltenden Enzymen geht es in erster Linie um diejenigen, die für einen Abbau des Gutes in Frage kommen, sowie um Polyoxidasen, die Farbveränderungen hervorrufen (z. B. die Braunfärbung von geschälten Äpfeln, Kartoffeln u. a.). Daneben werden, wie Tabelle 111a zeigt, durch das Blanchieren oft auch erhebliche Mengen an vegetativen Keimen abgetötet (90–99%) und so die Haltbarkeit zusätzlich gefördert.

Die Behandlungszeit beginnt mit dem „Wiederaufkochen“ nach dem Eintauchen des Behandlungsgutes in das kochende Wasser. Sie ist von der Beschaffenheit des Gutes abhängig und beträgt bei 100 °C ca. 2–7 min. Blanchiert wird in der Regel bei pflanzlicher Tiefkühlkost vor dem Tiefgefrieren sowie vor dem Einkochen von Bohnen (zur Erhaltung der Farbe). Letzteres ist auch das Ziel beim Kochen von Grünkohl und Wirsingkohl.

Tabelle 112. Gemüsearten: Lagerzeiten – Garzeiten – mikrobieller Verderb. (bl: blanchieren; d: Tage; (d): vor der Garzeit dünsten; (F): Verpackung in Folien; Mon.: Monate; S: Salat; ü. Wi.: über Winter; (z): zerkleinert; +: möglich; –: nicht möglich)

Gemüseart	Verfügbar (frisch auf dem Markt; Monate 1–12)	Haltbarkeit Gemüsefach	Haltbarkeit Keller	Haltbarkeit tiefgefroren	Rohkost	Garzeit (kochen) (min)	mikrobielle Verderber Pseudomonaden	Enterobacterien	Staph. aureus	Clostridien	Listeria monocyt.	Mucorales	Moniliales	Hefen
Artischocken	10–5	1 Wo. (F)				30–40								
Auberginen	6–9	3 d				braten								
Blumenkohl	ganzjährig	max. 3 d		+		25–30	+					+	+	
Bohnen, grün	6–7	max. 2 d		+		10–20							+	
Broccoli	10–5	max. 3 d		+		20–25								
Chicorée	10–4	max. 3 d		–	S	20–25								
Chinakohl	10–3	max. 10 d		–	S	wie Weißkohl	+	+						
Eissalat	6–10	max. 3 d			S		+	+						
Erbsenschoten	6–8	max. 2 d			5–20							+		
grüne Erbsen	6–8	max. 2 d		+		5–20								
Feldsalat	10–3	max. 3 d		–	S		+	+			+			
Fenchel	10–5	max. 3 d				20–25								
Grünkohl	12–3	max. 1 d				bl. 10; 75								
Gurken	6–10	max. 5 d			S		+	+					+	
Karotten	6–12	max. 10 d	späte Sorte	+	S	20–25 (z)	+	+					+	
Kartoffeln	8–10						+			+		+		
– frühe Sorten			3 Wo											
– späte Sorten			6 Mon. ü. Wi.											
– Pellkartoffeln						25–30								
Kohlrabi	2–10	max. 3 d		+		5–10 (z)								
Kopfsalat	5–10	max. 2 d		–			+	+			(+)			
Kürbis	10–12	max. 2 d				15–20 (z)						+	+	+
Lauch (Porree)	ganzjährig	max. 3 d (F)		+		8–10 (z)								

Tabelle 112. Fortsetzung.

Gemüseart	Verfügbar (frisch auf dem Markt; Monate 1–12)	Haltbarkeit			Rohkost	Garzeit (kochen) (min)	Dosen, Konserven	mikrobielle Verderber							
		Gemüsefach	Keller	tiefgefroren				Pseudomonaden	Enterobacterien	Staph. aureus	Clostridien	Listeria monocyt.	Mucorales	Moniliales	Hefen
Mais															
– Kolben	8–10	max. 2 d		+		20	+						+	+	
– Körner				+		10–15	+						+	+	
Mangold, Blätter	6–7	max. 2 d													
Paprikaschoten															
– grün	ganzjährig	max. 4 d		+	S	20–30 (d)								+	+
– gelb und rot	7–10	max. 4 d		+	S	20–30 (d)								+	+
Rosenkohl	10–3	max. 1 Wo		+		10–15 (d)									
Rote Bete	ganzjährig	max. 3 Wo				60–80							+	+	+
Rotkohl	ganzjährig	max. 10 d	2 Mon.	+		40–60		+					+	+	
Sauerkraut	ganzj. (F)		Faß 9 Mon. u. Wi.		S	20–30	+		+		+			+	+
Schwarzwurzeln	11–3	max. 10 d		+		20–30									
Sellerie															
– Blätter	ganzjährig	max. 3 d				10–15									
– Knolle	10–3	max 14 d			S	10–12 (z)	+								
Spargel	4–6	max. 1 d			S	25–35	+								
Spinat	3–7; 9–11	max. 1 d		+		5–15									
Tomaten	ganzjährig	max. 5 d				2–5 (d)							+	+	
Weiße Rüben	7–8	max. 3 d				15–25 (d)									
Weißkohl	8–10	max. 1 Wo	2 Wo		S	40–60 (z)	+	+				+	+	+	
Wirsingkohl	ganzjährig	max. 1 Wo		+		bl 3; 35 (z)									
Zucchini	7–9	max 1 Wo				10–15									
Zwiebeln	ganzjährig	max. 3 d	bei +4°C			20–30							+	+	

7.8.1 Tiefgefrorenes Gemüse

Wenn kein entsprechendes Frischgemüse zur Verfügung steht, kann in zahlreichen Fällen auf tiefgekühlte Produkte zurückgegriffen werden, die während der eigentlichen Saison selbst eingelagert wurden oder über Tiefkühlketten zur Verfügung stehen. Geschmacklich wird die Tiefkühlware im allgemeinen höher als die eingedosten Konserven eingestuft. Wichtig ist ein Hinweis darauf, daß die von Anfang an miteingeschleppten Keime bei dieser Lagerung oft in großer Zahl überleben (Tabelle 111b). Bei dem Beispiel der Tabelle 111a starben 75% der Ausgangskeime ab und 25% überlebten. Die Zahl der Überlebenden kann jedoch erheblich höher liegen, vor allem dann, wenn das Gut stark mit Sporenbildnern verunreinigt war. Nach experimentellen Untersuchungen von Wagner und Borneff (146) waren die in Spinat (pH 5,8) eingebrachten Salmonellen noch nach 750 Tagen Lagerung bei Temperaturen zwischen −18° und −34 °C nachweisbar, obwohl durch „Schocktod" beim Einfrieren sowie dem „Lagerungs"- und „Auftautod" Keimzahlverminderungen in der Größenordnung von 1–3 Zehnerpotenzen auftreten können. Die wenigen überlebenden Keime sind jedoch in der Lage, sich während des Auftauprozesses – wenn dieser zu lange hinausgezögert wird – erheblich zu vermehren und so den Verbraucher zu schädigen. Wo immer es möglich ist, sollte das Auftauen daher im Gartopf oder in der Pfanne erfolgen.

7.8.2 Kellereinlagerung von Gemüse

Die in vielen Haushalten noch vor zwei Jahrzehnten übliche Kellerlagerung ist in den letzten Jahren erheblich zurückgegangen und wird eigentlich nur noch von „Selbsterzeugern" und Liebhabern, die genau wissen wollen, was mit ihrem „Naturprodukt" geschieht, praktiziert. Aus Tabelle 112 ist ersichtlich, welche Gemüsearten sich für die einige Monate währende Kellerlagerung eignen: Es sind vor allem Kartoffeln, Karotten, Schwarzwurzeln, Rote Bete und Rotkohl. Die Früchte sollten keine Verletzungen aufweisen, da diese einen Keimbefall begünstigen und somit einen Verderb einleiten. Von Zeit zu Zeit sollte eine Durchsicht erfolgen, um angefaultes Gut zu entfernen. Mit gewissen Ausfällen ist stets zu rechnen, so daß die saisonal erzielten Einkaufsgewinne oft wieder verlorengehen.

7.8.3 Anrichtungsfertige Mischsalate

Seit einigen Jahren wird diese neue, aus der Sicht der Mikrobiologen recht problematische Produktkategorie, ein Halbfertigerzeugnis aus verschiedenen Salatrohstoffen, auf den Markt gebracht. Mit der Problematik dieses Produktes beschäftigt sich z.Zt. eine Arbeitsgruppe der DGHM (H.K. Frank und W.H. Holzapfel als Berichterstatter). Verschiedene Salatrohstoffe wie z.B. Blattsalate (Endivien, Frisee, Radicchio mit Ausgangskeimzahlen zwischen 10^6–10^7 KBE/g), Chinakohl (ca. 10^7 KBE/g), Weißkohl (10^4–10^5 KBE/g) und Karotten (um 10^5 KBE/g) u.a. werden gewaschen, geschleudert, geschnitten, gemischt und portionsweise (125, 250 und 1000 g) in Kunststoffbeutel abgefüllt. Das Waschen bringt maximal eine Verminderung der Keimzahl um eine Zehnerpotenz. Doch wird die mikrobiologische Reinheit des Produktes durch die Schaffung großer Oberflächen, nährstoffreich dazu (Austreten von Zellsaft), eine relative LF um 100% und die Lagerungstemperatur- und -Zeit erheblich beeinflußt. Vorgesehen ist eine Herstellung am 1. Tag, ein Transport zum Verteiler am 2. Tag, wobei stets Temperaturen um 3 °C (Kühlfahrzeuge erforderlich) gehalten werden sollen, und ein Aufbrauch nach längstens 6 Tagen. Der a_w-Wert des Produktes liegt bei 0,98, der pH-Wert bei 6,6 und die Keimzahl an mesophilen aeroben Bakterien für die Mischung unmittelbar nach der Herstellung bei 10^5–10^6 KBE/g. Beim Verbraucher angekommen werden Werte bis zu 10^8 KBE/g festgestellt, wobei es sich in erster Linie um gramnegative Bakterien handelt mit einem Anteil der Pseudomonaden von etwa 90%, die in der Regel zur Nitratreduktion befähigt sind. Salmonellen und Staphylococcus aureus waren bei den untersuchten Proben in 25 g des Verkaufsproduktes nicht nachweisbar.

Als Richtwerte (RW) werden diskutiert:

	Eidg. Dep. d. Innern	DGHM
aerobe mesophile Keime (KBE/g) max.:	2×10^7	5×10^7
Coliforme (KBE/g)	1×10^4	
Escherichia coli (KBE/g)	1×10^4	10^3
Hefen u. Schimmelpilze (KBE/g) max.	1×10^5	
Salmonellen und Shigellen		n.n./25 g

Manche Hersteller empfehlen, den Inhalt des Folienbeutels vor dem Anrichten mit kaltem Leitungswasser zu waschen, was bestenfalls zu einer Keimzahlverminderung um 1 Zehnerpotenz führt.

7.8.4 Fertigsalate

Fertigsalate stellen immer ein gewisses Risiko dar, das schon mit dem selbsthergestellten Kartoffelsalat beginnt. Sie ermöglichen grundsätzlich das Wachstum potentiell pathogener Keime, so vor allem Staphylococcus aureus, der über vereiterte Wunden bei der Zubereitung (Schälen und Schneiden der Kartoffeln und sonstigen Zutaten) eingeschleppt wird und sich dann während des Stehens bis zum Verzehr vermehrt. Einige Stämme dieser Keimart können das Staphylokokken-Enterotoxin A bilden, das in der Regel eine Gastroenteritis verursacht. Ein solcher Verderb ist weder optisch noch geruchlich wahrnehmbar und stellt eine Gefahr bei Kantinen- und Bordverpflegung dar.

Daneben läßt sich oft eine Kontamination mit Enterobacteriaceen (Klebsiellen, Enterobacter, Citrobacter, Hafnia, Shigellen, aber auch Salmonellen – über den Eianteil von Mayonnaisen), Milchsäurebakterien u.a. sowie nicht zuletzt auch mit Schimmelpilzen (an der Oberfläche abgepackter Fertigsalate) nachweisen. Keimzahlen bis zu 10^7 KBE/g sind durchaus keine Seltenheit. Bei Fertigsalaten ist es daher ratsam gelegentliche mikrobiologische Kontrolltests auf folgende Organismen durchzuführen:

- aerobe, mesophile Keimzahl
- E. coli
- Staphylococcus aureus
- Hefen.

In der Regel kommt man bei der Stabilisierung von Fertigsalaten nicht ohne den Zusatz eines Konservierungsstoffes aus. Eingesetzt werden für diesen Zweck z.B. Benzoesäure und/oder Sorbinsäure (s. S. 296), wobei das Produkt zugleich einen möglichst niedrigen pH-Wert (pH 6) haben sollte.

7.9 Obst

Das vom Althochdeutschen *obaz* abgeleitete Wort Obst bedeutet soviel wie „Zukost". Unter diesem Begriff werden alle eßbaren Früchte oder Samen aus mehrjährigen Pflanzen – meist Gehölzen – zusammengefaßt. Es sind wohl die ältesten Nahrungsbestandteile aus der Zeit der Sammler und Wildbeuter (s. S. 2). Viele dieser ehemaligen Zukost-Produzenten wurden inzwischen veredelt und liefern nun, bei weiteren geschmacklichen Verbesserungen, höhere Erträge. Aus Wildpflanzen wurden Kulturpflanzen. Zu den wenigen einheimischen Arten kamen neue aus fremden Ländern hinzu, der Pfirsich z.B. aus Persien, die Apfelsinen aus China und die Bananen aus Afrika. Viele dieser Früchte, insbesondere die Citrusarten, stehen heute fast ganzjährig zur Verfügung (Tabelle 113).

Von Natur aus ist Obst noch schwieriger zu handhaben als Gemüse, und die reifen Früchte müssen innerhalb weniger Tage verzehrt werden, weil sie sonst bereits verderben.

Vielfältig sind, wie die Abb. 36 zeigt, die Verwertungsmöglichkeiten für die meisten Obstsorten.

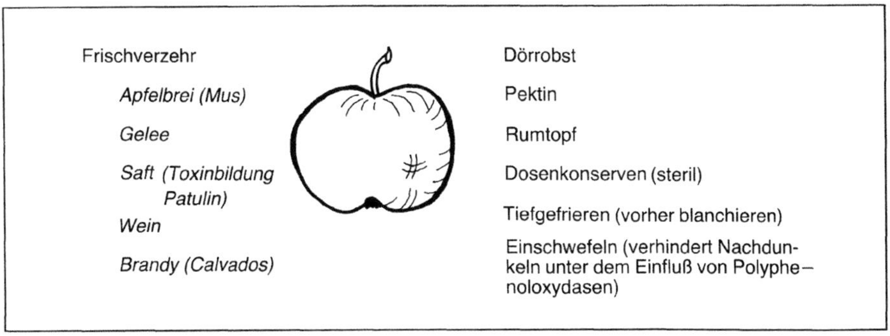

Abb. 36. Schema einer Obstverwertung.

Tabelle 113. Obstarten: Verfügbarkeit – Lagerzeiten – Konservierung – Verderb. (gj.: ganzjährig; +: möglich; –: nicht möglich).

Obstarten	verfügbar (Monate 1–12)	Haltbarkeit				andere Verwertungsformen						mikrobielle Verderber								
		Gemüsefach (Tage)	bei Raumtemperatur (Tage)	Keller (Monate)	tiefgefroren	Saft	Wein	Schnaps	Trocknen	Einkochen (Dosen o. Gläser)	Gelee/Marmelade	Bakterien	Mucorales	Aspergillen	Penicillien	Botrytis-Arten	Alternaria-Arten	Macrophoma	Hefen	Mycotoxine
Kernobst																				
Äpfel	gj./7–10		14	6–8	–	+	+	+	+	+	+		+	+	+				+	+
Birnen	gj./7–10		8–14	2–3	–	+	+	+	+	+	+		+	+	+				+	+
Quitten	9–10					+					+		+	+	+				+	+
Steinobst																				
Kirschen	5–7	1–2	1–2			+	+	+		+	+	+	+	+	+				+	+
Aprikosen	5–8		2–3			+		+	+	+	+	+	+	+	+				+	+
Pflaumen	7–9		2–3			+		+	+	+	+	+		+	+				+	+
Zwetschen	9–10		2–3					+	+	+	+	+		+	+				+	+
Mirabellen	7–9		2–3			+		+	+	+		+		+	+				+	+
Renekloden	7–9		2–3							+				+	+				+	+
Nektarinen	5–8	2–3				+														
Pfirsiche	7–9	2			–					+		+	+	+	+	+			+	+
Beerenobst																				
Erdbeeren	6–7	1–2			+	+	+			+	+	+	+	+	+	+			+	+
Johannisbeeren	6–9	1–2			+	+	+	+		+	+	+	+	+	+				+	+
Stachelbeeren	6–8	3								+	+	+	+	+	+				+	+
Himbeeren	7–8	1–2			+	+		+			+	+	+	+	+		+		+	+
Brombeeren	7–9	1–2			+	+					+	+	+	+	+				+	+
Heidelbeeren	7–8	1–2			+	+	+			+	+	+	+	+	+				+	+
Preiselbeeren	9–10	3								+	+	+	+	+	+				+	+
Weintrauben	8–11	3				+	+	+	+			+	+	+	+	+			+	+

Tabelle 113. Fortsetzung.

Obstarten	verfügbar (Monate 1–12)	Haltbarkeit				andere Verwertungsformen					mikrobielle Verderber								
		Gemüsefach (Tage)	bei Raumtemperatur (Tage)	Keller (Monate)	tiefgefroren	Saft	Trocknen	Einkochen (Dosen)	Marmelade	Konservieren der Schale	Bakterien	Mucorales	Aspergillen	Penicillien	Botrytis-Arten	Alternaria-Arten	Macrophoma	Hefen	Mycotoxine
Südfrüchte																			
Orangen[1]	11–7; 6–11		6			+			+	+		+		+		+			+
Zitronen	gj.		6			+			+	+				+		+			+
Mandarinen	10–3		6		+			+	+	+				+		+			+
Grapefruit	gj.	5–8				+			+	+			+	+		+			+
Ananas	10–4					+		+	+		+		+	+					+
Bananen	gj.	einige									+	+	+	+			+	+	+
Datteln	gj.		2–3				+												
Feigen	9–10		2				+	+											
Kiwis	gj.		2–7		+	+			+				+	+					
Mangos	gj.	5–7			+	+						+	+	+					+
Wassermelonen	6–10	5–7									+	+	+	+					+
Zuckermelonen	6–10	5–7									+	+	+	+					+
Papayas	10–7; 12–3		2–3					+					+	+					+
Nüsse (Schalenobst)						Öl													
Erdnüsse						+	+[2]						+	+					+
Haselnüsse							+[2]						+	+					+
Kokosnüsse (Kopra)						+	+					+	+	+					+
Mandeln							+[2]						+	+					+
Paranüsse							+[2]						+	+					+
Pistazien							+						+	+					+
Walnüsse							+						+	+					+
Edelkastanien							+						+	+					+

[1] 2 Ernten; [2] gesalzen; bei Nüssen statt Saft Ölgewinnung.

7.9.1 Frischobst

Bei der Lagerung von Obst – auch nur über wenige Tage – besteht stets die Gefahr eines mikrobiellen Verderbs. Schon bei der an der Pflanze (Erdbeere) oder auf dem Baum (Äpfel, Kirschen, Zwetschen u. a.) reifenden Frucht kommt es häufig – besonders bei feuchtem Wetter – bereits zu einem Schimmelbefall, lange bevor die Ernte einsetzt. Nicht selten bildet sich dabei das neurotoxische, kanzerogene und antibiotisch wirksame Patulin. Ein Beispiel dafür ist die Braunfäule der Äpfel, die durch verschiedene Penicillien und Aspergillen hervorgerufen wird (Penicillium patulum, P. expansum, P. claviforme u. a.). Bei der Fallobstverwertung bleibt Patulin im Apfelsaft erhalten, wird jedoch bei der Vergärung zu Apfelwein zerstört. Patulin läßt sich auch durch andere Pilze und im Erdboden zerstören (148, 149). Die Patulinbildner wachsen auf verschiedenen Obstarten und sind leicht an ihrem charakteristischen, in konzentrischen Ringen angeordnetem Wachstum zu erkennen. Diese Ringe werden aus *Koremien*, das sind bäumchenartig zusammenstehende Konidiophoren, gebildet.

Tabelle 114. Grenzwerte für Mycotoxine und Bakterientoxine in Fruchtsäften und Lebensmitteln. (Nach 46).

Toxin	Produkt bzw. Produktgruppe	Grenzwert
Patulin	Fruchtsäfte	50 µg/kg
Aflatoxin B_1	a) alle Lebensmittel außer den unter b genannten	5 µg/kg
	b) Mais, Cerealen, gekörnt oder gemahlen[1)]	2 µg/kg
Aflatoxine $B_2+G_1+G_2$	alle Lebensmittel	5 µg/kg
Aflatoxine $B_1+B_2+G_1+G_2$	Säuglingsnahrung[2)]	10 ng/kg
Aflatoxin M_1	Säuglingsnahrung[2)]	20 ng/kg
	Milch- und Milchprodukte[2)]	50 ng/kg
	Käse	250 ng/kg
Trichocene	[4)]	
Staphylokokken-enterotoxine[3)]	alle Lebensmittel	n.n. mit ELISA-Test

[1)] Die amerikanische Getreideernte des Jahres 1988 wird in mehreren Staaten (Iowa, Illinois, Indiana u. a.) durch einen ungewöhnlich hohen Gehalt an Aflatoxin beeinträchtigt. Die FDA hat für Getreide, das für die menschliche Ernährung vorgesehen ist, eine Höchstgrenze von 20 ppb (parts per billion = 1 Teil in einer Milliarde Teilen) festgelegt. Für Futterzwecke sind höhere Konzentrationen erlaubt, so 200 ppb für die Schweine- und 300 ppb für die Rindermast, da der tierische Organismus das Gift besser abbaut als der menschliche (67).

[2)] Berechnet auf das trink- und eßfertige Produkt.

[3)] Nach A. Pickert et al. (115) ergab die Überprüfung von 185 Staphylococcus-aureus-Isolaten mit einem kommerziell erhältlichen ELISA-Test bei 57% der aus Urinproben erhaltenen Stämme, 24% der Wundabstriche und Stuhlproben, 21% der Hautabstriche und 16% der Panaritien-Eiterproben eine positive Reaktion auf Enterotoxinproduktion Typ A–D. Aus den Nasenabstrichen gesunder Personen ließen sich in 42% der Fälle Enterotoxin-produzierende Stämme isolieren, von denen 27,9% Enterotoxin-A-Bildner waren. Bei den aus Küchenmaterialien und Einrichtungen gewonnenen Isolaten ergab sich lediglich bei 12,5% eine positive Reaktion.

[4)] Neuerdings gibt es in Kanada, Rumänien und der Sowjetunion auch eine Höchstmengenbegrenzung für den Trichocengehalt in Getreide (72, s. auch S. 50).

Hier sollte nicht der Hinweis fehlen, daß auch der Produktionsstamm für das von Alexander Fleming gefundene Penicillin, eine Penicilliumart, von einer verschimmelten Melone isoliert wurde. (Erstisolierung aus Penicillium notatum, Produktionsstämme jedoch aus dem „Melonenstamm P. chrysogenum" durch wiederholte Mutationsschritte).

Das „Naturprodukt Penicillin" kann durchaus an seinem natürlichen Herkunftsort, einer verschimmelten Melone etwa, in geringen Mengen gebildet werden und löst dann beim Genuß der Frucht bei Penicillin-sensibilisierten Personen u.U. eine Allergie aus. Viele andere nützliche oder schädliche Stoffwechselprodukte von Verderbniserregern sind noch nicht bekannt. Erst allmählich werden diese Geheimnisse durch intensive, meist zweckgerichtete Forschungsarbeiten gelüftet. So war es auch bei den Aflatoxinen, die kanzerogen wirken und außer in Getreidearten, besondes in ölhaltigen Lebensmitteln als Stoffwechselprodukte von Aspergillen und Penicillien auftreten. Sie sind in Nüssen der verschiedensten Art und auch in Copra, dem Fruchtfleisch der Kokosnuß, zu finden. Der Autor erinnert sich in diesem Zusammenhang an die auf verschiedenen Südseeinseln zum Trocknen ausgelegten Coprastücke (auf Trockengestellen mit einem Bodenabstand von ca. 1 m), die über und über mit gelben, braunen und grünen sporentragenden Pilzmycelien bedeckt waren, so daß von der Eigenfarbe nichts mehr zu sehen war. Die Sporen lassen sich zwar von dem später zu „Kokosraspeln" verarbeiteten Material abwaschen, doch die eventuell gebildeten Aflatoxine bleiben im Endprodukt zurück. Das gilt auch für die von Eidechsen und Schlangen mit dem Urin verspritzten Salmonellen, die jedoch bei ausreichenden Backtemperaturen abgetötet werden.

Obst sollte, wenn frisch eingekauft, auch frisch genossen werden. Besonders Beerenobst, aber auch Steinobst (s. Tabelle 113) muß rasch verzehrt werden. Dabei ist zu bedenken, daß oft noch 1–2 Tage für die Anlieferung eingerechnet werden müssen, so daß die vertretbare Lagerzeit sich dadurch weiter verringert. Nicht selten setzt bereits sehr schnell – besonders beim Beerenobst – eine Verschimmelung ein und es kommt zu einem hohen Anteil an Ausschußware.

7.9.2 Obstkonserven

Bis vor 3 Jahrzehnten war das „Einkochen" in Gläsern (Einweckgläser) oder in Blechdosen, die mit einer Schutzschicht überzogen waren, das Mittel der Wahl (s. S. 82f.). Heute ist dieses Verfahren fast in Vergessenheit geraten. Nach wie vor gilt jedoch, daß sich nur ausgesuchtes, fehlerfreies Obst zur Konservierung eignet. Es wird heute in vielen Fällen tiefgefroren und danach bei Temperaturen zwischen −18 °C und −20 °C in einem Tiefkühlschrank gelagert.

Hitzebehandelte Obstkonserven

Das Verfahren wurde auf S. 80ff. näher beschrieben, Tabelle 27 (S. 82) gibt für einige Produkte geeignete Behandlungsbedingungen an.

Obst-Gefrierkonserven

Auf das Verfahren als solches wurde bereits auf S. 91 näher eingegangen. Tabelle 31 nennt einige Lagerzeiten, und Tabelle 113 zeigt an, welche Obstarten sich für eine derartige Behandlung eignen (Kennzeichnung: +). Zu beachten ist weiterhin, daß lediglich eßreifes und nicht pflückreifes Obst eingefroren werden sollte. Eßreifes Obst behält beim Tiefgefrieren und darin liegen die besonderen Vorteile, seinen Saft, sein Aroma, seinen Geschmack, seine Farbe und seinen Nährwert.

Beeren können auf verschiedene Weise eingefroren werden:

1. Beeren einzeln einfrieren (auf einem Tablett), danach in einem Beutel vereinigen, Luft entfernen und versiegeln.
   Lagerzeit: 8–10 Monate.
   Geeignet für: Himbeeren, Brombeeren, Johannisbeeren, Stachelbeeren, Heidelbeeren und kleine bis mittelgroße Erdbeeren (große Erdbeeren müssen in Stücke geschnitten eingefroren werden).
2. Trocken-Zucker-Packung: Vier bis fünf Teile frisches Obst werden lagenweise mit einem Teil Zucker in einem Beutel geschichtet und eingefroren.
   Lagerzeit: 8–10 Monate.
3. Zucker-Sirup-Packung: Die in geeignete Kunststoffbehälter roh eingefüllten Früchte werden mit einem vorher aus 600 g Zucker und 1 Liter Wasser gekochten und abgekühlten Sirup übergossen und danach eingefroren. Farbe, Form und Aroma bleiben erhalten. Nach dem Auftauen sofort verzehren.
   Lagerzeit: 10–12 Monate.

Getrocknete Früchte (Trockenobst, Backobst, Dörrobst)
Der Trocknungsvorgang und die erforderlichen a_w-Werte wurden bereits auf S. 83f. sowie in den Tabellen 15 und 19 abgehandelt. Einige zusätzliche Bemerkungen über Dörrobst und seine Haltbarkeit sowie über Nüsse und ölhaltige Früchte sind auf S. 84f. zu finden.

Einlegen von Früchten in Alkohol
Auf die Konservierung von Früchten durch Einlegen in hochprozentigen Alkohol (Ethanol) wurde bereits auf S. 100f. hingewiesen. Darüber hinaus ist aus Abb. 14 ersichtlich, daß die Ethanolkonzentration 20 Volumenprozent nicht unterschreiten, am besten sogar bei mehr als 25 Volumenprozent liegen sollte. Die Früchte müssen dabei ständig mit der alkoholhaltigen Flüssigkeit bedeckt sein.

7.9.3 Obstsäfte

Aus nahezu allen Obstarten lassen sich mit geeigneten Geräten Säfte herstellen, die anschließend sofort roh genossen, konserviert (Hitzekonservierung, Entkeimungsfiltration oder Zusatz eines geeigneten Konservierungsstoffes) oder weiterverarbeitet werden.

Für die Gewinnung kleinerer Mengen im Haushalt werden Mulltücher (Mullsäckchen), Obstpressen, Saftzentrifugen oder Dampfentsafter benutzt, während im Großbetrieb leistungsfähige Keltern zum Einsatz kommen.

Seit jeher ist es üblich, für die Saftgewinnung auch angeschlagenes „Fallobst" oder „geschütteltes Obst" mit entsprechenden Anschlagstellen (Verletzungen) zu verwenden. Zwar sollte dieses dann nicht angefault und verschimmelt sein, doch ist dies in einem Großbetrieb, wo derartiges Gut in der Regel mehrere Tage bis zur Weiterverarbeitung lagert, kaum zu kontrollieren. Die Folge ist (s. S. 230), daß auf diesem Wege gesundheitsschädliche Mycotoxine (Patulin) gebildet werden können. Nach Sutherland et al. (142) ließen sich in 25 Handelsprodukten von Apfelsaft zwischen 20 und 100 µg Patulin/kg nachweisen. Die Eidgen. Verordnung von 1987 (46) gibt für Fruchtsäfte einen Grenzwert von 50 µg Patulin/kg Produkt an.

Mikrobiologische Probleme bei der Saftgewinnung und Verwertung
Obstarten sind von Natur aus mit den verschiedensten Hefen, Schimmelpilzen und Bakterien – meistens auf dem Wege über Insekten (Bienen, Wespen, Ameisen u.a.) – kontaminiert. So bleibt es nicht aus, daß sich die Keime in dem ausgezeichneten Nährmedium „Fruchtsaft" in kürzester Zeit vermehren und es verderben. Oft ist der Fäulnisprozeß während der Lagerung des Obstes bis zu seiner Verwertung schon derart fortgeschritten, daß von einem Verderb gesprochen werden muß, der dann gelegentlich zusätzlich noch zu einer Verschleppung von Toxinen (Patulin) führen kann.

Was die Hefen betrifft, so sind besonders Saccharomyces-Arten, die eigentlichen Gärhefen, daneben aber auch Hansenula, Zygosaccharomyces, Torula, Rhodotorula, Torulopsis und Candida-Arten anzutreffen. Noch breiter ist das Spektrum der

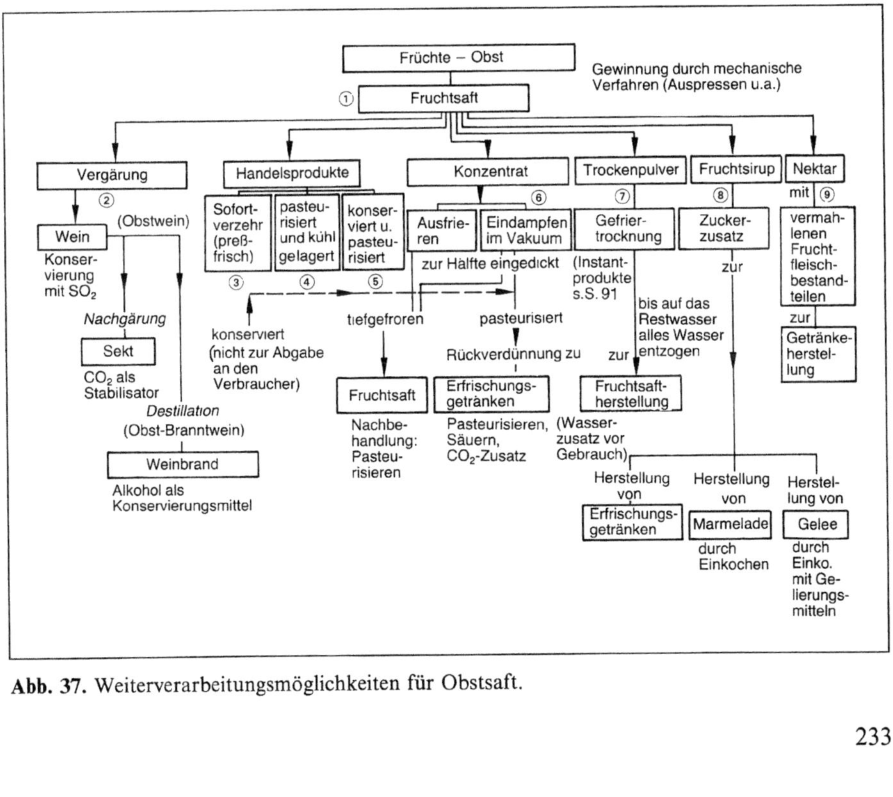

Abb. 37. Weiterverarbeitungsmöglichkeiten für Obstsaft.

vorhandenen Schimmelpilze (an der Oberfläche, selten submerses Wachstum), von denen besonders die Toxinbildner unter den Aspergillen (Aflatoxine) und Penicillien (Patulin) gefährlich sind (s. S. 48). Daneben richten die Fruchtfäuleerreger Monilia, Aureobasidium (früher Pullularia), Botrytis (=Edelfäule, Grauschimmel), Cladosporium, Alternaria und Fusarium erheblichen Schaden an. Bei den Bakterien dominieren säuretolerierende und säurebildende Arten, vor allem Milchsäurebakterien (Lactobacillus, Leuconostoc, heterofermentative Arten können Gasbildung verursachen) und gelegentlich auch Essigsäurebakterien (Acetobacter, Gluconobacter) sind anzutreffen.

Nur durch selektive Maßnahmen (s. Abb. 37) gelingt es, den Verderb des Saftes zu verhindern. Eines der ältesten Verfahren ist hier die *alkoholische Gärung* (Abb. 37, ②). Niedriger pH-Wert, niedrige Temperaturen und die Abwesenheit von Sauerstoff fördern diesen Prozeß (s. S. 171). Dabei sterben zahlreiche aerobe Keime ab, und die Gärhefen dominieren. Doch auch das hierbei gebildete Endprodukt, der Wein, ist nicht stabil. Erst durch eine nachgeschaltete Entkeimungsfiltration und/oder Konservierung (Schwefelung), läßt sich eine Oxidation zu Essig (Weinessig) verhindern.

Tabelle 115. Konservierende Maßnahmen bei Fruchtsäften (physikalische Verfahren).

Produkt	Verfahrensschritt	Behandlung	Bedingungen	Einfüllung in	mikrobiolog. Anfordg.
Fruchsaft	aseptisches Verfahren	UHT-Verfahren	110 °C für einige s	vorsterilisierte Verpackung	kommersielle Sterilität
	Heißabfüllung	Pasteurisiert im Plattenapp.	82–87 °C für 10–20 s	vorsterilisierte Verpackung	keimarm
	Kaltabfüllung	Pasteurisiert im Behälter	≥60 °C für 10 min	–[1]	keimarm
Fruchtsaftkonzentrate	Heißabfüllung	Pasteurisieren bei ca. pH 3,8	94 °C für 15 s	–[1]	keimarm

[1] meist nur heißgespülte Behältnisse.

Tabelle 116. Chemische Konservierungsstoff-Zusätze bei Fruchtsäften.

Produkt	konserviert mit			
	Ameisensäure (%)	Natriumbenzoat (%)	Kaliumsorbat (%)	schweflige Säure
Obstmuttersäfte (nach dem Pressen)	0,3–0,4	0,1–0,13[1]		
Obstpülpen (zur Herstellung von Obstmuttersäften)	0,3–0,4		0,1–0,13	+[1]
Obstsäfte zur Weiterverarbeitung		0,05–0,2[1]	0,05–0,2[1]	+[1]
alkoholfreie Erfrischungsgetränke		0,02 + SO_2[1]	0,02[1]	+
Cola-Getränke		0,02		

[1] Bei Citrussäften werden in der Regel noch 0,3 g SO_2 pro kg zusätzlich zugesetzt.

Soll der rohe Preßsaft (Abb. 37 ③) oder ein Fruchtsaftkonzentrat (Abb. 37 ⑥) zur Fruchtsaft- oder Erfrischungsgetränke-Herstellung eingesetzt werden, dann bedarf es zusätzlicher Konservierungsmaßnahmen (Tabelle 115). Oft werden Erhitzungsmethoden (UHT-Verfahren, aber auch Pasteurisierung vor der Heißeinfüllung oder anschließend im verschlossenen Endbehälter), Säuerungsmittel, Kohlensäure- sowie Konservierungsstoff-Zusätze eingesetzt. In den letzten Jahren ist dabei die Verwendung von Konservierungsmitteln weiter zurückgegangen, einen Überblick über die bei den Fruchtsäften heute zugelassenen Konzentrationen gibt Tabelle 116. – Besondes in der Großproduktion wird häufig eine UHT-Behandlung (s. S. 65f.) zur Stabilisierung von Obstsäften genutzt. Ein Pasteurisieren ist nur in Kombination mit einem niedrigen pH-Wert und gegebenenfalls einem Zusatz von geeigneten Konservierungsstoffen (wie z.B. Na-Benzoat bei pH $<4{,}0$) ausreichend.

7.10 Zucker

7.10.1 Eigenschaften und Gewinnung

Aus wissenschaftlicher Sicht werden alle niederen *Saccharide* (Mono-, Di- und Trisaccharide) als Zucker (althochdeutsch zuccer, arab. sukkar) bezeichnet. Der in früheren Jahren im Haushalt fast ausschließlich benutzte Honig (s. S. 8), wurde im 19. Jahrhundert durch das aus Zuckerrohr (Rohrzucker) bzw. Zuckerrüben (Rübenzucker) gewonnene Disaccharid *Saccharose* (Sucrose) abgelöst. Es besteht aus den beiden Monosacchariden *Glucose* und *Fructose* und ist in allen grünen Pflanzen enthalten. Die Süßkraft der wichtigsten Zuckerarten sowie deren Löslichkeit, ihren Einfluß auf die Wasseraktivität und ihre antimikrobielle Wirkung wurde bereits in den Tabellen 39–41 dargestellt.

Unter dem Einfluß von Säuren und dem weitverbreiteten, zu den Glucosidasen gehörenden Enzym *Invertase* läßt sich das Disaccharid Saccharose in D-Glucose und D-Fructose spalten. Das aus gleichen Anteilen bestehende Gemisch wird als Invertzucker bezeichnet (s. S. 98f.). Invertase wird besonders von Hefen gebildet.

7.10.2 Mikrobiologische Probleme bei der Zuckerherstellung

Während der Kristallzucker, das Endprodukt der Zuckerherstellung, als keimarm bezeichnet werden kann und in der Regel lediglich durch einige hitzeresistente Sporen, z.B. Bac. stearothermophilus, kontaminiert ist, bereitet der Keimbefall während des Produktionsverlaufes und die damit verbundenen Ausbeuteverluste oft erhebliche Schwierigkeiten.

Besonders gefürchtet bei der Zuckerherstellung sind die schleimbildenden Leuconostoc-Arten, die noch bei Temperaturen um 50 °C – den Arbeitstemperaturen der

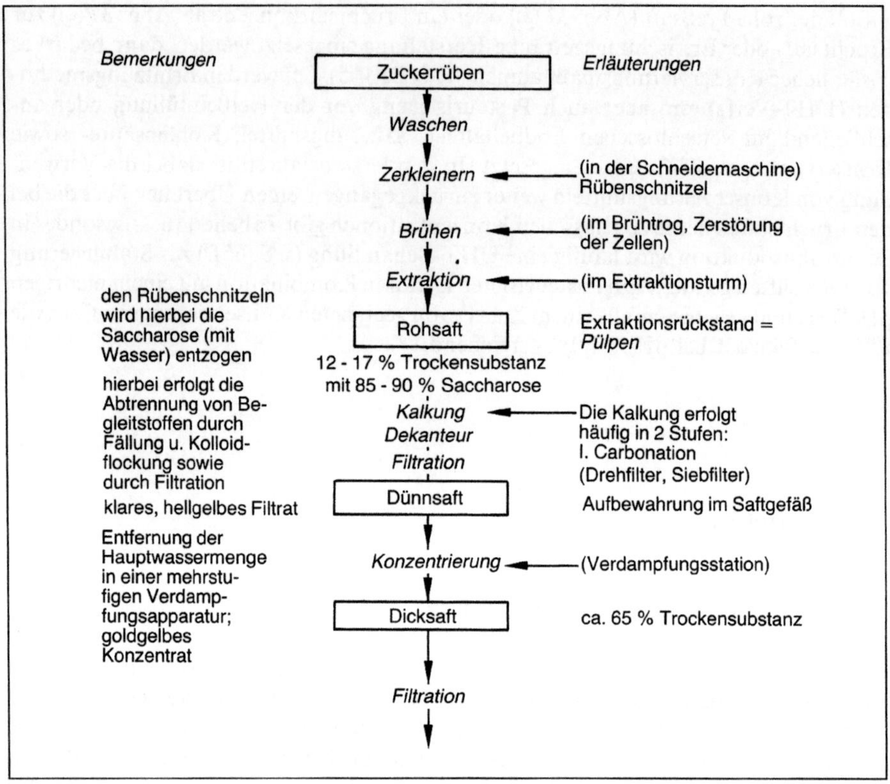

Abb. 38. Schema der Zuckergewinnung aus Zuckerrüben.

Verdampfungsstation also (Abb. 38) – wachsen können. Nicht selten bedingen sie tägliche Zuckerverluste bis zu 5% (auf die Gesamtausbeute bezogen).

Das von ihnen gebildete Polysaccharid *Dextran* wird – nach teilweisem Abbau zur Verringerung des Molekulargewichts (MG um 27000) – im pharmazeutischen Bereich als Plasmaersatzmittel bei akutem Volumenmangel eingesetzt (NMD = niedermolekulare Dextrane).

Aber auch andere thermophile Sporenbildner (z.B. Bac. stearothermophilus), die zu den hitzeresistentesten Arten gehören, stören häufig die Zuckerproduktion (Tabelle 117). Solche Schadkeime lassen sich nur durch Zusatz geeigneter Desinfektionsmittel ausschalten, wobei bevorzugt leichtflüchtige Verbindungen, z.B. Aldehyde, eingesetzt werden. Daneben finden quaternäre Ammoniumverbindungen (Quats) und Guanidine Verwendung. In konzentrierten Zuckerlösungen bei niedrigen Temperaturen siedeln sich häufig osmotolerante Hefen an (s. S. 47), die auch bei anderen Lebensmitteln, Sirupen, kandierten Früchten, Konfekt, Honig sowie bei pharmazeutischen Säften und Sirup-Zubereitungen (Zuckergehalt 55–67%) anzutreffen sind.

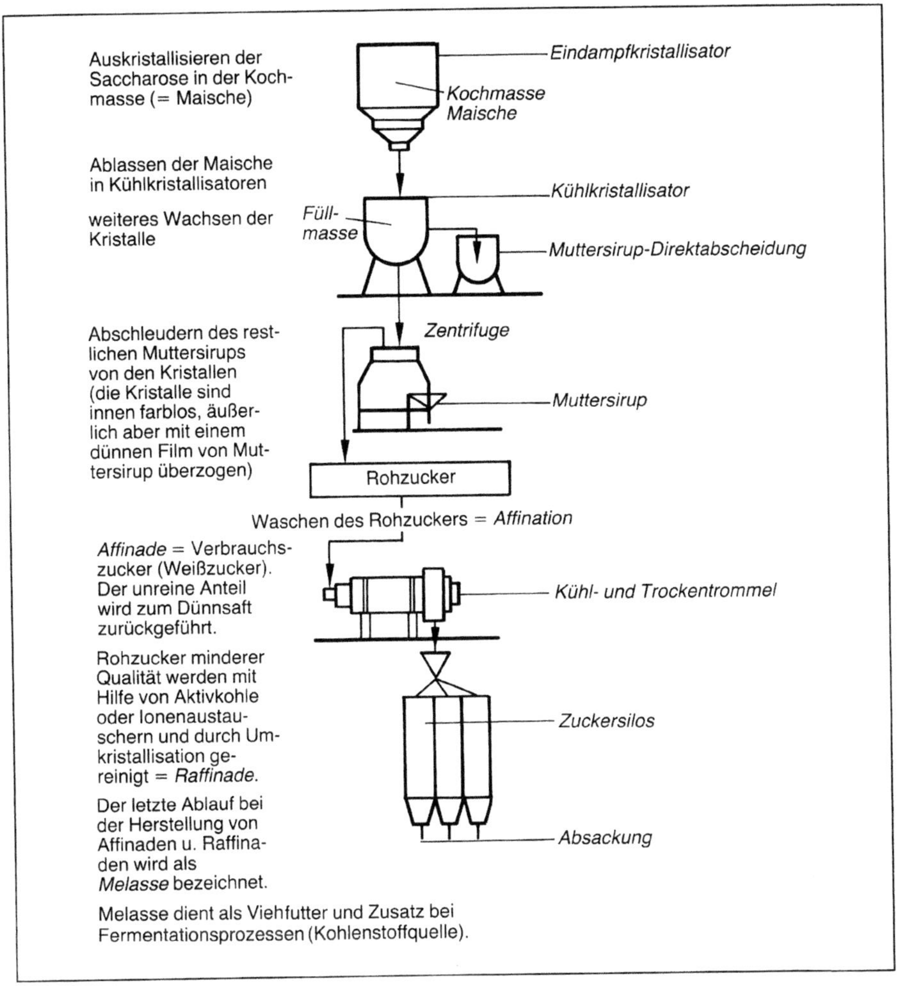

Abb. 38. Fortsetzung.

7.10.3 Verderbniserreger bei Lebensmitteln mit hohem Zuckergehalt

An verschiedenen Stellen wurde bereits auf die Möglichkeit eines mikrobiellen Verderbs trotz hoher Zuckerkonzentrationen (bis zu 65%) hingewiesen. Die gleiche Gefahr besteht auch bei Honig, Konfekt (Pralinen) und gefüllter Schokolade.
Honig mit einem Zuckergehalt von ca. 70–80%, einem Wassergehalt von ca. ≤25% sowie einem pH-Wert von 3,2–4,2, weist nicht selten einen hohen Keimgehalt auf, wobei vor allem Bacillus-Sporen anzutreffen sind. Gelegentlich ist auch Clostridium botulinum nachweisbar. Nach der Eidgen. Verordnung von 1987 (46) darf dieser Keim in 1 g Honig nicht nachweisbar sein. Häufig vertreten sind weiterhin osmophile Hefen

Tabelle 117. Häufige Kontaminationskeime bei der Zuckerherstellung und deren kulturelle und physiologische Merkmale.

Gattung	Art	Eigenschaften												
		Säure aus Glucose	Gasbildung	Temperaturoptimum °C	Wachstum bei 45 °C	Äsculinabbau	Abtötung bei ... °C	Milchsäurebildung	H_2S-Bildung	Dextranbildung	Verlust bei der Zuckergewinnung in %	alkoholische Gärung	osmophil	saccharophil
Bakterien														
Bacillus	stearothermophilus			55	(+)		121	–	–	–				
Leuconostoc	mesenteroides ssp. dextranicus	+	+	20	+		55			+	ca. 5%		+	+
Clostridium	thermosaccharolyticus	+	+	55 bis 62	+	+			+					
Lactobacillus	confusus		+		+	+		+						
Hefen (osmotolerant)														
Zygosaccharomyces	sp.			25			80					+	+	+
Torula[1]	sp. (z.B. utilis)			30			80					+		

[1] Zur Eiweißproduktion (vorzugsweise Futtermitteln) unter Verwendung von Melasse eingesetzt. Torula cremoris wird zur Molke-Vergärung (ca. 48 Std. bei pH 4,8–5,2 und 30 °C) benutzt.

(s. S. 236) wie z.B. Torula spp. und Zygosaccharomyces spp., sowie an der Oberfläche auch Schimmelpilze (Aspergillen, Penicillien), die noch bei Zuckerkonzentrationen um 70% zu wachsen vermögen (142).

Marmeladen-Gelees. Die bei Honig beobachteten Verderbniserreger sind größtenteils auch in diesem Bereich festzustellen. Eine Ausnahme bildet hier lediglich C. botulinum.

Konfekt-Schokolade. Auch Pralinenfüllungen (Geleefüllung, Marzipan u.a.) können einen Keimbefall aufweisen. Nicht immer ist ein Pasteurisieren der Pralinenfüllmasse vor der Herstellung des Konfekts möglich, so daß zur Konservierung der Zusatz eines geeeigneten Konservierungsstoffes erforderlich wird. Gelegentlich werden bereits mit dem Kakaopulver bei der Schokoladenherstellung (s. S. 162) aber auch mit Gummi arabicum (Acaciae gummi) und Kokosraspel (s. S. 231) Salmonellen (S. napoli, S.

eastbourne u.a.) eingeschleppt. In den USA konnte nachgewiesen werden, daß entgegen früheren Annahmen auch geringe Keimzahlen (weniger als 100 Salmonellen/100 g Schokolade) eine Erkrankung auslösen können (10).

7.11 Wasser

Wasser ist seit Anbeginn allen Lebens das wichtigste Lebensmittel und der prozentual höchste Bestandteil aller Lebewesen. Auf ihn entfallen bei Pflanzen etwa 60–90%, bei höheren Tieren ca. 60–70% und beim Menschen ungefähr 60% des Körpergewichtes. Ohne Wasser also kein Leben. Wasser, wie wir es kennen und nutzen, entspricht jedoch keineswegs dem chemisch reinen Produkt H_2O, das eine geruch- und geschmacklose Flüssigkeit ist. In seiner natürlichen Form ist es als *Grundwasser* (Quell- und Mineralwasser, Brunnenwasser) oder als *Oberflächenwasser* (z.B. Regen- und Zisternenwasser, Wasser aus Flüssen, Seen und Talsperren) vorhanden. Der größte Wasservorrat unseres Planeten jedoch, der als Meerwasser vorliegt, ist wegen seines hohen Salzgehaltes, nicht als Trinkwasser verwertbar, sondern muß durch kostspielige Entsalzungsprozesse (Umkehrosmose) dazu aufbereitet werden.

Doch auch das für unseren Lebensunterhalt herangezogene Wasser enthält eine ganze Reihe gelöster Salze, die über das Regenwasser aus der Atmosphäre, aus den von Menschen genutzten Feldern und Weiden sowie durch Lösungsprozesse im Erdboden (in den durchlaufenen geologischen Schichten sowie der wasserführenden Schicht) eingebracht werden.

7.11.1 Trinkwasser

Bis in die jüngste Vergangenheit diente ausschließlich Quell- und Brunnenwasser für die Versorgung von Mensch und Vieh. Der tägliche Trinkwasserbedarf des Menschen liegt je nach den klimatischen Bedingungen bei 2,5 bis 5,0 Litern. Er wird zu etwa 1,3 l durch Getränke, 1,0 l durch Speisen und ca. 0,35 l durch Oxidationswasser gedeckt. Davon werden 1,5 l wieder über den Harn, 0,45 l durch Verdunstung (Schwitzwasser) über die Haut, 0,55 l über die Lunge (bei der Ausatmung) und 0,15 l über den Stuhl ausgeschieden. Hinzu kommt das für die persönliche Hygiene erforderliche Wasser (Wasch-, Dusch- oder Badewasser: ca. 60–100 l), das Toilettenspülwasser (5–9 l/Benutzung), das Wasser zum Geschirrspülen, Wäschewaschen, Raumreinigen, Gießen der Pflanzen (in Haus und Garten) etc.

Lag der Gesamtbedarf an Wasser pro Kopf der Bevölkerung bis in die zwanziger Jahre noch bei etwa 20 l, so stieg er in der 2. Hälfte dieses Jahrhunderts rasch auf etwa 200 l, also auf rund das Zehnfache, an. Zur Zeit (Anfang 1989) wird er auf 140 l/Kopf/Tag veranschlagt. Daß eine solche Entwicklung eine Reihe von Problemen mit sich bringt – vor allem im Hinblick auf die Grundwasservorräte – steht außer

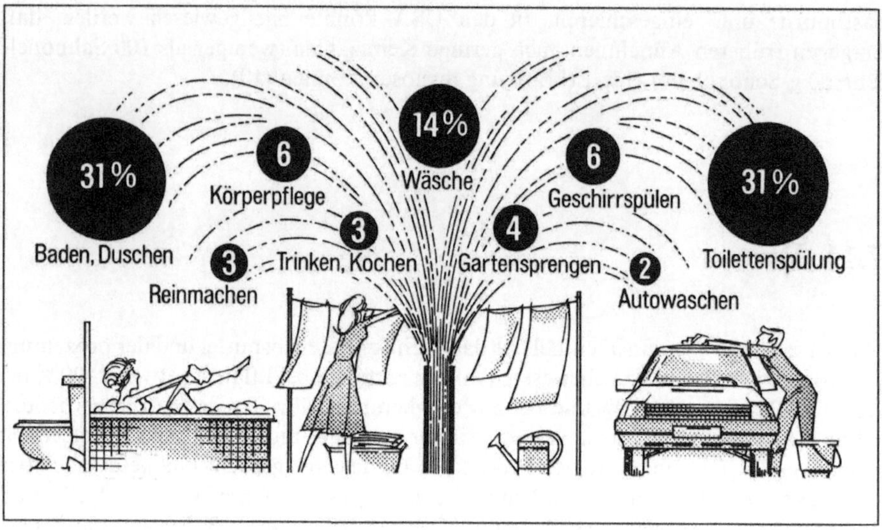

Abb. 39. Öffentliche Wasserversorgung der Bundesrepublik Deutschland (nach 11). Nach neuesten Angaben (70) liegt das jährliche Wasseraufkommen bei 0,5 Milliarden m^3, davon werden 70% aus dem Grundwasser und 30% aus Oberflächenwässern entnommen.

Zweifel (Abb. 39). Man wird hier besser haushalten und versuchen müssen, die Entnahme durch Sickerwasser (Regen und Oberflächenwasser) zu ergänzen. Doch auch die Verwendung des Sickerwassers birgt Probleme in sich: das Herauslösen von Nitraten aus natürlichem und künstlichem Dünger, von Pflanzenschutzmitteln und anderen Schadstoffen aus den bodennahen Schichten sowie von Schwermetallen aus dem Leitungssystem (Bleirohre in alten Häusern, Kupferrohre in modernen Versorgungseinheiten) (56).

Im Verlauf des natürlichen Stickstoffkreislaufs, der von Boden- und Wasserbakterien mitbetrieben wird, kommt es nicht selten zu einem erheblichen Anstieg des Nitritgehaltes, was ebenfalls besonders für Kleinkinder gefährlich werden kann. Aber auch in Trinkwasser-Vorratsbehältern ist, ebenso wie im Verdauungstrakt des Verbrauchers, die Bildung von Nitrit durch Nitratreduktion möglich. Die Trinkwasserverordnung von 1986 schreibt daher bestimmte Grenzwerte vor (22). Die Verbraucher Rundschau empfiehlt, beim zuständigen Wasserwerk den Nitratgehalt des gelieferten Trinkwassers zu erfragen und danach entsprechende Maßnahmen zu ergreifen (11). Bei einem Nitratgehalt von mehr als 30 bis 50 mg/Liter sollte nitratarmes und nitritfreies Mineralwasser beim Kochen verwendet werden.[1)] Werden Mineralwässer für die Säuglingsernährung verwendet, so dürfen sie maximal 10 mg Nitrat/l ausweisen. Wasser sollte nie länger als nötig gekocht werden, da es sonst infolge der Verdampfung zu einer Nitratanreicherung kommt.

[1)] Nach einer Antwort der Bundesregierung auf eine Anfrage im Bundestag (66) enthalten je nach Region mehr als 63% des Grundwassers in der Bundesrepublik weniger als 25 mg Nitrat/l, während in 1,7% mehr als 90 mg Nitrat/l gefunden wurden. Die EG-Kommission erlaubt für Trinkwasser einen Nitratgehalt von maximal 50 mg/l.

Der Nitratgehalt von Gemüse läßt sich durch dreiminütiges Blanchieren mit 85–90 °C heißem Wasser um ein Drittel bis zur Hälfte reduzieren (11). Nitrathaltige Lebensmittel, z.B. gepökelte Fleischerzeugnisse, sollten möglichst gleich verzehrt und nicht mehr aufgewärmt werden. Es ist außerdem von Vorteil, sie stets in Verbindung mit Lebensmitteln oder Getränken mit einem hohen Vitamin-C-Gehalt zu sich zu nehmen, da auf diese Weise die Reaktion von Nitrat zu Nitrit gehemmt wird.

7.11.1.1 Gesetzliche Regelungen

In der Bundesrepublik Deutschland wird die Beschaffenheit des Trinkwassers und des Wassers für Lebensmittelbetriebe durch die *Trinkwasserverordnung* (TrinkwV; TV) vom 22. Mai 1986 (22) geregelt. Die neue TV lehnt sich noch mehr als die Vorgängerin an die vom 15. Juli 1980 stammende Richtlinie des Rates der EG „über die Qualität des Wassers für den menschlichen Gebrauch“ an (45). Nach dem Artikel 2 dieser Richtlinie ist „unter Wasser für den menschlichen Gebrauch alles Wasser zu verstehen, das ungeachtet seiner Herkunft, sei es im ursprünglichen Zustand oder nach Aufbereitung, für diesen Zweck verwendet wird“.

Dabei kann es sich um Wasser handeln, das
- zum Gebrauch geliefert wird, oder
- in einem Lebensmittelbetrieb zu Zwecken der Herstellung, der Behandlung, der Konservierung oder des Inverkehrbringens von für den menschlichen Gebrauch bestimmten Erzeugnissen oder Substanzen verwendet wird und die Genußtauglichkeit des Enderzeugnisses beeinflußt.

Aus mikrobiologischer Sicht wird die Genußtauglichkeit in erster Linie anhand des Keimgehaltes, der sogenannten Koloniezahl an aeroben, mesophilen Keimen (in KBE/ml) beurteilt. Ausschlaggebend ist weiterhin die Abwesenheit bestimmter spezifischer Keime, vor allem Fäkal- oder Indikatorkeime und die Abwesenheit von Krankheitserregern in einer bestimmten Menge. Trinkwasser muß grundsätzlich frei von Krankheitserregern und Fäkalkeimen sein. Diese Voraussetzung gilt als erfüllt, wenn die in Tabelle 118 aufgeführten spezifischen Keime in der angegebenen Menge (z.B. 100 ml) nicht nachweisbar (= n.n.) sind. Statt eines Toleranzwertes (TW) gibt die EG-Richtlinie „zulässige Höchstkonzentrationen“ (ZHK) an. Sie wurden in der Tabelle durch die Bezeichnung (TW) ersetzt.

Aufarbeitung der Wasserproben

Die Trinkwasserverordnung (TV) von 1986 weist darauf hin, daß Proben, die nicht innerhalb von 3 Stunden auf ihre Keimzahl geprüft werden können, kühl zu lagern sind. Sie macht jedoch keine Angaben über den Verarbeitungszeitraum. In der EG-Richtlinie wird dagegen verlangt, daß die ZHK-Werte innerhalb von 12 h nach Entnahme der Proben zu ermitteln sind. Längere Wartezeiten führen zu einer Verfälschung der Keimzahl.

Häufigkeit mikrobiologischer Untersuchungen

Nach der TV 1986, Anlage 5 werden mikrobiologische Untersuchungen unter die laufenden Prüfungen eingereiht. Das bedeutet, daß nach Abgabe von
- 30 000 m^3 bei unbehandeltem TW bzw.
- 15 000 m^3 bei desinfiziertem (behandeltem) TW

Tabelle 118. Mikrobiologische Beurteilungskriterien für Trinkwasser (bei behandeltem Trinkwasser handelt es sich in der Regel um eine Chlorung oder Ozonung). (RW: Richtwerte; TW: Toleranzwerte; n.n.: nicht nachweisbar im angegebenen Volumen).

Beurteilungskriterien	Koloniezahl (KBE/ml) nach der		
	Trinkwasserverordnung von 1986	Eidg. Verordnung von 1987	EG-Richtlinie vom 30.8.1980
Trinkwasser (unbehandelt)			
– an der Quelle (TW)		100	
– im Verteilernetz (TW)		300	
Prüfung bei:			
18–22 °C (RW)	100		100
35–37 °C (RW)	100		10
Trinkwasser (behandelt)			
– nach Behandlung (TW)		20	
Prüfung bei:			
18–22 °C (TW)	20		100[1)]
– im Verteilernetz (TW)		300	
Trinkwasser (Einzelversorgungsanlagen)			
Prüfung bei:			
18–22 °C (TW)	1000		
35–37 °C (RW)	100		
Trinkwasser (in verschlossenen Behältern)			
Prüfung bei:			
18–22 °C (RW)	20		20
(TW)			100
35–37 °C (RW)			5
(TW)			20
Spezifische Keime (n.n./.... ml)			
Trinkwasser (unbehandelt)			
– im Verteilernetz (TW):			
Escherichia coli	n.n./100 ml	n.n./100 ml	
Coliforme	n.n./100 ml[2)]		
Enterokokken (Fäkal-S.)	n.n./100 ml	n.n./100 ml	n.n./100 ml
Salmonellen spp.[4)]		n.n./ 5 l[3)]	
Shigella spp.		n.n./ 5 l	
Vibrio cholerae		n.n./ 1 l	
sulfitreduz. Clostridien	n.n./ 20 ml		n.n./ 20 ml
andere Bakterien u. Viren	+[3) 4)]		+[3) 4)]
Trinkwasser (behandelt)			
– im Verteilernetz (TW):			
Escherichia coli		n.n./100 ml	
Enterokokken		n.n./100 ml	

[1)] Hier müssen die Werte (KBE/ml) beim Verlassen der Desinfektionsanlage deutlich niedriger liegen.

[2)] Nach der TV gilt bei Coliformen der Grenzwert (=GW), der dem Toleranzwert (TW) entspricht, als erfüllt, wenn bei 95% der Untersuchungen diese Keime nicht nachweisbar waren.

[3)] Dieser Nachweis ist bei der TV entgegen den Gepflogenheiten der Eidg. V. und der EG-Richtlinien nicht obligatorisch, sondern kann in bestimmten Fällen angeordnet werden.

[4)] Der Nachweis von Salmonellen, pathogenen Staphylokokken, Fäkalbakteriophagen und Enteroviren kann angeordnet werden.

jeweils eine Probe zu untersuchen ist. Die geforderte Anzahl der täglichen Proben kann bis auf 1/3 herabgesetzt werden, wenn während eines Untersuchungszeitraumes von 4 Jahren keine Beanstandungen auftraten. Bei TW-Abgaben bis zu 1000 m^3/Jahr entfallen laufende Untersuchungen, doch muß eine periodische Prüfung/Jahr durchgeführt werden.

7.11.1.2 Desinfizierung von Trinkwasser

Abgestandenes, verdorbenes Trinkwasser war seit jeher eine Infektionsgefahr, die vor allem zu Durchfallerkrankungen führte.

Oligodynamisch wirkende Desinfektionsverfahren

Bereits aus Sanskritwerken aus der Zeit um 2000 v. Chr. geht hervor, daß sich Wasser in Kupferkesseln gut aufbewahren läßt, eine Tatsache, die später mit der Bezeichnung „oligodynamische Wirkung" belegt wurde. Die dabei in Lösung gehenden Kupferionen hemmen das Wachstum von Bakterien. Gerade in jüngster Zeit hat sich jedoch herausgestellt, daß Wasser, das längere Zeit in kupfernen Leitungsrohren stand, durch eine starke Kupferanreicherung von 10 auf 3400 µg/l bei Kleinkindern zu Leberzirrhosen führen kann (56).

Diese oligodynamische Wirkung ist bei Silber noch weit stärker ausgeprägt. Es wird berichtet, daß der Perserkönig Cyrus auf seinen Kriegszügen (6. Jh. v. Chr.) stets abgekochtes Wasser in Silberbehältern mit sich führte. Auch heute noch ist die „Silberung" von Trinkwasser gebräuchlich. So werden beispielsweise Trinkwasservorräte in Rettungsbooten mit einem Zusatz von 0,1 mg Ag^+/l versehen (165). Daneben existieren Katadyn-Trinkwasserfilter als Taschenfilter für die Reise oder als Einbaufilter für den stationären Betrieb (86). Nach der Richtlinie des Rates der Europäischen Gemeinschaft vom 15. Juli 1980 (45) wird die zulässige Höchstkonzentration mit 10 µg Ag^+/l genannt. Im Ausnahmefall, bei einem nichtsystematischen Gebrauch von Silber, kann vorübergehend ein ZHK-Wert von 80 µg Ag^+/l akzeptiert werden.

Chlorung von Trinkwasser

Bei der Aufbereitung von Trinkwasser ist noch immer die Chlorung zur Abtötung schädigender Keime und z. T. auch Viren am weitesten verbreitet. Dazu wird das 1774 von Scheele entdeckte Chlorgas bzw. Natriumhypochlorit oder Chlordioxid (im status nascendi) eingesetzt.

Die gebräuchlichen Konzentrationen von 0,3–0,6 ppm (Tabelle 119) reichen jedoch nicht zur Abtötung von Mycobacterien, einigen Pseudomonaden, Bacillus-Sporen und Schimmelpilzen aus (165).

Nach der TV von 1986, § 1 Ziffer 4, muß im Trinkwasser, das entweder mit Chlor, mit Natrium-, Magnesium- oder Calciumhypochlorit oder mit Chlorkalk desinfiziert wird, nach Abschluß der Aufbereitung ein Restgehalt von mindestens 0,1 mg freies Chlor pro Liter (0,1 ppm) nachweisbar sein. In Trinkwasser, das mit Chlordioxid desinfiziert wird, ist nach Abschluß der Aufbereitung ein Restgehalt von mindestens 0,05 mg Chlordioxid pro Liter erforderlich. Wird das Trinkwasser vor der Übergabe in das Verteilernetz entchlort, so muß der vorgenannte Restgehalt vor der Entchlorung nachweisbar sein (22).

Tabelle 119. Richtwerte für die Chlorung im Lebensmittelbereich.

Einsatzbereich	frei verfügbares Chlor (ppm)	Bemerkungen
Trinkwasseraufbereitung	0,3–0,6	
Eis (im Kontakt mit Lebensmitteln	2,0	Lagerung von Frischfisch beim Fang
Inprozeßchlorung		
– normale Arbeitsverfahren	4,0–5,0	Geflügel- und Fischverarbeitung,
– zur Reinigung	10,0–25,0	Anlagendesinfektion,
– in Molkereien	50,0–100 (10 s) 50 (1 min bei 24 °C)	US Publ. H. S.

Ozonung von Trinkwasser

Auch das hochtoxische, sehr instabile Ozon, das im Wasser rasch in Sauerstoff zerfällt und durch seinen charakteristischen Geruch noch bei einer Konzentration von 0,02 ppm wahrnehmbar ist (MAK 0,1 ppm = 0,2 mg/m^3), wird häufig bei der Trinkwasseraufbereitung eingesetzt. Da es jedoch instabiler ist als Chlor, läßt sich beim Transport im Leitungsnetz keine ausreichende antimikrobielle Wirkung erzielen, und es muß eine zusätzliche „Transportchlorung" vorgenommen werden.

Die Wirkung von Ozon ist im sauren Bereich (pH 2,0) optimal und nimmt mit steigendem pH-Wert rasch ab. Bei pH 7,8 beträgt sie nur noch 1% der bei pH 2 erzielten Aktivität (165). Auch die Desinfektion mit Chlor verläuft im schwach sauren pH-Bereich wesentlich rascher als im alkalischen Milieu.

7.11.2 Wasser für Lebensmittelbetriebe

Nach § 5 der TV von 1986 muß Wasser für Lebensmittelbetriebe die Beschaffenheit von Trinkwasser haben. In den Ziffern 2–4 sind Ausnahmeregelungen festgelegt. Diese werden von den zuständigen Behörden jedoch nur dann zugelassen, wenn sichergestellt ist, daß die in dem Betrieb hergestellten oder behandelten Lebensmittel durch die Verwendung des Wassers nicht derart beeinträchtigt werden, daß durch ihren Genuß die menschliche Gesundheit geschädigt werden kann oder wenn eine eingetretene Beeinträchtigung durch die weitere Be- oder Verarbeitung der Lebensmittel wieder beseitigt wird (Ziffer 3).

Art und Umfang der erforderlichen mikrobiologischen Prüfungen sind in den §§ 9–11 festgelegt, während § 13 die Anzeigepflicht bei Überschreitung der Grenz- und Richtwerte gegenüber dem Gesundheitsamt klarstellt.

7.11.3 Mineralwasser – Tafelwasser

Neben dem normalen Trinkwasser wird ein erheblicher Anteil an mineralhaltigem Wasser verkonsumiert. Tafelwässer werden aus natürlichem oder künstlichem Mineralwasser gewonnen, das im Liter mindestens 1 g gelöste Substanzen oder 250 mg freie Kohlensäure enthält. Man unterscheidet dabei zwischen

- Mineralwässern,
- mineralarmen Wässern und
- künstlichen Mineralwässern.

Daneben sind auch noch Bezeichnungen wie „Sprudel", „Selterswasser" (WZ), „Säuerling" u.a. im Gebrauch. Als künstliche Mineralwässer werden alle jene Wässer bezeichnet, bei denen dem benutzten Ausgangswasser (z.B. Brunnenwasser, Trinkwasser) Salze, Sole bzw. Kohlendioxid einzeln oder in den verschiedensten Mischungen zugesetzt werden. Durch Carbonisierung erzeugtes künstliches Mineralwasser stellte erstmals der Engländer Priestley 1772 her.

Ausgangsqualität

Wasser, das als Mineralwasser bzw. Tafelwasser in den Handel gebracht werden soll, muß im Hinblick auf seine mikrobiologische Beschaffenheit in seiner Ausgangsqualität dem Trinkwasser entsprechen (Tabelle 120). Quellwasser, aus gut gefaßten Quellen gefördert, weist in der Regel nur eine geringe Anzahl von Keimen der natürlichen Wasser- und Bodenflora auf, vor allem sind dies sporenbildende Bakterien. Erst durch zusätzliche Arbeitsschritte, wie z.B. eine Enteisenung, Entgasung, Passage durch Sand- und/oder Kohlefilter, die nicht selten eine starke mikrobielle Kontamination aufweisen, kommt es zu einem raschen Keimanstieg. Dazu tragen auch vor- oder nachgeschaltete Sammelbehälter bei, in denen das Wasser stagniert und dann durch Zutritt von Luft, durch den Anstieg der Temperatur sowie durch die Freisetzung organischer Materialien (aus der Behälterauskleidung) das Keimwachstum begünstigt wird.

Bei hohen Keimzahlen nach den Behandlungsstufen 3 und 4 der Abb. 40 wird in der Regel eine Entkeimungsfiltration (Stufe 5) durch geeignete vorsterilisierte oder desinfizierte Tiefenfilter oder Membranfilter unumgänglich. Anschließend erfolgt dann die Recarbonisierung mit der vorher entzogenen Quellenkohlensäure (Stufe 7) und die Flaschenabfüllung (Stufe 9). Doch auch die letztgenannten Arbeitsschritte sind besonders kontaminationsgefährdet. Das betrifft sowohl die Flaschenreinigungs-, Abfüll- und Verschlußmaschinen als auch die Behandlung des Verschlusses selbst (Schraubverschluß oder Kronkorker). In der Regel kommt man dabei ohne geeignete Desinfektionsschritte (z.B. Dämpfen) nicht aus.

Das Auftreten von Fäkalkeimen (E. coli u. Enterokokken; s. Tabelle 120) deutet stets auf mangelnde Betriebshygiene bzw. die Einschleppung über mitbenutzte Oberflächenwässer hin. Niedere pH-Werte sowie die Carbonisierung dieser Wässer

Tabelle 120. Mikrobiologische Qualitätsparameter für Mineralwasser. (Nach 46)

Produkt	aerobe, mesophile Keime (TW) (KBE/ml)	Spezifische Keime		
		Pseudomonas aeruginosa	Escherichia coli	Enterokokken
an der Quelle	100	n.n./100 ml	n.n./100 ml	n.n./100 ml
im Behältnis (abgefüllt)		n.n./100 ml	n.n./100 ml	n.n./100 ml

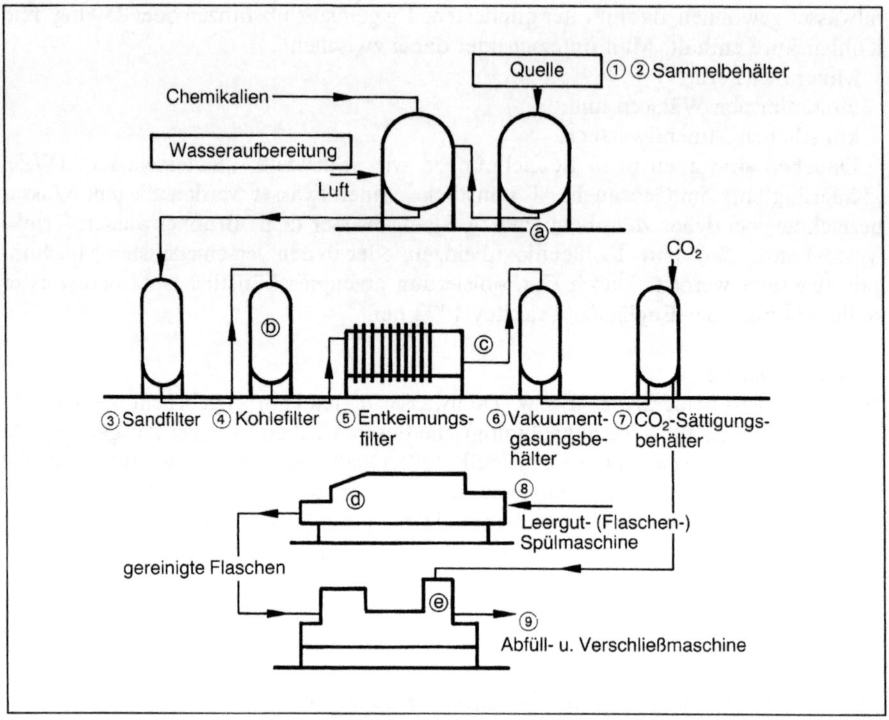

Abb. 40. Schema der Herstellung kohlensäurehaltiger Mineralwässer. Folgende Kontrollen sind empfehlenswert: ⓐ, ⓑ und ⓒ: Regelmäßige Überwachung der Keimzahl zur Überprüfung der Funktionstüchtigkeit der Anlage. Werden erhöhte Keimzahlen festgestellt, so sollte die Anlage gereinigt und desinfiziert werden. ⓓ: Kontrolle des Leergutspülvorganges (Behandlungstemperatur, Reinigungseffekt). ⓔ: Endkontrolle: Stichprobenartig. Verschluß- und Keimzahlkontrolle (diese sollte nach den allgemeinen Erwartungen unter 10 KBE/ml liegen, s. auch Tabelle 120).

bewirken zunächst eine Hemmung und auf lange Sicht ein Absterben aerober, vegetativer Keime. Bei den sogenannten „stillen Wässern", die keinen Kohlensäurezusatz enthalten, kommt es dagegen oft sehr rasch zu einem Keimanstieg im Endbehältnis, der durch den Einsatz dünnwandiger, sauerstoffdurchlässiger Kunststoffbehältnisse zusätzlich noch gefördert wird. Sicherlich sind diese Gründe mitverantwortlich dafür, daß in Tabelle 120 (nach 46) für Mineralwässer im Endbehältnis keine Keimzahltoleranzwerte genannt werden. Unberührt davon bleibt die Forderung nach Abwesenheit von Pseudomonaden und Fäkalkeimen in 100 ml. In der Praxis werden oft noch höhere Anforderungen gestellt und erwartet, daß diese Keime in 250 ml bzw. 1 l nicht nachweisbar sind.

7.11.4 Kohlensäurehaltige Erfrischungsgetränke (Limonaden)

Zu den Erfrischungsgetränken gehören auch die Limonaden, die, wie der Name schon andeutet, neben dem aufbereiteten kohlensäurehaltigen Trink- oder Mineralwasser noch weitere Zusätze enthalten: natürliche Aromastoffe (z. B. den Fruchtsaft der Limone (Citrusart) oder Fruchtsäuren), künstliche Aromen (Brausen), Kristallzucker bzw. Süßstoff und ggf. natürliche oder künstliche Farbstoffe. Auch die sogenannten Cola-Getränke (mit Coffein- und phosphorsäurehaltigen Essenzen) sind hier einzureihen.

Bedingt durch die Zucker- und Fruchtbestandteile (= Abfüllsirup) sind diese Limonaden mikrobiologisch weit stärker gefährdet als die Mineral- und Tafelwässer.

Die Technologie der Limonadenherstellung enthält im Vergleich zur Mineral- und Tafelwasserherstellung lediglich einen zusätzlichen Arbeitsschritt, die Zudosierung des Abfüllsirups. Dabei wird nach dem

- älteren Verfahren mit einem Saftvorfüller und der getrennten Zufüllung des carbonisierten Wassers gearbeitet, während das
- neuere Verfahren Wasser und Abfüllsirup bereits vor der Carbonisierung mischt und somit einen Arbeitsschritt einspart.

Eine weitere Kontaminationsgefährdung geht von der Reinigung und Desinfektion der mehrfach benutzbaren Glasflaschen sowie den Verschlüssen aus. Einwegblechdosen bzw. eine Beutelverpackung mindert auf der einen Seite den Spülwasserbedarf, stellt jedoch auf der anderen Seite eine zusätzliche Umwelt-(Müll-)-Belastung dar.

Maßnahmen zum Schutz von Limonaden vor einem mikrobiologischen Verderb
Die hohe mikrobielle Anfälligkeit der Limonaden erfordert besondere Vorsichtsmaßnahmen, die bereits bei der Auswahl der Rohstoffe beginnen (Tabelle 121). Darüber

Tabelle 121. Vorschläge zur mikrobiellen Reinheit von Limonadenrohstoffen und abgefüllten Getränken (nach verschiedenen Quellen). (P.E.: Packungseinheit).

Produkt	Keimzahl			spezifische Keime	
	aerobe, mesophile Bakt. (KBE)	Hefen (KBE)	Schimmelpilze (KBE)	Coliforme	säuretolerante Bakterien
Rohstoffe					
Wasser	≤ 100/ml			n.n./100 ml	
Fruchtsaftkonzentrat	≤ 1/P.E.	≤ 10/P.E.	≤ 1/P.E.		
Zucker	≤ 20/g	0,4–1/g	≤ 1/g		
Fruchtsaft und Fruchtsaftkonzentrate	keimarm				
abgefüllte Limonaden, Süßmoste	keimfrei in Bezug auf kritische Keimarten	n.n./P.E.	n.n./P.E.	n.n./P.E.	n.n./P.E.
Fruchtsaftgetränke		n.n./100 ml nach 10 d		n.n./P.E.	n.n./ml nach 1 Woche Standzeit

hinaus werden alle möglichen Schritte eingeleitet, die zu einer Unterdrückung der Keimvermehrung führen können:

- *Einstellung eines niedrigen pH-Wertes:* Hier hat sich im Laufe der Zeit jedoch gezeigt, daß selbst ein pH-Wert von 2,4 (Cola-Getränk) keineswegs einen sicheren Schutz bietet. Unter diesen Bedingungen treten als Verderber verschiedene Schimmelpilze und Hefen der Gattungen Saccharomyces, Torulopsis und Candida sowie Milchsäurebakterien, insbesondere Leuconostoc-Arten, auf.
- *Carbonisierung:* Im Endbehältnis kann es dadurch zu einer Keimhemmung kommen, wobei im Verlauf einer längeren Lagerung die Ausgangskeimzahl durchaus drastisch vermindert werden kann.
- *Chemische Konservierung:* Häufig kommt man jedoch nicht ohne den Zusatz eines geeigneten chemischen Konservierungsstoffes herum, wobei unterschieden werden muß zwischen
  - temporär wirksamen Konservierungsstoffen, die im Endprodukt nicht mehr nachweisbar sind, z. B. dem Pyrokohlensäure-dimethylester, und
  - permanent wirksamen Konservierungsstoffen, die längere Zeit in dem zu behandelnden Produkt nachweisbar sind.

Der Pyrokohlensäure-dimethylester (DMDC, Velcorin) kann wegen seiner Instabilität zum Schutz von kalt abgefüllten Limonaden und sonstigen Getränken eingesetzt werden. Seine Wirkung ist jedoch auf keimarme Produkte beschränkt. So sind z. B. zur Abtötung von 400–600 Hefen/ml etwa 100 µg DMDC/ml und für ca. 500 Bakterien/ml etwa 300–500 µg DMDC/ml erforderlich (165). Da der Pyrokohlensäuredimethylester innerhalb von 5–6 h in Methanol und CO_2 hydrolysiert und im fertigen Lebensmittel dann nicht mehr nachweisbar ist, wird er in der Bundesrepublik Deutschland als nicht zulassungspflichtiger Zusatzstoff angesehen.

Die permanent wirkenden Konservierungsstoffe Ameisensäure, Sorbinsäure und Benzoesäure müssen dagegen deklariert werden.

8 Hygiene

8.1 Produktionshygiene und Qualitätssicherung

Die mikrobiologische Ausgangslage der benutzten Rohstoffe sowie die Bedingungen der für eine Weiterverarbeitung erforderlichen Produktionshygiene sind von entscheidender Bedeutung für die *Qualitäts-* und insbesondere die *Stabilitätssicherung* eines Verkaufsproduktes.

Gerade bei der Massenproduktion von anfälligen, nicht im Endbehältnis sterilisierten Lebensmitteln, seien es aseptisch abgefüllte oder auch nur bedingt, d.h. kurzfristig lagerfähige Produkte, muß die Reinigung und die in den meisten Fällen unumgängliche Desinfektion der Produktionsräume und der Fertigungsanlage – auch aus ökologischen Gründen – sorgfältig eingeplant und laufend überwacht werden.

8.1.1 Apparate- und Anlagendesinfektion

Verfahren und Mittel für die Reinigung und Desinfektion sind dabei meist anlagenspezifisch; um Schäden zu vermeiden, sollten daher stets die Herstellerangaben- und Auflagen beachtet werden.

Vom technischen Ablauf her muß dabei zwischen der *Produktion in offenen Anlagen* (Bandproduktion) und der in *geschlossenen Anlagen* (Fließwegproduktion) unterschieden werden (105). Wo immer es möglich ist, wird man die technologische und hygienische Überlegenheit der kontinuierlich arbeitenden geschlossenen Systeme gegenüber der altherkömmlichen Chargenproduktion nutzen. Der lokale Reinigungseffekt hängt beim Fließwegverfahren entscheidend von der jeweils vorhandenen Strömungsführung ab, wobei – bei gegebenem Fluß (in Volumen je Zeiteinheit) – die Fließgeschwindigkeit und damit die Turbulenz und der mechanische Effekt vom Fließquerschnitt bestimmt werden (105). Da sich in großen, geschlossenen Tanks, etwa einem zylindrokonischen Gärtank, die Fließgeschwindigkeit auf den natürlichen Ablaufeffekt reduziert, muß eine gleichmäßige Beaufschlagung über eingebaute Sprüheinrichtungen mit gerichteten oder rotierenden Sprühstrahlen erzeugt werden.

Dank der intensiven Vorreinigungsschritte dieses Verfahrens kann die erforderliche Desinfektionsmittellösung, die in einem eigenen Tank aufbewahrt wird, bei automatischer Konzentrationseinstellung wiederholt benutzt werden.

Tabelle 122 zeigt die Vor- und Nachteile eines offenen und eines geschlossenen Systems. Nach Mrozek (105) lassen sich die unterschiedlichen Möglichkeiten der Betriebshygiene-Maßnahmen bei den beiden Systemen durch drei Kenngrößen

Tabelle 122. Betriebshygienisch relevante Parameter bei Reinigung und Desinfektion in Abhängigkeit vom Anlagentyp. (Zusammengestellt nach 105).

	Anlagentyp	
	offenes System manuelle Sprühdesinfektion	geschlossenes System Fließwegdesinfektion-CIP-Verfahren[1]
Einsatzbereiche	manuelle Reinigung und Flächendesinfektion von – Arbeitstischen – Kunststoffschneidbrettern einer Endzerlegung – Transportbändern der Fleisch-, Fisch- und Konservenverarbeitung	z.B. Reinigung und Desinfektion von Gärtanks in Brauereien als Bestandteil eines heterogen zusammengesetzten Systems, das aus Tanks, Erhitzern, Förder-, Misch-, Trenn- und Abfüllanlagen sowie verbindenden Rohrleitungen mit Hähnen und Ventilen besteht
Arbeitsgänge: Vorreinigung	mechanische Resteentfernung; Dauer: ca. 25 min	– Vorspülen mit Brauchwasser; Dauer: 6,5 min – alkalische Vorreinigung 12 min, Zwischenspülung mit Brauchwasser; Dauer: ca. 12 min
Reinigung und Desinfektion (kombiniertes Verfahren)	manuell gesteuertes Heißsprühverfahren mit vorbereiteter Lösung, die mit Hilfe eines Dampfinjektors bei ca. 80 °C Anfangstemperatur versprüht wird; rasche Abkühlung	– Hauptreinigung mit saurem Reiniger; Dauer: ca. 42 min – Zwischenspülung mit Frischwasser; Dauer: ca. 12 min – Desinfektion mit saurem Desinfektionsmittel, z.B. einer Halogencarbonsäure; Dauer: ca. 32 min
Einwirkungszeit	ca. 600 min	vorher bereits berücksichtigt (ca. 32 min)
Nachspülung (mit Frischwasser)	einmaliges intensives Abspülen hinterläßt leichten Schaumüberzug, der als dünner, eingetrockneter Film zurückbleibt[2] Dauer: ca. 15 min	mit Frischwasser; Dauer: ca. 12 min
Beaufschlagung	1 mm	– Einzelkreislauf: 1,5 cm[3] – bei 30 Zyklen: 0,5 mm
Austauschfrequenz	0,08/s	2/s[4]
Belastungsverhältnis	hoch	sehr niedrig

[1] Das sogenannte CIP-Verfahren (Cleaning in place) erlaubt in den damit ausgestatteten Anlagen die Einhaltung der erforderlichen Arbeitsbedingungen (27, 105).

[2] Die üblichen Rückstände an Desinfektionswirkstoffen auf der Oberfläche des eingetrockneten Films liegen nach Schmidt u. Cremmling (134) nach einmaliger Nachspülung für eine
- 1%ige Amphotensidlösung bei 1–2 mg/m^2 und für eine
- 1%ige QAV-Lösung bei 4–6 mg/m^2.

Bei den üblichen 1%igen Lösungen entspricht dies einer Filmstärke von 2 bzw. 20 µm (105).

[3] Beim DLG-Keimträgertest beträgt die Beaufschlagung 1,1 cm.

[4] Die Austauschfrequenz des DLG-Keimträgertests liegt bei 2,5/s.

beschreiben: mit dem Beaufschlagungsverhältnis, dem Belastungsverhältnis und dem Beanspruchungsverhältnis.

1. Beaufschlagungsverhältnis (Schichtdicke, L)
Es stellt den Quotienten dar aus dem Volumen der eingesetzten Reinigungs- bzw. Desinfektionsmittellösung und der behandelten Oberfläche und ist ausschließlich apparativ und technologisch bedingt.

$$\text{Beaufschlagungsverhältnis} = \frac{\text{Volumen der Lösung } (L^3)}{\text{behandelte Oberfläche } (L^2)} = \text{Schichtdicke } (L)$$

Das Kreislauf- oder CIP-System (*c*leaning *i*n *p*lace) zeichnet sich durch ein hohes Beaufschlagungsverhältnis aus.

2. Belastungsverhältnis (Überschußfaktor, M°)
Es ergibt sich aus dem Quotienten aus dem eingesetzten Wirkstoffangebot und dem Aktivitätsverlust durch Schmutzbelastung als dimensionsloser Überschußfaktor (= freiverfügbare Wirkstoffmenge M°).

$$\text{Belastungsverhältnis} = \frac{\text{Wirkstoffangebot } (M)}{\text{Schmutzbelastung } (M)} = \text{Überschußfaktor } (M^\circ)$$

Durch die ständige analytische Erfassung der während des Reinigungs- bzw. Desinfektionsablaufes vorhandenen Wirkstoffkonzentration läßt sich deren Abnahme (= Zehrung) durch Adsorptionsverluste ermitteln und danach die erforderliche Anfangskonzentration festlegen, die zugleich einen ausreichend hohen Überschußfaktor sicherstellt.

Die Beaufschlags- und Belastungsverhältnisse für vergleichbare Schmutz-Wirkstoff-Relationen der verschiedenen Verfahren sind in Tabelle 123 dargestellt.

3. Beanspruchungsverhältnis (Austauschfrequenz, T^{-1})
Es wird durch den Quotienten aus Lösungsfluß und Reaktionsfilm zum Ausdruck gebracht, man bezeichnet es auch als Austauschfrequenz.

$$\text{Beanspruchungsverhältnis} = \frac{\text{Lösungsfluß } (L^3 T^{-1})}{\text{Reaktionsfilm } (L^3)} = \text{Austauschfrequenz } (T^{-1})$$

Tabelle 123. Beaufschlagungs- und Belastungsverhältnisse bei den verschiedensten Reinigungs- und Desinfektionsverfahren (104).

Verfahren	Fließverfahren	Einlege- und Abwaschverfahren	Einsprühverfahren
Beaufschlagung	6–15 l Lösung/m²	1–5 l Lösung/m²	0,1–1 l Lösung/m²
Belastung	1000 l 0,1%ige Lösung	100 l 1%ige Lösung	10 l 10%ige Lösung

Tabelle 124. Korrelation von Einwirkungsbedingungen bei den verschiedensten Prüfungs- und Praxisverfahren. Nach (105).

Verfahren	Kenngrößen		
	Beaufschlagungsverhältnis (mm)	Austauschfrequenz	Überschußfaktor
CIP-Verfahren	15	$0,5\,s^{-1}$	
Sprühverfahren	1/0,02	$0,08\,s^{-1}/0$	
Raumdesinfektion	0,05–0,1	~ 0	
DGHM-Flächendesinfektion	0,02	~ 0	0,1
DLG-Cup-Test	11	$2,5\,s^{-1}$	100
DVG-Al-Test	86/0,02	$0,02\,s^{-1}/0$	0,1

Die Austauschfrequenz gibt die Häufigkeit an, mit der ein Austausch der verbrauchten Lösung durch eine frische erfolgt. Ihr Kehrwert ist die *Nutzungszeit*, die Einwirkungsdauer für ein bestimmtes Volumen auf ein bestimmtes Flächenelement (105). In einem geschlossenen System werden durch turbulente Strömungen Nutzungszeiten von wenigen Sekunden und entsprechend hohe Austauschfrequenzen erreicht. In offenen Systemen dagegen geht die Austauschfrequenz gegen Null, und die Nutzungszeit fällt nahezu mit der Gesamteinwirkungszeit zusammen.

Für die erforderliche Steuerung des Reinigungs- und Desinfektionsprozesses ist daher die richtige Korrelation von Beaufschlagungsverhältnis, Belastungsverhältnis und Beanspruchungsverhältnis unumgänglich (Tabelle 124). Nur so wird ein Desinfektionserfolg unter wirtschaftlichen und ökologischen Voraussetzungen ermöglicht.

Mrozek weist hier auf die Diskrepanz der verschiedensten Desinfektionsmittelprüfungsverfahren mit den Praxisbedingungen hin (105). So wird bei dem DGHM (38) – und dem DVG-Verfahren (42) der nach dem Eintauchen der kontaminierten Objekte in die Desinfektionsmittellösung erzielte Haftfilm nicht mehr ausgetauscht. Oft reißt er schon nach wenigen Minuten Einwirkungszeit, so daß dann nur noch ein Teil der Fläche benetzt und nur dort die erforderliche Einwirkungszeit erreicht wird (165). Bei dem Prüfverfahren der DLG (41) wird dagegen der Keimträger zur Erzielung eines angemessenen Beaufschlagungsverhältnisses und eines ständigen Austausches der Wirkstofflösung submers in einem größeren Lösungsmittelvolumen bewegt, was den Bedingungen des CIP-Verfahrens schon eher entspricht. In der Regel können jedoch – stets bezogen auf die vorliegenden Bedingungen – nur Praxisversuche entscheiden.

Überwachende Kontrollen

Die Effektivität des gewählten Desinfektionsverfahrens muß anhand von Überwachungskontrollen (Abklatsch, Tupfer, Abspülflüssigkeit) laufend kontrolliert werden (Abb. 41, 42). Wie aus dem Kontrollversuch der Tabelle 125 ersichtlich ist, liegen die durchschnittlichen Restkeimgehalte je nach Keimgruppe zwischen 0,2 und 62 pro cm^2.

Probleme bereiten auch die Rückstandsmengen, in besonderem Maß eine mögliche Einschleppung über lebensmittelberührende Flächen in das Endprodukt. Um gesundheitsgefährdende Risiken auszuschließen, sollten die von der FDA in den USA

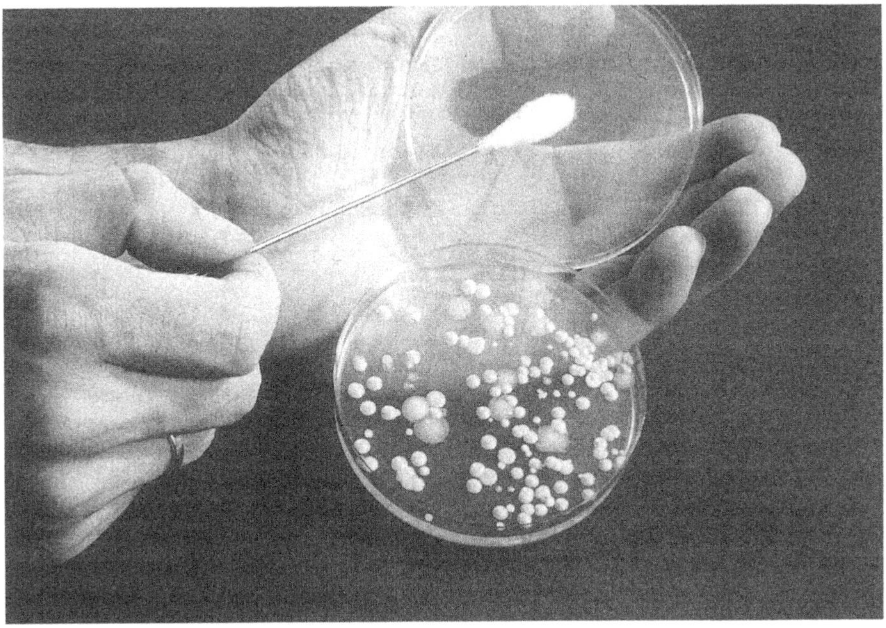

Abb. 41. Bestimmung der Oberflächenkeimzahl mit Hilfe eines Tupfer-Abstriches. Untere Platte: Der Bewuchs der Ausstrichplatte nach 48 h Bebrütungszeit bei 32 °C. Die Anzahl der koloniebildenden Einheiten kann ermittelt werden.

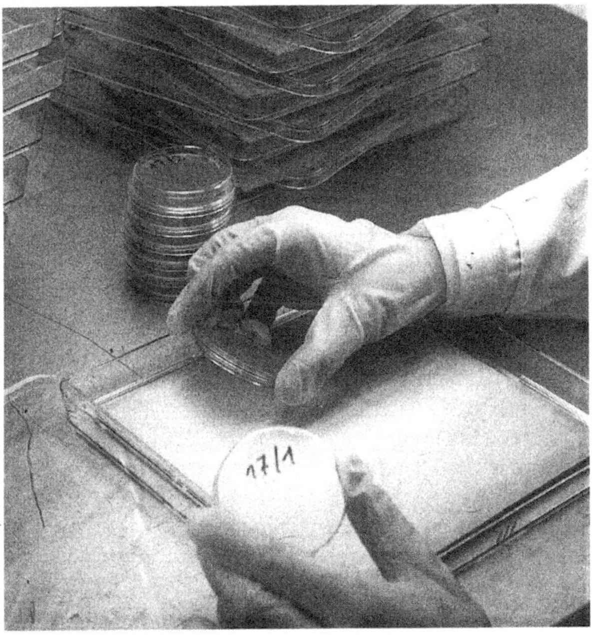

Abb. 42. Ermittlung der Oberflächenkeimzahl nach der Desinfektion einer PVC-Platte unter Verwendung einer Abklatschplatte (hier Rodac-Platte, Desinfektions-Laborversuch).

Tabelle 125. Restkeimzahl nach der Desinfektion von Kunststoffschneidbrettern (Abklatschtest). Die durchschnittlichen Restkeimgehalte beziehen sich auf eine Abklatschfläche von $11 \times 10\,cm^2$ (105).

Keim-Gruppe	Angabe der Restkeimzahl in log-Phasen[1)] nach Behandlung mit	
	einem Amphotensid	einer quaternären Verbindung
Mesophile	2,70	2,70
Psychrophile	2,60	2,79
Thermoresistente	2,15	1,95
Coliforme	2,20	0,82
Gelatinespalter	2,15	1,99
Milchsäurebakterien	1,15	0,30

[1)] log-Phase zur Basis 10.

tolerierten Wirkstoffrückstände, die bei Desinfektionsmaßnahmen ohne Nachspülung („no rinse admission") auftreten können, nicht überschritten werden (50):

Desinfektionswirkstoff	tolerierte Restmenge
Hypochlorit-Chlor	200 ppm
Melamin-Chlor	200 ppm
Isocyanat-Chlor	100 ppm
Alkyldimethylbenzyl-QAV	200 ppm
Dialkyldimethyl-QAV	150 ppm
Iod	25 ppm

8.1.2 Desinfektion der Arbeitsräume mit Flächendesinfektionsmitteln

Besonders beim Betreiben offener Anlagen (s. S. 250) ist es erforderlich, den Keimgehalt in der Umgebung, auf den Fußböden und anderen Flächen so niedrig wie nur irgend möglich zu halten. Diese Keime werden laufend in die umgebende Luft abgegeben und können so zu einer Produktkontamination führen.

Während die klimatisierten Anlagen und aseptischen Abfüllbereiche noch vor einem Jahrzehnt fast ausschließlich auf den pharmazeutischen Produktionsbereich beschränkt waren, werden sie nunmehr immer häufiger auch bei der Lebensmittelherstellung – zum Schutze gefährdeter Zonen – eingesetzt. Unter Verwendung von „*Ho*chleistungs-*Sch*webstoffiltern (HOSCH-Filter; engl. Bezeichnung *H*igh-*e*fficiency-*pa*rticulate oder HEPA-Filter) werden nicht nur tote Partikel, sondern auch Luftkeime abgeschieden. Die aus Glasfaservlies bestehenden Filter halten mehr als 99,97% der Partikel, mit einer Größe $\geq 0{,}5\,\mu m$ zurück (s. auch 165). Diese Art der Keimeliminierung hat den Vorteil, daß sie ohne Personalbelästigung und „rückstandslos" arbeitet.

Bei starker Verschmutzung, wie sie in vielen Bereichen der Lebensmittelindustrie unvermeidbar ist (Fleisch-, Hähnchen-, Fischverarbeitung u.a.) kommt man in der

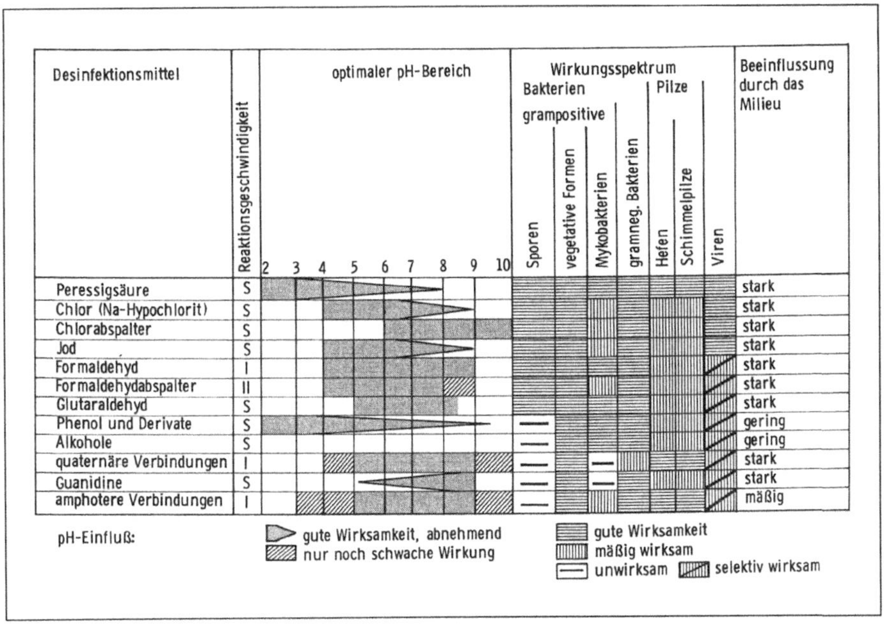

Abb. 43. Das Wirkungsspektrum und die pH-Abhängigkeit der wichtigsten Basiswirkstoffe für Desinfektionsmittel. Die gelegentlich im Bereich der Milchsäurefermentationsprozesse störenden „stammspezifischen Bakteriophagen", die zur Lysis der Produktionsstämme führen, werden als „große Viren" eingestuft und sprechen auf die gegen Viren genannten Wirkstoffe an (s. auch S. 138). Hinsichtlich der Reaktionsgeschwindigkeit wird zwischen s = schnell-, 1 = langsam- und 11 = sehr langsam wirkenden Desinfektionswirkstoffen unterschieden. (Nach 165)

Regel ohne ständige Reinigung und häufig auch zusätzliche Desinfektion nicht aus. Die Desinfektion jener Flächen, die keinen direkten Kontakt mit Lebensmitteln haben, sollte mit solchen Desinfektionsmitteln vorgenommen werden, die für diesen Einsatzzweck geprüft und von den dafür zuständigen Gremien empfohlen wurden. Bei speziellen Problemen ist eine Hygieneberatung durch desinfektionsmittelherstellende Firmen anzuraten.

Im Lebensmittelbereich werden im allgemeinen die gleichen Desinfektionsmittel eingesetzt, die auch in der DGHM-Liste für die Krankenhaushygiene zusammengestellt wurden (132). Hinzu kommen die alkalischen und sauren Grundchemikalien (Abb. 43).

Aktivchlor
Das bisher älteste und kostengünstigste Desinfektionsmittel, das gasförmig, in Stahlflaschen verpackt, zur Desinfektion von Trinkwasser, Badewasser und Abwasser eingesetzt wird, erfährt eine vielfältige Ergänzung durch anorganische und organische Chlorabspalter und wird – gerade auf dem Lebensmittelsektor – immer noch breit eingesetzt.

Testorganismen	Kontaktzeit (min, h)	pH 8					
		Konzentration (µg/ml)					
		K	250	125	100	50	25
Staphylococcus aureus	5′	8	<2	<2	2	4	7
	10′	8	<2	<2	<2	<2	<2
	60′	8	<2	<2	<2	<2	<2
	4^h	8	<2	<2	<2	<2	<2
Escherichia coli	5′	8	<2	<2	<2	3	3
	10′	8	<2	<2	<2	<2	<2
	60′	8	<2	<2	<2	<2	<2
	4^h	8	<2	<2	<2	<2	<2
Pseudomonas aeruginosa	5′	8	<2	3	4	4	4
	10′	8	<2	<2	<2	<2	<2
	60′	8	<2	<2	<2	<2	<2
	4^h	8	<2	<2	<2	<2	<2
Candida albicans	5′	6	<2	<2	<2	<2	4
	10′	6	<2	<2	<2	<2	<2
	60′	6	<2	<2	<2	<2	<2
	4^h	6	<2	<2	<2	<2	<2
Aspergillus niger	5′	6	<1	<1	<1	3	3
	10′	6	<1	<1	<1	1	3
	60′	6	<1	<1	<1	<1	<1
	4^h	6	<1	<1	<1	<1	<1

Abb. 44 zeigt die mikrobizide Wirkung von Natriumhypochlorit unter Desinfektionsbedingungen. Wie bereits in früheren Wirkungsspektren (s. Abb. 19) für antimikrobielle Konservierungswirkstoffe wird die log-Überlebensrate für 5 verschiedene Testkeime und 4 verschiedene Einwirkungszeiten bei pH 8 dargestellt. Jene Bereiche, die gegenüber Bakterien zu einer Verminderung der Keimzahl um mindestens 5 Zehnerpotenzen und gegen Pilze um wenigstens 3 Zehnerpotenzen führen, sind mit einem Raster unterlegt. Es wird ersichtlich, daß noch bei einer Konzentration von 0,01% (100 µg/ml (bezogen auf den Wirkstoff), das gesamte Spektrum bei einer Kontaktzeit von weniger als 10 min erfaßt wird. (Nach 165)

Von einer Verwendung von Natriumhypochlorit – seine mikrobizide Wirkung zeigt Abb. 44 – wird vielfach noch wegen seiner korrosiven Wirkung, dem Lochfraß, v.a. gegen Chromnickelstahl und Aluminium bzw. deren Legierungen, abgesehen. Nach Schlüssler (132) jedoch spielen beim Lochfraß neben dem Hypochlorit auch noch andere auslösende Faktoren eine Rolle: z.B. die Höhe des Chloridgehaltes, der pH-Wert, die Einwirkungszeit, die Temperatur und das Oxidationsvermögen der Lösung. Nach einem dort zitierten Gutachten soll durch Lösungen, deren pH-Wert oberhalb 9 eingestellt ist, keine Lochfraßbildung mehr auftreten.

Die gleiche Wirkung zeigt auch eine Begrenzung der Temperatur auf 50–60 °C sowie eine Limitierung der Einwirkungszeit auf 30–60 min.

Peressigsäure (PES)
Ähnliche Schwierigkeiten hinsichtlich der korrosiven Wirkung bereitet bisher auch die Peressigsäure, die heute als 15%ige PES in stabilisierter Form (Zusatz von ca. 20% H_2O_2, >40% Wasser und Essigsäure) auf dem Markt ist. Sie gewinnt jedoch bei der

Testorganismen	Kontaktzeit (min, h)	pH 6 Konzentration (µg/ml)					
		K	80	40	20	10	5
Staphylococcus aureus	5′	7	3	4	6	7	7
	10′	7	<2	<2	5	7	7
	60′	7	<2	<2	<2	2	7
	4^h	7	<2	<2	<2	2	7
Escherichia coli	5′	7	3	4	6	7	7
	10′	7	<2	3	3	5	7
	60′	7	<2	<2	<2	<2	7
	4^h	7	<2	<2	<2	<2	7
Pseudomonas aeruginosa	5′	7	4	4	5	6	7
	10′	7	<2	<2	<2	4	7
	60′	7	<2	<2	<2	4	7
	4^h	7	<2	<2	<2	3	7
Candida albicans	5′	6	5	5	6	6	6
	10′	6	3	5	6	6	6
	60′	6	<1	2	6	6	6
	4^h	6	<1	<1	5	5	6
Aspergillus niger	5′	6	6	6	6	6	6
	10′	6	6	6	6	6	6
	60′	6	6	6	6	6	6
	4^h	6	6	6	6	6	6

Abb. 45. Mikrobizides Wirkungsspektrum der Peressigsäure in stabilisierter Form (15%ig bezogen auf WS in Wasser standardisierter Härte) (weitere Erläuterungen s. Abb. 44). (Nach 165)

Anlagen- und Packstoffdesinfektion in jüngster Zeit zunehmend an Bedeutung. Ihr mikrobizides Wirkungsspektrum ist in Abb. 45 dargestellt.

Halogenierte Carbonsäuren

Von den organischen, mikrobizid wirkenden Säuren bewährten sich vor allem die halogenierten Carbonsäuren, so die Bromessigsäure und die Chloressigsäure, denen häufig noch Phosphorsäure und Tenside zugesetzt werden (Abb. 46).

Quaternäre Ammoniumverbindungen

Ein breites Einsatzgebiet haben besonders, wie Tabelle 126 zeigt, die quaternären Ammonium-Verbindungen gefunden (=QAV; weitere Bezeichnung oft auch Quats, wobei außer den QAV dann auch quaternäre Phosphonium-Verbindungen u.a. eingeschlossen sind), z.T. auch in Verbindung mit Amphotensiden, Aldehyden (Glutaraldehyd, Formaldehyd) und Biguaniden, die allerdings im Lebensmittel-

Testorganismen	Kontaktzeit (min, h)	pH-Wert	2	2,1	2,3	2,5
		Konzentration (%)				
		K	1,0	0,5	0,25	0,12
Staphylococcus aureus	5′	7	<2	7	7	7
	10′	7	<2	2	3	3
	60′	7	<2	<2	<2	<2
	4^h	7	<2	<2	<2	<2
Escherichia coli	5′	7	<2	3	4	7
	10′	7	<2	<2	<2	5
	60′	7	<2	<2	<2	<2
	4^h	7	<2	<2	<2	<2
Pseudomonas aeruginosa	5′	7	<2	<2	<2	<2
	10′	7	<2	<2	<2	<2
	60′	7	<2	<2	<2	<2
	4^h	7	<2	<2	<2	<2
Candida albicans	5′	6	<1	<1	<1	3
	10′	6	<1	<1	<1	<1
	60′	6	<1	<1	<1	<1
	4^h	6	<1	<1	<1	<1
Aspergillus niger	5′	6	<1	<1	3	4
	10′	6	<1	<1	2	4
	60′	6	<1	<1	1	3
	4^h	6	<1	<1	<1	<1

Abb. 46. Mikrobizides Wirkungsspektrum für Bromessigsäure, die in den 40er Jahren auch als Konservierungsmittel im Lebensmittelbereich eingesetzt wurde; dies ist heute weltweit verboten (weitere Erläuterungen s. Abb. 44). (Nach 165)

bereich bisher nur in wenigen Präparaten enthalten sind. Das Wirkungsspektrum des quaternären Benzalkoniumchlorids zeigt Abb. 47.

Amphotere Verbindungen

Einige der hierzu gehörenden Wirkstoffe (Abb. 48) werden im Lebensmittelbereich ebenfalls zur Desinfektion eingesetzt (s. Tabellen 126 u. 127).

Nach Schlüssler hat der Einsatz von Quats und Amphotensiden in den letzten Jahren allerdings etwas an Attraktivität verloren (132). Grund dafür ist vor allem, daß Rückstände in der Milch bei der Weiterverarbeitung zu Produktionsstörungen führen können; eine weitere Schwierigkeit besteht darin, daß die Quats meist stark schäumende, oberflächenaktive Verbindungen sind und sich anwendungstechnisch daher oft nur bedingt einsetzen lassen. In Großbritannien jedoch haben die Amphotenside seit ihrer Einführung in den fünfziger Jahren einen bevorzugten Einsatz gerade in der Milchwirtschaft gefunden, ein Hinweis darauf, daß man mit solchen Problemen durchaus fertigwerden kann.

Testorganismen	Kontakt-zeit (min, h)	pH 6						pH 8					
		Konzentration (%)						Konzentration (%)					
		K	2	1	0,5			K	2	1	0,5		
Staphylococcus aureus	5′	7	<2	<2	2			7	<2	<2	<2		
	10′	7	<2	<2	2			7	<2	<2	<2		
	60′	7	<2	<2	<2			7	<2	<2	<2		
	4^h	7	<2	<2	<2			7	<2	<2	<2		
Escherichia coli	5′	7	<2	2	4			7	<2	<2	<2		
	10′	7	<2	2	4			7	<2	<2	<2		
	60′	7	<2	<2	<2			7	<2	<2	<2		
	4^h	7	<2	<2	<2			7	<2	<2	<2		
Pseudomonas aeruginosa	5′	7	<2	2	2			7	<2	2	3		
	10′	7	<2	<2	<2			7	<2	<2	2		
	60′	7	<2	<2	<2			7	<2	<2	<2		
	4^h	7	<2	<2	<2			7	<2	<2	<2		
Candida albicans	5′	6	2	3	5			6	<1	1	3		
	10′	6	1	2	2			6	<1	<1	1		
	60′	6	<1	<1	<1			6	<1	<1	<1		
	4^h	6	<1	<1	<1			6	<1	<1	<1		
Aspergillus niger	5′	6	5	5	5			6	6	6	6		
	10′	6	5	5	5			6	3	3	3		
	60′	6	3	3	3			6	1	1	2		
	4^h	6	<1	1	1			6	<1	<1	1		

Abb. 47. Mikrobizides Wirkungsspektrum der quaternären Ammoniumverbindung Benzalkoniumchlorid für die beiden pH-Bereiche 6 und 8 (weitere Erläuterungen s. Abb. 44). (Daten weiterer QAVs s. Lit. 165, S. 548ff.)

Für die in der 1. DVG-Liste (43) ausgewiesenen Desinfektionsmittel wird – ebenso wie für die in der 7. DGHM-Liste (40) verzeichneten – die Wirksamkeit gegen Viren nicht berücksichtigt. Lediglich in der für die Seuchenbekämpfung zusammengestellten 10. Liste des BGA (23) sind die gegen Viren wirksamen Produkte gekennzeichnet (Kennbuchstaben B). Gerade im milchwirtschaftlichen Bereich, wo es durch stammspezifische Bakteriophagen zu Betriebsstörungen kommen kann, sind solche Präparate gefragt (s. S. 138 u. Lit. 92).

Die DVG-Liste (43) stellt erstmalig den sogenannten „Kältefehler“ heraus, d.h. die Wirksamkeit (erforderliche Konzentration und Einwirkzeit) bei 10 °C im Vergleich zu der sonst üblichen Prüftemperatur bei 20 °C; dies ist für den Lebensmittelbereich von besonderem Interesse. Außerdem wurden die aufgeführten Desinfektionsmittel auch bei höherer Eiweißbelastung geprüft, was ebenfalls den jeweiligen Bedingungen

Testorganismen	Kontakt-zeit (min, h)	pH 7,6–8 Konzentration (%)					pH 7,6–8 Konzentration (%)				
		K	2	1	0,5	0,25	K	2	1	0,5	0,25
Staphylococcus aureus	5′	7	<2	<2	<2		7	<2	<2	<2	
	10′	7	<2	<2	<2		7	<2	<2	<2	
	60′	7	<2	<2	<2		7	<2	<2	<2	
	4^h	7	<2	<2	<2		7	<2	<2	<2	
Escherichia coli	5′	7	<2	<2	3		7	<2	<2	<2	
	10′	7	<2	<2	3		7	<2	<2	<2	
	60′	7	<2	<2	2		7	<2	<2	<2	
	4^h	7	<2	<2	<2		7	<2	<2	<2	
Pseudomonas aeruginosa	5′	7	<2	<2	3		7	<2	<2	<2	
	10′	7	<2	<2	<2		7	<2	<2	<2	
	60′	7	<2	<2	<2		7	<2	<2	<2	
	4^h	7	<2	<2	<2		7	<2	<2	<2	
Candida albicans	5′	6	<1	<1	<1	<1	6	<1	<1	<1	<1
	10′	6	<1	<1	<1	<1	6	<1	<1	<1	<1
	60′	6	<1	<1	<1	<1	6	<1	<1	<1	<1
	4^h	6	<1	<1	<1	<1	6	<1	<1	<1	<1
Aspergillus niger	5′	6	6	6	6	6	6	6	6	6	6
	10′	6	3	4	5	5	6	4	5	5	6
	60′	6	<1	<1	<1	<1	6	<1	<1	<1	2
	4^h	6	<1	<1	<1	<1	6	<1	<1	<1	<1

Abb. 48. Mikrobizide Kurzzeitwirkung (zur Desinfektion) zweier amphoterer Verbindungen. Linke Spalte *Tego 51 B*, rechte Spalte *Tegol 2000*, das laut 1. DVG-Liste eine Kombination mit einer QAV darstellt. Amphotere Wirkstoffe dieser Produktklasse entfalten ihr Wirkungsoptimum in dem recht engen pH-Bereich 7,6 bis 8. Dort ist das Wirkungsspektrum breit, lediglich der Einfluß auf Schimmelpilze hinkt etwas nach (alle weiteren Erläuterungen entsprechen denen der Abb. 44. (Nach 165, S. 564ff.)

Rechnung trägt. Die Standardbelastung betrug dabei für den allgemeinen Lebensmittelbereich 10% Rinderserum und für den milchwirtschaftlichen Sektor 1%rekonstituierte Milch (s. Tabelle 126a, b). Die mit dem DLG-Gütezeichen gekennzeichneten Reinigungs- und Desinfektionsmittel für Melkanlagen (Stand 3.4.1989) sind in Tabelle 142 des Anhanges zusammengestellt.

Beim Vergleich der 1. DVG-Liste (43) mit der VII.-DGHM-Liste fällt auf, daß in der Rangfolge der Einsatzhäufigkeit (in Präparaten) in beiden Bereichen die Quats an der Spitze liegen (Tabelle 127). Die Aldehyde (2. Position in der DGHM-Liste) spielen im Lebensmittelsektor nur eine untergeordnete Rolle, sie sind in 4 Kombinationspräparaten enthalten (132).

Tabelle 126a. Desinfektionsmittel der 1. DVG-Liste für Lebensmittel tierischer Herkunft (außer Milch) und gewerbliche Küchenbetriebe (Gruppe A, Tabelle a) sowie die in der Gruppe (B) zusammengefaßten Produkte für Desinfektionsaufgaben bei der Verarbeitung von Milch und Milchprodukten (Tabelle b); (43). (QAV: quaternäre Ammoniumverbindung)

Wirkstoffbasis	Handelsname	Hersteller	Prüf-temp. in °C	Wirksame Konzentration in % im wenig belasteten Bereich				Wirksame Konzentration in % im belasteten Bereich			
				Bakterizidie		Fungizidie		Bakterizidie		Fungizidie	
				30 min	60 min	30 min	60 min	30 min	60 min	30 min	60 min
Aktivchlor	Calgonit SAC	Benckiser	20	0,5	0,25	0,125	0,125	–	–	–	–
			10	2,0	1,0	1,0	0,125	–	–	–	–
	P3-topax 65	Henkel	20	–	2,5	0,5	0,25	–	3,0	2,0	1,0
	P3-topax 66	Henkel	20	–	1,0	0,75	0,5	–	3,0	1,5	0,5
organische Säuren	Calgonit SAN	Benckiser	20	0,5	0,5	0,25	0,1	2,0	2,0	2,0	2,0
			10	2,0	1,0	0,5	0,5	4,0	2,0	2,0	2,0
	Darasan 7056	Teroson	20	0,5	0,5	0,25	0,1	2,0	2,0	2,0	2,0
			10	2,0	1,0	0,5	0,5	4,0	2,0	2,0	2,0
	Nüscodos	Nüsken	20	0,5	0,5	0,25	0,1	2,0	2,0	2,0	2,0
			10	2,0	1,0	0,5	0,5	4,0	2,0	2,0	2,0
	Sabona N	Sabona	20	3,0	2,0	2,5	2,0	5,0	2,0	4,0	2,0
	SU 303	Lever	20	0,5	0,5	0,25	0,25	2,0	2,0	2,0	2,0
			10	1,5	1,0	1,0	1,0	3,0	2,0	2,0	2,0
	Venno-OS	Venno	20	0,5	0,5	0,25	0,1	2,0	2,0	2,0	2,0
			10	2,0	1,0	0,5	0,5	4,0	2,0	2,0	2,0
organische und anorganische Säuren	Hexaquart F	B. Braun	20	0,5	0,5	0,5	0,25	4,0	2,0	4,0	4,0
Peressigsäure	Divosan aktiv plus	Diversey	20	0,5	0,5	0,5	0,5	0,5	0,5	0,5	0,5
			10	0,5	0,5	0,5	0,5	0,5	0,5	0,5	0,5
	SU 388	Lever	20	0,5	0,5	0,5	0,5	0,5	0,5	0,5	0,5
			10	0,5	0,5	0,5	0,5	0,5	0,5	0,5	0,5
QAV	Calgonit SAQ	Benckiser	20	3,0	2,0	0,25	0,125	–	3,0	1,0	0,5
	Calgonit SAQ 10	Benckiser	20	0,25	0,25	0,1	0,1	1,0	1,0	0,25	0,25
	Control	DuBois	20	1,0	–	0,5	–	1,5	–	1,5	–
	Darasan 209	Teroson	20	1,0	1,0	0,1	0,1	3,0	2,0	0,1	0,1
	Darasan 214	Teroson	20	1,5	1,0	0,1	0,1	6,0	5,0	0,1	0,1
	Desinfektionsreiniger flüssig	Diversey	20	0,75	0,75	0,25	0,125	2,0	1,5	0,5	0,25
			10	2,0	1,5	0,25	0,25	–	–	0,5	0,5
	Finadet DES 115	Deutsche Fina	20	1,0	–	0,5	–	1,5	–	1,5	–
	Fink-Antisept	G. Fink	20	1,0	–	0,5	–	1,5	–	1,5	–

Tabelle 126a. Fortsetzung

Wirkstoffbasis	Handelsname	Hersteller	Prüf-temp. in °C	Wirksame Konzentration in % im wenig belasteten Bereich: Bakterizidie 30 min	wenig belastet: Bakterizidie 60 min	wenig belastet: Fungizidie 30 min	wenig belastet: Fungizidie 60 min	belasteten Bereich: Bakterizidie 30 min	belastet: Bakterizidie 60 min	belastet: Fungizidie 30 min	belastet: Fungizidie 60 min
QAV	Budenat LM	Buzil-Werk	20	1,0	–	0,5	–	1,5	–	1,5	–
	Hexaquart L	B. Braun	20	0,5	0,5	0,125	0,1	2,5	2,0	0,5	0,25
			10	2,5	1,0	0,5	0,5	4,0	2,0	2,0	2,0
	Howalin D 075	Howa	20	1,0	–	0,5	–	1,5	–	1,5	–
	neoquat S	Weigert	20	0,5	0,5	0,125	0,125	2,0	1,25	0,5	0,5
	Nüscotan	Nüsken	20	0,25	0,25	0,1	0,1	1,0	1,0	0,25	0,25
	P3-steril	Henkel	20	1,5	1,0	0,5	0,25	2,0	2,0	0,75	0,5
	P3-topax 91	Henkel	20	1,0	0,5	0,5	0,5	2,0	1,5	0,75	0,75
	Quartasept B/F	Schülke & Mayr	20	1,0	0,5	0,125	0,125	3,0	2,0	0,5	0,25
			10	–	–	0,125	0,125	–	–	4,0	2,0
	Sokrena food	Bode	20	1,0	0,5	0,25	0,1	2,5	2,0	0,5	0,25
			10	1,0	1,0	0,25	0,1	3,5	3,5	0,5	0,25
	SU 3181	Lever	20	0,25	0,25	0,25	0,25	1,0	1,0	1,0	0,5
	SU 3182	Lever	20	0,25	0,25	0,25	0,25	1,0	1,0	1,0	1,0
	Tolo 440	TOLO-Chemie	20	1,0	–	0,5	–	1,5	–	1,5	–
	Venno-DA 20	Venno	20	0,25	0,25	0,1	0,1	1,0	1,0	0,25	0,25
QAV + Aldehyde	Divosept DR 75	Diversey	20	1,0	0,5	0,25	0,25	2,5	1,5	0,5	0,25
			10	2,0	1,0	0,5	0,25	4,0	2,0	0,75	0,5
	Kamasept OF	Nüsken	20	1,0	0,75	0,5	0,25	2,0	1,5	0,75	0,5
			10	3,0	1,0	0,5	0,25	4,5	3,0	0,75	0,5
	Melsept SF	B. Braun	20	1,0	0,75	0,5	0,25	2,0	1,5	0,75	0,5
			10	3,0	1,0	0,5	0,25	4,5	3,0	0,75	0,5
QAV + Biguanide	Quatohex	B. Braun	20	0,25	0,125	0,25	0,1	0,5	0,5	0,5	0,25
			10	1,0	–	0,5	–	3,5	–	2,0	–
QAV + Amphotensid	Tego 90E	Goldschmidt	20	0,5	0,5	0,2	0,125	3,0	2,0	0,5	0,25
	Tegol 2000	Goldschmidt	20	0,5	0,25	0,1	0,1	1,0	0,5	0,2	0,1
			10	2,0	2,0	0,5	0,25	–	–	2,0	1,0
	Tegotop	Goldschmidt	20	0,5	0,25	0,1	0,1	1,0	0,5	0,25	0,25
			10	2,0	0,5	0,5	0,5	–	–	1,0	1,0
Amphotensid	Tego 51	Goldschmidt	20	1,0	1,0	0,2	0,2	–	–	–	–
Alkohole und Aldehyde	Lyso rapid	Schülke & Mayr	20	100	100	100	100	100	100	100	100
			10	100	100	100	100	100	100	100	100

Tabelle 126b. Desinfektionsmittel, die bei der Verarbeitung von Milch und Milchprodukten zum Einsatz kommen.

Wirkstoffbasis	Handelsname	Hersteller	Prüf-temp. in °C	Wirksame Konzentration in % im wenig belasteten Bereich				Wirksame Konzentration in % im belasteten Bereich			
				Bakterizidie		Fungizidie		Bakterizidie		Fungizidie	
				30 min	60 min	30 min	60 min	30 min	60 min	30 min	60 min
Aktivchlor	P3-topax 65	Henkel	20	–	2,5	0,5	0,25	–	–	–	–
	P3-topax 66	Henkel	20	–	1,0	0,75	0,5	–	–	–	–
Peressigsäure	Divosan aktiv plus	Diversey	20	0,5	0,5	0,5	0,5	–	–	–	–
			10	0,5	0,5	0,5	0,5	–	–	–	–
QAV	Hexaquart L	B. Braun	20	0,5	0,5	0,125	0,1	–	–	–	–
			10	2,5	1,0	0,5	0,5	–	–	–	–
	P3-steril	Henkel	20	1,5	1,0	0,5	0,25	1,5	1,0	0,75	0,5
QAV + Amphotensid	Tego 90E	Goldschmidt	20	0,5	0,5	0,2	0,125	–	–	–	–
	Tegol 2000	Goldschmidt	20	0,5	0,25	0,1	0,1	–	–	–	–
			10	2,0	2,0	0,5	0,25	–	–	–	–
	Tegotop	Goldschmidt	20	0,5	0,25	0,1	0,1	–	–	–	–
			10	2,0	0,5	0,5	0,5	–	–	–	–
Amphotensid	Tego 51	Goldschmidt	20	1,0	1,0	0,2	0,2	–	–	–	–

Tabelle 127. Die wichtigsten Basiswirkstoffe für die im Lebensmittelbereich eingesetzten Desinfektionsmittel (1. DVG-Liste, 43) im Vergleich zur VII. DGHM-Liste (40). Zahlen ohne Klammern: Anzahl der Präparate, in denen dieser Wirkstoff allein eingesetzt wird; Zahlen mit Klammern: Anzahl der Präparate insgesamt, die diesen Wirkstoff enthalten, der hier häufig mit einem oder auch mit mehreren anderen kombiniert ist.

Wirkstoff	Einsatzbereiche				
	1. DVG-Liste 1987				VII. DGHM-Liste 1987: Flächendesinfektionsmittel
	Gruppe A (Lebensmittel tierischer Herkunft außer Milch)		Gruppe B (Milch und Milchprodukte)		
Alkohole		(1)			(49)
Aldehyde		(4)			(165))
organische Säuren	6	(7)			(6)
anorganische Säuren		(1)			
Peroxide/Persäuren	2		1		(10)
Chlorabspalter	3		2		(7)
Phenolderivate					(17)
Quats	22	(29)	2	(5)	(221)
Biguanide		(1)			(26)
Amphotenside	1	(4)	1	(4)	(11)

8.1.3 Raumdesinfektion durch Begasung

Eine Raumdesinfektion im Sinne der BGA-Definition (18, 23) läßt sich nur unter Verwendung von Formaldehyddämpfen durchführen. Dazu heißt es im Bundesgesundheitsblatt 24, Nr. 22 vom 30.10.1981: „Desinfektion durch Gase und Dämpfe: Als Mittel der Wahl kann hier nur Formaldehyd empfohlen werden: Verdampfung oder Verneblung von verdünnten Formaldehydlösungen mit geeigneten Apparaten. Dosierung: 5 g Formaldehyd/m^3 Rauminhalt bei mindestens 70% Luftfeuchtigkeit. – Andere Mittel sind entweder hoch toxisch, explosiv, karzinogen oder verlangen Anwendungsbedingungen, die nur in wenigen Fällen herzustellen sind.“ (Anhang II, S. 357, Ziffer 3). (Weitere Angaben zu Formaldehyd und Karzinogenität s. Lit. 165, S. 175 u. 450ff.).

Nach Meinung des BGA soll die Raumdesinfektion mit Formaldehyd jedoch nur in Ausnahmefällen eingesetzt werden. Im pharmazeutischen Produktionsbereich spielte sie zwar vor allem seit Beginn der Antibiotikaära bei den dafür erforderlichen aseptischen Verfahrensschritten eine bedeutende Rolle, und auch heute noch wird dieses Verfahren besonders bei der Anlagendesinfektion eingesetzt. Trotzdem ist man von Seiten der Industrie bestrebt, durch LF-Anlagen mit gefilterter und gerichteter Luftströmung den Einsatz von Formaldehyd zu umgehen, wo immer das möglich ist.

Nach Mrozek (105) gewinnt die „gesteuerte Raumbehandlung“ auch bei der Lebensmittelherstellung zunehmend an Bedeutung; sie kann allerdings nur in längeren Betriebspausen durchgeführt werden, wenn weder Personen noch Lebensmittel zugegen sind. Bei diesem Verfahren wird keine direkte Begasung vorgenommen, sondern unter Verwendung von Aldehyd-QAV-Kombinationsprodukten ein möglichst flächendeckender Film mit Hilfe von Düsen (mit überlappenden Sprühradien) erzeugt, die fest an der Decke installiert sind. Die Sprühleistung der Düsen beträgt bei einem Sprühradius von 3,5–4 m z. B. etwa 15–20 l/h. Legt man – unter Einbeziehung aller im Raum befindlichen Flächen – eine zu behandelnde Gesamtoberfläche von 100–150 m^2 zugrunde, so wird während einer Sprühdauer von 30 min ein Beaufschlagungsverhältnis von 0,05–0,1 mm erreicht. Die Austauschfrequenz ist praktisch 0. Bei regelmäßiger Durchführung dieses Verfahrens und Einhaltung einer Einwirkungszeit von 2–6 h läßt sich eine Verminderung der Luftkeimzahl um 54–90% (gemessen mit dem RCS-Luftsammelgerät) erzielen (105). Die „Tiefenwirkung“ dieser Methode wird der „Gasphase“ des Formaldehydanteils in dem benutzten Desinfektionsmittel zugeschrieben. Doch ist in jedem Fall eine mehrstündige Einwirkungszeit (2–6 h) erforderlich. Anschließend muß an lebensmittelberührenden Flächen die Betriebsfähigkeit durch Frischbelüftung und Rückstandsentfernung wieder hergestellt werden, was zusätzlich nochmals ca. 2 h in Anspruch nimmt.

8.1.4 Personalhygiene

8.1.4.1 Allgemeine Bemerkungen

Unsere gesamte Umwelt ist mehr oder weniger stark mit Mikroorganismen (= Keime) und Viren belastet, auch der Mensch ist als Keimträger mit eingereiht. Während im Bereich der Krankenhäuser Vorsichtsmaßnahmen getroffen werden, um eine Verschleppung von Krankheitserregern zu verhindern, geht es bei der Produktion von Lebensmitteln, Kosmetika und Arzneimitteln um noch mehr: um die zusätzliche Ausschaltung von Verderbniserregern, die ein Produkt und nicht zuletzt auch seinen Verbraucher schädigen können.

Der Mensch überträgt aus dem Bereich seiner unbedeckten Körperteile, vor allem dem Gesicht, der Kopfhaut, dem Nacken und den Händen ständig Keime seiner normalen, residenten Hautmikroflora an die Umwelt und somit auch an die Produkte, mit denen er umgeht. Da letztere bei der Lebensmittelherstellung in der Regel gute Nährböden für Mikroorganismen darstellen, kann es auf diese Weise durchaus zu einer raschen Keimvermehrung und somit zu einer Produktschädigung kommen.

Um dies zu vermeiden, trägt das mit Lebensmitteln in Berührung kommende Personal eine auf den erforderlichen Einzelfall abgestimmte Schutzkleidung (Kittel, Kopfbedeckung und saubere, desinfizierbare Betriebsschuhe), deren Tragedauer sich nach dem jeweiligen Verschmutzungsgrad richtet (165). Bei der Fleischverarbeitung z. B. ist täglicher Wechsel vonnöten.

Das Augenmerk sollte stets auch auf erkältetes Personal gerichtet werden. Allein durch Niesen werden ca. 10^4–10^6 Keime in die Luft geschleudert, und in 1 ml Nasensekret eines verschnupften Mitarbeiters befinden sich zwischen 10^6–10^7 Keime und Viren, die auf diese Weise auf Lebensmittel übertragen werden können. Hier sollten rechtzeitig Umsetzungen bei der Einteilung der Tagesarbeit vorgenommen werden, um vor allem einen Kontakt mit jenen Produkten zu vermeiden, die roh verzehrt und somit keiner nachträglichen Hitzebehandlung unterworfen werden.

Aufmerksamkeit verdienen ebenfalls alle vereiterten Wunden, besonders an Händen, aus denen sich in der Regel neben Streptokokken vor allem auch Staphylococcus-aureus-Stämme isolieren lassen, von denen sicherlich einige zur Produktion des gefährlichen, hitzestabilen Enterotoxin A befähigt sind (s. S. 43). Dieses Toxin übersteht ein Kochen über 20–60 min und löst häufig Lebensmittelvergiftungen in Kantinen und Großküchen aus.

8.1.4.2 Händedesinfektion

Die Hände sind, wie der Abklatsch einer Hand auf einer Nähragarplatte in Abb. 49 zeigt, normalerweise stark mit Keimen belastet, wobei die erfaßbare Belegdichte – die in Hautkrypten verborgenen Keime entziehen sich dem Nachweis – im Durchschnitt bei 10^3 bis 6×10^3 KBE pro cm^2 Hautfläche liegt.

Durch eine

- normale *Seifenwäsche* werden im Durchschnitt 60–80% der auf der Hautoberfläche haftenden Keime abgeschwemmt (83), den verbleibenden wird – zumindest zeitweise – der für die Vermehrung erforderliche Nährboden entzogen.
- Reinigung mit einer *antimikrobiellen Seife* (enthält in der Regel phenolische Wirkstoffe) wird eine Verminderung der Keimzahl um ca. 80–90% erreicht.

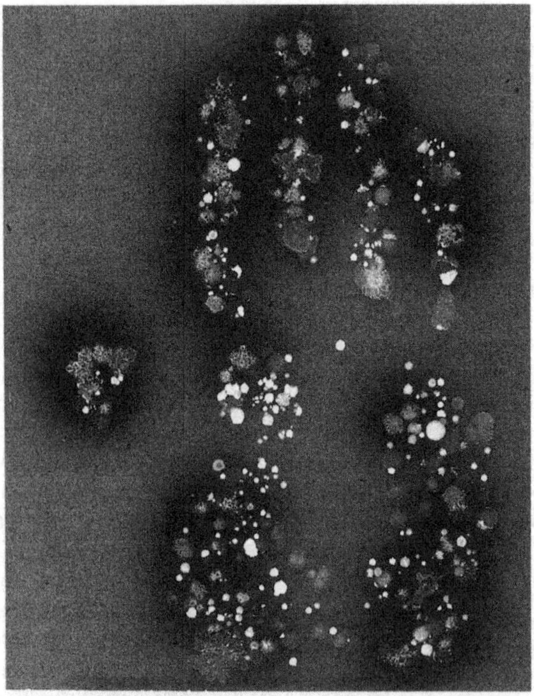

Abb. 49. Abklatsch einer „normalen Tageshand" auf einer Nähragarplatte nach 48 h Bebrütung bei 37 °C. Bei dieser Tageshand eines stark schwitzenden Mitarbeiters dominieren pigmentbildende Bazillen (Melaninpigment, dunkelbraun), während die sonst vorherrschenden Staphylococcus epidermidis, Micrococcus flavus, M. luteus und die ebenfalls vorhandenen Sporenbildner verdrängt werden.

- *Händedesinfektion* sollen innerhalb kürzester Zeit, d.h. etwa 1/2–1 min, die auf der Hand haftenden Krankheitserreger abgetötet bzw. bei Viren inaktiviert werden, um auf diese Weise die Übertragung von Krankheiten zu verhindern. Dabei werden allerdings lediglich die vegetativen Formen, keineswegs jedoch die Dauerformen (=Sporen) abgetötet. Theoretisch wird bei der Händedesinfektion eine Abnahme der vorhandenen Keime um etwa 6 Zehnerpotenzen erwartet, doch gibt man sich in praxi bei den v.a. für den Lebensmittelbereich konzipierten „Händedekontaminations-(HD)-Präparaten" (25) der DGHM mit einer Verminderung um 3–3,5 Zehnerpotenzen innerhalb von 30 s zufrieden. Hinsichtlich ihrer Viruswirksamkeit wurden die in der DGHM-Liste aufgeführten Händedesinfektionsmittel nicht geprüft.

Die Hände dienen als Kontaktorgane und übertragen in vielfältiger Weise auch gefährliche Infektionskeime und Viren aus anderen körpereigenen „Biotopen". Beim Niesen z.B. werden sie – hält man dabei die Hand, besser aber ein Einwegtaschentuch vor den Mund – mit Keimen der Mund- und Rachenflora beladen. Beim Naseputzen – insbesondere im Zusammenhang mit einer Erkältungskrankheit – können über die Sekretflüssigkeit 10^6–10^7 KBE/ml ausgeschieden werden. Selbst bei gesunden Personen lassen sich aus diesem Bereich in 20–40% aller Fälle Koagulase-positive, d.h. pathogene Staphylococcus-aureus-Stämme nachweisen. Hinzu kommt die Virusausscheidung auf gleichem Wege, besonders während Grippeepidemien. Der überwiegende Anteil der Viruskontaminanten stammt von Erkältungskrankheiten, wobei man mit durchschnittlich sieben Attacken pro Kopf und Jahr rechnet. Erkältungskrankheiten viralen Ursprungs werden v.a. verursacht durch Coxsackie-, Influenza-, Parainfluenza-, Adeno-, Entero-, Rhino- und Mononukleose-Viren. Besonders die Influenzaviren sind wegen ihres raschen und großen Streuvermögens, das durch moderne Verkehrsmittel noch gefördert wird sowie ihre große Variabilität sehr gefürchtet.

Dem Toilettenbesuch sind meist Kontaminationen mit E. coli, gelegentlich auch Salmonellen (bei nicht erfaßten Ausscheidern) sowie der Mikroflora der Intimsphäre anzulasten. Bei einem Jucken der Kopfhaut kann die „helfende Hand" mit dem in diesem Bereich ebenfalls häufig anzutreffenden Staphylococcus aureus beladen werden. In all diesen Fällen soll und kann eine gezielte Personalhygiene das Schlimmste verhindern. Dies beginnt mit dem Händewaschen nach einem Toilettenbesuch und einer anschließenden Händedesinfektion – wann immer diese angezeigt ist.

Da für den Lebensmittelbereich bisher keine Händedesinfektionsmittel ausgewiesen wurden, sollten diese der VII. DGHM-Liste entnommen werden. Von den dort aufgeführten 59 Produkten enthalten 30 (=50,8%) lediglich einen Wirkstoff, weitere 24 Präparate (40,7%) bestehen aus einer Kombination von 2 Wirkstoffen. Bis auf einige wenige Ausnahmen enthalten alle Händedesinfektionsmittel als „klassischen Basiswirkstoff" einen oder mehrere Alkohole (91,5% der Präparate). In 42,5% der Fälle (25 Präparate) fungieren Alkohole – neben nachfettenden Zusätzen – als einziger Wirkstoff. Fünf Präparate enthalten Iodophore, die im Lebensmittelbereich jedoch nicht eingesetzt werden sollten, obwohl sie in Großbritannien jahrelang zur Desinfektion in Molkereien verwendet wurden.

Alkoholische Präparate haben nur eine kurze *Haftzeit*, sie wirken und verdunsten rasch und es kommt nicht zu einer remanenten Wirkung. Eine Reihe von Präparaten enthält daher zur Erzielung einer längeranhaltenden Keimhemmung nachwirkende Zusätze, z.B. QAVs, Chlorhexidin (Biguanide), Phenolderivate, organische Säuren,

Tabelle 128. Alkoholische Händedesinfektionsmittel ohne weitere Zusätze: Einsatzkonzentrationen, zugehörige Flammpunkte und Gefahrenklassen (nach 110). (□ Flammpunkt bei Einsatzkonzentration zur Händedesinfektion) (Weitere Erläuterungen s. Text).

Gewichts-%	Ethanol		n-Propanol		iso-Propanol	
	Flammpunkt (°C)	Gef. Klasse	Flammpunkt (°C)	Gef. Klasse	Flammpunkt (°C)	Gef. Klasse
10	47	–	41	–	39	–
20	35,5	–	34	–	29	–
40	25,5	–	32	–	20	B
60	22,5	–	31	–	19	B
80	19,5	B	29	–	17	B
100			22	–	12	B

Peroxide und Chlorabspalter. Zu beachten ist außerdem, daß alkoholische Präparate in der Regel eine hohe Alkoholkonzentration besitzen und daher nicht in der Nähe von Zündquellen eingesetzt werden dürfen. In den Sicherheitsregeln zur Vermeidung von Brand- und Explosionsgefahren durch alkoholische Desinfektionsmittel, die vom Hauptverband der gewerblichen Berufsgenossenschaften herausgegeben wurden, heißt es (75): „Alkoholische Desinfektionsmittel im Sinne dieser Sicherheitsregeln sind Desinfektionsmittel, die in der gebrauchsfertigen Verdünnung mehr als 10 Gewichtsprozent Alkohol enthalten.“ Der Genuß einer Spätlese (ca. 11%) bei Kerzenbeleuchtung verstößt demnach gegen diese Sicherheitsbestimmungen!

Bei alkoholischen Desinfektionsmitteln ist nach DIN 51755 weiterhin zu beachten, daß nur solche Präparate eingesetzt werden sollen, deren Flammpunkt bei 24 °C oder höher liegt! Nach Tabelle 128 erfüllt nur n-Propanol in seiner Einsatzkonzentration diese Erwartung. Bei einem Desinfektionsvorgang darf die Menge der Gebrauchslösung 50 ml pro m^2 zu behandelnde Fläche nicht überschreiten und die Gesamtmenge pro Raum nicht mehr als 100 ml pro m^2 Raumgrundfläche betragen. Während des Versprühens muß der Raum ausreichend be- und entlüftet werden. In der Nähe von Zündquellen ist der Einsatz von alkoholischen Händedesinfektionsmitteln unzulässig (75, S. 7).

8.1.4.3 Händedekontamination

Um dem Sicherheitsbedürfnis in Arzneimittel-, Lebensmittel- und Kosmetika herstellenden Betrieben gerecht zu werden (s. oben), bemüht sich die DGHM um Präparate zur „Händedekontamination, die weniger oder keine Alkohole, dafür in der Regel aber Phenolderivate enthalten“. Die Registrierung solcher Präparate steht an, sie sollen in einem Nachtrag zur VII. DGHM-Liste erfaßt werden. Man wird dann zunächst einmal praktische Erfahrungen sammeln müssen. Gerne würde man eine etwas längere Einwirkungszeit in Kauf nehmen – was in diesem Bereich durchaus vertretbar ist – um so auch „hautfreundlicheren Wirkstoffen“ wie z. B. den Amphotensiden (Einwirkzeit 2 min statt der jetzt geforderten 0,5 min) eine Chance zu bieten (25).

8.1.4.4 Händetrockner

In vielen Gaststätten, teils auch in kleineren Betrieben, findet man selbst heute noch „ein Handtuch für alle". Die vorherige Händedesinfektion wird dadurch selbstverständlich wieder sehr in Frage gestellt, so daß derartige Zustände noch unmöglicher sind als das einst berüchtigte „Familienhandtuch". Hier sollten moderne, ökologisch zeitgemäße und hygienisch sichere Verfahren gewählt werden. Als solche bieten sich an:

- Papiereinmalhandtücher oder
- antimikrobiell imprägnierte Aufwickelhandtücher aus Baumwolle.

Letztere sind stets dann angebracht, wenn ein hoher Bedarf vorhanden ist, d.h., wenn die Handtücher zügig benutzt werden. Bei längeren Stillstandszeiten nämlich beginnt ein solches feuchtes Handtuch – trotz der Imprägnierung – zu schimmeln, was sich durch die Bildung von Stockflecken zeigt. In vielen Betrieben haben sich seit Jahren die „hygienisch voll befriedigenden" Papierhandtücher bewährt, die aus geeigneten Spendern entnommen und nach dem Gebrauch in dicht schließende Behälter abgelegt werden, die täglich zu entsorgen sind.

Der Heißlufttrockner arbeitet in der Regel zu langsam, wirbelt mit dem Luftstrom Staub und damit auch Mikroorganismen auf und führt so zu einer erneuten Kontamination.

8.2 Verpackungshygiene

Die Zeiten, in denen im Lädchen um die Ecke die frisch gekauften Lebensmittel noch in alte Zeitungen eingewickelt wurden, sind heute vorbei. Die äußerst variablen Möglichkeiten der verschiedensten Kunststoffverpackungsmaterialien haben fraglos große Vorteile gebracht. So ermöglichen z.B. Klarsichtpackungen beim Einkauf von Frischfleisch, Geflügel, Obst, Salat u.a. eine visuelle Begutachtung, ohne daß es dabei zu einem direkten Kontakt mit der Ware kommt. Auf diese Weise wird zugleich auch die Kontaminationsgefahr über Fliegen und andere Insekten ausgeschaltet. Der Mensch von heute ist hygienebewußter geworden, jedoch spielen in diesem Zusammenhang auch andere Faktoren eine Rolle, denn die Verpackung hat oft vielfältige Aufgaben und Funktionen zu erfüllen. So ist die „Präsentierpackung", in der die Ware zur Schau gestellt wird, innen häufig mit Mikroorganismen kontaminiert und außerdem – wegen der Gefahr einer Schwitzwasserbildung im Kühlschrank – nicht für eine längere Lagerzeit geeignet. Verpackte Frischware sollte möglichst bald ausgepackt werden, damit sie nicht stickig wird. Angegebene Verbrauchszeiten sind stets zu beachten.

8.2.1 Auswahl der Packmittel aus mikrobiologischer Sicht

Bei der Lebensmittelverpackung wird heute allgemein die Ansicht vertreten, daß die dem benutzten Packmaterial anhaftende Keimzahl in KBE/Packungseinheit etwa 2–3 Größenordnungen unter derjenigen des Füllgutes liegen sollte und sich Krankheitserreger nicht nachweisen lassen. Die mikrobiellen Anforderungen an das Packmittel bewegen sich zwischen „keimarm" und „keimfrei". Keimfreiheit ist dabei nur unter Zuhilfenahme besonderer, auf den Einzelfall abgestimmter Sterilisations- oder Desinfektionsverfahren möglich.

Nach Cerny (30) schwankt der Keimgehalt der verschiedensten Packstoffe erheblich. Er liegt z.B. für

- Kunststoffolien nach langjährigen eigenen Erfahrungen unter 10 KBE/m^2. Dabei ist zu berücksichtigen, daß PVC-Folien bei ca. 200 °C für etwa 6 s im Kalander verweilen (165, S. 208);
- Papiere und Pappen zwischen 10^2 und 10^6 KBE/g (30);
- Buttereinwickler bei maximal 6 KBE Bakterien und Hefen sowie 2 KBE Schimmelpilze pro 100 cm^2 (DIN 10082);
- die innere Oberfläche von Kunststoffbechern (ca. 160–190 cm^2) bei ca. 22–25 KBE/Becher, d.h. bei 1375–3450 KBE/m^2. Diese Angaben erscheinen sehr hoch, bei GMP-gerechtem Arbeiten liegen sie jedoch erheblich niedriger (<1–10 KBE/Behälter).

Eine Reihe von Lebensmitteln werden heute nach der Sterilisation in einem Durchlaufsterilisator unter aseptischen Bedingungen in vorsterilisierte Packungseinheiten abgefüllt. Ein Beispiel dafür ist die H-Milch. Nach Reuter (126) sind bei der Packstoffentkeimung folgende Wirkungsgrade anzustreben:

- für sterile, saure Füllgüter mit $pH < 4,5$: Verminderung von Aspergillus-niger-Sporen um 3–4 Zehnerpotenzen;
- sterile, neutrale bis schwach saure Füllgüter mit $pH > 4,5$: Verminderung von Bacillus-subtilis-Sporen um 6 Zehnerpotenzen;
- für Füllgüter, in denen sich Clostridium botulinum vermehren kann: Verminderung der Sporen dieser Keimart um 12 Zehnerpotenzen (entsprechend dem 12-D-Konzept der Konservenindustrie).

8.2.2 Verfahren zur Sterilisation bzw. Desinfektion vorgefertigter Packmaterialien

Die Sterilisation vorgefertigter Packmaterialien erfolgt vorzugsweise unter Verwendung von

- physikalischen Verfahren, z.B.
  - mit Dampf oder mit
- chemischen Verfahren, z.B. mit
  - Wasserstoffperoxid (Tauchbad, Sprühverfahren, Spülverfahren) oder
  - Peressigsäure (Spülverfahren in Kombination mit H_2O_2)

Auf die Wirkung von Wasserstoffperoxid (Tetra-AB-System) bei der Sterilisation vorgefertigter Packmaterialien für die aseptische Lebensmittelabfüllung wird nachfolgend näher eingegangen (nach verschiedenen Autoren, v.a. Reuter, 126):

Behandlungsziel: Verminderung von Bac. subtilis-Testsporen um ... Zehnerpotenzen	Behandlungsgut	Behandlungsbedingungen
4–5	Kunststoffverbund (Karton mit thermoformbaren Kunststoffen)	*Tauchverfahren:* Material durchläuft das Tauchbad mit 30–35% H_2O_2, trocknen mit Heißluft
6–8	vorgefertigte Packungen	wie oben, kombiniert mit Vorreinigung
6	vorgefertigte Packungen	*Sprühverfahren:* H_2O_2 wird mit Düsen in die Packung eingesprüht und mit Heißluft nachgetrocknet
	vorgefertigte Behältnisse, Gläser, Metalldosen, geblasene Kunststoffflaschen	*Sprühverfahren:* mit H_2O_2 sowie in Kombination mit Peressigsäure, mit Heißluft trocknen

Zum Tauchverfahren ist noch zu bemerken, daß eine 30–35%ige H_2O_2-Lösung bei Raumtemperatur keine sporizide Wirkung besitzt, diese tritt erst bei zusätzlichem Erhitzen, z.B. mit Heißluft (auf der behandelten Folie) ein, wozu Temperaturen von mindestens 80 °C erforderlich sind.

Von besonderer Bedeutung für das so behandelte Gut ist die anschließende Rückstandsbeseitigung. Die FDA duldet für Wasserstoffperoxid lediglich einen maximalen Rückstand von 0,1 ppm.

8.3 Küchenhygiene

Was nutzt die beste Produktionshygiene, wenn sie im häuslichen Bereich, in der Küche und bei der Vorratshaltung, keine Fortsetzung findet. Als goldene Regeln für die Küchenhygiene sollten die nachfolgenden Ratschläge und Hinweise gewertet werden:

1. Beachtung von Infektionskrankheiten und Wunden
In erkältetem Zustand sollte man auf die Zubereitung von Rohkost (Salaten usw.) verzichten und entweder Fertigmahlzeiten aus der Dose oder der Tiefkühltruhe verwenden, die sofort nach dem Öffnen bzw. Auftauen erhitzt und dann gleich verzehrt werden. Das Garen bzw. Erhitzen sollte dabei über wenigstens 30 min bei mindestens 80 °C erfolgen. Daneben sind natürlich alle frisch zubereiteten Speisen, die

eine den obigen Angaben entsprechende Hitzebehandlung erfahren haben, geeignet. In keinem Falle sollten jedoch Reste zum Wiederaufwärmen aufgehoben werden. Durch sofortige Zubereitung und Verzehr soll eine mögliche Verbreitung von Krankheitserregern, so auch aus eiternden Wunden (wie z. B. toxinbildende Staphylococcus-aureus-Stämme) verhindert werden. Diese Gefahr ist bei „Resten" besonders groß, da sich Toxinbildner während der Abkühlphase stark vermehren können. Beim anschließenden Erwärmen (am nächsten Tag) läßt sich das hitzestabile Enterotoxin A nicht zerstören, und es verursacht dann häufig eine dosisabhängige Gastroenteritis.

Eiternde Wunden an den Händen sollten daher mit einem Pflaster geschützt und bei der Küchenarbeit Plastikhandschuhe getragen werden.

2. Lagerungsdauer

Grundsätzlich sollte frischen Produkten der Vorzug gegeben werden. Frisch bedeutet dabei stets: keineswegs die bei leichtverderblichen Rohstoffen (Fleisch, Fisch, Obst u.a.) und Fertigprodukten (Fleischwaren, Hackfleisch, Hackepeter) angegebenen Lagerbedingungen (hinsichtlich Temperatur und Zeit) vernachlässigen! Vor jeder Weiterverarbeitung erst sensorisch prüfen!

3. Lagerung verzehrfertiger Produkte

Ständig die hygienische Lagerung von Speiseresten, sonstigen Lebensmitteln und der zum alsbaldigen Verbrauch bestimmten Dreiviertel- oder Halbkonserven (s. S. 20) überwachen. Übersichtlich lagern! Öfters umschichten! Zum Verbrauch anstehende Produkte kennzeichnen und in Augennähe rücken!

4. Brotkasten oder Brottopf

Auf trockene Lagerung achten, Feuchte begünstigt ein Verschimmeln. Wöchentlich einmal auswaschen und lüften.

5. Reinigung des Kühlschranks

Wöchentlich einmal mit einem der üblichen Haushaltsreiniger auswischen, mit heißem Wasser nachspülen und danach gut trockenreiben (mit frischem Wischtuch!). Schimmelpilze sollten in einem Kühlschrank nicht auszumachen sein, doch sind sie gelegentlich im Bereich der Gummidichtung an der Tür zu finden (das gilt auch für Tiefkühltruhen). In einem solchen Fall gut abwaschen (abbürsten) und bei hartnäckigen Fällen ein Desinfektionsmittel auf der Basis quaternärer Ammoniumverbindungen (QAV) in der erforderlichen Konzentration auftragen. Das Desinfektionsmittel ist in der Apotheke erhältlich.

Plastikdosen zur Aufnahme von Butter, Käse, Schinken, Wurst usw. sollten ebenfalls mindestens wöchentlich gespült werden. Käse mit Edelschimmelbelag stets in Folie verpacken. Alle in Folien verpackten Waren hinsichtlich Schwitzwasserbildung überprüfen, sie fördert einen mikrobiellen Verderb!

Im Gemüsefach keine feuchten Salatköpfe, Feldsalat (Rapunzel) und angefaultes Obst (Erdbeeren, Kirschen usw.) lagern. Bei Freilandanzucht, besonders bei Feldsalat, besteht die Gefahr der Einschleppung von Krankheitserregern. In kritischen Fällen mit einem alkoholischen Desinfektionsmittel (Ethanol) und einem Einwegtuch auswischen und nach etwa 10 min nachspülen. Dabei entstehen keine schädigenden Rückstände.

6. Tiefkühltruhe oder Tiefkühlschrank
Hier sollte die Gummidichtung des Deckels oder der Tür häufiger kontrolliert werden, da sich kälteliebende (kryophile) Schimmelpilze bevorzugt in diesem Bereich ansiedeln. Einige dieser Pilze vermögen bei Kühlschranktemperaturen (+5 °C) zu wachsen, andere schaffen es sogar bis −12 °C (s. S. 33). Ein Abtauen und Reinigen muß stets eingeplant werden. Vorräte müssen bis dahin aufgebraucht sein, wenn kein anderes Gerät zur Verfügung steht. Es ist immer daran zu denken, daß beim Anstieg der Temperatur in der Tiefkühlkost – sie darf in der Randzone vorübergehend höchstens um 3 °C zunehmen – die Gefahr eines Verderbs droht (s. S. 91).

7. Speiseschrank
Er sollte nach Möglichkeit über Frischluftzufuhr verfügen und frei von Schimmelpilzen sein. Von Zeit zu Zeit ist eine Reinigung angebracht. Falls eine Desinfektion der Wände oder Regale erforderlich wird, dann in ersterem Fall ein Desinfektionsmittel auf QAV-Basis einsetzen, das auf die Wand, den Putz, aufzieht und so (bei geringer Luftfeuchte) einen Schutz über mehrere Monate gewährt. Holz- und Metallregale können ebenfalls mit QAV oder, wenn auf rückstandslose Desinfektion Wert gelegt wird, mit einem Mittel auf der Basis von Ethanol behandelt werden.

8. Raumbeschaffenheit
Beim Arbeiten in der Küche, besonders während des Kochens und Bratens, kommt es zum Ausstoß von Wasserdampf und Fettdünsten, die sich, je nach den Strömungsverhältnissen, meist an bestimmten Stellen niederschlagen und dann dort die Entwicklung von Schimmelpilzen begünstigen. Solche Stellen sollten mit Hilfe eines kleinen Pinsels wiederholt mit einem Desinfektionsmittel auf QAV-Basis abgetupft werden. Nach einigen Tagen lassen sie sich dann wieder neu streichen oder mit einer Tapete überkleben. Dabei sollte jedoch nicht vergessen werden, daß damit die Ursache – die Ansammlung von Feuchtigkeit an bestimmten Stellen – keineswegs beseitigt ist. Nur durch häufiges Lüften und Austrocknen der Feuchtstellen läßt sich ein erneuter Schimmelbelag vermeiden. Ein mikrobizid wirkender Wandanstrich sollte in einer Küche normalerweise vermieden werden!

9. Arbeitsflächen (Tische, Schneidbretter)
Nach dem Hantieren mit stark kontaminierten Lebensmittelrohstoffen, z.B. Hähnchen, Wild usw., sollten die benutzten Flächen mit einem Einwegtuch unter Zufhilfenahme eines alkoholischen Desinfektionsmittels abgewischt und danach mit heißem Wasser nachgespült werden.

10. Abwischlappen, Spüllappen, Topfbürsten
Durch die in der Regel anhaftenden Speiserückstände, den über mehrere Stunden feuchten Zustand und die günstige Temperatur vermehren sich die stets vorhandenen Keime sehr rasch ins Unermeßliche. Ein öfteres Auskochen ist hier angebracht.

11. Küchenhandtuch
Bei der Zubereitung von Speisen ist ein häufiges Händewaschen unumgänglich, aber auch das anschließende „Abtrocknen“. Das dafür benutzte Handtuch sollte stets nur

individuell benutzt werden, es ist kein Familienhandtuch! Nach dem Arbeiten mit stark kontaminierten Rohstoffen sollten Einweghandtücher benutzt werden.

12. Desinfektionswirkung der Küchenspülmaschine
Zunächst wird – ähnlich wie beim Händewaschen (s. S. 266) – beim Vor- und Hauptspülgang mit den Speiseresten auch der größte Teil der am Geschirr haftenden Keime weggespült. Vegetative Formen werden bei Temperaturen von über 65 °C (was von den meisten Spülmaschinen gehalten wird) während des Spülprozesses und dem anschließenden „Dämpfen" abgetötet. Restkeime, besonders gramnegative Bakterien, trocknen an glatten Oberflächen rasch aus und sterben ab. Sporenbildner bleiben dagegen unbeeinflußt. Doch sollte daran erinnert werden, daß es auch im Geschirrschrank durch Sedimentation von keimbeladenem Staub ständig zu einer Rekontamination kommt. Die dabei entstehende Keimbelastung stellt normalerweise keine Gefahr für den Menschen dar. Das Auswischen der Teller mit einem trockenen Tellertuch dient eigentlich mehr der Beseitigung grober Partikel, die Keimzahl wird dadurch nicht nennenswert beeinflußt.

13. Keimeinschleppung durch Insekten
Die richtige Lagerung von frischen Lebensmittelrohstoffen und zubereiteten Speisen (auch Resten von Mahlzeiten), die zum alsbaldigen Verzehr gedacht sind, setzt voraus, daß ein Kontakt mit Insekten (Stubenfliegen, Schmeißfliegen, Käsefliegen, Küchenschaben, Ameisen, Wespen u.a.) vermieden wird. Insekten pendeln in der Regel unkontrolliert zwischen Kot, sonstigen Schadstoffen und Lebensmitteln hin und her und übertragen auf diese Weise oft Krankheits- und Verderbniserreger.

9 Lebensmittelkontrolle

9.1 Amtliche Lebensmittelüberwachung: Schadstoffe

Die amtliche Lebensmittelüberwachung wird in der Bundesrepublik Deutschland von den einzelnen Bundesländern betrieben (81). Sie soll die ordnungsgemäße Durchführung des Lebensmittel- und Bedarfsgegenständegesetzes durch Probeentnahmen in den Herstellerbetrieben, Vertriebsorganisationen (Lebensmittelhandel und -handwerk) sowie Gaststätten und Kantinen überwachen. Durch intensive Kontrollen und Laboruntersuchungen soll sichergestellt werden, daß der Verbraucher vor gesundheitlichen Gefahren sowie vor Irreführungen und Täuschungen beim Genuß von Lebensmitteln geschützt wird. Besonderes Augenmerk gilt dabei den unerlaubten Substanzen, v.a. den Schadstoffen sowie den Verhältnissen der Produktions- und Vertriebshygiene. Daneben werden aber auch bei begrenzt geduldeten Stoffen die zulässigen Höchstmengen überwacht.

Ein Überblick über den hierfür erforderlichen Aufwand läßt sich anhand der 1986 im Bundesland Hessen erhaltenen Kontrolldaten gewinnen (Tabelle 135, Anhang D).

Als Schadstoffe werden alle im Boden, im Wasser, in der Luft sowie in Lebensmitteln tierischer und pflanzlicher Herkunft enthaltenen Stoffe angesehen, die bei Überschreitung einer bestimmten Konzentration (Toleranzschwelle für geduldete Rückstände) die Gesundheit des Verbrauchers gefährden können.

9.1.1 Einteilung der Schadstoffe

Nach ihrer Herkunft unterscheidet man:

1. Schadstoffe biologischen bzw. mikrobiologischen Ursprungs
Hierzu zählen die Toxine, die von Bakterien (Ekto- und Endotoxine), Viren und Pilzen (Mykotoxine), Algen, Protozoen, Parasiten, und höherentwickelten Pflanzen (Phytotoxine) und Tieren (Zootoxine) gebildet werden (Überblick bei 165, S. 617). In den letzten Jahren wurden besonders die Mykotoxine, so die Aflatoxine (s. S. 50f.) und Patulin (s. S. 230), aber auch die bakteriellen Toxine, z.B. die Botulinustoxine, das ebenfalls aus Clostridien stammende Perfringenstoxin und das Staphylococcus-aureus-Enterotoxin A, in das öffentliche Bewußtsein gerückt.

Neben den bei natürlichen Fermentationsprozessen anfallenden Stoffwechselprodukten, die auch zur Konservierung von Lebensmitteln genutzt werden (Alkohol, Milchsäure u.a.), entstehen bei mikrobiell ausgelösten Fäulnisprozessen weitere Schadstoffe, z.B. die biogenen Amine (s. S. 212f.), jedoch auch andere, bisher noch nicht aufgeklärte Verbindungen. Daher sollten verdorbene Lebensmittel in jedem Fall verworfen werden.

2. Schadstoffe aus der landwirtschaftlichen Produktion
Hierher gehören vor allem die natürlichen Düngemittel (Stallmist, Jauche, Gülle), die oft – durch Fütterung und tierische, nicht immer erkannte Krankenheiten bedingt – eine ganze Reihe von Schadstoffen enthalten (Hormone, Antibiotika, Chemotherapeutika usw.). Hinzu kommen Pflanzenschutzmittel, Unkraut- und Schädlingsbekämpfungsmittel. Aus allen Bereichen können über die Lebensmittel Restmengen an Schadstoffen eingeschleppt werden.

3. Schadstoffe aus der Umwelt
Obwohl es sich bei den vorgenannten Schadstoffen im eigentlichen Sinne ebenfalls um Umweltprodukte handelt, werden als Umweltschadstoffe jene Stoffe verstanden, die mit dem Regen aus der Luft ausgewaschen werden und auf diesem Wege in den Erdboden gelangen. Hierzu gehören Schwermetalle, wie z.B. Blei (über verbleites Benzin, von den Straßen und deren Umgebung mit Regenwasser in den Boden eingespült), Cadmium, Stickoxide, Schwefeldioxid und andere Rauchgase und partikuläre Verunreinigungen, halogenierte Kohlenwasserstoffe (die daneben auch von verschiedenen Algen produziert und freigesetzt werden, 54), radioaktive Verunreinigungen, wie sie z.B. nach dem Reaktorunfall in Tschernobyl im Mai 1986 anfielen, u.a. In letzterem Fall hat sich in den bei uns betroffenen Gebieten die dadurch hervorgerufene Strahlenbelastung (bei Gemüse und Obst; auch die Aufnahme von radioaktiv verseuchtem Futter durch die Tiere ist dabei zu berücksichtigen) erst im Laufe eines Jahres wieder normalisiert, d.h. die Grenzwerte für den höchstzulässigen Gehalt an radioaktiven Nukliden werden wieder unterschritten.

4. Schadstoffe aus dem Verarbeitungsprozeß
Der Einsatz von Zusatzstoffen bei der Lebensmittelherstellung und -verarbeitung ist zwar gesetzlich geregelt, dennoch muß hier, etwa bei den Konservierungsstoffen, streng auf die Einhaltung der erlaubten Zusatzkonzentrationen geachtet werden.

9.1.2 Rückstände

Unter Rückständen werden bei Lebensmitteln im allgemeinen die zu den Schadstoffen gehörenden, nachweisbaren Reste v.a. von Schädlings-, Pflanzenschutz- und Unkrautbekämpfungsmitteln sowie Tierarzneimitteln verstanden. Dabei ist zu bedenken, daß die Nachweisbarkeit von der analytischen Erfassungsgrenze beeinflußt wird.

9.1.3 Höchstmenge

Es gibt derzeit vielfältige Bestrebungen, für die einzelnen Schadstoffe definitive Höchstmengen festzulegen. Sie müssen so niedrig eingestuft werden, daß zwischen ihnen und der tatsächlichen oder vermuteten Schädlichkeitsschwelle ein genügend großer Sicherheitsabstand besteht (5).

Bei der Festlegung dieses Wertes geht man zunächst von den Ergebnissen eines chronischen Tierfütterungesversuchs aus (Dauer in der Regel 2 Jahre), bei dem diejenige Dosis in mg Prüfsubstanz pro kg Futter ermittelt wird, bei der die Tiere keinerlei gesundheitliche (toxische) Schäden aufweisen (= unschädliche Höchstdosis).

Daraus läßt sich dann die höchste von der entsprechenden Tierart ohne schädliche Wirkung aufnehmbare Tagesdosis in mg Prüfsubstanz pro kg/Tier/Tag errechnen.

Bei den weiteren Überlegungen gingen die Experten der FAO und WHO von der Annahme aus, daß der Mensch im allgemeinen empfindlicher reagiert als die Versuchstiere. Sie führten deshalb einen Sicherheitsfaktor von 100 ein, so daß sich der *a*cceptable *d*aily *i*ntake (=ADI)-Wert wie folgt berechnet:

$$\text{ADI-Wert} = \frac{\text{maximale, ohne Schäden tolerierte Tagesdosis in mg/kg/Tag}}{100}$$

Der Wert bezieht sich dabei auf die Anzahl von mg Prüfsubstanz, die mit der Tagesfuttermenge (in kg) pro Tier und Tag aufgenommen werden können.

> Der ADI-Wert läßt sich daher als die höchste annehmbare Tagesdosis auslegen, die ein Mensch ein Leben lang ohne Gesundheitsgefährdung aufnehmen kann.

Aus dem Durchschnittsgewicht eines mittelschweren Menschen von 70 kg und der von diesem aufgenommenen Lebensmittelmenge wird schließlich die *duldbare Rückstandsmenge* in mg Schadstoff/kg verzehrte Lebensmittel/Tag (=permissible level ADI 70), der sogenannte *Tagesverzehr*, errechnet. Von diesem Wert läßt sich dann wiederum die gesetzliche Höchstmenge ableiten, die oft noch geringer ist als die errechnete duldbare Rückstandsmenge.

9.1.4 Richtwerte

Für jene Stoffe, bei denen bisher noch keine Höchstmengengrenzen festgelegt wurden, hat das BGA unter Verwendung aller verfügbaren Erkenntnisse über die jeweilige Substanz und in Abstimmung mit anderen wissenschaftlichen Instituten *obere Richtwerte* und *Verzehrempfehlungen* herausgegeben, die eine starke Belastung des Verbrauchers mit einem bestimmten Schadstoff verhindern sollen. So wird beispielsweise empfohlen, den Verzehr von Wiesenchampignons wegen des hohen Cadmiumgehaltes auf nicht mehr als 200 g/Woche zu begrenzen (81).

Bei den Richtwerten wird zugleich berücksichtigt, welchen Stellenwert das belastete Lebensmittel in unserer Ernährung hat. Deshalb wird er für ein häufig und in größeren Mengen verzehrtes Grundnahrungsmittel niedriger eingestuft als für ein nur selten und in geringen Mengen aufgenommenes Gewürz (81).

9.2 Selbstkontrolle des Verbrauchers

9.2.1 Kriterien beim Lebensmitteleinkauf

Zwar unterstützt die amtliche Lebensmittelüberwachung den Verbraucher mit allen ihr zur Verfügung stehenden Mitteln, doch gerade beim Kauf von Lebensmitteln ist dieser ganz auf sich selbst gestellt und muß stets kritisch aus dem Dargebotenen auswählen.

Visuelle Auswahl
„Augen auf beim Kauf“ mahnt der Verbraucherdienst AID (5)! Und in der Tat bleibt bei den in modernen Hygieneverpackungen unter Klarsichtfolie dargebotenen Waren (Lebensmittelrohstoffe und Fertigprodukte) für die vielgepriesene organoleptische (sensorische) Prüfung nur noch das Auge, da Geruch und Geschmack ausmanövriert sind. Doch kann es sicherlich vieles erfassen, etwa den Frischegrad bei Salaten (Verfärbung der Abschnittstelle, Welkezustand u.a.), bei Obst und Gemüse, bei Fleisch (Farbe, Beschaffenheit der Oberfläche, s. S. 194f.) und Fleischwaren. Beim Kauf von Fleisch und Molkereiprodukten mit kurzen Lagerzeiten sollte stets auf das Haltbarkeitsdatum geachtet werden.

Gutes Aussehen
Ein gutes Aussehen birgt aber leider auch stets die Gefahr in sich, daß es durch Einsatz von Schädlingsbekämpfungsmitteln und Konservierungsmitteln erkauft ist. Solange dabei der Geschmack stimmt, wird kaum dagegen rebelliert werden, zumal der Verbraucher die Konzentration an Schadstoffrückständen nicht kennt.

Doch auch bei den „Bioprodukten“ ist Vorsicht geboten. Nicht alle Produkte, die diese Bezeichnung tragen, stammen tatsächlich aus biologischem Anbau. Und keineswegs alles, was nicht so gut aussieht, ist „biologisch“. Auf der anderen Seite birgt die „biologische Düngung“ mit Stallmist durchaus die Gefahr in sich, daß dabei Parasiten und andere Krankheitserreger verschleppt werden. Gerade das Auftreten von Listeriose-Bakterien bei Blattsalaten und Käse ist dafür ein Beispiel aus jüngster Zeit (55, 142). „Biologisch“ ist daher nicht unbedingt gleichbedeutend mit gesünder und zuverlässiger, auch wenn es oft teurer verkauft wird!

Konserven
Wenn man beim Einkauf von Konserven auch oft den Inhalt nicht visuell begutachten kann, so ist doch auch dabei das Auge gefordert. Hier geht es vor allem um die einwandfreie Beschaffenheit des Verpackungsmaterials: Es sollte auf Verpackungsschäden und Bombage geachtet werden. In beiden Fällen ist mit einem Verderb der Ware zu rechnen! Solche Produkte sollten sofort beanstandet, keinesfalls jedoch gekauft werden.

Festverpackte Lebensmittel
Bei gut verpacktem Dauerbrot und Käsesorten kann ein bereits eingetretener Verderb oft erst nach dem Auspacken festgestellt werden. Schnittbrot sollte unmittelbar nach dem Öffnen der Packung und einer visuellen Kontrolle verzehrt werden. Liegt es mehrere Tage, so können bei Luftzufuhr und ausreichender Feuchte einige wenige vorhandene Schimmelsporen ein Verschimmeln verursachen, denn nicht immer ist Dauerbrot konserviert, meistens ist es lediglich vakuumverpackt. Verschimmeltes Brot sollte stets verworfen werden!

Bei gut verpacktem Käse kann es vorkommen, daß er bereits überreif und die Käsedecke schon angegriffen ist. Der „Edelschimmel“ bekommt dabei eine unappetitliche Farbe, und ein scharfer, ammoniakalischer Geruch deutet die Zersetzung an.

Solche Fälle sollten reklamiert werden, ganz vermeiden lassen sie sich nur durch den Kauf offener Ware.

Tiefkühlkost
Tiefkühlkost (Rohstoffe und Fertiggerichte) bietet mancherlei Vorteile. Diese werden jedoch von dem adäquaten Umgang mit diesen Lebensmitteln, vor allem dem Transport von der Abgabestelle bis zur heimischen Kühltruhe entscheidend beeinflußt. Nur mit einem geeigneten Tiefkühltransportbehälter sollte ein solcher Kauf getätigt werden, bei dem beabsichtigt ist, das Gut erneut in die Tiefkühltruhe einzulegen. Dabei darf die Temperatur in der „Randzone" des tiefgefrorenen Produktes keinesfalls um mehr als 3 °C ansteigen (s. S. 91).

9.2.2 Selbstkontrolle im häuslichen Bereich

Eine gute Lebensmittelqualität läßt sich nur halten, wenn auch im häuslichen Bereich, bei der Vorratshaltung und der Verarbeitung (Zubereitung) der entsprechende Beitrag dazu geleistet wird.

So müssen vor allem die
Lagerbedingungen, d.h. die erforderliche Lagertemperatur und die Lagerungszeit, berücksichtigt werden.
– Letztere ergibt sich aus der
Verbrauchszeit, die bei Produkten mit begrenzter Lagerzeit stets auf der Verpackung aufgedruckt ist.
– Zu berücksichtigen ist aber in vielen Fällen auch die
Aufbrauchszeit, für die in der Regel keine Angaben gemacht werden. Sie gilt für geöffnete Konservendosen, so besonders Fisch- und Fleischkonserven, aber auch für angebrochene H-Milch u.a. Grundsätzlich sind angebrochene Konserven zum alsbaldigen Verbrauch bestimmt, da hier stets die Gefahr einer Rekontamination und eines Verderbs besteht. Was aber versteht man nun unter alsbaldig? In der Tat hängt das von dem jeweiligen Produkt ab. Doch geht man nicht fehl, wenn man die Aufbrauchzeiten für Frischwaren mit 1 bis 2 Tagen ansetzt.

Lagerbedingungen im Kühlschrank
Eine Kühlschranklagerung kann bei den bedingt lagerfähigen Lebensmitteln einen Verderb nur hinauszögern, keineswegs aber verhindern. Deshalb müssen die angegebenen Lagerzeiten stets eingehalten werden! Die Lager- und Aufbrauchzeiten für eine Reihe wichtiger Lebensmittel sind in Abb. 50 dargestellt.

Behandlung und Lagerung von Speiseresten
Bei der Aufbewahrung von Speiseresten ist folgendes zu beachten:
1. Speisereste aus Tiefkühlmahlzeiten (nach vorausgegangenem Auftauen und Erhitzen) sollten grundsätzlich verworfen werden.
2. Reste von Mahlzeiten, die aus frischen Ausgangsstoffen selbst zubereitet wurden, sollten möglichst rasch abgekühlt und dann kühl gelagert werden. Bei langsamem Abkühlen kann es, vor allem bei Anwesenheit nicht ausreichend gegarter Bestandteile,

	Produkt	maximale Lagerzeit in … Tagen 1	2	3	4	5	bis:
Fleischwaren	Hackfleisch	▌					
	Rohe Brühwürste	■					
	angeräucherte Koch- und Brühwurst	■	■				
	geräucherte Brühwurst	■	■	■	■		
Fleisch	Frischfleisch	■	■				
	zubereitetes Fleisch	■	■	■			
	geöffnete Fleischkonserve	■					
	Fleischsalat	■					
Fisch	frischer Fisch	■	■				
	geöffnete Fischkonserve	■					
Milchprodukte	Frischmilch	■					
	pasteurisierte Milch	■	■				
	angebrochene H-Milch	■					
	Weichkäse	■	■	■	■	■	
Obst	frisches Beerenobst	■	■				
	geöffnete Obstkonserve	■					
Gemüse	Kartoffelsalat	■					
	gekochte Kartoffeln	■	■				
	grüner Salat, frisch	■	■				
	Frischgemüse	■	■	■			

Abb. 50. Lager- bzw. Aufbrauchzeiten unter Kühlschrankbedingungen (d.h. bei +5 °C).

zu einer Keimvermehrung und Toxinbildung kommen, die dann bei dem Verzehr nach dem Aufwärmen zu Unverträglichkeiten (Durchfallerkrankungen) führen können. Speisereste sollten in der Regel nicht länger als 1 Tag aufbewahrt werden! Besonders gefährdet sind solche Speisereste, bei denen mit der Anwesenheit von Clostridiensporen und Staphylococcus aureus gerechnet werden muß (s. S. 43f.).

Verarbeitung von Tiefkühlkost

Die Auftauzeit bis zur Zubereitung und/oder dem Verzehr sollte so kurz wie nur irgend möglich sein. Erfolgt das Auftauen über Nacht, so empfiehlt sich die Durchführung im Kühlschrank. Wird der Vorgang zu lange bei Raumtemperatur ausgedehnt, so kann eine erhebliche Vermehrung der stets vorhandenen Keime die Folge sein. Aufgetaute Tiefkühlware, z.B. Obst, aber auch anschließend erhitzte Fertiggerichte, sollten stets am gleichen Tag verzehrt werden.

Anhang

A Keimzahlen in verschiedenen Produkten

Tabelle 129. Mikrobiologische Toleranzwerte für einige Lebensmittelprodukte und Produktgruppen (nach der Eidg. V. von 1987, 46). (LM: Lebensmittel)

		aerobe, mesophile Keime (KBE/g)	Escherichia coli (KBE/g)	Enterobacteriaceae (KBE/g)	Staphylococcus aureus (KBE/g)	Hefen und Schimmelpilze (KBE/g)
Produktgruppe	unverpackte, vorgekochte Speisen, die vor dem Genuß nochmals erhitzt werden	10^7	100		100	1 000
	in verschlossenen Packungen pasteurisierte LM o. past. u. asept. abgefüllte LM	100 000		10	10	100[1)]
	sterilisierte Produkte und Konserven	handelsüblich steril (Definition s. Seite 19f.)				
Produkt	Diätprodukte und Kindernährmittel – genußfertig – nicht genußfertig	 10 000 50 000		 10 100	 10 100	
	Patisseriewaren	10^6	100		100	1 000[1)]
	Suppen – nicht genußfertig – genußfertig	 100 000	 100 10		 1 000 100	
	Belegte Brote	10^6	100		100	

1) bezieht sich auf Schimmelpilze.

Tabelle 130. Grenzwerte für einige Erreger von Infektionskrankheiten und Toxinbildnern in nichtgenußfertigen und genußfertigen Lebensmitteln. (Nach der Eidg. V. von 1987, 46)

Krankheitserreger bzw. Toxinbildner	Grenzwert in KBE/g bzw. n.n./... g für		
	nichtgenußfertige Lebensmittel	genußfertige Lebensmittel	Lebensmittel allgemein
Bacillus cereus	10^5	10^4	
Brucella abortus und B. melitensis		n.n./10 g[1]	
Campylobacter jejuni		n.n./10 g	
Clostridium botulinum			sterile LM mit pH >4,5 n.n./g
Clostridium perfringens	10^5	10^4	
Escherichia coli		10^4	
Pseudomonas aeruginosa		10^4	
Salmonella spp.			n.n./20 g[2]
Shigella spp.			n.n./20 g
Staphylococcus aureus	10^5	10^4	
Vibrio cholerae			n.n./10 g[3]
Verderbniserreger			wie oben
aerobe, mesophile Keime			exkl. ferment. LM 10^8
aerobe, mesophile Fremdkeime			LM fermentiert 10^8
Hefen			10^7 [4]
Schimmelpilze			10^4

[1] Insbesondere bei Produkten, die aus Rohmilch hergestellt wurden.

[2] Bei positivem Nachweis von Enteritissalmonellen kann von der Anwendung des Grenzwertes abgesehen werden, wenn das Produkt aufgrund seiner Verwendung und Zubereitungsart (backen, kochen usw.) und seiner Verpackung und Abgrenzung gegen andere Lebensmittel nicht zu einer Gesundheitsgefährdung Anlaß gibt.

[3] s. [2], nur handelt es sich hier um die Keimspezies Yersinia enterocolitica.

[4] Ohne fermentierte Lebensmittel.

Tabelle 131. Grenzwerte für einige Erreger von Infektionskrankheiten und Toxinbildnern in Kindernährmitteln.

Krankheitserreger bzw. Toxinbildner	Grenzwert in KBE/g bzw. n.n./... g für		
	nichtgenußfertige Kindernährmittel	genußfertige Kindernährmittel	Kindernährmittel allgemein
Bacillus cereus			10^3
Clostridium botulinum			n.n./g[1]
Clostridium perfringens			10^3/g
Escherichia coli		10	
Pseudomonas aeruginosa		10	
Salmonella spp.			n.n./50 g
Staphylococcus aureus	10^3	10^2	
Verderbniserreger			
aerobe, mesophile Keime	10^6	10^5	
aerobe, mesophile Fremdkeime	fermentiert oder mit fermentierten Zusätzen 10^6	fermentiert oder mit fermentierten Zusätzen 10^5	
anaerobe, mesophile Keime	10^6	10^5	
Hefen			10^5
Schimmelpilze			10^4

[1] Berechnet auf das trink- oder eßfertige Produkt für die Altersstufe bis 12 Monate.

Tabelle 132. Grenzwerte für Bakterien- und Mykotoxine in Lebensmitteln und Säuglingsnahrung (46).

Toxin	Produktgruppe und Grenzwert in µg bzw. ng/kg	
	für Säuglingsnahrung	für Lebensmittel
Staphylokokkenenterotoxine		n.n. (mit ELISA-Test)
Aflatoxin B_1		1 µg/kg[2] 2 µg/kg[3]
Aflatoxine $B_2+G_1+G_2$		5 µg/kg
Aflatoxine $B_1+B_2+G_1+G_2$	10 ng/kg[1]	
Aflatoxin M_1	20 ng/kg[1]	50 ng/kg (Milch- und Milchprodukte) 250 ng/kg (Käse)
Patulin		50 µg/kg (Fruchtsäfte)

[1] Berechnet auf das trink- und eßfertige Produkt.
[2] Alle Lebensmittel außer den bei [3] genannten.
[3] Mais, Cerealien, gekörnt oder gemahlen.

B Umsatz der deutschen Ernährungsindustrie 1987

Tabelle 133. Umsatz der deutschen Ernährungsindutrie 1987. (Nach 69)

Industriezweig	Umsatz (Milliarden DM)	Anteil am Gesamtumsatz (%)
1. Molkereien und Käsereien	21,3	14,1
2. Fleischverarbeitende Industrie	14,4	9,5
3. Brauereien	14,0	9,3
4. Süßwarenindustrie	13,9	9,2
5. Kaffee- u. teeverarbeitende Industrie	9,6	6,3
6. Futtermittelindustrie	8,6	5,7
7. Erfrischungsgetränke- u. Mineralbrunnenindustrie	6,6	4,4
8. Obst- u. Gemüse-verarbeitende Industrie	6,5	4,3
9. Backwaren	6,3	4,2
10. Dauermilch-, Milchpräparate, Schmelzkäse	6,1	4,1
11. Nährmittelindustrie	5,2	3,5
12. Zuckerindustrie	4,8	3,2
13. Spirituosenindustrie	4,8	3,2
14. Ölmühlenindustrie	3,4	2,3
15. Mahl- und Schälmühlenindustrie	2,8	1,9
16. Margarineindustrie	2,0	1,3
17. Sonstige Industriezweige	20,5	13,6
Ernährungsindustrie insgesamt	150,9	100,0%

C Verbrauchs- und Produktionszahlen für einige Lebensmittel in der Bundesrepublik Deutschland

Tabelle 134. Pro-Kopf-Verbrauch für einige Lebensmittel in der Bundesrepublik Deutschland sowie einige Gesamtverbrauchs- und Produktionszahlen für das Jahr 1987. (Zusammengestellt nach 70).

Nahrungsmittel	Jahr	Verbrauch pro Kopf und Jahr	Gesamtverbrauch (Gesamtumsatz)	Produktion
Joghurt	1988	ca. 10 kg		
Käse (BRD)	1988	ca. 17 kg	ca. 1 Mio. t	1/3 ausgeführt,
Frankreich		*ca. 22 kg*		1/3 eingeführt
Fleischwarenindustrie				
(Handel + Handwerk)[1]	1987		53 Mia. DM	
– davon Fleisch			31 Mia. DM	
– Wurstwaren		ca. 40 kg	22 Mia. DM	
Italien		*ca. 16 kg*	(das sind 28% der Gesamtausgaben eines Bundesbürgers für Lebensmittel!)	
Frankreich		*ca. 14 kg*		
Truthahnfleisch	1987	ca. 2 kg	120 000 t, davon	
Frankreich		*ca. 4,5 kg*	75 000 t aus Eigenerzeugung (BRD)	
Konfitüren, Marmeladen	1987		66 000 t (351 Mio. DM)	jedes 2. Glas wird selbst eingekocht!
Kaffee	1987	180 l	86,2 Mia. Tassen/Jahr ≙ 288 000 t/Jahr	
Wein (Tischwein)	1987	26 l		
Sekt, Schaumwein		4,5 l		
Champagner (Einfuhr)			> 10 Mio. Flaschen	

[1] Während der Umsatz der Ernährungsindustrie auch in dieser Aufstellung für das Jahr 1987 nur geringfügig differiert (150,7 Milliarden DM), ergeben sich bei der fleischverarbeitenden Industrie ganz erhebliche Unterschiede (Einbeziehung von Handel und Handwerk).

Tabelle 134. Fortsetzung.

Nahrungsmittel	Jahr	Verbrauch pro Kopf und Jahr	Gesamtverbrauch (Gesamtumsatz)	Produktion
Erfrischungsgetränke, davon	1987	179 l		
– Cola		12,0%		
– Cola-Mix		1,6%		
– Limonaden		25,9%		
– Mineralwasser		60,0%		
– Bitter		0,5%		
Fruchtsäfte	1990	ca. 40 l (geschätzt)		
Brot	1975 1990	68,8 kg 80,0 kg (geschätzt)		
Zucker *Schweden*	1987	34,8 kg *48,0 kg*	27% d. Haushalte 70% d. Lebensmittel-Industrie	2 Mio. t
Tiefkühlkost (ohne Rohfleisch, Wild und Geflügel *Dänemark*	1987	14,4 kg *22,5 kg*		
Wasseraufkommen	seit 1957		0,5 Mia. m^3 pro Jahr	davon 70% aus Grundwasser, 30% aus Oberflächenwasser

D Durchführung einer amtlichen Lebensmittelüberwachung

Tabelle 135. Die 1986 im Bundesland Hessen vorgenommenen Überwachungskontrollen. (Nach 81)

Bereich	Bezug	Anzahl
Lebensmittelbetriebe	zur Überwachung	66 000
Amtliche Überwachung	durch Veterinärämter	26
	Mitarbeiter	1 400
	davon Lebensmittelkontrolleure	138
Kontrolleistung 1986	Kontrollen insgesamt	158 795
	untersuchte Warenproben	55 482
	– davon tierischer Herkunft	22 994 (=41,4%)
	– davon beanstandet	8 539 (=15,4%)
Geahndete Verstöße	Verwarnungsgelder in	4 164 Fällen
	Bußgelder in	986 Fällen
	Strafanzeige in	82 Fällen
Häufigste Verstöße	Täuschungen	
	unbefriedigende Kennzeichnung	

E Lebensmittelallergien

Nach jüngsten Schätzungen leidet heute jeder 2. bis 3. Bürger der Bundesrepublik Deutschland an allergischen Reaktionen. Eine Reihe von Lebensmitteln, deren einzelne Bestandteile, Abbauprodukte nach mikrobiellem Verderb sowie bestimmte Lebensmittelzusatzstoffe verursachen bei bestimmten Menschen unter gegebenen Voraussetzungen solche Überempfindlichkeitsreaktionen, die als Allergien bezeichnet werden. Diese stellen sich durch den Kontakt mit immunogenen (antigenen) Substanzen (= Allergenen) ein, wobei die Reaktion (= Allergie) nach dem Sofort- bzw. dem verzögerten Typ ausgelöst wird.

Je nach den Kontakt- bzw. Resorptionsmöglichkeiten unterscheidet man die folgenden, in Tabelle 136 zusammengestellten drei Hauptreaktionstypen:

Tabelle 136. Die wichtigsten, beim Menschen allergieauslösenden Reaktionstypen.

Reaktionstyp	%-Anteil	auslösende Faktoren	%-Anteil	Angriffspunkt
1. Inhalations-Allergie (Allergene mit der Luft zugeführt)	53%	Schimmelpilzsporen	30%	Respirationstrakt
		Pollenstaub	11%	
		Hausstaub mit Milben, Baumwolle, Getreidestaub, Mehl	8%	
		Tierhaare	3%	
		Federn (Daunen)	1%	
2. Nahrungsmittel- bzw. Ingestions-Allergie (Allergene oral zugeführt)	21%	Milch- u. Milchprodukte	5%	Verdauungstrakt
		Eiereiweiß	4%	
		Fisch- u. Schalentiere	4%	
		Obst (Erdbeeren, Äpfel, Birnen, Bananen), Gemüse	4%	
		Gewürze (Anis, Kümmel, Paprika, Pfeffer, Senf)	1%	
		Honig, Zucker	1%	
		Alkohol, Hefe	1%	
		Konservierungsstoffe	1%	
3. Haut-Allergien	18%	Apfelsinen- u. Zitronenschalen, Primeln, Pellargonien	1%	Berühren der Haut bzw. der Haut-Schleimhautregion
		chemische Stoffe		
		Medikamente	5%	
		Reinigungsmittel, Haarfärbemittel, Desinfektionsmittel, Kosmetika (Konservierung)	4%	
		Insektenstiche	1%	
		Metalle (Chrom, Nickel, Quecksilber)	2%	
		Textilien	2%	
		Kunststoffe	2%	
		Sonnenbestrahlung	1%	
4. Sonstige Reaktionstypen	8%	Injektions-Allergie		
		Invasions- und Depot-Allergie		
		Bakterielle-Allergie		

Wie die Tabelle 136 zeigt, liegen die sogenannten Luftstauballergien mit einem prozentualen Anteil von etwa 53% an der Spitze, wobei insbesondere der starke Anstieg des Schimmelpilzanteils in den letzten Jahrzehnten zu denken gibt. Nur ein sehr geringer Anteil davon dürfte über „angeschimmelte Lebensmittel" (Obst, Edelschimmel bei einigen Käse- und Dauerwurstsorten, Schinken usw.) eingeschleppt sein. Als Hauptsporenquelle sind sicherlich feuchte, verschimmelte Wände (Tapeten, Tapetenkleister, Dispersionsfarben), Teppichfußböden, Polstermöbel u. sonstige Möbel anzusehen.

Die Pollenallergien sind in dem letzten Jahrzehnt nur geringfügig, von 10 auf 11% angestiegen.

Der Anteil der Lebensmittel am Gesamtallergieaufkommen wird auf etwa 21% geschätzt, wobei auf die stark eiweißhaltigen Produkte mehr als 50% entfallen. Auffällig ist der im Vergleich zu Arzneimitteln und Kosmetika geringe Einfluß von Konservierungsstoffen, was jedoch darauf zurückzuführen ist, daß hier kaum mehr als sechs solcher Substanzen eingesetzt werden, wobei diese jedoch auch in anderen Bereichen (A, K und T) Verwendung finden (Tabelle 137).

Tabelle 137. Einsatzbereiche der Lebensmittelkonservierungsstoffe und deren Einstufung hinsichtlich einer Allergiegefährdung sowie der Toxizität nach oraler Zufuhr bei Nagern gemäß der für kosmetische Zusatzstoffe zusammengestellten „BLAUEN LISTE" (Herausgeber H. P. Fiedler et al., Editio Cantor, Aulendorf 1989). Einsatzbereich: + wird eingesetzt; (+): gelegentlich in einigen Ländern noch eingesetzt; –: nicht mehr eingesetzt.

Konservierungsstoff	Einsatzbereich				Einstufung nach Blauer Liste		weitere Hinweise auf Seite
	A	K	L	T	Allergie	Toxizität	
Ameisensäure		+	+		A0	T3	
Propionsäure		+	+		A0	T3	
Sorbinsäure	+	+	+	+	A2	T2	
Benzoesäure	+	+	+	+	A2	T3	126
anorganische Sulfite	+	+	+	+	A3[1]	T3	
PHB-Ester	+	+	+	+	A3	T3	133
o-Phenylphenol	+	+	(+)	+	A1	T3	
Hexamethylentetramin	(+)	+	(+)	+	A2	T3	
Borsäure	(+)	–	(+)	+	A0	T3 RT	
Salicylsäure	+	+	(+)	+	A2	T3 RT	

A = Arzneimittel, K = Kosmetika, L = Lebensmittel, T = Technische Produkte (Reiniger, Dispersionen u.a.).

Allergische Reaktionen bei: A0 nicht bekannt, A1 vereinzelt beschrieben, A2 selten beobachtet, A3 kommen vor.

Toxizität (oral bei Nagern): T1 relativ harmlos, T2 kaum giftig, T3 wenig giftig, T4 mäßig giftig, T5 hochgiftig, T6 extrem giftig.

RT = systemische Toxizität durch kutane Resorption bei großflächiger Anwendung, insbesondere bei Kindern, möglich.

[1] pseudoallergische, anaphylaktische Reaktionen nach inhalativer und oraler Aufnahme.

Die in den letzten Jahren wegen ihrer hohen Sensibilisierungsrate aus kosmetischen Produkten herausgenommenen Konservierungsstoffe, wie z.B. Bronopol, Formaldehyd, Kathon CG u.a. fanden bisher im Lebensmittelsektor keine Verwendung.

F Der Limulustest zur Qualitätsbeurteilung bei Lebensmitteln

Auf S. 185f. wurde im Rahmen der Schnelltests zur indirekten Keimzahlbestimmung in Rohmilch bereits auf den Einsatz des Limulustests (=LAL-Tests) für diesen Zweck hingewiesen. Dabei wurde betont, daß dieser Test lediglich auf die von gramnegativen Bakterien gebildeten, hitzestabilen Lipopolysaccharide (LPS) anspricht. Es werden jedoch bei einer solchen Prüfung nicht nur die von lebenden, sondern auch von abgetöteten Bakterien ausgeschiedenen Endotoxine (LPS) erfaßt.

Als *Nachteil* gilt, daß die grampositiven Bakterien sowie Hefen und Schimmelpilze bei dieser Methode unberücksichtigt bleiben. Vorteilhaft ist jedoch, daß die durch den Test erfaßten Keime, so besonders die Enterobakterien, als Fäkalverunreiniger und hauptsächliche Verderbniserreger anzusehen sind.

Die bisherigen Untersuchungen zeigen, daß bei zahlreichen Lebensmitteln eine enge Beziehung zwischen dem gefundenen LPS-Gehalt und der vorhandenen Anzahl gramnegativer Bakterien besteht.

In kühlgelagerter Anlieferungsmilch sind einem ng LPS etwa 5000 gramnegative Bakterien (Mischflora) zuzuordnen.

Da die LPS durch die gebräuchlichen Erhitzungsverfahren bei der Milchbehandlung nicht zerstört werden, eignet sich dieser Test auch zur Erfassung der Keimausgangslage (bioburden) in nachbehandelter Milch. In Viertelmelkproben eutergesunder Kühe sowie in frisch ermolkener Rohmilch sind normalerweise weder erfaßbare LPS-Konzentrationen (0,05–0,1 ng/ml) noch gramnegative Keime nachweisbar. Die in den Molkereien angelieferte Milch ist dagegen meistens kontaminiert, wobei bis zu 50000 ng LPS/ml auftreten können (s. Tabelle 139).

Solche Rekontaminationen lassen sich mit dem *Limulus-Differenztiter* (Tabelle 138, nach Terplan et al. 1981) erfassen. Dazu wird der erste Wert sofort nach der Wärmebehandlung und Abfüllung des flüssigen Produktes (=Ausgangstiter), der

Tabelle 138. Limulus-Differenztiter zur Beurteilung der Haltbarkeit.

Lebensmittel	Limulus Differenztiter bzw. ng LPS/ml oder g	Lager-temperatur	Lagerzeit
pasteur. Milch	Differenztiter = 1	10 °C	3–4 Tage
	gering oder fehlend	10 °C	bis zu 7 Tage
Weichkäse	≥800 ng LPS/g		bis zu 7 Tage
	≤100 ng LPS/g		12 Tage

Tabelle 139. Der Lipopolysaccharid (LPS)-Gehalt in verschiedenen Lebensmitteln, ermittelt mit dem Limulus (LAL)-Test. Zusammengestellt nach einer Arbeit von Zaadhof, K. J. und G. Terplan (Pharma Technologie J. CONCEPT HEIDELBERG 9: (1988/89), Hrsg. 40). Weitere Hinweise zu den in der Tabelle aufgeführten Autoren können dieser Arbeit entnommen werden. (n.a.: nicht angegeben)

Kategorie	Lebensmittel	untersuchte Proben (n)	LPS-Gehalt in ng/ml bzw. g	Autor(en)
Milch	frisch ermolkene Milch		0,05–0,1	
	Anlieferungsmilch	53	0,5–50 000	Terplan et al. (1975)
		560	0,1–10 000	Heeschen et al. (1984)
	Vorstapelmilch	121	0,1–10 000	Hansen u. Møller-Hadsen (1983)
	pasteurisierte Milch		1,0–50	Heeschen et al.
	pasteur. Konsummilch	415	1,8–560	Heeschen et al.
	ultrahocherhitzte Konsummilch	78	20–2 000	Südi (1982a)
Milchprodukte	Butter (-serum)	4	100–10 000	Møller-Hadsen et al. (1980)
	Butterungsrahm	18	10–500	Møller-Hadsen
	Buttermilch	177	3–562	Südi u. Heeschen (1985)
	Hart-, Schnitt- und Weichkäse	31	1–1 000	Møller-Hadsen et al. (1980)
	Frischkäse	51	10–3 200	Jaksch (1983)
	Joghurterzeugnisse	30	10–1 000	Jaksch (1983)
	Fruchtjoghurt	30	10–1 000	Jaksch (1983)
	Sauermilcherzeugnisse	n.a.	100–100 000	Jaksch et al. (1983)
	Milchpulver	50	320–10 000	Jaksch (1983)
	Säuglingsnahrung	50	32–1 000	Jaksch (1983)
		120	8–180 000	Lindner (1987)
Ei und Eiprodukte	Flüssigei (Güteklasse A)	n.a.	≤ 100	Jaksch u. Terplan (1985)
	Vollei	80	0,5[1]	Jaksch u. Terplan (1987)
	Eiklar	10	0,5[1]	Jaksch u. Terplan (1985)
	Eigelb	10	0,5[1]	Jaksch u. Terplan (1985)
	pasteur. flüssiges Vollei	67	9–50 000	Jaksch u. Terplan (1987)
	Trockenvollei[2]	14	500–15 800	Jaksch u. Terplan (1987)
	Trockeneiweiß[3]	13	15,8–500	Jaksch u. Terplan (1987)
Fleisch	frisches Hackfleisch, eingefroren	15	3–3 200	Jay u. Margitic (1979)
	Rinderhackfleisch	153	3,13–312 000	Jay (1981)
	Schweinehackfleisch	32	30–3 000	Ozari et al. (1987)
Fisch	Fischfilet	n.a.	40–100 000	Sullivan et al. (1983)
	Frischebeurteilung (Magerfisch)			
	– sehr frisch		100	
	– verdorben		> 100 000	
	Thunfischkonserven (Kühllagerung)	18		Teufel et al. (1982)
	– davon	7	60– > 600	
	– davon verdorben		> 600	
Zucker	Rohrzucker		100	Haska u. Nystrand (1979)
Getreide	erntefrisches Getreide		ca. 70 000	Kamphues (1986)
	Futtergetreide		400–18 000	Kamphues (1986)

[1] Nachweisgrenze bei Berücksichtigung der Vorverdünnung von 1:10

[2] im 1 + 3 rekonstituierten Produkt

[3] im 1 + 7 rekonstituierten Produkt

zweite dagegen nach eintägiger Bebrütung der Probe bei 20 °C (= Belastungstiter) ermittelt. Ein Anstieg des LPS-Titers um 1 Zehnerpotenz wird als deutlicher Beweis für eine Rekontamination angesehen.

Nach den bisherigen Erfahrungen lassen sich bei manchen Produkten (pasteur. Milch, Weichkäse u.a.) an Hand des gefundenen LPS-Titers Aussagen über die Haltbarkeit (Lagerungsfähigkeit) machen.

Der in verschiedenen Lebensmitteln gefundene LPS-Gehalt in ng/ml bzw. g ist aus der Tabelle 139 ersichtlich.

1 ng LPS Referenzstandard EC-5 der USP entspricht 10 EU (= *E*ndotoxin Einheiten = *U*nits) bzw. 1 EU = 0,1 ng EC-5 Referenzstandard.

Unter Magerfisch wird in der Tabelle 139 das Filet von Schellfisch, Dorsch und Flunder verstanden.

G Zugelassene Konservierungsstoffe nach Zusatzstoff-Zulassungs-VO vom April 1988

Tabelle 140. Konservierungsstoffe nach Liste A der VO vom April 1988 (EL 68, S. 14–16).

Kenn-Nummer	Stoff	EWG-Nummer	Kenntlichmachung
1	2	3	4
Nr. 1	Sorbinsäure Natriumsorbat Kaliumsorbat Calciumsorbat	E 200 E 201 E 202 E 203	„Sorbinsäure“
Nr. 2	Benzoesäure Natriumbenzoat Kaliumbenzoat Calziumbenzoat	E 210 E 211 E 212 E 213	„Benzoesäure“
Nr. 3	para-Hydroxybenzoesäure-äthylester para-Hydroxybenzoesäure-äthylester Natriumverbindung para-Hydroxybenzoesäure-n-propylester para-Hydroxybenzoesäure-n-propylester Natriumverbindung para-Hydroxybenzoesäure-methylester para-Hydroxybenzoesäure-methylester Natriumverbindung	E 214 E 215 E 216 E 217 E 218 E 219	„PHB-Ester“
Nr. 4	Ameisensäure Natriumformiat Calciumformiat	E 236 E 237 E 238	„Ameisensäure“
Nr. 5	(gestrichen, früher Propionsäure und Salze)		
Nr. 6	Biphenyl (Diphenyl)	E 230	„Diphenyl“
Nr. 7	Orthophenylphenol Natrium-orthophenylphenolat	E 231 E 232	„Orthophenyl-phenol“
Nr. 8	Thiabendazol (2-(4-Thiazolyl)-Benzimidazol)	E 233	„Thiabendazol“

Tabelle 141. Lebensmittel, denen Konservierungsstoffe zugesetzt werden dürfen (nach Liste B der VO).

Lebensmittel	Höchstmenge an Konservierungsstoffen in Gramm[1] Kennummer der Liste A 1	2	3	4	5	6	7	8
1. Marinaden aus Fischen oder Muscheln einschließlich ihrer Aufgüsse und Tunken	2,0	2,5	1,0	0,5	–	–	–	–
2. Brat- und Kochfischwaren, mariniert, einschließlich ihrer Aufgüsse und Tunken	2,0	2,5	1,0	0,5	–	–	–	–
3. Fischpasten mit weniger als 10 vom Hundert Kochsalz	2,0	4,0	1,2	0,5	–	–	–	–
4. Salzheringserzeugnisse, Salzfische in Öl	2,0	2,5	1,2	0,5	–	–	–	–
5. Seelachserzeugnisse in Öl	2,0	4,0	1,2	0,5	–	–	–	–
6. Fischwaren aus Rogen, ausgenommen geräucherter Rogen	2,0	4,0	0,8	1,0	–	–	–	–
7. Anchosen einschließlich ihrer Aufgüsse und Tunken	2,5	4,0	2,0	1,0	–	–	–	–
8. Krebszubereitungen, nicht sterilisiert, mit Ausnahme von Pulvern für Krebssuppen	2,5	4,0	1,5	0,5	–	–	–	–
9. Garnelen-(Krabben-)erzeugnisse, nicht sterilisiert	2,5	4,0	2,0	0,5	–	–	–	–
10. Flüssiges Vollei (Flüssigei), flüssiges Eigelb	10,0	10,0	–	–	–	–	–	–
11. Mayonnaise, mayonnaiseartige Erzeugnisse	2,5	2,5	1,2	–	–	–	–	–
12. Gewürz- und Salatsoßen	2,5	2,5	1,5	–	–	–	–	–
13. Würzmittel aus Zitronensaft	2,0	1,0	–	–	–	–	–	–
14. Fleischsalat, Aspik, Gemüsesalat, Kartoffelsalat	1,5	1,5	0,6	–	–	–	–	–
15. Eßbare gelatinehaltige Überzugsmassen für Fleischerzeugnisse	2,0	2,0	1,2	–	–	–	–	–
16. Margarine mit einem Wassergehalt von mehr als 15 vom Hundert, Halbfettmargarine, Milchhalbfetterzeugnisse	1,2	–	–	–	–	–	–	–
17. Obstpülpen, Obstmark und Früchte zur Weiterverarbeitung in der Süßwaren- und Getränkewirtschaft	2,0	–	–	4,0	–	–	–	–
18. Fruchtsäfte und konzentrierte Fruchtsäfte bis zu einem spezifischen Gewicht von 1,33 zur gewerbsmäßigen Weiterverarbeitung, ausgenommen solche zur Herstellung von zur Abgabe an den Verbraucher bestimmten Fruchtsäften, konzentrierten Fruchtsäften oder Fruchtnektaren[2]	2,0	1,0	–	4,0	–	–	–	–
19. Ansätze und Grundstoffe für alkoholfreie, mit Fruchtsaft hergestellte Getränke sowie für Limonaden, Brausen, künstliche Heiß- und Kaltgetränke	1,0	1,0	–	4,0	–	–	–	–
20. Gekochtes Obst sowie Rhabarber und Kürbis, ausgenommen durch Erhitzen in verschlossenen Behältnissen haltbar gemachte Erzeugnisse[2]	1,2	1,5	–	–	–	–	–	–

[1] Die Höchstmengen sind in den in Liste A Spalte 4 aufgeführten Stoffen berechnet. Die Höchstmengenfestsetzungen beziehen sich
a) in den Fällen der Nummern 1 bis 40 auf ein Kilogramm,
b) in den Fällen der Nummer 41 auf ein Quadratdezimeter der Oberfläche
der angegebenen Lebensmittel.

[2] Die Zulassung gilt nicht für Erzeugnisse, die zur Weiterverarbeitung zu Erzeugnissen im Sinne der Konfitürenverordnung verwendet werden.

Tabelle 141. Fortsetzung.

Lebensmittel	Höchstmenge an Konservierungsstoffen in Gramm[1)] Kennummer der Liste A 1	2	3	4	5	6	7	8
21. Fruchtzubereitungen und erhitzte Nußzubereitungen für die Herstellung von Frucht- und Nußjoghurt und anderen Milcherzeugnissen	1,2	1,5	–	–	–	–	–	–
22. Hagebuttenmark zur Weiterverarbeitung[2)]	–	1,0	–	–	–	–	–	–
23. Trockenpflaumen und Trockenfeigen mit einem Wassergehalt von mehr als 20 vom Hundert	0,5	–	–	–	–	–	–	–
24. Pektinlösungen zur Behandlung von Trockenobst einschließlich Weinbeeren	10,0	–	–	–	–	–	–	–
25. zerkleinerte Schalen von Zitrusfrüchten[2)]	1,2	1,5	–	–	–	–	–	–
26. Sauerkonserven aller Art (Gurkenkonserven und Gemüse in Essig sowie milchsauer vergorene Gurken), ausgenommen Sauerkraut, küchenfertig vorbereitete Champignons	1,5	2,0	–	1,0	–	–	–	–
27. Zwiebeln, zerkleinerter Meerrettich, Paprikamark	2,0	2,5	1,5	–	–	–	–	–
28. Olivenkonserven	0,5	–	–	–	–	–	–	–
29. Speisesenf	1,0	1,5	1,5	–	–	–	–	–
30. Marzipan, marzipanähnliche Erzeugnisse aus anderen Ölsamen als Mandeln; Makronen-, Nußmakronen und Makronenersatzmassen; mit Zusätzen von Milch, Frucht- und anderen Stoffen versehene wasser- oder fetthaltige Massen für Zucker-, Schokoladen- und Dauerbackwaren und für Backwaren anderer Art	1,5	1,5	1,5	–	–	–	–	–
31. Brot, sofern es in Scheiben geschnitten und verpackt in den Verkehr gebracht wird, brennwertvermindertes Brot	2,0	–	–	–	–	–	–	–
32. Feine Backwaren mit einem Feuchtigkeitsgehalt von mehr als 22 vom Hundert, brennwerteverminderte Feine Backwaren, Kuchen mit feuchter Auflage oder Füllung, Weichbrötchen sowie vorgebackene Backwaren, die als solche in den Verkehr gebracht werden	2,0	–	–	–	–	–	–	–
33. Halbfeuchte Fertigteige	2,0	–	–	–	–	–	–	–
34. Trennemulsionen	1,5	1,5	1,0	–	–	–	–	–
35. Wasserhaltige Aromen mit einem Alkoholgehalt unter 12 vom Hundert	1,0	1,5	1,5	–	–	–	–	–
36. Flüssige Enzymzubereitungen								
a) Lab und Labaustauscher	12,0	12,0	10,0	–	–	–	–	–
b) andere Enzyme	5,0	5,0	5,0	–	–	–	–	–
37. Brennwertverminderte Konfitüren und brennwertverminderte ähnliche Erzeugnisse	0,8	–	–	–	–	–	–	–
38. Zitrusfrüchte[2)]	–	–	–	–	–	0,07	0,012	0,006
39. Getrocknete Zitrusfruchtschalen zur Herstellung von Zitronat und Orangeat	–	–	–	–	–	0,05	0,015	0,002
40. Bananen	–	–	–	–	–	–	–	0,003
41. Back- und Zwiebackcreme, jedoch nur zur Oberflächenbehandlung	0,1	0,1	0,1	–	–	–	–	–

H Reinigungs- und Desinfektionsmittel für Melkanlagen

Neben den bei der Milchverarbeitung eingesetzten Desinfektionsmitteln, die in Tabelle 126b bereits abgehandelt wurden, finden im Bereich der milcherzeugenden Landwirtschaftsbetriebe hauptsächlich die mit dem DLG-Gütezeichen versehenen, von der Süddeutschen Versuchs- und Forschungsanstalt für Milchwirtschaft in Weihenstephan geprüften Reinigungs(R)- und Desinfektions(D)-Mittel (Kurzbezeichnung R+D-Mittel) Verwendung. Sie wurden nach dem neuesten Stand vom 3. April 1989, nach Einsatzbereichen und Wirkstoffen geordnet, in der Tabelle 142 zusammengestellt.

Tabelle 142. Reinigungs- und Desinfektionsmittel für Melkanlagen mit dem DLG-Gütezeichen nach dem Stand vom 3. April 1989.

Gruppe	Wirkstoff-basis	Produktbezeichnung	Beschaffen-heit	Hersteller
1s2a	aktives Chlor	Alfa Laval I	P	Alfa Laval, 2000 Hamburg
		Bergophor MR AF	fl	Bergophor, 8650 Kulmbach
		Webco-Remisan	fl	Biesterfeld, 8016 Feldkirchen
		Webco-Remisan C	P	Biesterfeld, 8016 Feldkirchen
		Delcomel Al	fl	Delco, NL-Delden
		alkalit	fl	Eiermacher, 4401 Nordwalde
		Intensiv-Reiniger RL	fl	Eureka, 4407 Emsdetten
		P3-asepto	P	Henkel, 4000 Düsseldorf
		Melkomat	fl	Josera, 8764 Kleinheubach
		Calgonit-DA	fl	Laporte, 6802 Ladenburg
		Calgonit-AC 2000	fl	Laporte, 6802 Ladenburg
		Fullcan 200	fl	Lemmer, 5204 Lohmar
		Purgalkan	P	Purga, 8940 Memmingen
		Melkgeräte R+D-Mittel	fl	Schaumann, 2080 Pinneberg
		Melkgeräte R+D-M. II	fl	Schaumann, 2080 Pinneberg
		Melkgeräte R+D-M.	P	Schaumann, 2080 Pinneberg
		Melkades alkalisch	fl	Schaumann, 2080 Pinneberg
		Güstrum Garant MAP	P	Strumann, 7180 Crailsheim
		Güstrum Garant MAF alk.	fl	Strumann, 7180 Crailsheim

a = alkalische Mittel; b = saure Mittel; D = Desinfektion; fl = flüssig; kation. Verb. = kationische Verbindung; l = langsam wirkend; P = Pulver; QAV = quaternäre Ammoniumverbindung; R = Reiniger; s = schnell wirkend; ? = keine Angabe; 1 = kombinierte R+D-Mittel für Melkmaschinen, Geräte und Behälter; 2 = kombinierte R+D-Mittel für Rohrmelkanlagen.
Prüfkonzentration: 0,5%ige Lösung.

Tabelle 142. 1. Fortsetzung.

Gruppe	Wirkstoff-basis	Produktbezeichnung	Beschaffen-heit	Hersteller
1s2a		neomoscan-M	P	Dr. Weigert, 2000 Hamburg
		neomoscan-M	fl	Dr. Weigert, 2000 Hamburg
		neomoscan-RW-A	fl	Dr. Weigert, 2000 Hamburg
		Circotip AP	P	Westfalia Separator AG, 4740 Oelde
		Circotip AFL	fl	Westfalia Separator AG
		Dosyl OP		Woellner, 6700 Ludwigshafen
1s2a	QAV	Webco- Remisan	P	Biesterfeld, 8016 Feldkirchen
		Praktafin	P	Enzian, 7418 Metzingen
		Fink 1	P	Fink, 4700 Hamm
		Pregosan	P	Gnann, 7085 Bopfingen
		P3-dix	fl	Henkel, 4000 Düsseldorf
		P3-duett alkal.	fl	Henkel, 4000 Düsseldorf
		Melkomat	P	Josera, 8764 Kleinheubach
		Calgonit-P	P	Laporte, 6802 Ladenburg
		M.-R. Art. 260	P	Seewald, 4750 Unna
		Dosyl combi	P	Woellner, 6700 Ludwigshafen
	ohne Angab.	Melkades alkal.	P	Schaumann, 2080 Pinneberg
1l2a	aktives Chlor	Anti-Germ/M	fl	Ruff, 8940 Memmingen
		Anti-Germ/Top A	fl	Ruff, 8940 Memmingen
1l2a	QAV	Divofarm mild	P	Diversey, 6719 Kirchheimbolanden
		Anti-Germ/MS	P	Ruff, 8940 Memmingen
1s	QAV	Alfa Laval I neutral	P	Alfa Laval, 2000 Hamburg
		P3-steril	fl	Henkel, 4000 Düsseldorf
		Anti-Germ/M	P	Ruff, 8940 Memmingen
		Tolo-melk	P	Tolo-Chemie, 4500 Osnabrück
1l	aktiver Sauerstoff	P3-dix	P	Henkel, 4000 Düsseldorf
		P3-duett alkal.	P	Henkel, 4000 Düsseldorf
2a	aktives Chlor	Alfa Laval 5	fl	Alfa Laval, 2000 Hamburg
		Alfa Laval N.N.		Alfa Laval, 2000 Hamburg
		Astral AC	fl	Astral, 6730 Neustadt
		Camper RD alkalin	fl	Camper, 2160 Stade
		Manus RD	fl	Deutsche Manus, 2056 Glinde
		Divofarm Cl	P	Diversey, 6719 Kirchheimbolanden
		Divofarm alkalin	fl	Diversey,
		Fink 2	P	Fink-Chemie, 4700 Hamm
		Fink 3	P	Fink-Chemie, 4700 Hamm
		Fink 4	fl	Fink-Chemie, 4700 Hamm
		P3-asepto	fl	Henkel, 4000 Düsseldorf
		Calgonit-DA	P	Laporte, 6802 Ladenburg
		Wisgolan RD	fl	Mineralölwerk, 2160 Stade
		Purgalkan C	fl	Purga-Chemie, 8940 Memmingen
		Lactapur	fl	Rhein-Chemotech, 5461 Breitscheid
		Lactapur aktiv	P	Rhein-Chemotech,
		Anti-Germ/MC	P	Ruff, 8940 Memmingen
		Lactericid AFRD-12	fl	Schindler, 2000 Hamburg 74

Tabelle 142. 2. Fortsetzung.

Gruppe	Wirkstoff-basis	Produktbezeichnung	Beschaffen-heit	Hersteller
2a		M.-R.-Plus. Art. 261	fl	Seewald-Chemie, 4750 Unna
		Dosyl combi	fl	Woellner, 6700 Ludwigshafen
		Dosyl spezial	fl	Woellner, 6700 Ludwigshafen
		Dosyl spezial alkal.	fl	Woellner, 6700 Ludwigshafen
		Lobby Kombi 100 R+D		Zscheyge GmbH
	?	Astral D	P	Astral GmbH, 6730 Neustadt
		Alfa ultra		Alfa Laval, 2000 Hamburg
2a	QAV	Purgalkan	fl	Purga-Chemie, 8940 Memmingen
2b	aktiver Sauerstoff	P3-duolit sauer	P	Henkel, 4000 Düsseldorf
		P3-duett sauer	P	Henkel, 4000 Düsseldorf
		Purgacid	fl	Purga-Chemie, 8940 Memmingen
		Dosyl spezial sauer	fl	Woellner, 6700 Ludwigshafen
		Dosyl 3 plus	fl	Woellner, 6700 Ludwigshafen
	kation. Verb.	nikroklar GRD-neu	fl	Dr. Weigert, 2000 Hamburg
	Tenside	Melkomat-S	P	Josera, 8764 Kleinheubach
		Melkomat-S	fl	Josera, 8764 Kleinheubach
		Calgonit S	fl	Laporte, 6802 Ladenburg
		Calgonit S	P	Laporte, 6802 Ladenburg
		Calgonit SD 2000	fl	Laporte, 6802 Ladenburg
	QAV	Divofarm sauer	fl	Diversey, 6719 Kirchheimbolanden
		Purgacid	P	Purga-Chemie, 8940 Memmingen
		Anti-Germ contralith	P	Ruff, 8940 Memmingen
		Anti-Germ contralith	fl	Ruff, 8940 Memmingen
		Anti-Germ/Top-S	fl	Ruff, 8940 Memmingen
		M.-R.-Sauer Art. 145	fl	Seewald-Chemie, 4750 Unna
2b	ohne Angaben	Alfacid-neu	P	Alfa Laval, 2000 Hamburg
		Alfacid-neu	fl	Alfa Laval, 2000 Hamburg
		Astral S	fl	Astral GmbH, 6730 Neustadt
		Bergophor SF	fl	Bergophor, 8650 Kulmbach
		Webco Remilon	fl	Biesterfeld, 8016 Feldkirchen
		Webco acid	P	Biesterfeld, 8016 Feldkirchen
		Fink 6	P	Fink-Chemie, 4700 Hamm
		Fink 7	fl	Fink-Chemie, 4700 Hamm
		P3-duolit sauer	fl	Henkel, 4000 Düsseldorf
		P3-duett	fl	Henkel, 4000 Düsseldorf
		Purgacid S	P	Purga-Chemie, 8940 Memmingen
		Melkaphos sauer	P	Schaumann, 2080 Pinneberg
		Melkaphos sauer	fl	Schaumann, 2080 Pinneberg
		Lactericid SFRD-10/5	fl	Schindler, 2000 Hamburg 74
		niroklar GR	fl	Dr. Weigert, 2000 Hamburg
		niroklar RW-S	fl	Dr. Weigert, 2000 Hamburg
		niroklar GR	P	Dr. Weigert, 2000 Hamburg
		Circotop SFL	fl	Westfalia Separator AG, 4740 Oelde
		Circotop SP	P	Westfalia Separator AG

Literaturverzeichnis

1. AID (=Auswertungs- u. Informationsdienst für Ernährung, Landwirtschaft und Forsten e.V., Bonn), (Ausgabe 1981) Kennen Sie Rindfleisch?
2. AID (1982) Fleisch und Fleischerzeugnisse. Nr. 5
3. AID (Ausgabe 1982) Schweinefleisch
4. AID 1984 Schweinefleisch gut eingekauft. 3. Auflage
5. AID 1984 Lebensmittel auf dem Prüfstand. Nr. 154
6. AID 1985 Wurst
7. AID 1987 Vom richtigen Umgang mit Lebensmitteln im Haushalt. Nr. 1133
8. AID 1987 Lebensmittelkennzeichnung: Die Zutatenliste. Nr. 1135
9. Alexander M (1973) Biotechnol Bioeng 15: 611
10. D'Aoust JY et al. (1975) Canad Inst Food Sci Technol J 8: 181
11. Arbeitsgem. d. Verbraucher (1984) Wasser, Rohstoff. Verbraucher Rdsch Ag V 10
12. Arzneimittelgesetz (AMG), (1986) 1. u. 2. Gesetz zur Änderung. BGBl I, S 1296; Pharm Ind 48: 701, 863
13. Baumgart J (1976) Chem Rdsch 29, Nr 49
14. Bayrisches Staatsministerium des Innern (1984) Lebensmittelüberwachung. RB-Nr. 03A/84/16
15. Bergey's Manual of Systematic Bacteriology. Vol 1 (1984), Vol 2 (1986) Williams & Wilkins, Baltimore
16. Bertsch K, Bertsch F (1947) Geschichte unserer Kulturpflanzen. Stuttgart
17. BGA (Bundesgesundheitsamt), (1981) Desinfektion durch Gase und Dämpfe. BGesundhbl 24, Nr 22: 357
18. BGA (1985) Formaldehydbroschüre. Pressestelle
19. BGA (1986) Deklaration von Parabenen als Konservierungsmittel bei Arzneimitteln. BAnz 192: 14365
    Nach Gesprächen zwischen BGA und dem Bundesverband der Pharmazeutischen Industrie (BPI) ist damit zu rechnen, daß für orale und für die auf die Haut verabreichten Arzneimittel lediglich eine Deklaration nach der Art, nicht aber nach der Menge gefordert wird (Stand vom Aug. 1988).
20. BGA (1986) Empfehlungen zur Behandlung mit Ethylenoxid. BGesundhbl 29: 21
21. BGA (1986) Kosmetikverordnung: 11. Verordnung zur Änderung der Kosmetikverordnung mit Liste der EG-Konservierungsstoffe v. 23.7.1986. BGBl I, S 1181
22. BGA (1986) Trinkwasserverordnung (TV). BGBl I, S. 760
23. BGA (1987) 10. Desinfektionsmittelliste von 1987. BGesundhbl 30, Nr. 8: 279
24. Blaser P (1976) Chem Rdsch 9: 1
25. Borneff HP (1986) Pharm Technol J 7, Nr 2: 27
26. Bosch Verpackungstechnik (1984) Servac 78 AS. Aseptisch arbeitende Thermoformfüll- und schließmaschine für sichere Sterilverpackung
27. Buchner N (1988) Pharm Technol J 9: 25
28. Bundesminister für Jugend, Familie, Frauen und Gesundheit (Hrsg.), (15.8.1974, Stand 1.4.1987) Lebensmittel- und Bedarfsgegenständegesetz. Impressum, Bonn
29. Cerny G (1982) Verpack Rdsch 33: 47
30. Cerny G (1978) In: Frank J et al. (Hrsg.) RGV-Handbuch Verpackung. E Schmidt, Berlin
31. Cerny G (1988) Pharm Technol J 9: 72
32. Chirife J (1987) GIT-Supplement 7: Lebensmittelanalytik 37
33. Ciegler A, Mintzlaff HJ, Machnick W, Leistner L (1972) Die Fleischwirtschaft 10: 1311
34. Coretti K (1974) Rohwurst heute: Herstellung und Lagerung. Die Fleischwirtschaft 2: 170

35. DAB 9 (Deutsches Arzneibuch, 9. Ausgabe), (1986) Deutscher Apotheker-Verlag, Stuttgart
36. Dänische Vorzeit: Führer durch das Nationalmuseum Kopenhagen (1972)
37. Das Beste: Aus der Steinzeit in den Weltraum (Revidierte Aufl 1981) Verlag das Beste, Stuttgart
38. DGHM (1982) Prüfung und Bewertung chemischer Desinfektionsverfahren. Hyg. + Med. 7: 456
38.a DGHM (1984) Anforderungen für die Aufnahme (von Desinfektionsmitteln) in die VII. Liste. Hyg + Med 9: 41
39. DGHM (1985) Richtlinien: Entwurf für Händedekontamination. Stand 1.7.1985, unveröffentl. Arbeitspapier
40. DGHM (1987) VII. Desinfektionsmittelliste. Stand vom 31.3.1987. mhp-Verlag, Wiesbaden
41. DLG (1983) Reinigungs- u. Desinfektionsmittel bei der Milcherzeugung mit dem Gütezeichen der DLG. Stand 15.1.1983 und vom 3.4.1989
42. DVG (Hrsg.), (1974/1976) Richtlinie zur Prüfung chemischer Desinfektionsmittel für die Veterinärmedizin vom 8.11.1974/31.5.1976
43. DVG (1987) 1. Desinfektionsmittelliste. Stand 24.6.1987. Dtsch Tierärzteblatt 8: Sonderdruck
44. EG (1978) Richtlinien: Kriterien für die offizielle mikrobiologische Kontrolle kosmetischer Produkte. ENV/250/77 DE
45. EG (1980) Richtlinie über die Qualität des Wassers für den menschlichen Gebrauch. Amtsbl Europ Gem Nr L2929
46. Eidgenössisches Department des Inneren (AS 1987) Verordnung über die hygienisch-mikrobiologischen Anforderungen an Lebensmittel, Gebrauchs- und Verbrauchsgegenstände vom 1. Juli 1987. SR 817.024 1987-590, S 1–13
47. Erichson FJ, Fabian FW (1942) Food Res 7: 68
48. Europarat Straßburg (1987) Test methods for the antimicrobial activity of desinfectants in food hygiene. Council of Europe, Strasbourg
49. Fischbach H, Rodricks JH (1973) Assoc Off Anal Chem 56: 767
50. Food and Drug Administration (FDA), (1974) Food Additive Regulations § 121, 2547 Sanitizing solutions, Federal Register 39: 14591
51. Fornachon JCM (1963) J Sci Food Agric 14: 857
52. Frank HK (1974) Zbl Bakt Mikrobiol Hyg I. Abt Orig B 159: 324
53. Frankfurter Allgemeine Zeitung (FAZ), (27.3.1985) 73: 31
54. FAZ (24.4.1985) zitiert: Science (1985) 227: 1033
55. FAZ (21.11.1987) 270: 10
56. FAZ (9.3.1988) 58: 33
57. FAZ (19.3.1988) Hepatitis-Epidemie in China (Schanghai). Nr. 67: 10
58. FAZ (20.4.1988) 52: 33
59. FAZ (5.7.1988) 153: 28, 33
60. FAZ (2.8.1988) 177: 13
61 FAZ (22.9.1988) 220 : 7
62. FAZ (3.10.1987) 229
63. FAZ (5.10.1988) 232: 1
64. FAZ (26.10.1988) 250: 33
65. FAZ (5.11.1988) 259: 14
66. FAZ (22.11.1988) 272: 10
67. FAZ (23.11.1988) 273: N1
68. FAZ (25.11.1988) 275: 58
69. FAZ (28.11.1988) 277: 15
70. FAZ (29.11.1988) 278: B1–B12
70.a FAZ (14.12.1988) 291: N2
71. FAZ (23.12.1988) 299: 12
72. FAZ (15.2.1989) 39: N1
72.a FAZ (9.3.1989) 58: 10
72.b FAZ (11.3.1989) 60: 19
73. Frazzier, WC (1967) Food Microbiology, 2nd edn. Mc-Graw-Hill, New York
74. Gerteis W (1961) Das unbekannte Frankfurt. Verlag Frankfurter Bücher, S 11

74.a Fricker A (1989) Lebensmittel mit allen Sinnen prüfen. Springer, Berlin Heidelberg New York, S. 117
75. Hauptverband d. gewerbl. Berufsgenossenschaften (1979) Alkoholische Desinfektionsmittel, 10. Ausgabe. Heymanns Verlag, Köln
76. Henkel KGaA (1981) Die Desinfektion bei der Getränkeherstellung. Düsseldorf
77. Henkel KGaA (1982) Die Desinfektion bei der Milchverarbeitung. Düsseldorf
78. Henkel KGaA (1986) Hygiene in der Fleischwirtschaft. Düsseldorf
79. Henkel KGaA (o. ET): Die Desinfektion bei der Lebensmittelverarbeitung und ihre Wirkstoffe. Düsseldorf
80. Henkel KGaA (o. ET): Spezialist für die Desinfektion bei der Lebensmittelverarbeitung. Düsseldorf
81. Hessisches Sozialministerium, Ref. Öffentlichkeitsarbeit (Hrsg.), (Stand 15.12.1987) Lebensmittelüberwachung. Wiesbaden
82. HIMA (Health Industries Manufacturers Association), (1980) Guidelines Report 78: 4
83. Holt RJ (1971) J Med Microbiol 4: 319
84. Huber J (1987) Pharm Technol J 8: 43, 48
85. Jelinek J (1972) Das große Bilderlexikon des Menschen in der Vorzeit. Bertelsmann, Berlin-München-Wien
86. Katadyn-GmbH (o. ET) Katadyn-Trinkwasserfilter. Deutsche Katadyn GmbH, München, s. auch Lit 173, S. 577)
87. Koch A (1922) Mikrobiologisches Praktikum. Springer, Berlin
88. Körber-Grohne (1987) Nutzpflanzen in Deutschland. Theiss, Stuttgart
89. Korzybski T, Kurylowicz W (1961) Antibiotica. VEB Gustav Fischer, Jena, S. 979
90. Lauermann G (1980) Schimmelpilze – Bedeutung und Bekämpfung aus hygienischer und gesundheitlicher Sicht. Die Fleischerei 6
91. Lembke FW (1988) Pharm Technol J 9/3: 46
92. Lembke J, Teuber M (1981) Inaktivierung von Bakteriophagen durch Desinfektionsmittel. Dtsch Molkerei Ztg 102: S 580
93. Levin RE (1967) J Milk and Food Technol 30: 277
94. Liebig J v (1859) Chemische Briefe, 4. Aufl, Bd 1. CF Winter'sche Verlagshandlung, Leipzig und Heidelberg, S 309, 322
95. Liepe HU (1974) Die Anwendung von Kulturschimmel bei luftgetrockneter Wurst. Die Fleischerei 3
96. Listeriose-Bakterien: Infektionen in Vacherin-Käse. FAZ (21.11.1987) 270: 10, (23.11.1987) 271: 27, (2.12.1987) 279: 32
97. Lück E (1985) Chemische Lebensmittelkonservierung, 2. Aufl. Springer Berlin, Heidelberg
98. LUFA (1988) vdlufa 20: 5
99. Maglemose-Kultur: Knaurs Große Kulturen in Farbe (1979) Droemersche Verlagsanstalt München, S 23
100. Mann R, Rehm HJ (1976) Europ J Appl Microbiol 2: 197
101. Mintzlaff HJ, Leistner L (1972) In: Starterkultur-Symposium Helsinki 1972, S. 45, zit. bei Rehm HJ (1980) Industrielle Mikrobiologie, 2. Aufl. Springer, Berlin, S 156
102. Mintzlaff HJ, Leistner L (1972) Zbl vet Med B 19: 291
103. Mrozek H (1979) Der Desinfektionserfolg und sein Nachweis. Brauwelt 119: 732
104. Mrozek H (1981) Allgemeine Grundlagen der Reinigung und Desinfektion. Swiss Food 3, Nr 10, 17
105. Mrozek H (1985) Produktionshygiene zur Qualitätssicherung. Zbl Bakt Hyg I. Abt Orig B 180: 241
106. Müller-Claus G (1938) Arch Hyg 120: 1
107. Müller R (1946) Medizinische Mikrobiologie, 3. Aufl. Urban & Schwarzenberg, Berlin, S 255
108. Münchner MW (1988) 130: 20
109. Murray JG (1969) J appl Bact 32: 123
110. Nabert K, Schön G (1978) Sicherheitstechnische Kennzahlen brennbarer Gase und Dämpfe, 2. Aufl. Deutscher Eichverlag, Braunschweig, S 38, 101
111. Nack E (1958) Germanien. Carl Ueberreuter, Wien, S 79
112. Packmittelprüfung: Merkbl. 19 (1974) Verpack Rdsch 6: 569
113. Pflug IJ (1973) Heat Sterilization. In: Philipps GB (ed) Industrial Sterilization. Duke University Press, Durham

114. PH EUR 2 (Europäische Pharmakopöia, 2. Ausgabe, engl.), (1980–1988) Part 1–11. Maisonneuve Saint Ruffine
114.a PH. EUR. (unveröffentl. Entwurf 1987) Clostridien. Prüfung auf Clostridien (s. auch Lit. 173)
115. Pickert A et al. (1988) Lab Med 12: 164
116. Pitt JI (1985) Mycotoxine in Food Products. Oxoid Culture 6
117. Pörtner R, Niemeyer HG (Hrsg) Die großen Abenteuer der Archäologie, Bd 1. Andreas, Salzburg, S 137 (Bosinski)
118. Prescott SC, Dunn CG (1959) Industrielle Mikrobiologie. VEB Dtsch. Verlag d. Wissenschaften, Berlin, S 365
119. Rehm HJ (1967) Mykotoxine und ihre Bedeutung für die Lebensmittelchemie. Dtsch Lebensm Rdsch 63: 269
120. Rehm HJ (1980) Industrielle Mikrobiologie, 2. Aufl. Springer, Berlin
121. Reiss J (1984) Schädigung des Menschen durch Schimmelpilze. Chem Rdsch 37: 9
122. Reuter H (1980) Dtsch Molkerei Zg F 48: 1794
123. Reuter H (1983) Reinigen und Desinfizieren im Molkereibetrieb. Chem Ing Tech 55: 293
124. Reuter H (1986) Vorsterilisation von Packmaterialien. Chem Ing Tech 58: 785
125. Reuter H (1987) Aseptisches Verpacken von Lebensmitteln, Behr's Verlag, Hamburg
126. Reuter H (1988) Hitzesterilisation von Lebensmitteln vor dem Verpacken. Pharma Technol J 9: 17
127. Reuter Centrifugal-Sampler (RCS). Gerät zur Bestimmung der Keimzahl in Luft und Gasen. BIOTEST-Serum-Institut GmbH, Landsteiner Str. 5, D-6072 Dreieich
128. Richtlinien (1981) für die Prüfung und Bewertung chemischer Desinfektionsverfahren, 1. Teilabschnitt. Zbl Bakt Mikrobiol Hyg I. Abt Orig B 172: 534
129. Rieth A (1969) Führer durch das Federseemuseum. Altertumsverein Bad Buchenau
130. Robinson RA, Stokes RH (1959) Elektrolyte solutions, 2nd edn. Butterworth, London
131. Schlech, WF et al. (1983) Epidemic Listeriose. New Engl J of Med 308: 203
132. Schlüßler HJ (1980) Desinfizierende Wirkstoffe für die Lebensmittelindustrie. Z f Lebensmittel-Technol u Verfahrenstechn 2: 46
133. Schmidlin J, Spillmann H (1979) Phagenkontaminationslage in Schweizer Käsereien. III. Stufenkontrolle in einer Raclette-Käserei. Schweiz Milchwirtschaftl Forsch 8: 65
134. Schmidt U, Cremmling K (1978) Rückstände von Desinfektionsmitteln im Fleisch. Die Fleischwirtschaft 58: 307, 312
135. Schmidt-Lorenz W (1959) Arch Lebensm Hyg 10: 84
136. Schwarzer H, Wolter A (1981) Das Große Kochbuch. Gräfe und Unzer, München
137. Seitz-Filterwerke (1987) 100 Jahre Seitz Filterwerke 1887–1987. Festschrift, S 56f
137.a Seitz KG (ohne Jahresangabe) Die Filtration von Wein, Sekt, Fruchtsaft, Spirituosen. SFW P 275 1 1088
138. SGLH (Schweiz. Ges. f. Lebensmittelhygiene), (1986) Gute Herstellungspraxis für Lebensmittel. Ber. über 18. Arbeitstag. der SGLH. SWISS Pharma 8: 13
138.a Sinell HJ u. Mitarb. zit. FAZ (27.3.1985) 73: 31
139. Spanyar P u. Mitarb. (1960) Z f Lebensmittelunters u Forsch 129: 84
140. Spicher G (1975) Getreide, Mehl, Brot 29: 328
141. Spicher G, Peters J (1987) Kommentar zu den Empfehlungen des BGA zur Durchführung der Desinfektion. Bundesgesundhbl 30, Nr 8: 265
142. Sutherland JP, Varnam AH, Evans MG (1986) A colour Atlas of Food Quality Control, Wolfe Publishing Ltd, London
143. Tesch H (1987) Filtrieren und Separieren 1: 26
144. Thiem E, Peik AR (1986) Der Fluch des Pharao. In: Kirchner G (Hrsg) Terra X – Rätsel alter Weltkulturen. Umschau, Frankfurt, S 13
145. USP XXI (1985) United States Pharmacopeial Convention. Mack, Easton, Rockville
146. Wagner W, Borneff J (1967) Arch Hyg 151: 64
147. Wagner W, Borneff J (1967) Arch Hyg 151: 75
148. Wallhäußer KH (1951) Inaktivierung von Patulin und Parasorbinsäure. Die Naturw 38: 190
149. Wallhäußer KH (1951) Untersuchungen über das antagonistische Verhalten von Mikroorganismen am natürlichen Standort. Arch f Mikrobiologie 16: 246
150. Wallhäußer KH (1970) Sterilisation von Kunststoffbehältern. In: APV (Arbeitsgemeinschaft für pharmazeutische Verfahrenstechnik) Informationsdienst Heft 1, S 39

151. Wallhäußer KH (1970) Prüfung auf ausreichende Konservierung bei Arzneimitteln. Ärztl Labor 16: 305 sowie 230, 247
152. Wallhäußer KH (1974) Antimicrobial Preservation in Europe. Develop biol Standard 24: 9–28
153. Wallhäußer KH (1975) Produktionshygiene unter Berücksichtigung der Grundregeln „GMP". Pharm Ind 37: 806, 912
154. Wallhäußer KH (1978) Microbiological quality control of skin care preparations. Cosmet a Toil 93: Nr. 12 42
155. Wallhäußer KH (1978) Mikrobiologische Qualitätskontrolle von Hautpflegemitteln. Parfüm u Kosmet 59: 1–7
156. Wallhäußer KH (1979) Is the removal of microorganisms by filtration really a sterilization method? Bull Parenteral Drug Ass 33: 156
157. Wallhäußer KH (1982) Einfluß des Membranmaterials auf die Entkeimungsfiltration. Hyg +Med 7: 4
158. Wallhäußer KH (1982) Germ removal filtration. In: Bean HS, Beckett AH, Carless JE (eds) Advances in Pharmaceutical Sciences. Academic Press, London, p 1–116
159. Wallhäußer KH (1983) Durchwachs- und Durchblaseffekte bei Langzeit-Sterilisationsprozessen. Pharm Ind 45: 527
160. Wallhäußer KH (1984) Praxis der Sterilisation – Desinfektion – Konservierung, 3. Aufl. Thieme, Stuttgart
161. Wallhäußer KH (1984) Antimicrobial preservatives used by the cosmetic industry. In: Kabara JJ (ed) Cosmetic and Drug Preservation. Dekker, New York, p 605–745
162. Wallhäußer KH (1985) Konservierung von Arzneimitteln. Pharm Ind 47: 191
163. Wallhäußer KH (1985) Sterilization. In: Rehm HJ, Reed G (Hrsg) Biotechnology, Vol 2. Verlag Chemie, Weinheim
164. Wallhäußer KH (1987) Der Einsatz von Sterilisations- und Desinfektionsmethoden im Bereich der Biotechnologie. Biotechnologie Forum 4: 94
165. Wallhäußer KH (1988) Praxis der Sterilisation – Desinfektion – Konservierung, 4. Aufl. Thieme, Stuttgart
166. Wallhäußer KH, Fink W (1985) Die Konservierung von wäßrigen Kunststoffdispersionen. Farbe+Lack, Heft 4 und 5: 277–286, 397–403
167. Wallhäußer KH, Klavehn M (1985) Neue Entkeimungsfilter mit Pyrogenrückhaltevermögen. Pharm Ind 47: 407
168. Wallhäußer KH, Lück E (1970) Der Einfluß von Sorbinsäure auf Mycotoxinbildner. Dtsch Lebensmittel Rdsch 66: 88
169. Wallhäußer KH, Lück E (1972) Zur antibakteriellen Wirkung der Sorbinsäure. Dtsch Lebensmittel Rdsch 68: 39
170. Wallhäußer KH, Lück E (1978) Zur Wirkung von Sorbinsäure gegen Mycotoxinbildner. Z f Lebensmittelunters u Forsch 167: 156
171. Wallhäußer KH, Schmidt H (1967) Sterilisation – Desinfektion – Konservierung – Chemotherapie. Thieme, Stuttgart
172. Wasseraktivitätsmeßgerät: Novasina AG Talstr. 35 CH-8808 Pfäfflikon/SZ
173. WHO (1986) WHO-Entwurf No 86. 526: Sterilization Methods

Stichwortverzeichnis

G

H

I

N

O

P

GPSR Compliance

The European Union's (EU) General Product Safety Regulation (GPSR) is a set of rules that requires consumer products to be safe and our obligations to ensure this.

If you have any concerns about our products, you can contact us on ProductSafety@springernature.com

In case Publisher is established outside the EU, the EU authorized representative is:

Springer Nature Customer Service Center GmbH
Europaplatz 3
69115 Heidelberg, Germany

Batch number: 10577936

Printed by Printforce, the Netherlands